TURING 图灵程序设计丛书

Foundations of Python Network Programming, Third Edition

Python网络编程

（第3版）

[美] Brandon Rhodes John Goerzen 著
诸豪文 译

人民邮电出版社
北 京

图书在版编目（CIP）数据

Python网络编程 ：第3版 / （美）布兰登·罗德（Brandon Rhodes），（美）约翰·格岑（John Goerzen）著 ；诸豪文译. -- 北京 ：人民邮电出版社，2016.9
（图灵程序设计丛书）
ISBN 978-7-115-43350-3

Ⅰ. ①P… Ⅱ. ①布… ②约… ③诸… Ⅲ. ①软件工具—程序设计 Ⅳ. ①TP311.561

中国版本图书馆CIP数据核字(2016)第191199号

内 容 提 要

本书针对想要深入理解使用 Python 来解决网络相关问题或是构建网络应用程序的技术人员，结合实例讲解了网络协议、网络数据及错误、电子邮件、服务器架构和 HTTP 及 Web 应用程序等经典话题。具体内容包括：全面介绍 Python 3 中最新提供的 SSL 支持，异步 I/O 循环的编写，用 Flask 框架在 Python 代码中配置 URL，跨站脚本以及跨站请求伪造攻击网站的原理及保护方法，等等。

本书适合 Web 应用程序的开发者、系统集成者、系统管理员以及所有 Python 程序员。

◆ 著　　[美] Brandon Rhodes　John Goerzen
译　　诸豪文
责任编辑　朱　巍
执行编辑　温　雪
责任印制　彭志环

◆ 人民邮电出版社出版发行　北京市丰台区成寿寺路11号
邮编　100164　电子邮件　315@ptpress.com.cn
网址　http://www.ptpress.com.cn
三河市君旺印务有限公司印刷

◆ 开本：800×1000　1/16
印张：22.5　　2016年9月第1版
字数：532千字　　2024年12月河北第25次印刷
著作权合同登记号　图字：01-2015-1056号

定价：79.00元

读者服务热线：(010)84084456-6009　印装质量热线：(010)81055316
反盗版热线：(010)81055315
广告经营许可证：京东市监广登字 20170147 号

版权声明

献　词

献给我可爱的外甥女们：Avery、Savannah和Aila。
记得我们一起骑着自行车飞奔，她们总是在拐弯处勇猛地冲下山坡。
我希望无论她们将来会不会做网络编程的工作，都能永远保持这种对待生活的无畏。

引　言

经过20年来的严谨创新，Python在引入了诸如上下文管理器（context manager）、生成器（generator）以及推导式（comprehension）等特性的同时，仍然保持了其语法及概念一贯的简洁。Python终于开始大放异彩，这对于Python社区来说，分外激动人心。

在有些人眼中，Python是一门只能被Google和NASA这种一流编程机构冒险使用的精品语言，但事实恰好相反，Python正在被广泛使用。它不仅应用于传统的编程任务，如Web应用程序设计；也被大量"被赶鸭子上架的程序员"——科学家、数据专员以及工程师所采用，他们编程并非出于兴趣，而是必须靠编程才能在自己的领域中更进一步。我认为，一门简单的编程语言为业余编程人员提供的便利是不容小觑的。

Python 3

自2008年问世以来，Python 3一直在不断修订和精简，以期承担起Python 2的角色。如今，Python 3迎来了面世以来的第二个5年，已然成为了Python社区内进行创新的首选平台。

Python 3提供给网络程序员的编程平台几乎在方方面面都有所改进，无论是基础性的（如将Unicode文本设为Python 3的默认字符串类型），还是特有的（如对SSL的正确支持、内置的用于异步编程的asyncio框架，以及对标准库中大大小小的模块的细微调整）。这是一个显著的进步。要知道，Python 2就已经是程序员在现代互联网环境中用来快速高效工作的最佳语言之一了。

本书的目的并非提供从Python 2迁移到Python 3的全面指南。本书不会讲述如何给老版本的print语句添加括号，也不会介绍如何对导入的标准库模块进行重命名，更不会讲解如何对Python 2中从字节字符串到Unicode字符串的自动转换（这一转换通常基于粗略的猜测）这一危险特性引入的缺陷代码进行深度调试。关于如何从Python 2迁移到Python 3，以及如何仔细编写能够同时支持这两个平台的代码，已经有很多优质的资源提供了相应的指导。

本书的重点在于网络编程，并且在所有示例脚本及代码片段中都使用Python 3来阐释。这些例子的目的是帮助读者全面了解使用这门语言提供的工具构建网络客户端、网络服务器以及网络工具的最佳实践。读者可以将这些例子与第2版中各章使用的脚本进行比较，以此来学习从Python 2到Python 3的迁移。两个版本的代码都可以从https://github.com/brandon-rhodes/fopnp/tree/m/获取。这要感谢Apress出版社，让我们能够从网络上获取源代码。接下来各个章节的目的就是介绍如何最大化地使用Python 3提供的功能来解决现代网络编程的问题。

本书直接把关注点放在了如何使用Python 3正确完成工作上，希望以此帮助准备从头开始编写新应用程序的程序员和准备将老版本代码移植到新规范的程序员。他们都应该了解如何使用Python 3编写出正确的网络程序代码，并清楚他们应该努力去编写的目标代码的样式和特点。

这一版的改进

这一版对以前的版本进行了更新，除了将目标语言向Python 3迁移，以及对过去5年中标准库和第三方Python模块进行了许多更新外，还在如下方面进行了改进。

- 这一版列出的每个Python程序都编写成了一个模块。换言之，每个程序都会导入其依赖的模块，定义其函数或类，然后通过一个if语句来确保所有导入行为。只有在模块__name__为特殊字符串值'__main__'时，该if语句对应的代码块才会执行。模块__name__为'__main__'，表示该模块作为主程序执行。这是在本书之前版本中被彻底忽略的一个Python最佳实践，使得读者无法很方便地将示例代码应用到真实的代码库中解决问题。老版本的代码清单在左边空白区域列出了执行逻辑，而没有将其放在if语句中。这样做可能会少写一两行代码，但是初学Python的程序员在部署实际代码时，能从中得到的实践指导却少了很多。
- 老版本中的脚本临时使用原始的sys.argv字符串列表来解析命令行选项和参数，而这一版中的大多数脚本使用的则是标准库的argparse模块。这不仅阐明并记录了每个脚本被调用时表示的语义，还允许每个脚本的用户使用-h或者--help查询选项，在Windows或Unix的命令行中获取交互式的帮助文档。
- 这一版的程序通过在with控制语句中打开文件来进行合理的资源控制。with语句包含的代码块完成的时候，打开的文件会自动关闭。在之前的版本中，大多数程序并不会这样做，而是依赖于C Python的运行时服务。Python的官方网站提供的C Python通过严格的引用计数机制，通常可以确保打开的文件能够及时关闭。
- 大多数程序在进行字符串插值时已经转而使用现代的format()方法，以前则使用string % tuple的方法。后者在20世纪90年代有一定的意义，因为那时大多数程序员都通晓C语言。但对于现在进入这个领域的新人程序员来说，这种方法可读性较差，而且由于自定义的Python类不能对百分号格式符进行操作符重载，因此提供的功能也不够强大。
- 重写了关于HTTP和万维网的3章（第9章至第11章），侧重于更清晰地解释协议，并介绍Python所提供的大部分用于编写Web应用的现代工具。这一版在解释HTTP协议时使用Requests库进行客户端操作，它提供的API相当实用。第11章提供了Flask和Django框架的示例。
- Python 3大量改进了为编写安全的应用程序所提供的支持，所以这一版彻底重写了关于SSL/TLS（第6章）的内容。Python 2的ssl模块使用的是一个折中的方法。该方法功能较弱，甚至没有验证服务器的证书是否与Python连接的主机名对应。因此，Python 3的ssl模块提供了一个设计更严谨、功能更丰富的API，以便用户安全方便地使用其特性。

因此，对于渴望不断学习的程序员来说，且不论Python 3本身所做出的改进，单论代码清单以及示例的构建，这一版相较以前的版本也绝对是更好的资源。

网络实验环境

本书给出程序的源代码可在网上获取，因此本书所有者及想要阅读本书的读者均可访问网络资源进行学习。读者可以从如下网址找到本书各章的代码目录：

https://github.com/brandon-rhodes/fopnp/tree/m/py3

然而对于对网络编程充满好奇的学生来说，本书给出的代码清单所能提供的帮助仍然是有限的。如果只在单机上进行实验，那么网络编程的很多特性都无法得到体现。因此，本书的程序库也提供了一个由12台机器组成的网络实验环境，每台机器通过一个Docker容器实现。程序库同样包含了一个安装脚本，用来构建、启动以及连接各容器的镜像。读者可从如下地址找到该安装脚本以及容器镜像：

https://github.com/brandon-rhodes/fopnp/tree/m/playground

图0-1展示了这12台机器以及它们的连接架构。该网络的设计目的是模拟一个小型的互联网。

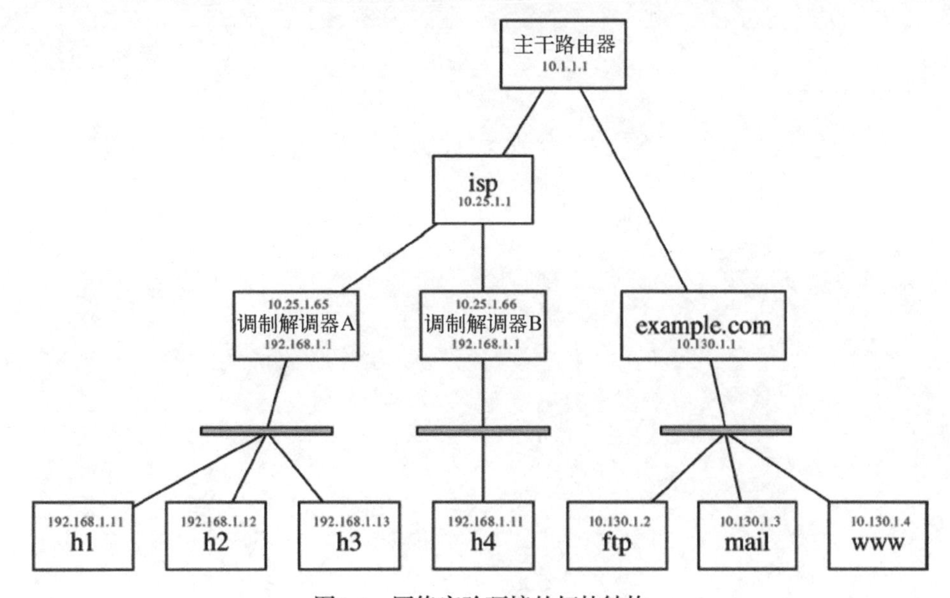

图0-1　网络实验环境的拓扑结构

- 调制解调器A和B下面的客户机（h1到h4）表示典型的客户端场景，如家庭或咖啡店。这些客户机不向互联网提供服务。事实上，它们对外部网络是完全不可见的。它们与同一家庭或咖啡店环境内的其他主机共享子网，只拥有在这些子网内才有意义的本地IP地址。当这些客户机连接外网时，其实都是通过调制解调器的IP地址进行连接的。
- 调制解调器可通过一个ISP网关与更广域的网络直接相连。实验环境中的广域网由一个主干路由器表示，该路由器负责将数据包发送至与之相连的网络。
- example.com及与之相连接的机器表示一组简单的面向服务的机房配置。这里没有进行任何网络地址转换或伪装。互联网上的各个客户端可随意访问example.com后的3个服务器提供的服务端口。
- ftp服务器、mail服务器和www服务器中的任意一个都运行着正确配置的守护进程。因此，本书中的Python脚本也可以运行在其他机器上，并成功连接到上述服务。
- 所有服务器均已成功安装TLS证书（见第6章），而所有客户机则有example.com的签名认证，并安装了受信证书。这意味着要求TLS认证的Python脚本可以成功获取认证。

随着Python和Docker的不断优化，我们也会持续维护网络实验环境。关于如何下载并在本机上运行该网络实验环境的使用说明会不断更新，也会根据用户的使用报告进行微调，以保证读者可以在Linux、Mac OS X以及Windows机器上运行该实验环境的虚拟机。

由于可以在网络实验环境的任意一台机器上连接并运行命令，读者可对网络中的任意一个点进行数据包追踪，查看客户端和服务器之间的网络数据传输情况。通过文档中的示例代码以及本书中的例子和使用说明，读者可以深刻、生动地理解客户端与服务器是如何通过网络进行通信的。

致　　谢

2009年，当我开始修订本书第1版，重新编写第2版时，我就对自2004年出版第1版以来的5年之内Python语言发生的巨大变化震惊不已。CherryPy和Django这样全新的Web框架彻底改变了程序员编写Web应用的方式，而mechanize和lxml这样的库也大大简化了从HTTP服务器获取信息的步骤。

当我完成第3版的初稿时，Python社区又完成了一次革新！大大小小的改进让我觉得有必要对一些文字进行修改，并且彻底重写某些章节。这个新版首要体现了整个Python语言社区的辛勤工作，无论是编写Python 3的语言核心开发者，还是Flask、Tornado等让编写HTTP服务更方便更安全的新Web框架的作者，又或者是维护标准库和第三方库的程序员；说真的，他们对整个生态系统进行了优化，加入了大量工具和库，帮助我们更好地编写互联网程序。

自第2版出版以来，许多读者联系了我，提出了各种问题和想法，或是指出某个代码清单无法成功运行或是不再正确。我希望他们知道，这些反馈对于新版本的编写是至关重要的，我想他们将在这本书中看到基于这些反馈所做出的重大改进。

非常感谢Apress的编辑和审稿人，他们阅读了我的初稿（有些地方写得特别挫），发现代码清单中的bug以及错误，在编写到完成的过程中给予了帮助及指导。我要特别感谢文字编辑，我慢慢地从他们那里学到不要在每句话里都说very和actually。也要感谢他们，让我在人生中慢慢学会如何区分在连接从句时该使用that还是which。

最后，感谢在我编写本书时所有等着我回邮件、改bug或是和我见面的人，特别感谢我的妻子Jackie一直给我鼓励。

致谢

[illegible]

目 录

第 1 章

客户端/服务器网络编程简介

1

本书将带领读者使用Python语言探索网络编程。全书涵盖了网络编程的基本概念、模块以及第三方库，这些第三方库在使用流行互联网通信协议与远程机器进行通信时可能会用到。

本书并不适用于未使用过Python语言甚至未编写过计算机程序的读者，因为书中并不教授如何使用Python语言进行编程。本书假设读者已经通过相关资料对Python编程有所了解。我希望书中的Python示例能够帮助读者了解如何组织并编写自己的代码，但我会不加解释地大量使用各种高级的Python特性。不过，在遇到一些我认为尤其有趣或巧妙的用法时，我也会指出并加以说明。

另一方面，本书并不预设读者有任何网络知识！只要使用过浏览器或者发送过电子邮件，就完全可以从头开始阅读本书并循序渐进地学习计算机网络。本书会从应用开发者的角度来介绍网络：一是从实现一个网络连接服务的角度，例如网站、邮箱服务器或者网络游戏；二是从编写使用服务的客户端程序的角度。

然而，需要注意的是，本书并不教授如何建立或配置网络。网络设计、服务器管理以及自动化配置都是内容丰富的主题，并且与本书涉及的计算机编程内容没有重复。随着在OpenStack、SaltStack和Ansible中的大量应用，Python确实已经在自动化配置领域得到了广泛的应用。尽管如此，如果读者想深入学习配置运维相关的技术，还是应该寻找专门介绍这方面技术的书籍和文档。

1.1 基础：协议栈与库

在学习Python网络编程的过程中，会不断遇到以下两个概念。

- 协议栈（protocol stack）。复杂的网络服务建立在简单网络服务的基础之上。
- 经常需要使用之前编写过的Python库（library），包括Python内置的标准库以及下载安装的第三方库，来解析要使用的网络通信协议。

很多情况下，网络编程就是选择并使用一个已经支持所需网络操作的库的过程。本书的主要目的就是向读者介绍Python的一些重要网络库，并讲解这些网络库所使用的底层网络服务。通过了解底层知识，除了可以理解网络库的运行原理外，还能够在底层部分出现错误时知道具体发生了什么，因此对读者是大有裨益的。

让我们从一个简单的例子开始。下面是一个邮箱地址：

```
207 N. Defiance St
Archbold, OH
```

假设我们想知道该物理地址的纬度和经度。谷歌提供的地理编码API就能够完成这种从物理地址到经纬度的转化。那么如何通过Python来使用这个网络服务呢？

想要使用一个全新的网络服务时，总是可以先查找一下是否有人已经实现了这个服务的通信协议。在本例中，所需要使用的是谷歌地理编码协议（Google Geocoding protocol）。因此可以先查阅Python的标准库文档，看看有没有与地理编码有关的内容。

http://docs.python.org/3/library/

读者查询到有关地理编码的库了吗？我也没有找到。尽管如此，经常查阅标准库目录对于Python程序员来说还是非常重要的，因为每次查询都可以加深对Python提供的服务的了解。Doug Hellmann的博客"Python Module of the Week"是另一个极佳的参考资料，读者也可以从中了解Python标准库提供的功能。

由于标准库没有提供用于本例的包，因此我们可以查询Python包索引（Python Package Index）。这是一个相当优质的资源，可以从中找到全球各地的程序员和机构贡献的各种通用包。读者也同样可以通过所用服务提供商的网站查看其是否提供Python库的接口。除此之外，还可以直接用Python加上要使用的网络服务名称作为关键字，在谷歌上搜索，看看搜索结果中的前几个链接是否值得一试。

在本例中，我搜索了Python Package Index，找到如下链接：

https://pypi.python.org/

然后搜索geocoding，很快就找到了一个叫作pygeocoder的包，这个包提供了简洁的接口来获取谷歌的地理编码服务。（尽管从包名可以注意到，这个包并非由谷歌官方提供，而是第三方开发者开发的。）

http://pypi.python.org/pypi/pygeocoder/

正常情况下，开发者都能找到一个看上去完全满足需求的Python包并想试一试。我要在这里暂停一下，向读者介绍一个用来尝试新Python库的最棒的技术：virtualenv！

以前，Python包的安装令人厌恶，并且不可逆。安装过程要求管理员权限，因此永久性地修改了系统的Python安装环境。经过了几个月的大规模Python开发，系统的Python包安装目录下就包含了大量的无用包，这些包均通过手动安装。更悲剧的是，一些新安装的包可能由于与已安装的包不兼容而无法使用。要知道，使用这些已安装包的项目在几个月前就已结束。

而现在，谨慎的Python程序员再也不会遭这种罪了。通常来说，只要在系统层面上安装一个Python包就够了，那就是virtualenv！只要安装了virtualenv，就可以创建任意数量的小型、独立的"虚拟Python环境"。如果想要做实验的话，可以在这些"虚拟Python环境"中安装或卸载相应的包。这很好地保护了系统Python环境。当一个特定的项目或实验结束之后，只需删除对应的虚拟环境目录即可。过程简单，系统也能保持干净。

在本例中，需要新建一个虚拟环境来测试pygeocoder包。如果读者之前从未在系统上安装过virtualenv，可访问下面的链接来下载并安装：

http://pypi.python.org/pypi/virtualenv

virtualenv安装完成后，便可使用如下命令来新建一个环境。（在Windows环境中，虚拟环境中包含Python二进制可执行文件的目录被命名为Scripts，而不是bin。）

```
$ virtualenv -p python3 geo_env
$ cd geo_env
$ ls
```

```
bin/ include/ lib/
$ . bin/activate
$ python -c 'import pygeocoder'
Traceback (most recent call last):
  File "<string>", line 1, in <module>
ImportError: No module named 'pygeocoder'
```

由上可见，pygeocoder包尚未安装。由于运行了activate命令，新建的虚拟环境现在已经在系统路径中了，因此可在虚拟环境中使用pip命令安装pygeocoder包。

```
$ pip install pygeocoder
Downloading/unpacking pygeocoder
  Downloading pygeocoder-1.2.1.1.tar.gz
  Running setup.py egg_info for package pygeocoder

Downloading/unpacking requests>=1.0 (from pygeocoder)
  Downloading requests-2.0.1.tar.gz (412kB): 412kB downloaded
  Running setup.py egg_info for package requests

Installing collected packages: pygeocoder, requests
  Running setup.py install for pygeocoder

  Running setup.py install for requests

Successfully installed pygeocoder requests
Cleaning up...
```

virtualenv中pygeocoder包的二进制可执行文件现在已经可以使用了。

```
$ python -c 'import pygeocoder'
```

安装了pygeocoder后，代码清单1-1所示的程序search1.py就可以运行了。

代码清单1-1　获取经度与纬度

```
#!/usr/bin/env python3
# Foundations of Python Network Programming, Third Edition
# https://github.com/brandon-rhodes/fopnp/blob/m/py3/chapter01/search1.py

from pygeocoder import Geocoder

if __name__ == '__main__':
    address = '207 N. Defiance St, Archbold, OH'
    print(Geocoder.geocode(address)[0].coordinates)
```

在命令行运行上述程序，可得到如下结果：

```
$ python3 search1.py
(41.521954, -84.306691)
```

看，屏幕上已经打印出了该地址的经纬度！这个结果是直接从谷歌的网络服务获取到的。我们的第一个示例程序成功了。

通过上面的过程，你可能会觉得一本讲Python网络编程的书只是教你直接下载安装一个第三方包，然后把一个有趣的网络编程问题变成了3行无聊的Python脚本！你是不是觉得很不爽？淡定！你会发现

90%的编程挑战就是这么解决的——在Python社区中寻找其他已经解决你所面临问题的程序员，然后在他们的解决方案的基础上构建智能又简洁的方案。

但是，本例还没彻底完成。我们已经展示了如何简单地获取复杂的网络服务，但是，优雅的pygeocoder接口背后的原理是怎样的呢？网络服务是如何工作的呢？下面，我们将详细学习如何在一个包含至少6层的网络协议栈的顶层构建这个复杂的服务。

1.2　应用层

第一个示例程序使用了一个从Python包索引下载的第三方Python库来解决问题。这个第三方库完整地包装处理了谷歌地理编码API。但如果没有这样的库怎么办呢？如果需要自己为谷歌地图API编写客户端又该怎么办呢？

让我们通过代码清单1-2所示的search2.py来看看答案。这个程序没有使用直接提供地理编码功能的第三方库，而是使用了更底层的Requests库。Requests库相当流行，较pygeocoder更底层一些。从前面的pip install命令可以看出，Requests库也已经安装在虚拟环境中了。

代码清单1-2　从谷歌地理编码API获取一个JSON文档

```
#!/usr/bin/env python3
# Foundations of Python Network Programming, Third Edition
# https://github.com/brandon-rhodes/fopnp/blob/m/py3/chapter01/search2.py

import requests

def geocode(address):
    parameters = {'address': address, 'sensor': 'false'}
    base = 'http://maps.googleapis.com/maps/api/geocode/json'
    response = requests.get(base, params=parameters)
    answer = response.json()
    print(answer['results'][0]['geometry']['location'])

if __name__ == '__main__':
    geocode('207 N. Defiance St, Archbold, OH')
```

运行这段Python程序的返回结果与第一个脚本的结果颇为相似。

```
$ python3 search2.py
{'lat': 41.521954, 'lng': -84.306691}
```

但可以看到，程序输出并非完全相同。例如，JSON数据将结果封装为一个“对象”，Requests库以Python字典的形式提供了该“对象”。但显而易见的是，这个脚本与第一个脚本基本完成了相同的功能。

读者很容易注意到，本例中的代码并未像pygeocoder库一样提供更高层的地理编码语义。只有仔细分析这段代码才可能知道，其目的是查询一个邮寄地址对应的经纬度。在search1.py中，程序直接请求将地址转化为经纬度，而代码清单1-2则仔细地构造了一个基础URL以及一系列查询参数。程序编写者需要阅读过谷歌的文档才能清楚了解这些查询参数的意义。顺便提一下，如果想阅读该文档，可以从如下链接找到API描述：

http://code.google.com/apis/maps/documentation/geocoding/

仔细观察search2.py中的查询参数，可以发现，需要查询的邮寄地址是由名为address的参数标识的。另一个参数则向谷歌表明，该位置查询并非源于移动设备位置传感器提供的实时数据。

接收到该URL查询的结果文档后，手动调用response.json()方法将结果转化为JSON格式，并通过Python字典的多层取值获取正确的经度和纬度。

search2.py与search1.py完成的功能是相同的，不过区别在于，search2.py并没有通过地址和纬度这样的语义直接解决该问题，而是通过构造URL，获取查询响应，然后将结果转化为JSON，一步一步地解决了这个问题。这一区别在研究网络协议栈高层与底层协议时是相当常见的。高层的代码描述了查询的意义，而底层的代码则展示了查询的构造细节。

1.3 协议的使用

第二个例子的脚本构建了一个URL，并获取了该URL查询的响应文档。这一操作听上去相当简单。当然，为了使URL查询看起来像是一个基础操作，Web浏览器其实做了很多的工作。然而，URL之所以可以用来获取某个文档，真正原因显然是其描述了网络上该特定文档的位置以及获取方法。URL包含了协议的名称，后面跟着保存文档的主机名，最后是该主机上特定文档的路径。URL提供了更底层协议查询该文档所需的指令。这样一来，search2.py就能够解析URL并获取响应文档了。

事实上，这个URL使用的底层协议就是著名的HTTP（Hypertext Transfer Protocol，超文本传输协议），HTTP协议几乎是所有现代网络通信的基础。在第9章、第10章和第11章中，读者将学到更多有关HTTP协议的知识。Requests库从谷歌获取结果的具体原理机制其实就是由HTTP提供的。如果不想使用Requests库提供的神奇功能，而是想直接使用HTTP来获取结果，又该怎么做呢？代码清单1-3所示的search3.py便是答案。

代码清单1-3　使用原始HTTP操作连接谷歌地图

```
#!/usr/bin/env python3
# Foundations of Python Network Programming, Third Edition
# https://github.com/brandon-rhodes/fopnp/blob/m/py3/chapter01/search3.py

import http.client
import json
from urllib.parse import quote_plus

base = '/maps/api/geocode/json'

def geocode(address):
    path = '{}?address={}&sensor=false'.format(base, quote_plus(address))
    connection = http.client.HTTPConnection('maps.googleapis.com')
    connection.request('GET', path)
    rawreply = connection.getresponse().read()
    reply = json.loads(rawreply.decode('utf-8'))
    print(reply['results'][0]['geometry']['location'])

if __name__ == '__main__':
    geocode('207 N. Defiance St, Archbold, OH')
```

这个程序直接使用了HTTP协议。首先请求连接一台特定的主机，然后手动构造一个带path参数的GET查询，最后直接从HTTP连接读取响应结果。这种方法没有使用字典将查询参数方便地表示为独立的键值对，而是直接将它们手动嵌入到查询地址中。要通过这种方法完成查询，需要在问号（?）后跟上由&分隔的参数。这些参数通过name=value的形式来表示。

尽管方法不同，但程序运行的结果与前两个程序基本相同。

```
$ python3 search3.py
{'lat': 41.521954, 'lng': -84.306691}
```

在阅读本书的过程中，读者会发现，HTTP只是Python标准库提供内置实现的众多协议之一。在search3.py中，毋需关心HTTP的实现细节，只需编写代码，简单地发送查询，然后查看相应结果即可。当然，这个程序需要处理的协议细节已经比search2.py更基础一些了，因为本例使用的协议比起前面的程序在协议栈中更低了一层。不过，至少仍然可以使用标准库来处理实际的网络数据，并保证其运行正确。

1.4 一个原始的网络会话

当然，HTTP是无法通过稀薄的空气在两台机器间传输数据的。HTTP协议必须使用一些更简单的抽象来完成操作。事实上，现代操作系统提供了使用TCP协议在IP网络的不同程序间进行纯文本网络会话的功能，而HTTP协议正是使用了这一功能。换句话说，HTTP协议精确描述了两台主机间通过TCP传输的信息格式，并以此提供HTTP的各项功能。

如果继续深入观察HTTP的底层实现细节，那么你将到达通过Python可以方便操作的网络协议栈的最底层。仔细阅读代码清单1-4所示的search4.py，它向谷歌地图发起了与前三个程序相同的网络请求。不同的是，search4.py向网络发送了一个原始文本信息作为请求，并收到了很多原始文本作为响应。

代码清单1-4 直接使用套接字与谷歌地图通信

```
#!/usr/bin/env python3
# Foundations of Python Network Programming, Third Edition
# https://github.com/brandon-rhodes/fopnp/blob/m/py3/chapter01/search4.py

import socket
from urllib.parse import quote_plus

request_text = """\
GET /maps/api/geocode/json?address={}&sensor=false HTTP/1.1\r\n\
Host: maps.googleapis.com:80\r\n\
User-Agent: search4.py (Foundations of Python Network Programming)\r\n\
Connection: close\r\n\
\r\n\
"""

def geocode(address):
    sock = socket.socket()
    sock.connect(('maps.googleapis.com', 80))
    request = request_text.format(quote_plus(address))
    sock.sendall(request.encode('ascii'))
```

```
    raw_reply = b''
    while True:
        more = sock.recv(4096)
        if not more:
            break
        raw_reply += more
    print(raw_reply.decode('utf-8'))

if __name__ == '__main__':
    geocode('207 N. Defiance St, Archbold, OH')
```

从search3.py到search4.py，有一个本质的不同。之前的3个程序各自都使用了一个Python库。Python的实现已经提供了这些库。我们可以使用这些库解析复杂的网络协议。而在本例中，我们已经深入到了最底层：使用主机操作系统提供的原始socket()函数来支持IP网络上的网络通信。换句话说，这种编写网络程序的方式和使用C语言的底层系统程序员所用的一样。

在后面的几章中，读者将学习更多关于套接字的知识。目前可以从search4.py中观察到，原始网络通信的过程就是发送与接收字节串的过程。发送的查询是一个字节串，接收到的响应同样也是一个字节串。在本例中，我们将这个大型的响应字节串打印到屏幕。这样，读者就可以直观感受到底层操作的魅力了。（1.6节解释了为什么在打印前将字符串解码。）我们可以通过sendall()函数传入的参数了解到该HTTP查询的具体内容。能够看到，查询中包含了关键字GET（表示希望进行的操作的名称），GET后跟着待获取文档的路径以及支持的HTTP版本。

```
GET /maps/api/geocode/json?address=207+N.+Defiance+St%2C+Archbold%2C+OH&sensor=false HTTP/1.1
```

GET信息后跟着一些请求头，每个请求头包含了名称、冒号、值。最后是表示请求结束的回车符和换行符。

运行search4.py，查询的响应将会直接打印出来，如代码清单1-5所示。在本例中，我只是简单地将响应在屏幕上打印了出来，而没有编写复杂的文本处理代码来解析这一响应。这么做是因为，我认为阅读屏幕上打印出来的HTTP响应能够帮助读者更好地了解HTTP响应的形式。相比之下，要理解用于解析HTTP响应的代码就困难多了。

代码清单1-5　search4.py的运行输出

```
HTTP/1.1 200 OK
Content-Type: application/json; charset=UTF-8
Date: Sat, 23 Nov 2013 18:34:30 GMT
Expires: Sun, 24 Nov 2013 18:34:30 GMT
Cache-Control: public, max-age=86400
Vary: Accept-Language
Access-Control-Allow-Origin: *
Server: mafe
X-XSS-Protection: 1; mode=block
X-Frame-Options: SAMEORIGIN
Alternate-Protocol: 80:quic
Connection: close

{
   "results" : [
      {
```

```
            ...
            "formatted_address" : "207 North Defiance Street, Archbold, OH 43502, USA",
            "geometry" : {
               "location" : {
                  "lat" : 41.521954,
                  "lng" : -84.306691
               },
               ...
            },
            "types" : [ "street_address" ]
         }
      ],
      "status" : "OK"
   }
```

可以看到，HTTP响应的结构和HTTP请求相当类似。首先是状态行，然后跟着一些响应头。响应头后有一个空行，接着就是响应体。响应体是一个JavaScript数据结构，也就是JSON这一简单的格式。这个JSON就是之前查询的响应结果，描述了查询谷歌地理编码API返回的地理位置。

当然，这里的所有状态和响应头事实上都是之前的程序中使用httplib库处理的底层细节。在本例中，可以看到，如果没有分层，那么网络通信的具体细节是什么样的。

1.5　层层深入

希望读者能够喜欢之前的几个Python网络编程的例子。这些例子展现了使用Python进行网络编程的一些要点。

第一个要点，读者可能对协议栈这一术语有了更深的了解：先构建利用网络硬件在两台计算机之间传送文本字符串的原始对话功能，然后在此基础上创建更复杂、更高层、语义更丰富的对话（“我想知道这个邮寄地址对应的地理位置”）。

在前面例子中分析过的协议栈包含4层。

- 最上层的谷歌地理编码API，对如何用URL表示地理信息查询和如何获取包含坐标信息的JSON数据进行了封装。
- URL，标识了可通过HTTP获取的文档。
- HTTP层，支持面向文档的命令（例如GET）。该层的操作使用了原始TCP/IP套接字。
- TCP/IP套接字，只处理字节串的发送和接收。

可以看到，协议栈的每一层都使用了其底层协议提供的功能，并同时向上层协议提供服务。这是第一点。

通过这些例子说明的第二个要点是，Python对我们涉及的各网络层都提供了非常全面的支持。除非是要使用应用提供商定制的协议并定制请求的格式（如本例中使用pygeocoder连接谷歌服务），否则无需使用第三方库。我在第二个程序实例中选择使用Requests库，并非因为标准库缺少`urllib.request`模块，而是因为标准库提供的API太过时了。对于涉及的其他所有协议层，Python都内置了很强的支持。无论是要获取特定URL标识的文档，还是使用原始网络套接字来接收字符串，Python都提供了现成的函数和类来解决这些问题。

第三点，注意到随着使用的通信协议越来越底层，程序的质量也明显随之下降。例如，search2.py

和search3.py就对查询的表单结构和主机名等进行了硬编码。这样做使得程序的灵活性较差，日后较难维护。search4.py的代码就更差了，它包含了一个手写的、无参数的HTTP请求，这个请求的结构是Python完全无法解析的。当然，search4.py也不包含任何可用于解析HTTP响应，或分析可能的网络错误情况所需的实际逻辑。

这说明了一个问题：正确实现网络协议并非易事。因此，应该尽可能地使用标准库或第三方库。在阅读本书剩余章节时，应将这点牢记于心。尤其是在编写网络客户端时，人们总是一不小心就将代码写得过于简单。人们总是倾向于忽略很多可能发生的错误情况，而只处理最可能出现的情况。适当的转义参数也经常被忽略，因为人们总是轻易相信查询字符串永远只会包含简单的字母字符。总而言之，人们经常会编写相当脆弱的代码。在技术上可行的情况下，对与之交互的服务考虑得少之又少。而如果使用一个已经精心实现了协议的第三方库，那么所有可能情况和麻烦的边界条件带来的问题都可迎刃而解。这是因为不同的Python开发者都要使用这个库来完成各种各样的工作，而库的实现者已经发现并知道如何恰当地解决这些问题。

第四点，需要强调的是，高层的网络协议（如用来解析街道地址的谷歌地理编码API）通常都会将其底层网络细节隐藏。如果一个人只使用过pygeocoder库，可能永远不会知道URL和HTTP是pygeocoder用来解决这个问题的底层机制！

有一个有趣的问题：Python库是否在底层正确地隐藏了错误？这个问题的答案取决于Python库实现得有多仔细。如果发生了一个网络错误，导致暂时无法访问谷歌，那么是否应该在查询街道地址坐标的代码中抛出一个原始的底层网络异常？是否要将所有的错误转换为包含地理编码语义的高层异常？在阅读本书的过程中，请仔细关注网络异常捕获这一话题，尤其是在强调底层网络通信的章节中。

最后一点，也是在本章剩余部分将进行介绍的：search4.py使用的`socket()`接口其实并不是查询谷歌涉及的最底层的协议！正如本例中的网络协议构建于原始套接字之上一样，套接字这一抽象其实也基于更底层的协议，只不过这些协议由操作系统管理，而非Python。

下面列出了`socket()` API层之下的几层。

- 传输控制协议（TCP），该层通过发送（可能重发）、接收以及重排称为数据包（packet）的小型网络信息，支持由字节流组成的双向网络会话。
- 网际协议（IP），该层处理不同计算机间数据包的发送。
- 最底层的“链路层”，该层负责在直接相连的计算机之间发送物理信息，由网络硬件设备组成，如以太网端口和无线网卡。

在本章剩余部分以及第2章和第3章，读者将学习到这些底层的网络协议。在本章中，我们将先从了解IP层开始。之后的章节会介绍UDP和TCP这两个颇为不同的协议如何支持在两台联网的主机应用间进行的两种基本会话类型。

不过在这之前，让我们先来谈谈字节与字符。

1.6 编码与解码

Python 3对字符串和底层字节序列做了明显的区分。字节（byte）是计算机网络通信过程中实际传输的二进制数。每个字节由8位二进制数构成，范围从00000000至11111111，转换为十进制整数就是0到255。Python中的字符（character）串则包含了Unicode字符，比如a（Unicode标准中称之为“小写拉丁字母A”)，或者}（右花括号），或者∅（空集）。尽管每个Unicode字符均有一个叫作*编码点*（code point）的数字标识符与之对应，我们还是可以将其视为内部实现细节。Python 3对字符的处理相当谨慎，除非使用者主动请求Python对字符和外部可见的实际字节进行相互转化，否则对使用者可见的只有字符。

两者间的相互转化操作有正式的名称。

解码（decoding）是在应用程序使用字节时发生的。此时需要理解这些字节的意义。试想，当应用程序从文件或网络接收到字节时，程序就像一个一流间谍一样，对通信信道间传输的原始字节进行解密。

编码（encoding）是程序将字符串对外输出时所实施的过程。此时，应用程序使用某一种数字计算机使用的编码方法将字符串转化为字节。当计算机需要传输或存储符号时，字节才是真正使用的格式。回想一下刚才提到的间谍，它需要将得到的消息传送回去，那么就需要将消息符号转化为某种能够在网络间传输的代码。

使用Python 3操作这两个过程是相当简单的。使用decode()方法将读入的字节串转化为字符串，使用encode()方法对要输出的字符串进行编码。代码清单1-6展示了这一技术。

代码清单1-6　解码输入字节，编码输出字符

```
#!/usr/bin/env python3
# Foundations of Python Network Programming, Third Edition
# https://github.com/brandon-rhodes/fopnp/blob/m/py3/chapter01/stringcodes.py

if __name__ == '__main__':
    # Translating from the outside world of bytes to Unicode characters.
    input_bytes = b'\xff\xfe4\x001\x003\x00 \x00i\x00s\x00 \x00i\x00n\x00.\x00'
    input_characters = input_bytes.decode('utf-16')
    print(repr(input_characters))

    # Translating characters back into bytes before sending them.
    output_characters = 'We copy you down, Eagle.\n'
    output_bytes = output_characters.encode('utf-8')
    with open('eagle.txt', 'wb') as f:
        f.write(output_bytes)
```

本书的示例尝试将字节与字符仔细区分开来。注意在调用两者的repr()方法时的区别：字节串由字母b开始，如b'Hello'；而字符串则没有起始字母，如'world'。为了消除字节串与字符串带来的混淆，Python 3只对字符串类型提供了大量的字符串方法。

1.7　网际协议

网络互联（networking）指的是通过物理链路将多台计算机连接，使之可以相互通信。而*网际互联*（internetworking）指的是将相邻的物理网络相连，使之形成更大的网络系统，比如互联网。但这两者本质上都是允许资源共享的精心设计的机制。

当然，计算机中的各种各样的资源都需要被共享。磁盘、内存以及CPU都由操作系统进行精密的监控，这样一来，计算机中运行的独立程序就可以互不影响地访问这些资源。而网络则是操作系统需要保护的另一资源，这使得程序间进行通信时不会干涉同一网络中正在进行的其他通信会话。

计算机使用诸如以太网卡、无线发送器以及USB端口等物理网络设备进行相互通信。这些设备都经过了精心设计。多个设备可以共享同一物理媒介，比如12块以太网卡可以插入同一个集线器，30块无线网卡可能共享同一无线信道，DSL调制解调器也使用了频域多路复用。这是电气工程中的一个基本概念。这一技术使得我们在打电话时，电子信号不会被线路中的其他模拟信号干扰。

网络设备间进行共享的基本单元是*数据包*（packet）。数据包就像流通的货币一样，只要有需要，就可以交换。一个数据包是一串长度在几字节到几千字节间的字节串，它是网络设备间进行数据传输的基本单元。专用网络也确实存在，尤其是在电信这样的领域，单个字节在进行传输的时候，可能会被分别路由至不同的地方。尽管如此，用于构建现代计算机电子网络的更通用的技术，都建立在数据包这一基本单元之上。

数据包在物理层通常只有两个属性：包含的字节串数据以及目标传输地址。物理数据包的地址一般是一个唯一的标识符，它标识了在计算机传输数据包的过程中，插入同一以太网段的其他网卡或无线信道。网卡负责发送并接收这样的数据包，使得计算机操作系统不用关心网络是如何处理网线、电压以及信号这些细节的。

那么，什么是网际协议呢？

网际协议（IP）是为全世界通过互联网连接的计算机赋予统一地址系统的一种机制，它使得数据包能够从互联网的一端发送至另一端。理想情况下，网络浏览器无需了解具体使用哪种网络设备来传输数据包，就能够连接上任意一台主机。

Python程序很少直接操作IP这么底层的协议，但是，至少知道它的具体原理还是对我们有所帮助的。

1.8　IP地址

IP的最初版本为连接到万维网的每台计算机分配了一个4字节的地址，通常写为4个由句点分隔的十进制数。每个十进制数表示地址的1字节。因此，每个数的范围是0到255。一个传统的4字节IP地址如下所示：

```
130.207.244.244
```

由于纯数字表示的地址不便于记忆，人们使用互联网时常常用*主机名*（hostname）来代替IP地址。用户只要键入google.com就可访问谷歌了，不用去了解其背后的过程。其实，它是将主机名解析到了类似于74.125.67.103的地址，计算机实际上是通过互联网将数据包传输到了该地址。

代码清单1-7所示的getname.py脚本展示了一个简单的Python程序。该程序用来向运行程序的操作系统请求解析主机名www.python.org，它支持Linux、Mac OS、Windows或其他任何系统。这个特定的网络服务叫作域名系统（DNS，Domain Name System）。DNS响应主机名查询的过程是相当复杂的，在第4章中我们将对这一内容作更详细的讨论。

代码清单1-7　将主机名转换为IP地址

```
#!/usr/bin/env python3
# Foundations of Python Network Programming, Third Edition
# https://github.com/brandon-rhodes/fopnp/blob/m/py3/chapter01/getname.py
```

```
import socket

if __name__ == '__main__':
    hostname = 'www.python.org'
    addr = socket.gethostbyname(hostname)
    print('The IP address of {} is {}'.format(hostname, addr))
```

到目前为止，读者只需记住以下两件事即可。

- 首先，无论一个互联网应用程序看起来多么新奇，实际上IP协议总是使用数字表示的IP地址来作为数据包传输的目标地址。
- 其次，将主机名解析为IP地址这一复杂的细节是由操作系统来处理的。

操作系统倾向于自己处理IP的多数操作细节，而这些细节对用户及Python代码是不可见的。

实际上，如今地址表示的问题比上述简单的4字节机制要复杂一些。因为全球的4字节IP地址已经开始不够用了，人们又部署了一种名为IPv6的扩展地址机制。它允许使用16字节的地址。这样的地址数量相当庞大，可以在很长时间内满足人们的需求。IPv6的写法与4字节IP地址不同，如下所示：

```
fe80::fcfd:4aff:fecf:ea4e
```

然而，只要代码从用户处接收IP地址或主机名，然后将它们传递给网络库来处理，那么就可能永远不需要考虑IPv4与IPv6的区别。运行Python代码的操作系统会知道使用的IP版本，并作出相应的解析。

通常情况下，传统的IP地址可以从左往右读：前1~2字节表示某个机构，接下来的字节通常表示目标机器所在的特定子网，最后一个字节将地址细化至该特定的机器或服务。另外，也有一些特殊的IP地址段，它们有着特殊的意义。

- `127.*.*.*`：以127开头的IP地址是特殊的预留地址段，这一地址段由机器上运行的本地应用程序使用。当Web浏览器、FTP客户端或者Python程序连接到这一地址段中的地址时，其实是在与同一机器上的一些其他服务或程序交互。大多数机器只使用这一地址段中的一个地址：`127.0.0.1`。这个IP地址被普遍使用，表示“运行该程序的机器本身”，通常可以通过主机名`localhost`来访问。
- `10.*.*.*`、`172.16-31.*.*`、`192.168.*.*`：这些IP地址段是为私有子网（private subnet）预留的。运营互联网的机构保证过：绝不会把这三个地址段中的任何地址分发给运行服务器或服务的实体公司。因此，在连接互联网时，可以确定，这些地址是没有意义的，它们并不对应可连接的任一主机。所以，如果要构建组织内部网络，可以随意使用这些地址来自由分配内部的IP地址，不需让外网访问这些主机。

我们甚至可能会在自己家里看到这些私有地址。无线路由器或DSL调制解调器经常会把某个私有地址段中的IP地址分配给家用电脑和笔记本，这样就可以把所有的网络流量隐藏起来。而网络服务提供商分配给我们使用的则是另一个“真正的”IP地址。

1.9　路由

一旦应用程序请求操作系统向某一特定IP地址发送数据，操作系统就需要决定如何使用该机器连接的某一物理网络来传输数据。这一决定（根据目的IP地址选择将IP数据包发往何处）就叫作路由（routing）。

我们在职业生涯中编写的大部分甚至全部Python代码，都将运行在网络边缘上，会有一个网络接口将程序与互联网相连。对于运行这些程序的机器来说，路由决定就变得相当简单。

- 如果IP地址形如`127.*.*.*`，那么操作系统会知道数据包的目的地址是本机上运行的另一个应用程序。这个数据包甚至不会被传送给物理网络设备，而是直接通过操作系统的内部数据复制转交给另一应用程序。
- 如果目的IP地址与本机处于同一子网，那么可以通过简单地检查本地以太网段、无线信道，或是其他任何网络信息来找到目标主机。然后就可以将数据包发送给本地连接的机器。
- 否则，计算机将数据包转发给一台*网关机器*（gateway machine）。这台机器将本地子网连接至互联网，然后再决定将该数据包发往何处。

当然，路由只是在网络边缘的时候才这么容易，因为此时只需要决定是将数据包留在本地网络，还是将其发送到网络的其他部分。可以想象，对于组成互联网骨干网的专用网络设备来说，路由决定要复杂得多。这种情况下，需要使用交换机将整个网络的各子网相连。在交换机中构建、查询并不断更新详细的路由表，以此来获知发送给谷歌的数据包要走哪条线路，发送给亚马逊的要走哪条，发送给本机的又要走哪条。然而，Python应用程序很少运行在互联网骨干路由器上，所以在实际操作中遇到的情况几乎全是之前概括的简单路由情形。

在前面的章节中，本书没有明确介绍计算机如何确定某个IP地址是属于本地子网，还是通过网关连接的外网。同一子网中的所有主机有着相同的IP地址前缀。为了阐释子网的概念，本书在前缀后加上星号来表示地址的可变部分。当然，实际上，操作系统中实现网络栈的具体逻辑并没有将ASCII星号插入到路由表中，而是通过结合IP地址和掩码来表示子网。掩码指出了某主机属于某子网所需的高位比特匹配数。如果读者记得IP地址的每字节表示8位二进制数，那么就能轻松读懂子网的数字表示。如下所示。

- `127.0.0.0/8`：此模式描述了前面所述的预留给本机的IP地址段，该模式指出地址的前8位（1字节）必须与127匹配，余下的24位（3字节）则可以是任意值。
- `192.168.0.0/16`：此模式匹配了属于`192.168`私有地址段的任何IP地址，因为它指出前16位必须完全匹配，而这个32位地址的后16位则可以是任意值。
- `192.168.5.0/24`：这里明确指定了一个特定的独立子网。这可能是整个互联网上最常见的子网掩码。地址的前3字节都被明确指定了，用来匹配属于该子网的IP地址。属于该子网的机器只有最后1字节（最后8位）不同。这就允许有256个不同的地址。通常来说，`.0`地址用来表示子网名，`.255`地址则用作“广播数据包”的目标地址，“广播数据包”会被发送到子网内的所有主机（下章中将作介绍）。这样，就有254个地址可以随意分配给计算机。`.1`地址通常用于连接外网的网关，但有些公司和学校也会选择其他地址。

几乎在所有情况下，我们的Python代码都将直接使用主机操作系统提供的功能，去正确地选择数据包路由。这和之前依靠操作系统来将主机名解析至IP地址是一样的。

1.10 数据包分组

最后一个值得提及的IP概念是数据包分组。尽管我们认为操作系统的网络栈已经巧妙地对程序成功隐藏了这一复杂的细节，但是，在互联网的历史上，数据包分组还是引发了大量问题。因此，在这里还是要简单地提一下。

IP支持的数据包极大，最大可至64KB，但是构建于IP网络之上的实际网络设备通常并不支持这么大的数据包，所以分组是相当必要的。例如，以太网只支持1500 B的数据包。因此，网络数据包中包含一个表示“不分组”（DF，Don’t Fragment）的标记，在源计算机与目的计算机之间的某条物理网络无法容纳太大的数据包时，发送者可以通过这个标记选择是否进行分组。

- 如果没有设置DF标记，那么表示允许分组。当数据包的大小超过网络能够容纳的上限时，网关能够将其分为多个小数据包，并进行标记，以表示接收方在接受之后需要将这些小数据包重组为原始大数据包。
- 如果设置了DF标记，那么表示不允许分组。此时如果网络无法容纳数据包，将会丢弃该数据包，并发回一条错误信息。错误信息是由一种特殊信号数据包表示的，这种数据包叫作Internet控制报文协议（ICMP，Internet Control Message Protocol）数据包。发送方在收到错误信息后会尝试将信息分割为较小的数据包，然后重发。

DF标记通常无法由Python程序控制，而是由操作系统来设置。粗略地说，系统通常使用的逻辑是这样的：如果正在进行一个由网络间传输的独立数据报组成的UDP会话（见第2章），那么操作系统不会设置DF标记。这样一来，无论需要传输多少数据，所有数据包都能够到达接收方。反之，如果正在进行的是一个TCP会话（见第3章），而TCP会话是由可能多达成百上千的数据包组成的长数据流，那么操作系统将设置DF标记，这样操作系统就可以选择正确的数据包大小，使得TCP会话顺畅进行。如果不这么做的话，数据包会在途中被不断分组，从而使得会话较为低效。

一个互联网子网能够接收的最大数据包叫作*最大传输单元*（MTU，Maximum Transmission Unit）。关于MTU，曾经有个很大的问题，给很多互联网用户造成了麻烦。在20世纪90年代，互联网服务提供商（尤其是提供DSL链路的电话公司）开始使用PPPoE。PPPoE协议对IP数据包进行封装，封装后的大小只有1492B，而不是以太网允许的最大容量1500B。这使得很多网站措手不及，因为他们默认使用大小为1500B的数据包。他们还使用了一种错误的安全措施，阻塞了所有的ICMP数据包。结果，他们的服务器无法接收到任何ICMP错误信息，也就不知道那些未经分组的长达1500B的数据包到达客户的DSL链路时无法兼容。

这个问题引起的症状令人崩溃，小文件和网页的访问都没有问题，Telnet和SSH等交互式协议也都正常，原因在于这两种操作发送的数据包都小于1492B。然而，一旦用户尝试下载一个大文件，或者某个Telnet或SSH命令一次性大量输出了好几个屏幕的信息，那么连接就会被冻结并无法响应。

现在已经很少碰到这个问题了，但仍然可以从中看出底层IP特性是如何影响用户的。因此，在编写或调试网络程序时将IP特性牢记于心是大有裨益的。

1.11　进一步学习 IP

在余下的章节中，我们将开始学习IP层之上的协议，了解Python的程序如何使用各种基于IP的服务来进行不同类型的网络会话。但如果读者对之前概述的IP工作原理兴趣盎然，并想进一步学习，该怎么办呢？

描述IP的官方资源是由IETF发布的RFC（Requests For Comment）文档。RFC文档精确描述了协议的工作原理。RFC的撰写非常仔细。如果配着一杯浓浓的咖啡，花上几个小时的闲暇时间阅读，那么你就会了解到网际协议工作的每个细节。例如，这里给出了定义网际协议的RFC文档。网址为：

http://tools.ietf.org/html/rfc791

我们同样可以从维基百科等通用资源上找到对RFC文档的引用，而RFC文档也经常引用其他RFC文档，这些文档会对某个协议及其工作机制有更详尽的描述。

如果想要系统学习IP及运行于IP之上的其他协议，推荐学习由Kevin R. Fall和W. Richard Stevens共同编著的《TCP/IP详解（卷1）：协议（第2版）》。这是一部经典之作，在篇幅允许的情况下，涵盖了协议操作的所有细节，且描述细致。另外，还有其他一些不错的书，有通识性的网络书籍，也有专门介绍IP网络和路由架设的网络配置（这些事情是在工作中甚至在家使用电脑联网时会遇到的）方面的书籍。

1.12 小结

除了最基本的网络服务之外，其他所有服务都构建于更基础的网络功能之上。

在本章的开篇，我们介绍了一个栈。TCP/IP协议（将在第3章介绍）仅仅支持在客户端和服务器之间传输字节串。HTTP协议（见第9章）描述了客户端如何通过TCP/IP建立的连接来请求特定的文档，以及服务器如何响应并提供相应的结果。万维网（见第11章）将获取由HTTP托管的文档所需的指令编码为一个特殊的地址，这个地址称为URL。在服务器需要向客户端返回结构化数据时，标准JSON数据格式是最流行的表示返回文档的格式。在这整个复杂的体系之上，谷歌提供了一个地理编码服务。程序员可以构建一个URL用于请求，而谷歌会返回一个描述地理位置的JSON文档。

每当需要在网络上传输文本信息，或将文本信息以字节的方式存储到磁盘等存储设备上时，都要将字符编码为字节。有多种广为使用的方法可以将字符表示为字节。现代互联网最常用的方法是简单而又有限的ASCII编码以及强大而通用的Unicode系统。其中，UTF-8是尤为常见的Unicode编码方法。可以使用Python的decode()将字节串转换为实际字符。encode()方法则可以用于反向的转换。Python 3做了一项尝试，永远不会自动将字节转换为字符串，原因在于要正确完成这一转换操作，就必须事先知道所使用的编码方法，否则只能靠猜。因此，比起Python 2，使用Python 3编写代码时，需要更多地调用decode()和encode()方法。

由于IP网络帮助应用程序传输数据包，网络管理员、设备供应商和操作系统程序员一起协力为单独的机器分配了IP地址，在机器以及路由器上建立了路由表，并配置了域名系统（第4章）以将IP地址和用户可见的域名关联起来。Python程序员应该知道，每个IP数据包在发往目的地址时，都有自己的传输路径。另外，如果一个数据包超过了传输路径上路由器间一跳的大小限制，那么就可能会对这个数据包进行分组。

在大多数应用程序中，有两种使用IP的基本方法。第一种是，将每个数据包视为独立的信息来使用；另一种则是，请求一个被自动分为多个数据包的数据流。这两种协议分别叫作UDP和TCP。它们分别是本书的第2章和第3章要讨论的主题。

第2章 UDP

第1章介绍了支持*数据包*（packet）传输的现代网络硬件。数据包表示较短的信息，大小通常不会超过几千字节。那么，在网络浏览器与服务器进行会话或者电子邮件客户端与ISP的邮件服务器进行会话时，这些独立而小型的数据包是如何组合成会话的呢？

IP协议只负责尝试将每个数据包传输至正确的机器。如果两个独立的应用程序要维护一个会话的话，那么还需要两个额外的特性。这两个特性是由IP层以上的协议来提供的。

- 需要为两台主机间传送的大量数据包打上标签，这样就可以将表示网页的数据包和用于电子邮件的数据包区分开来，而这两种数据包也可以与该机器正在进行的其他网络会话使用的数据包分隔开。这一过程叫作*多路复用*（multiplexing）。
- 对两台主机间独立传输的数据包流发生的任何错误，都需要进行修复。而丢失的数据包也需要进行重传，直到将其成功发送至目的地址。另外，如果数据包到达时顺序错乱，则要将这些数据包重组回正确的顺序。最后，要丢弃重复的数据包，以保证数据流中的信息没有冗余。提供这些保证的特性叫作*可靠传输*（reliable transport）。

对于使用IP层的两个主要协议，本书专门使用了两章分别加以介绍。

第一个是*用户数据报协议*（UDP），就是本章要介绍的。UDP协议只解决了上述的第一个问题。2.1节将提到，UDP协议提供了一个端口号，用于对目标为同一机器上不同服务的多个数据包进行适当的多路分解。虽然支持了多路复用和分解，但是使用UDP协议的网络程序仍然需要自己处理丢包、重包和包的乱序问题。

第二个是*传输控制协议*（TCP）。TCP解决了上述两个问题。它跟UDP一样，使用了端口号来支持多路复用和分解。除此之外，TCP还保证了数据流的顺序及可靠传输。这样一来，尽管连续的数据流在传输时被分为多个数据包，而后在接收端再进行重组，但是这些细节都对应用层隐藏了。读者将在第3章学习关于TCP的知识。

需要注意的是，有一些专用应用程序在IP网络上进行会话时，既不选择TCP协议，也不选择UDP协议，而是创建一个全新的基于IP的协议来支持新的会话方式。这样的应用程序较少，例如一个在局域网内所有主机间共享的多媒体应用。这种情况不仅很少见，而且也不太可能使用Python来编写进行这种底层操作的程序。所以，本书不会涉及类似的协议实现方面的内容。

不得不坦率承认，我们不太可能在自己的任何一个应用程序中使用UDP。如果认为UDP适用于某个应用，读者不妨了解一下消息队列（见第8章）。不过，对UDP的介绍可以让读者了解原始数据包的多路复用，这在准备学习第3章中TCP相关的知识前是重要的一步。

2.1 端口号

在计算机网络和电磁信号理论中，对共享同一通信信道的多个信号进行区分是个常见的问题。多路复用（multiplexing）就是允许多个会话共享同一介质或机制的一种解决方案。使用不同的频率来区分无线电信号是一个著名的发现。UDP的设计者从数字领域分析，选用了一种算不上巧妙但是绝对可行的方案来区分不同的会话。该方案为每个UDP数据包分配了一对无符号16位端口号（port number），端口号的范围从0到65535。源端口（source port）标识了源机器上发送数据包的特定进程或程序，而目标端口（destination port）则标识了目标IP地址上进行该会话的特定应用程序。

在IP网络层上，唯一可见的就是向特定主机传输的数据包。

```
Source IP → Destination IP
```

然而，进行通信的两台机器上的网络栈，需要支持多个运行程序互不影响地同时进行交互，因此可以同时使用IP地址和端口号来标识源机器及目标机器。这种方法更具有针对性。

```
Source (IP : port number) → Destination (IP : port number)
```

对于同一特定会话中发送的数据包，上述4个值是完全相同的。响应数据包则简单地把源IP地址与目标IP地址调换，把源端口号与目标端口号调换。

让我们具体来解释这一思想。假设要在IP地址为192.168.1.9的机器上架设一台DNS服务器（见第4章）。为了让其他计算机能查找到该服务，服务器需要向操作系统请求使用53号端口的权限。该端口是标准DNS端口，用来接收发送至UDP端口的数据包。如果没有已运行的程序占用这个端口，那么DNS服务器将会得到该端口的使用授权。

在这之后，假设一台IP地址为192.168.1.30的客户机想要查询服务器。客户机会在内存中构造该查询，然后请求操作系统将查询封装为一个UDP数据包并发送。数据包到达目标地址时，目的地址的应用程序需要使用某种方法来识别发送该查询的客户端并返回响应，而客户端并没有显式声明请求端口号，因此操作系统会为该查询随机分配一个端口号。假设本例中随机分配了44137号端口。

因此，该数据包会通过如下所示的方式发送至目标地址的53号端口。

```
Source (192.168.1.30:44137) → Destination (192.168.1.9:53)
```

一旦DNS服务器构造完成了响应信息，就会请求操作系统发送一个UDP数据包作为响应。该数据包中的源目标IP地址和端口与请求数据包正好相反。这样，服务器的响应就能直接发回给请求方了。

```
Source (192.168.1.9:53) → Destination (192.168.1.30:44137)
```

因此，UDP机制其实相当简单。它仅使用IP地址和端口号进行标识，以此将数据包发送至目标地址。

但客户端如何获悉需要连接的端口号呢？要解决这一问题，可以采用下面3个常规方法。

- 惯例：互联网号码分配机构（IANA，Internet Assigned Numbers Authority）为许多专用服务分配了官方的知名端口。因此，在上例中，DNS的默认端口为53号UDP端口。
- 自动配置：通常情况下，计算机首次连接网络时，会使用DHCP这样的协议来获取一些重要服务的IP地址，比如DNS。应用程序通过将这些IP地址与知名端口号结合，便可访问这些基础服务。

- 手动配置：除了上述两种情况外，管理员或用户还必须手动配置IP地址或相应的服务域名。从这一意义上来说，每当在网络浏览器中键入服务器名时，实际上都发生了手动配置的对应操作。

IANA为相应的服务定义端口号时，将端口号分为了三大类。这一分类规则对UDP及TCP端口号均适用。

- 知名端口（0~1023）被分配给最重要、最常用的服务。在许多类Unix操作系统上，普通用户程序都是无法监听这些端口的。以前，这一特点可以防止大学里使用多用户计算机的捣蛋鬼学生将一些运行程序伪装成重要的系统服务。时至今日，这一特性还是可以在主机提供公司分发Linux命令行账户时派上用处。
- 注册端口（1024~49151）在操作系统层上并无任何特别之处。例如，任何用户都可以编写程序占用5432端口，并伪装为一个PostgreSQL数据库服务。然而IANA可以为一些专用服务注册这些端口。因此，IANA建议，只在使用其指定服务时才使用这些端口。
- 其余的端口号（49152~65535）都可以随意使用。接下来，读者将看到，当客户端无需为其提供的服务指定特定端口时，现代操作系统便会从这些端口号组成的端口池中随机选取端口号用于该服务。

当编写程序从命令行或配置文件等用户输入接收端口号时，如果希望程序是更加用户友好的，除了要接收数字表示的端口号外，还应接收可读性较高的知名端口名。这些名字是标准的，可以使用Python标准库socket模块的getservbyname()函数获取。可以使用如下方法查询域名服务的端口号：

```
>>> import socket
>>> socket.getservbyname('domain')
53
```

在第4章中，我们将看到，同样可以使用socket模块提供的一个更复杂的getaddrinfo()函数来解析端口名。

在Linux和Mac OS X机器上，知名服务名与其对应的端口号通常保存在/etc/services文件中。读者有空可详细阅读这一文件。特别的是，该文档的前几页使用的仍然是老版本的协议，其中包含的预留端口号其实早已不再适用。IANA在http://www.iana.org/assignments/port-numbers维护了一份最新的在线版本（该版本一般来说要详细得多）。

2.2　套接字

在决定如何设计网络编程API时，Python没有重复造轮子，它的处理方法相当有趣。在底层，Python标准库对兼容POSIX操作系统网络操作的底层系统调用进行了封装，并为所有普通的原始调用提供了一个简单的基于对象的接口。封装后的Python函数名与原始系统调用名相同。Python的这种设计使开发者可以使用早已熟知的方法来调用传统系统。因此，20世纪90年代早期，Python令还在使用底层语言挣扎的程序员们眼前一亮。Python这一高级语言发行后，程序员们终于可以在需要时进行底层操作系统调用，而无需使用看似优雅、实则设计拙劣且功能弱小的特定语言API了。Python提供了和C相同的系统调用集合，让使用者更易于记忆。

无论是Windows系统还是POSIX系统（比如Linux和Mac OS X），其网络操作背后的系统调用都是围绕着套接字（socket）这一概念来进行的。套接字是一个通信端点，操作系统使用整数来标识套接字，而Python则使用socket.socket对象来更方便地表示套接字。该对象内部维护了操作系统标识套接字的整数（可以调用它的fileno()方法来查看）。每当调用socket.socket对象的方法请求使用该套接字的系统调用时，该对象都会自动使用内部维护的套接字整数标识符。

注意 在POSIX系统中，标识套接字的fileno()整数也是一个文件描述符（file descriptor），可以从表示所有打开文件的整数池中获取。在POSIX环境中编程时可能会遇到一些情况，要使用这一整数来做一些非网络调用。比如，使用文件描述符进行os.read()和os.write()这样的文件操作，这一文件描述符实际上表示的就是套接字。但是，由于本书提供的代码同样支持Windows，因此只会在套接字上进行真正的套接字操作。

那么，实际使用中的套接字是什么样的呢？阅读代码清单2-1，该程序展示了一个简单的UDP服务器和UDP客户端。可以看到，这个程序只调用了一次Python标准库的socket.socket()函数，其他所有调用都是通过返回的套接字对象来进行的。

代码清单2-1 使用自环接口的UDP服务器和客户端

```
#!/usr/bin/env python3
# Foundations of Python Network Programming, Third Edition
# https://github.com/brandon-rhodes/fopnp/blob/m/py3/chapter02/udp_local.py
# UDP client and server on localhost

import argparse, socket
from datetime import datetime

MAX_BYTES = 65535

def server(port):
    sock = socket.socket(socket.AF_INET, socket.SOCK_DGRAM)
    sock.bind(('127.0.0.1', port))
    print('Listening at {}'.format(sock.getsockname()))
    while True:
        data, address = sock.recvfrom(MAX_BYTES)
        text = data.decode('ascii')
        print('The client at {} says {!r}'.format(address, text))
        text = 'Your data was {} bytes long'.format(len(data))
        data = text.encode('ascii')
        sock.sendto(data, address)

def client(port):
    sock = socket.socket(socket.AF_INET, socket.SOCK_DGRAM)
    text = 'The time is {}'.format(datetime.now())
    data = text.encode('ascii')
    sock.sendto(data, ('127.0.0.1', port))
    print('The OS assigned me the address {}'.format(sock.getsockname()))
    data, address = sock.recvfrom(MAX_BYTES) # Danger!
    text = data.decode('ascii')
    print('The server {} replied {!r}'.format(address, text))
```

```
if __name__ == '__main__':
    choices = {'client': client, 'server': server}
    parser = argparse.ArgumentParser(description='Send and receive UDP locally')
    parser.add_argument('role', choices=choices, help='which role to play')
    parser.add_argument('-p', metavar='PORT', type=int, default=1060,
                        help='UDP port (default 1060)')
    args = parser.parse_args()
    function = choices[args.role]
    function(args.p)
```

由于脚本中的服务器和客户端都只使用了本地IP地址，即使计算机没有连接至网络，该脚本也可以成功运行。试试先启动服务器。

```
$ python udp_local.py server
Listening at ('127.0.0.1', 1060)
```

服务器会打印出一行输出，然后等待请求信息。

可以从源代码中看到，服务器启动和运行的过程历经了三步。

首先，服务器使用socket()调用创建了一个空套接字。这个新创建的套接字没有与任何IP地址或端口号绑定，也没有进行任何连接。如果此时就尝试使用其进行任何通信操作，那么将会抛出一个异常。尽管如此，这个套接字还是标记了所属的特定类别：协议族AF_INET以及数据报类型SOCK_DGRAM。SOCK_DGRAM表示在IP网络上使用UDP协议。需要注意的是，*数据报*（datagram）[而不是*数据包*（packet）]是用来表示应用层数据块传输的官方术语。这是因为，操作系统的网络栈并不保证传输线路上的单个数据包实际表示的就是单个数据报。（在接下来的章节中，为了能够衡量最大传输单元，我还是坚持把数据报和数据包看作是一对一的关系。）

接着，这个简单的服务器使用bind()命令请求绑定一个UDP网络地址。可以看到，这个网络地址由简单的Python二元组构成，包含了一个IP地址字符串（稍后将看到，同样可以使用主机名）和一个整型的UDP端口号。如果另一个程序此时已经占用了该UDP端口，将导致服务器脚本无法获取这个端口，那么绑定操作将失败，并抛出一个异常。读者可以试试再运行一个本例的服务器，将看到如下报错信息：

```
$ python udp_local.py server
Traceback (most recent call last):
  ...
OSError: [Errno 98] Address already in use
```

当然，第一次运行服务器的时候，也有较小的可能性会收到这一报错信息。那是因为，UDP端口1060已经被机器上的其他程序占用了。这一现象发生时，我发现为本例选择一个端口号有点儿小麻烦。这一端口号当然得大于1023，否则需要系统管理员权限才能运行该脚本。尽管我挺喜欢这些小例子的，但是我实在不鼓励任何人以管理员权限运行这些脚本！我本来也可以让操作系统来选择端口号（稍后可以看到，对于客户端我就是这么做的），然后让服务器将选择的端口号输出，接着将其作为客户端的命令行参数。但如果这么做的话，就无法演示请求特定端口号的语法了。最后，我考虑使用之前提到的数字较大的临时端口，但是这些端口可能已经被机器上的其他应用程序随机选中并占用了，比如网络浏览器或是SSH客户端。

因此，似乎我的唯一选择就是使用1023以上的保留端口而不是使用那些知名端口。我浏览了一下与这些端口对应的服务列表，并猜测读者没有在运行Python脚本的机器上运行SAP BusinessObjects Polestar。如果运行了的话，那么试试为服务器的-p选项设置一个不同的端口号。

需要注意的是，在Python程序中，始终可以查询套接字目前绑定到的IP地址以及端口。可以使用socket对象的getsockname()方法来获取包含该信息的二元组。

一旦套接字成功绑定，服务器就准备好开始接收请求了！服务器会进入一个循环，不断运行recvfrom()。recvfrom(MAX_BYTES)表示可接收最长为65 535字节的信息，这也是一个UDP数据报可以包含的最大长度。因此，服务器将接收每个数据报的完整内容。在没有收到客户端发送的请求信息前，recvfrom()将永远保持等待。

一旦接收到一个数据报，recvfrom()就会返回两个值。第一个是发送该数据报的客户端地址，第二个是以字节表示的数据报内容。使用Python提供的支持直接将字节转换为字符串，并在控制台中输出，接着向客户端返回一个响应数据报。

好的，让我开始分析客户端代码和运行结果。客户端代码也在代码清单2-1中列出了。

（顺便提一下，本例和书中的一些其他例子一样，将服务器代码和客户端代码放在了同一个程序清单中，并通过主函数的命令行参数来区分调用。我希望这一做法没有给读者造成困惑。我通常更喜欢这一风格，因为这会使得服务器和客户端的逻辑在同一页面上靠得很近，更容易弄清楚服务器代码与客户端代码的对应关系。）

由于服务器仍然在运行，我们打开系统上的另一个命令行窗口，并尝试连续运行两次客户端程序，如下所示：

```
$ python udp_local.py client
The OS assigned me the address ('0.0.0.0', 46056)
The server ('127.0.0.1', 1060) replied 'Your data was 46 bytes long'
$ python udp_local.py client
The OS assigned me the address ('0.0.0.0', 39288)
The server ('127.0.0.1', 1060) replied 'Your data was 46 bytes long'
```

切回到运行服务器的命令行窗口，可以看到，对于每条连接，服务器都会输出一条响应信息。

```
The client at ('127.0.0.1', 46056) says 'The time is 2014-06-05 10:34:53.448338'
The client at ('127.0.0.1', 39288) says 'The time is 2014-06-05 10:34:54.065836'
```

尽管客户端只有3行网络操作的代码，比服务器代码简单一些，但这里还是引入了两个新概念。客户端的sendto()调用提供了两个信息：要发送的信息和目标地址。这是向服务器发送数据报所必需的唯一调用。当然，如果要进行通信的话，也需要客户端的IP地址和端口号。因此，操作系统对客户端的IP地址和端口号进行了自动分配。可以通过getsockname()调用查看IP地址和端口号。操作系统保证自动分配的客户端端口号是IANA的临时端口号中的一个。（至少在我的笔记本电脑的Linux环境下，该保证是没有问题的。如果使用的是其他操作系统，可能会得到不同的结果。）

不再需要服务器运行时，可以在终端中键入Ctrl+C，将其关闭。

2.2.1 混杂客户端与垃圾回复

代码清单2-1所示的客户端程序实际上是相当危险的！重新阅读源代码，可以看到，尽管recvfrom()返回了传入的数据报地址，但是代码没有检查该数据报的源地址，也就没有验证该数据报是否确实是服务器发回的响应。

可以把服务器的响应延迟一段时间，看看这个客户端是否会信任其他应用程序发送的响应。在Windows这样功能稍弱的系统上，如果要模仿一个响应较慢的服务器，可能需要在服务器接收请求和发送响应这两步之间添加一个time.sleep()调用。而在Mac OS X和Linux上就简单多了，只要在创建了套接字并启动服务器后，键入Ctrl+Z就可以暂停服务器。

那么，让我们启动一个新的服务器脚本，然后使用Ctrl+Z将其暂停。

```
$ python udp_local.py server
Listening at ('127.0.0.1', 1060)
^Z
[1]  +  9370 suspended  python udp_local.py server
$
```

如果此时运行客户端，那么客户端会发送数据报，然后挂起等待，直到其收到服务器的响应。

```
$ python udp_local.py client
The OS assigned me the address ('0.0.0.0', 39692)
```

假设你现在是一个攻击者，想伪造一个服务器的响应，在服务器返回真实的响应之前先一步发送伪造的数据报。客户端告知操作系统会接收任何数据报，而且没有对响应做任何合理性检查，因此客户端会认为你伪造的响应来自服务器。可以在Python命令提示符中启动一个快速的会话来发送一个这样的数据包。

```
$ python3
Python 3.4.0 (default, Apr 11 2014, 13:05:18)
[GCC 4.8.2] on linux
Type "help", "copyright", "credits" or "license" for more information.
>>> import socket
>>> sock = socket.socket(socket.AF_INET, socket.SOCK_DGRAM)
>>> sock.sendto('FAKE'.encode('ascii'), ('127.0.0.1', 39692))
4
```

客户端马上就会结束等待，愉快地把这个第三方的响应看成是服务器的响应。

```
The server ('127.0.0.1', 37821) replied 'FAKE'
```

现在可以键入fg将暂停的服务器恢复并保持运行（服务器现在可以看到等待队列中的客户端数据

包，并向已经关闭的客户端套接字发送响应）。按下Ctrl+C，会将服务器正常关闭。

注意，客户端面对任何可以向其发送UDP数据包的终端都是脆弱的。这与中间人攻击不同。中间人攻击是取得了网络控制权后从非法地址发送伪造数据包，这种情况下的通信只能通过加密来保护（见第6章）。而本例中的攻击者不需要有任何特权，其所有操作都是合法的。攻击者发送一个带有合法返回地址的数据包，而这些数据会被客户端成功接收。

像这样不考虑地址是否正确，接收并处理所有收到的数据包的网络监听客户端在技术上叫作混杂（promiscuous）客户端。我们有时候会故意使用这样的客户端。比如，进行网络监控的时候，需要监控到达某一接口的所有数据包。但是在本例中，混杂是一个问题。

只有使用编写良好的优秀加密方法，才可以保证程序与正确的服务器进行通信。在无法做到这点时，可以使用两个快速解决方案。第一个方法，设计或使用在请求中包含唯一标识符或请求ID的协议，在响应中重复特定请求的唯一标识符或请求ID。如果响应包含了需要的ID，就表示该响应确实来自服务器。只要ID的取值范围足够大，攻击者就无法在短时间内简单地把所有可能包含正确ID的数据包都发送一遍。这样一来，攻击者虽然知道请求信息，但还是需要构造正确的ID。第二个方法，可以检查响应数据包的地址与请求数据包的地址是否相同（回忆一下，Python中可以使用==来比较元组），也可以使用connect()来阻止其他地址向客户端发送数据包。详细信息请参见接下来的2.2.3节和2.2.4节的内容。

2.2.2 不可靠性、退避、阻塞和超时

2.1节中提到的客户端和服务器都是在同一台机器上运行的。客户端和服务器通过自环接口进行通信，而没有使用可能会产生信号故障的物理网卡。因此，数据包事实上是不可能丢失的，我们也无法从代码清单2-1中看出使用UDP的麻烦之处。那么，如果数据包确实可能丢失，代码会变得多复杂呢？

阅读代码清单2-2，该程序中的服务器并未始终响应客户端的请求，而是随机选择，只对收到的一半客户端请求做出响应。这样你就能明白如何编写可靠的客户端代码，从而避免苦苦等待一个实际上已经丢失的网络数据包。

代码清单2-2 运行在不同机器上的UDP服务器与客户端

```
#!/usr/bin/env python3
# Foundations of Python Network Programming, Third Edition
# https://github.com/brandon-rhodes/fopnp/blob/m/py3/chapter02/udp_remote.py
# UDP client and server for talking over the network

import argparse, random, socket, sys

MAX_BYTES = 65535

def server(interface, port):
    sock = socket.socket(socket.AF_INET, socket.SOCK_DGRAM)
    sock.bind((interface, port))
    print('Listening at', sock.getsockname())
    while True:
        data, address = sock.recvfrom(MAX_BYTES)
        if random.random() < 0.5:
            print('Pretending to drop packet from {}'.format(address))
```

```
                continue
            text = data.decode('ascii')
            print('The client at {} says {!r}'.format(address, text))
            message = 'Your data was {} bytes long'.format(len(data))
            sock.sendto(message.encode('ascii'), address)

def client(hostname, port):
    sock = socket.socket(socket.AF_INET, socket.SOCK_DGRAM)
    hostname = sys.argv[2]
    sock.connect((hostname, port))
    print('Client socket name is {}'.format(sock.getsockname()))

    delay = 0.1 # seconds
    text = 'This is another message'
    data = text.encode('ascii')
    while True:
        sock.send(data)
        print('Waiting up to {} seconds for a reply'.format(delay))
        sock.settimeout(delay)
        try:
            data = sock.recv(MAX_BYTES)
        except socket.timeout:
            delay *= 2 # wait even longer for the next request
            if delay > 2.0:
                raise RuntimeError('I think the server is down')
        else:
            break # we are done, and can stop looping

    print('The server says {!r}'.format(data.decode('ascii')))

if __name__ == '__main__':
    choices = {'client': client, 'server': server}
    parser = argparse.ArgumentParser(description='Send and receive UDP,'
                                     ' pretending packets are often dropped')
    parser.add_argument('role', choices=choices, help='which role to take')
    parser.add_argument('host', help='interface the server listens at;'
                        'host the client sends to')
    parser.add_argument('-p', metavar='PORT', type=int, default=1060,
                        help='UDP port (default 1060)')
    args = parser.parse_args()
    function = choices[args.role]
    function(args.host, args.p)
```

在之前的示例程序中，操作系统知道程序只想通过私有的127.0.0.1接口接收来自同一机器上其他进程的数据包，但我们也可以把服务器的IP地址指定为一个空字符串，这样能够使得服务器更为通用。空字符串表示“任何本地接口”。在我的Linux笔记本电脑上，这表示向操作系统请求IP地址0.0.0.0。

```
$ python udp_remote.py server ""
Listening at ('0.0.0.0', 1060)
```

服务器每次接收到请求时，就会使用random()像抛硬币一样决定是否对该请求做出应答。这样一来，就无需不断运行客户端来等待真正丢包现象的发生了。无论服务器是否做出响应，都会在屏幕上输出一条信息，这样就能跟踪服务器的运行状态了。

那么，如何编写“真正”的UDP客户端来处理可能的丢包现象呢？

首先，UDP的不可靠性意味着客户端必须在一个循环内发送请求。客户端可以选择永远等待某个请求的响应，也可以在它认为等待“太久”的时候重新发送另一个请求，而等待多久算“太久”其实是个有点儿随意的决定。这一选择虽然困难，但是十分必要，因为客户端没有通用的方法来区分下述3种颇为不同的事件。

- 响应时间较长，但响应即将传回至客户端。
- 响应或请求在传输过程中丢失了，响应永远无法到达客户端。
- 服务器宕机了，无法对任何客户端请求做出响应。

因此，UDP客户端必须选择一个等待时间。一旦超过这个时间间隔还未收到响应，就重新发送请求。当然，这一做法可能会浪费一些服务器的时间，因为第一个请求的响应可能即将传至客户端，而第二个请求却导致服务器做一些不必要的重复操作。然而，客户端必须在某时刻决定进行重发请求，否则客户端可能会永远等待下去。

由于这一原因，该客户端不会在调用recv()后永久暂停，而是调用了套接字的settimeout()方法。该方法通知操作系统，客户端进行一个套接字操作的最长等待时间是delay秒。一旦等待时间超过delay秒，就会抛出一个socket.timeout异常，recv()调用就会中断。

如果一个调用会等待网络操作完成，那么就说该调用阻塞（block）了调用方。阻塞这一术语用来描述像recv()这样的调用。只要没有接收到新数据，客户端就会一直等待下去。第7章讨论了服务器架构。在第7章中我们可以渐渐体会到阻塞和非阻塞网络调用间的巨大差别！

本例中的客户端一开始设置的等待时间是0.1秒，这个等待时间是比较适中的。在我的家庭网络中，ping的时间通常是几十毫秒。因此，客户端很少会因为响应在传输途中有些延迟就重发请求。

本例的客户端程序有一个重要特点，那就是对响应超时的处理方法。该程序不会简单地以固定的时间间隔不断重发请求！丢包的主要原因是网络拥塞，比如，有些人会在通过DSL调制解调器上传普通数据的同时上传照片或视频。因此，我们最不想做的事就是不断重发一个可能会丢失的数据包。

鉴于这种情况，该客户端使用了一种叫作指数退避（exponential backoff）的技术。通过这一技术，尝试重发数据包的频率会越来越低。由于正在运行的客户端对他们的请求采用了退避策略，因此发送的数据包会渐渐减少。这样，拥塞的网络就有可能在丢弃了一些请求和响应数据包后慢慢地恢复正常。这就是指数退避的重要目的。另外，还有一些更奇妙的指数退避算法，例如以太网使用的算法增加了一定的随机性，使得相互竞争网络资源的两块网卡不太可能使用相同的退避策略。最基本的方法相当简单，就是在每次无法收到响应时将等待时间间隔翻倍。

有一点请注意，如果发送的请求需要200毫秒才能传到服务器，那么这一简单算法每次要将同一请求至少发送两次，因为该算法永远不知道该请求需要超过0.1秒的时间才能传至服务器。如果要编写一个长连接的UDP客户端，那么可以考虑记录最近几次请求完成花费的时间。这样就可以给服务器足够的时间做出响应，然后再进行重发。

运行代码清单2-2的客户端时，请使用一个与前面运行服务器脚本的机器不同的主机名。有时候比较幸运，客户端会马上得到响应。

```
$ python udp_remote.py client localhost
Client socket name is ('127.0.0.1', 45420)
Waiting up to 0.1 seconds for a reply
The server says 'Your data was 23 bytes long'
```

然而很多时候，会发现有一个或者好几个请求无法收到响应，此时客户端就必须进行重发。如果仔细观察这些重发，可以发现屏幕上的输出语句随着等待时间间隔的增加输出得越来越慢，因此我们甚至能够实时观察到指数退避的现象。

```
$ python udp_remote.py client localhost
Client socket name is ('127.0.0.1', 58414)
Waiting up to 0.1 seconds for a reply
Waiting up to 0.2 seconds for a reply
Waiting up to 0.4 seconds for a reply
Waiting up to 0.8 seconds for a reply
The server says 'Your data was 23 bytes long'
```

可以从运行服务器的终端中观察到，客户端观测到的丢包到底是服务器脚本模拟的，还是真正的网络丢包。我在运行前面的测试时，可以从运行服务器的控制台中看到，所有的丢包都是服务器模拟的。

```
Pretending to drop packet from ('192.168.5.10', 53322)
Pretending to drop packet from ('192.168.5.10', 53322)
Pretending to drop packet from ('192.168.5.10', 53322)
Pretending to drop packet from ('192.168.5.10', 53322)
The client at ('192.168.5.10', 53322) says, 'This is another message'
```

那么，如果服务器彻底宕机了呢？不幸的是，我们无法通过UDP判断出究竟是服务器宕机了，还是由于网络状况糟糕导致所有请求或响应都丢失了。当然，我认为我们不应该因为这个问题而抱怨UDP。世界本就如此，毕竟对于无法被观测到的事物和压根不存在的事物，我们是无法区分的！因此，客户端的最佳实践就是在进行了足够多的尝试后放弃。结束服务器进程，然后试试重新运行客户端。

```
$ python udp_remote.py client localhost
Client socket name is ('127.0.0.1', 58414)
Waiting up to 0.1 seconds for a reply
Waiting up to 0.2 seconds for a reply
Waiting up to 0.4 seconds for a reply
Waiting up to 0.8 seconds for a reply
Waiting up to 1.6 seconds for a reply
Traceback (most recent call last):
  ...
socket.timeout: timed out

The above exception was the direct cause of the following exception:

Traceback (most recent call last):
```

```
...
RuntimeError: I think the server is down
```


当然，这种策略只在程序执行一些简单任务，并且需要产生输出，或向用户返回一些结果时才有效。如果想要编写全天候运行的守护程序（比如屏幕角落的天气图标，不断从远程UDP服务获取温度和天气预报信息），那么最好让程序不断进行重发。毕竟，台式机或笔记本电脑是可能长时间离线的，因此我们的程序可能需要在连接上天气预报服务器前耐心地等上几小时或几天。

编写需要不断重发数据包的守护程序代码时，可不要严格遵循指数退避的策略，否则延时参数会快速增加到一个较大的数字，比如2小时。在这种情况下，如果只是花上半个小时去咖啡厅喝杯咖啡，程序也不会进行任何重发操作，而计算机实际上可能已经连上网了。相反，我们可以选择一个最大的延时参数，比如5分钟。一旦指数退避使得延时参数增加到了该最大值，就不再增加延时了。这样一来，就算计算机长时间离线，也可以保证上线5分钟后就进行一次重发尝试。

如果操作系统可以向进程发送事件信号（比如重新连接上网络），那么就能够使用更好的方法了，而不需要使用计时器，并猜测重新连接上网络的时间。不过不好意思，这些操作系统相关的方法不在本书的讨论范畴，所以我们现在还是回到UDP，来看看更多UDP相关的问题。

2.2.3 连接 UDP 套接字

2.2.2节中的代码清单2-2还引入了另一个需要解释的新概念。之前已经讨论过关于绑定的内容，包括显式的bind()调用和隐式绑定。显式bind()调用发生在服务器端，用来指定服务器要使用的IP地址和端口；隐式绑定则发生在客户端，当客户端第一次尝试使用一个套接字时，操作系统会为其随机分配一个临时端口。

不过，代码清单2-2所示的远程UDP客户端还使用了一个之前没有讨论过的调用：套接字操作connect()。我们很容易就能看出该调用的功能。如果使用sendto()，那么每次向服务器发送信息的时候都必须显式地给出服务器的IP地址和端口。而如果使用connect()调用，那么操作系统事先就已经知道数据包要发送到的远程地址，这样就可以简单地把要发送的数据作为参数传入send()调用，而无需重复给出服务器地址。

然而connect()的功能可不止于此，只不过我们无法通过阅读代码清单2-2轻易看出connect()的其他重要功能。其实它还解决了客户端的混杂性这一问题！如果使用代码清单2-2的客户端来进行2.2.1节的测试，就会发现客户端不会接收来自其他服务器的数据包。这是使用connect()来配置UDP套接字目标地址的另一个不太明显的效果。一旦运行了connect()，那么只要操作系统发现传入数据包的返回地址与已连接的地址不同，就会将该数据包丢弃。

如果要编写对响应数据包返回地址进行仔细检查的UDP客户端，那么有两种方法。

- 可以使用sendto()指定每个数据包的目标地址，然后使用recvfrom()接收响应，并仔细检查响应数据包的返回地址，看看是否曾经向该地址发送过请求。
- 也可以在创建了套接字以后使用connect()将其与目标地址连接，然后使用send()和recv()进行通信。操作系统会将不需要的数据包过滤掉。这种做法只支持同时与一台服务器交互的情况，因为在同一套接字上重复运行connect()不会增加目标地址。反之，它会将之前的地址覆盖，因此程序就不会再收到之前连接的地址发回的响应。

在使用connect()连接了一个UDP套接字之后，可以使用套接字的getpeername()方法得到所连接的地址。如果在一个尚未连接的套接字上调用该方法，那可要小心了。这样做不会返回0.0.0.0或是其他通配符表示的响应。反之，它会抛出一个socket.error。

关于connect()调用，还有最后两点要提一下。

第一点，使用connect()连接UDP套接字，没有在网络上传输任何信息，也没有通知服务器将会收到任何数据包。connect()只是简单地将连接的地址写入操作系统的内存，以供之后调用send()和recv()的时候使用。

第二点，请牢记，使用connect()，甚至通过返回地址手动过滤不需要的数据包，并不能够确保安全！如果网络上确实有恶意的攻击者，那么他们的计算机是很容易伪造出拥有服务器返回地址的数据包的。这样一来，他们伪造的数据包将成功通过我们的地址过滤。

使用另一台计算机的返回地址来发送数据包的行为叫作*电子欺骗*（spoofing）。这也是协议设计者在设计安全协议时需要考虑的首要问题。更多相关信息请参见第6章。

2.2.4　请求ID：好主意

代码清单2-1和代码清单2-2中发送的信息都是简单的ASCII文本。不过，如果要自己设计一套UDP请求和响应机制的话，绝对应该考虑给每个请求加上一个序列号，以此保证接收的响应包含相同的序列号。在服务器端，只需把请求的序列号复制到相应的响应中即可。这一做法至少有两大优点。

首先，使用指数退避的客户端会重复发送请求，而请求ID可以帮助我们将响应与重复发送的请求正确地对应起来。

要搞明白重复现象是如何发生的并不困难。我们首先发送了请求A，可是一直没有等到响应，于是重复发送请求A，然后最终收到了响应A。于是，可以认为第一个请求丢失了，然后欣然进行后续的操作。

然而，如果这两个请求都成功发送到了服务器，只不过服务器返回响应的速度比较慢，又会发生什么呢？我们先收到了一个请求的响应，但是否也能很快收到另一个响应呢？如果现在再向服务器发送请求B，并开始监听，立刻就收到了一个响应A。那么响应A到底是之前没收到的请求A的响应，还是刚发送的请求B的响应呢？这时候就弄不清楚了。从这之后，很可能就彻底乱了，无法把响应和请求之间正确地对应起来。

请求ID可以防止这种现象的发生。如果给所有的请求A一个请求ID#42496，给所有的请求B一个请求ID#16916。这样一来，程序中等待请求B响应的循环就只会接收请求ID为#16916的响应，而直接将请求ID不匹配的响应丢弃。这一方法不仅能解决重发请求造成的重复问题，还能解决另一种比较罕见的重复问题：网络结构的冗余偶尔也会在服务器和客户端之间产生同一数据包的两个副本，因此造成的重复问题也可以用请求ID来解决。

使用请求ID也可以解决2.2.1节中提到的问题，因为请求ID至少可以在攻击者无法得到我们的数据包时对电子欺骗起到一点震慑作用。当然，如果攻击者得到了数据包，那就没辙了。他们可以得到每个数据包的IP地址、端口号以及请求ID，然后就能尝试伪造任何他们感兴趣的请求的响应，并发送给客户端了！而我们就只能寄希望于真正服务器的响应能够先一步到达。不过，在攻击者无法观测到我们的通信信息而只能盲目伪造服务器的响应数据包时，一个范围合适的请求ID号可以使得客户端接收伪造响应的可能性大大降低。

可以看到，在上面这个案例里我使用的示例请求ID既不是顺序的，也没那么容易被猜出来。这些特性意味着攻击者无法知晓序列号的特点。如果从0或1开始依次递增序列号，那么攻击者猜测起来就容易多了。反之，可以使用random模块来生成大整数。如果ID号是0~N的一个随机数，那么即使攻击者知道服务器的IP地址和端口，他们能伪造出合法数据包的可能性最多也只有1/N。如果他还要疯狂猜测端口号的话，那么可能性就更低了。

不过，这些仍然都不是真正的安全，只有在攻击者无法获取我们的网络通信信息而只能进行最简单的电子欺骗攻击时才能起到保护作用。真正的安全意味着即使攻击者可以获取通信数据并插入任何信息，我们的客户端仍然能受到保护。在第6章中，我们会讨论如何做到真正的安全。

2.3 绑定接口

到目前为止，我们已经知道，服务器在进行bind()调用的时候可以使用两个IP地址。可以使用'127.0.0.1'表示只接收来自本机上其他运行程序的数据包，也可以使用空字符串''作为通配符，表示可以接收通过该服务器的任何网络接口收到的数据包。

除此之外，还有第三种选择。可以提供该服务器的某一个外部IP接口的IP地址，比如以太网连接或无线网卡，服务器只会监听传输至该IP的数据包。读者可能已经注意到了代码清单2-2实际上是允许我们为bind()调用提供一个表示服务器地址的字符串的。现在我们可以来做些实验。

如果只绑定到一个外部接口会如何呢？如下所示，使用从操作系统获取到的任一外部IP地址运行服务器。

```
$ python udp_remote.py server 192.168.5.130
Listening at ('192.168.5.130', 1060)
```

使用另一台机器应该仍然可以连接到这一IP地址。

```
$ python udp_remote.py client guinness
Client socket name is ('192.168.5.10', 35084)
Waiting up to 0.1 seconds for a reply
The server says 'Your data was 23 bytes'
```

然而，如果尝试在同一台机器上运行客户端脚本，并通过自环接口来连接服务的话，那么服务器永远不会做出响应。

```
$ python udp_remote.py client 127.0.0.1
Client socket name is ('127.0.0.1', 60251)
Waiting up to 0.1 seconds for a reply
Traceback (most recent call last):
  ...
socket.error: [Errno 111] Connection refused
```

事实上，至少在我的操作系统上，这一操作的结果要稍好一些，服务器还是会发送数据包的。由于操作系统会检测是否有打开的端口没有向网络发送数据包，如果有请求发送至该端口，那么操作系统会马上做出响应，通知客户端该连接是不可用的！不过，要知道只有在使用自环接口的时候，UDP才能够返回“拒绝连接”的响应。如果在真实网络上进行通信，那么客户端发送的数据包无法判断服务器端是否有接受该请求的端口。

试试再次在同一机器上运行客户端。不过这次要使用外部IP地址来连接服务器。

```
$ python udp_remote.py client 192.168.5.130
Client socket name is ('192.168.5.130', 34919)
Waiting up to 0.1 seconds for a reply
The server says 'Your data was 23 bytes'
```

看到了吗？本地的运行程序可以使用任何本机的IP地址向服务器发送请求，即使是使用这个IP地址与本机上的其他服务通信也没有问题。

因此，绑定IP接口可能会限制可以与服务器进行通信的外部主机。不过，只要本机上的其他客户端知道IP地址，那么与服务器的本地通信当然是无法限制的。

如果同时运行两个服务器会如何呢？停止所有正在运行的脚本，试试在同一台机器上运行两个相同的服务器程序。第一个服务器会连接至自环接口。

```
$ python udp_remote.py server 127.0.0.1
Listening at ('127.0.0.1', 1060)
```

由于地址已经被占用，第二个服务器无法再使用这一地址。否则，在该地址收到某个数据包的时候，操作系统就不知道该让哪个服务器进程来处理了。

```
$ python udp_remote.py server 127.0.0.1
Traceback (most recent call last):
  ...
OSError: [Errno 98] Address already in use
```

不过有点儿令人惊讶的是，同样不能使用通配符IP地址来运行第二个服务器。

```
$ python udp_remote.py server ""
Traceback (most recent call last):
  ...
OSError: [Errno 98] Address already in use
```

无法使用的原因是通配符地址包含了127.0.0.1，与已经被第一个服务器进程占用的地址冲突了。但如果不使用通配符IP地址，而使用第一个服务器进程没有监听的外部IP接口呢？让我们来试试。

```
$ python udp_remote.py server 192.168.5.130
Listening at ('192.168.5.130', 1060)
```

成功了！现在有两个使用相同UDP端口号的服务器在同一机器上运行了。其中一个服务器绑定了内部的自环接口，另一个则监听来自我的无线网卡所连接网络的数据包。如果机器有多个远程接口，那么甚至可以启动更多的服务器，每个服务器监听一个远程接口。

运行这些服务器以后，试试使用UDP客户端向它们发送一些数据包。我们会发现，对于每个请求，它只会被一个服务器接收。该服务器的地址就是对应UDP请求数据包的特定目标地址。

从以上内容中可以学到一点：无论任何时候，IP网络栈都不会把UDP端口看作是一个可以连接或正在使用的单独实体。相反，IP网络栈关注的是UDP“套接字名”。UDP套接字名是IP接口和UDP端口号组成的二元组（该IP接口也可以是通配符接口）。必须保证这些套接字名在任何时候都不会与正在监听的服务器产生冲突。如果产生冲突的只是UDP端口的话则无伤大雅。

最后，还有一点需要注意。前面的讨论提到了，将服务器绑定到127.0.0.1接口可以防止接收外部网络产生的恶意数据包。读者可能会认为，将服务器绑定到某个外部接口可以防止其接收来自其他外部网络的数据包。例如，在一台拥有多个网卡的大型服务器上，你可能会想把服务器绑定到一个私有子网，并且认为这样就可以阻止发送至该服务器公网IP地址的欺诈数据包。

不过可惜的是，这可没那么容易。发送至某个接口的数据包能否到达另一个接口，实际上取决于操作系统的选择和配置。操作系统可能会欣然接收从网络上其他服务器通过公共网络连接发送来的数据包！查看操作系统的文档或询问系统管理员，具体问题具体分析。如果操作系统无法进行这一保护，那么可以配置运行防火墙来提供保护。

2.4 UDP 分组

到目前为止，本章一直在讲述用户如何通过UDP发送原始的数据报。这些数据报会被封装成IP数据包，并加入了一点儿附加信息：发送方和接收方的端口。不过，读者可能已经开始对之前的程序示例有点怀疑了，因为程序中的UDP数据包最大可以到64KB，而你可能已经知道以太网或者无线网卡只能处理1500B左右的数据包。

事实上，UDP必须把较大的UDP数据报分为多个较小的数据报，这样就能够以单独IP数据包的形式在网络中发送这些数据报（第1章中做了简要介绍）。这意味着，较大的数据包在传输过程中更易发生丢包现象，因为只要它分隔出的任一小数据包没有传至目标地址，便无法重组出原始的大数据包，正在监听的操作系统也就无法正确接收了。

除了传输更易失败外，对大型UDP数据包进行分组并使之与传输线路兼容的这一过程对应用程序是不可见的。不过在下面3种情况下，两者可能会有一定的关联。

- 如果考虑到效率，那么我们可能会对协议做出一些限制，比如，只允许传输小数据包以减少重传的情况，或者限制远程IP栈用于重组UDP数据包并将其传回给等待应用程序的时间。
- 如果运行了防火墙，那么本地主机通常可以自动检测出与远程主机间的MTU。此时，如果防火墙错误地阻止了ICMP数据包（这在20世纪90年代是个很普遍的现象），如果不注意的话，较大的UDP数据包很可能会被遗忘。MTU指“最大传输单元”或“最大数据包容量”。两台主机间的所有网络设备都支持MTU。

如果协议可以对如何针对不同的数据报进行数据分割做出选择，而我们又希望能够在两台主机间的实际MTU的基础上自动调整数据包大小，那么可以通过操作系统关闭分组功能。这样一来，在UDP

数据包过大时就会收到一条错误信息。然后，我们可以谨慎地修改数据报，使得其大小不超过限制。

Linux就能够支持最后这一选项。阅读代码清单2-3，该程序发送了一个大型数据报。

代码清单2-3　发送大型UDP数据包

```
#!/usr/bin/env python3
# Foundations of Python Network Programming, Third Edition
# https://github.com/brandon-rhodes/fopnp/blob/m/py3/chapter02/big_sender.py
# Send a big UDP datagram to learn the MTU of the network path.

import IN, argparse, socket

if not hasattr(IN, 'IP_MTU'):
    raise RuntimeError('cannot perform MTU discovery on this combination'
                       ' of operating system and Python distribution')

def send_big_datagram(host, port):
    sock = socket.socket(socket.AF_INET, socket.SOCK_DGRAM)
    sock.setsockopt(socket.IPPROTO_IP, IN.IP_MTU_DISCOVER, IN.IP_PMTUDISC_DO)
    sock.connect((host, port))
    try:
        sock.send(b'#' * 65000)
    except socket.error:
        print('Alas, the datagram did not make it')
        max_mtu = sock.getsockopt(socket.IPPROTO_IP, IN.IP_MTU)
        print('Actual MTU: {}'.format(max_mtu))
    else:
        print('The big datagram was sent!')

if __name__ == '__main__':
    parser = argparse.ArgumentParser(description='Send UDP packet to get MTU')
    parser.add_argument('host', help='the host to which to target the packet')
    parser.add_argument('-p', metavar='PORT', type=int, default=1060,
                        help='UDP port (default 1060)')
    args = parser.parse_args()
    send_big_datagram(args.host, args.p)
```

如果运行该程序，向我家庭网络中的任一服务器发送请求，就会发现，我的无线网络跟常见的以太网一样，只允许发送不超过1500B的物理数据包。

```
$ python big_sender.py guinness
Alas, the datagram did not make it
Actual MTU: 1500
```

更让人有点儿惊讶的是，虽然我的笔记本电脑的自环接口能够支持跟我的RAM一样大的数据包，但它实际上也设置了MTU。

```
$ python big_sender.py 127.0.0.1
Alas, the datagram did not make it
Actual MTU: 65535
```

不过，查看MTU这一功能并非处处可用。可以通过操作系统文档查看详细信息。

2.5 套接字选项

POSIX的套接字接口提供了各种各样的套接字选项，可以通过这些选项来控制网络套接字的特定行为。代码清单2-3所示的IP_MTU_DISCOVER选项只是冰山一角。我们可以通过getsockopt()和setsockopt()获取并设置套接字选项。可依据操作系统文档列出的套接字选项进行这两个系统调用。在Linux上，试试查看socket(7)、udp(7)和下章将提到的tcp(7)的帮助手册。

设置套接字选项时，首先需要给出其所属选项组的名称，然后还要给出要设置的选项名。可以查询操作系统的帮助手册来获取选项组的名称。和Python的getattr()与setattr()调用一样，设置套接字选项的调用比获取套接字选项的调用多一个参数。

```
value = s.getsockopt(socket.SOL_SOCKET, socket.SO_BROADCAST)
s.setsockopt(socket.SOL_SOCKET, socket.SO_BROADCAST, value)
```

有很多选项是特定操作系统独有的。这些选项的描述可能过于繁琐。下面是几个更通用的选项。

- SO_BROADCAST：该选项允许发送并接收UDP广播数据包。2.6节将介绍这一内容。
- SO_DONTROUTE：该选项表示只向本机直接连接的子网内的主机发送数据包。例如，如果在我的笔记本上设置了这个套接字选项，那么现在它可以向127.0.0.0/8和192.168.5.0/24这两个网络的主机发送数据包，但是无法将这些数据包发送给别的地址。因为发往别处的数据包必须通过网关进行路由，而设置SO_DONTROUTE选项会导致数据包不经由网关发送。
- SO_TYPE：将该选项传给getsockopt()时，会返回套接字类型，可以从中得知使用的是用于UDP的SOCK_DGRAM类型还是支持TCP语义的SOCK_STREAM类型（见第3章）。

下章将介绍一些TCP套接字专有的套接字选项。

2.6 广播

如果说UDP有什么功能特别强大的话，那就是对广播的支持了。通过广播，可以将数据报的目标地址设置为本机连接的整个子网，然后使用物理网卡将数据报广播，这样就无需再复制该数据包并单独将其发送给所有连接至该子网的主机了。

必须要马上提一下的是，由于出现了一种更为复杂的叫作多播（multicast）的技术，广播如今已经被认为是过时的了。通过多播，现代操作系统能够更好地利用网络及网络接口设备提供的许多智能信息。另外，多播能够支持非本地子网上的主机。不过，如果想用一种简单的方法在本地LAN上完成一些允许偶尔丢包的功能（比如游戏客户端或是自动实时记分牌）的话，UDP广播是个简单易行的选择。

代码清单2-4的示例中，有一个接收广播数据包的服务器和一个发送广播数据包的客户端。如果仔细观察，可以发现本例使用的技术与之前的例子只在一点上有所不同：在使用套接字对象时，先调用setsockopt()方法，设置为允许进行广播。除此之外，服务器和客户端使用套接字的方法都与平常无异。

代码清单2-4　UDP广播

```
#!/usr/bin/env python3
# Foundations of Python Network Programming, Third Edition
# https://github.com/brandon-rhodes/fopnp/blob/m/py3/chapter02/udp_broadcast.py
# UDP client and server for broadcast messages on a local LAN

import argparse, socket

BUFSIZE = 65535

def server(interface, port):
    sock = socket.socket(socket.AF_INET, socket.SOCK_DGRAM)
    sock.bind((interface, port))
    print('Listening for datagrams at {}'.format(sock.getsockname()))
    while True:
        data, address = sock.recvfrom(BUFSIZE)
        text = data.decode('ascii')
        print('The client at {} says: {!r}'.format(address, text))

def client(network, port):
    sock = socket.socket(socket.AF_INET, socket.SOCK_DGRAM)
    sock.setsockopt(socket.SOL_SOCKET, socket.SO_BROADCAST, 1)
    text = 'Broadcast datagram!'
    sock.sendto(text.encode('ascii'), (network, port))

if __name__ == '__main__':
    choices = {'client': client, 'server': server}
    parser = argparse.ArgumentParser(description='Send, receive UDP broadcast')
    parser.add_argument('role', choices=choices, help='which role to take')
    parser.add_argument('host', help='interface the server listens at;'
                        ' network the client sends to')
    parser.add_argument('-p', metavar='port', type=int, default=1060,
                        help='UDP port (default 1060)')
    args = parser.parse_args()
    function = choices[args.role]
    function(args.host, args.p)
```

运行本例的服务器和客户端时，首先注意到的是，如果只是使用客户端向一个特定服务器的IP地址发送数据包的话，那么效果和普通的客户端与服务器是完全相同的。设置允许对UDP数据包进行广播并不会禁用或是改变其发送与接收特定地址数据包的正常功能。

如果查看了本地网络的设置，并使用“广播地址”IP作为客户端目标地址的话，就能看到广播的效果了。首先，使用如下命令运行一到两台网络中的服务器。

```
$ python udp_broadcast.py server ""
Listening for datagrams at ('0.0.0.0', 1060)
```

然后，在这些服务器运行期间，先使用客户端向每个服务器发送信息。可以看到，每条信息都只有一个服务器能够收到。

```
$ python udp_broadcast.py client 192.168.5.10
```

不过，使用本地网络的广播地址时，就会突然发现，所有服务器都能同时收到数据包了！（但是没有设置允许广播的普通服务器是无法收到的，请运行多个普通的udp_remote.py服务器进行确认。）此时，在我的本地网络上使用ifconfig命令，可以得知广播地址如下：

```
$ python udp_broadcast.py client 192.168.5.255
```

可以确定，所有服务器都立刻表示收到了信息。如果通过操作系统获取广播地址有点儿困难，并且又不介意向本机的所有网络端口进行广播的话，可以使用Python的特殊主机名'<broadcast>'来发送UDP数据包。将该主机名传给客户端时要小心进行引用，因为<和>符号对于任意普通POSIX shell来说都是特殊字符。

```
$ python udp_broadcast.py client "<broadcast>"
```

要是还有别的平台相关的方法能用于获取连接的每个子网的广播地址，我一定会介绍的。不过可惜的是，如果读者不想仅仅止步于'<broadcast>'这一特殊字符串的使用，就必须要查阅操作系统的文档。

何时使用 UDP

读者可能会认为UDP在发送小型信息时会很高效。实际上，只有在每次只发送一条信息然后等待响应的时候，UDP才是高效的。如果应用程序会一口气发送多条信息，那么使用ØMQ这样的智能消息队列实际上效率会更高。原因在于消息队列会设置一个较短的定时器，把多条小型信息包装到一起进行传输。这样的消息队列可能会使用TCP连接来传输消息。TCP对传输负载进行分组的方式相比我们之前的做法更有效率。

不过，UDP在一些情况下还是有其可取之处的。

- 要实现一个已经使用了UDP的协议。
- 要设计对时间要求十分严苛的媒体流。媒体流的冗余性允许偶尔发生丢包现象，但是绝不希望数据由于要等待几秒钟前发出却还没到达目标地址的数据响应而阻塞（TCP就会这么做）。
- 要设计适用LAN子网多播的应用程序。LAN子网多播并不可靠，而UDP可以完美支持这一模式。

除了这3种情况之外，我们可能需要阅读本书之后的章节来寻找如何让应用程序进行通信的灵感。老话说得好，当我们发现有一种UDP协议能够适用于应用程序时，我们很可能已经重新实现了TCP。不过，实现得很糟糕。

2.7 小结

用户数据报协议使得用户级程序能够在IP网络中发送独立的数据包。通常情况下，客户端程序向服务器发送一个数据包，而服务器通过每个UDP数据包中包含的返回地址发送响应数据包。

POSIX网络栈让我们能够通过“套接字”的概念来操作UDP。套接字是一个通信端点，给出了IP地址和UDP端口号。IP地址和UDP端口的二元组叫作套接字的*名字*（name）或*地址*（address），可以用来发送与接收数据报。Python通过内置的`socket`模块提供了这些网络操作原语。

服务器在接收数据包时需要使用`bind()`绑定一个IP地址和端口。由于操作系统会自动为客户端的UDP程序选择一个端口号，客户端的UDP程序可以直接发送数据包。

UDP建立在网络数据包的基础上，因此它是不可靠的。丢包现象发生的原因可能是网络传输媒介的故障，也可能是某个网段过于繁忙。因此，客户端需要弥补UDP的不可靠性，不断重发请求直至收到响应为止。为了不使繁忙的网络情况变得更糟，客户端应该在重复传输失败时使用指数退避。如果请求往返于服务器和客户端之间的时间超过了最初设置的等待时间，那么应该延长该等待时间。

请求ID是解决重复响应问题的重要利器。重复响应问题指的是，我们收到所有数据包后，又收到了一个被认为已经丢失的响应。此时可能会把该响应误认为是当前请求的响应。如果随机选择请求ID的话，就可以预防最简单的电子欺诈攻击。

使用套接字时有一点至关重要，那就是区分*绑定*（binding）和客户端的*连接*（connecting）这两个行为。绑定指定了要使用的特定UDP端口，而连接限制了客户端可以接收的响应，表示只接收从正在连接的特定服务器发来的数据包。

在可用于UDP套接字的套接字选项中，功能最强大的就是广播。使用广播可以一次向子网内的所有主机发送数据包，而无需向每台主机单独发送。这在编写本地LAN游戏或其他协作计算程序时是很有用的。这也是在编写新应用程序时选用UDP的原因之一。

第3章

TCP

传输控制协议（官方术语为TCP/IP，本书余下部分使用TCP来代指）是互联网的重要部分。TCP的第一个版本是在1974年定义的，它建立在网际层协议（IP，在第1章中描述过）提供的数据包传输技术之上。TCP使得应用程序可以使用连续的数据流进行相互通信。除非由于网络原因导致连接中断或冻结，TCP都能保证将数据流完好无缺地传输至接收方，而不会发生丢包、重包或是乱序的问题。

传输文档和文件的协议几乎都是使用TCP的。这包括通过浏览器浏览网页、文件传输以及用于电子邮件传输的所有主要机制。TCP也是用于人机之间进行长对话的协议的基础之一，例如SSH终端会话和许多流行的聊天协议。

在互联网发展的早期，UDP（参见第2章）有时还是有点诱惑力的。人们有时会基于UDP来构建应用程序，并仔细选择每个数据包的大小以及发送时机，试着像挤海绵一样提高一点儿网络的性能。然而，经过了30多年的改进、创新和研究，现代的TCP实现通常都相当精良。除了协议设计专家外，很少有人能再改进现代TCP栈的性能。如今，就算是像消息队列（第8章）这样对性能要求很高的应用程序，也常常会选择TCP作为它们的传输媒介。

3.1 TCP 工作原理

读者已经从第1章和第2章中了解到，网络是令人难以捉摸的。我们想要传输的数据包有时会被丢弃，有时会被复制，甚至数据包的顺序也常常会被弄乱。如果仅仅使用UDP提供的数据报机制，那么应用程序的代码还需要处理数据报传输的可靠性问题，并提供传输发生错误时的恢复方案。但如果使用TCP的话，数据包就被隐藏在协议层之下了。应用程序只需要向目标机器发送流数据，TCP会将丢失的信息重传，保证信息能够成功到达目标机器。

TCP/IP的经典定义来自1981年的RFC 793。不过后续的许多RFC对其做出了详尽的扩展与改进。

TCP是如何提供可靠连接的呢？下面是它的基本原理。

- 每个TCP数据包都有一个序列号，接收方通过该序列号将响应数据包正确排序。也可通过该序列号发现传输序列中丢失的数据包，并请求进行重传。
- TCP并不使用顺序的整数（1、2、3……）作为数据包的序列号，而是通过一个计数器来记录发送的字节数。例如，如果一个包含1024字节的数据包的序列号为7200，那么下一个数据包的序列号就是8224。这意味着，繁忙的网络栈无需记录其是如何将数据流分割为数据包的。当需要进行重传时，可以使用另一种分割方式将数据流分为多个新数据包（如果需要传输更多字节的话，可以将更多数据包装入一个数据包），而接收方仍然能够正确接收数据包流。

- 在一个优秀的TCP实现中，初始序列号是随机选择的。这样一来，不法之徒就无法假设每个连接的序列号都从零开始。如果TCP的序列号易于猜测，那么伪造数据包就容易多了。可以将数据包伪造成一个会话的合法数据，这样就有可能攻击这个会话了。这对于我们来说可不是件幸运的事儿。
- TCP并不通过锁步的方式进行通信，因为如果使用这种方式，就必须等待每个数据包都被确认接收后才能发送下一个数据包，速度非常慢。相反，TCP无须等待响应就能一口气发送多个数据包。在某一时刻发送方希望同时传输的数据量叫作*TCP窗口*（window）的大小。
- 接收方的TCP实现可以通过控制发送方的窗口大小来减缓或暂停连接。这叫作*流量控制*（flow control）。这使得接收方在输入缓冲区已满时可以禁止更多数据包的传输。此时如果还有数据到达的话，那么这些数据也会被丢弃。
- 最后，如果TCP认为数据包被丢弃了，它会假定网络正在变得拥挤，然后减少每秒发送的数据量。这对于无线网络和其他会因为简单的噪声而导致丢包的媒体来说可是个灾难。它会破坏本来运行良好的连接，导致通信双方在一定时间内（比如20秒）无法通信，直到路由器重启，通信才能恢复正常。网络重新连接时，TCP通信双方会认为网络负载已经过重，因此一开始就会拒绝向对方发送大型数据。

除了上述特点之外，TCP的设计还包含了许多其他精妙之处与细节，不过希望上面的描述能让读者对TCP的工作原理有较好的理解。但是还要记得，对应用程序可见的只有数据流，实际的数据包和序列号都被操作系统的网络栈巧妙地隐藏了。

3.2 何时使用 TCP

如果你要编写的网络程序和我的差不多的话，那么使用Python进行的大多数网络通信都是基于TCP的。实际上，你可能在整个职业生涯中都不会在代码中有意构造UDP数据包。（不过，从第5章中可以看到，每当程序需要查询DNS主机名时，UDP很可能会在后台运行。）

尽管TCP已经几乎成为了普遍情况下两个互联网程序进行通信的默认选择，但仍然有一些情况，TCP并不是最适用的。我会对这些情况有所涉及。万一读者的应用程序属于此类，可作参考。

首先，如果客户端只需向服务器发送单个较小的请求，并且请求完成后无后续通信，那么使用TCP来处理这样的协议就有些复杂了。在两台主机间建立TCP连接需要3个数据包，这3个众所周知的数据包组成了一个序列——SYN、SYN-ACK和ACK。

- SYN：“我想进行通信，这是数据包的初始序列号。”
- SYN-ACK：“好的，这是我向你发送数据包的初始序列号。”
- ACK：“好的！”

通信结束时，还需要另外3个或4个数据包来关闭连接。可以只发送3个：FIN、FIN-ACK和ACK，这样比较快速。也可以是4个，在每个方向上都发送一对FIN和ACK。因此，完成一个请求总共需要最少6个数据包！在这种情况下，协议设计者会很快考虑改用UDP。

不过有一个需要考虑的问题，那就是客户端是否想打开一个TCP连接，并通过该连接在几分钟或是几小时内向同一台服务器发送许多单独的请求。三次握手的时间开销只需一次。一旦连接已经建立，每个实际请求和响应分别都只需要一个数据包，却能够充分利用TCP在重传、指数退避以及流量控制方面提供的智能支持。

而在客户端与服务器之间不存在长时间连接的情况下，使用UDP更为合适。尤其是客户端太多的时候。一台典型的服务器如果要为每台与之相连的客户端保存单独的数据流的话，那么就可能会内存溢出了。

此外，还有第二种情况是TCP不适用的。当丢包现象发生时，如果应用程序有比简单地重传数据聪明得多的方法的话，那么就不适用TCP了。例如，设想我们正在进行一次音频通话。如果有1秒的数据由于丢包而丢失了，那么只是简单地不断重新发送这1秒的数据直至其成功传达是无济于事的。反之，客户端应该从传达的数据包中任意选择一些组合成一段音频（为了解决这一问题，一个智能的音频协议会用前一段音频的高度压缩版本作为数据包的开始部分，同样将其后继音频压缩，作为数据包的结束部分），然后继续进行后续操作，就好像没有发生丢包一样。如果使用TCP，那么这是不可能的。因为TCP会固执地重传丢失的信息，即使这些信息早已过时无用也不例外。UDP数据报通常是互联网实时多媒体流的基础。

3.3 TCP套接字的含义

跟第2章中使用的UDP的情况一样，TCP也使用端口号来区分同一IP地址上运行的不同应用程序。其对于知名端口号和临时端口号的划分习惯与UDP是完全一致的。如果想回顾相关细节，请重新阅读2.1节的内容。

从前面的章节中可以看到，使用UDP通信只需要一个套接字。服务器可以打开一个UDP端口，然后从数千个不同的客户端接收数据报。当然，也可以通过connect()将一个数据报套接字与另一个连接。这样一来，该套接字就只能使用send()向与之连接的套接字发送数据包，recv()调用也只会接收来自特定套接字的数据包。不过，连接的概念只是提供了操作的便利性。如果使用sendto()，直接由应用程序决定数据包的唯一目标地址并且忽略其他所有地址，那么效果与使用connect()是完全相同的。

然而，如果使用的是TCP这样支持状态的流协议，那么connect()调用就是后续所有网络通信所依赖的首要步骤。只有操作系统的网络栈成功完成了3.2节描述的协议握手，TCP流的双方才算做好了通信的准备。

这意味着TCP的connect()调用与UDP的connect()调用是不同的。TCP的connect()调用是有可能失败的。远程主机有可能不做出应答，也有可能拒绝连接，还可能出现更令人费解的协议错误，比如立即收到一个RST（“重置”）数据包。这是因为TCP流连接涉及两台主机间持续连接的建立。另一方的主机需要处于正在监听的状态，并做好接收连接请求的准备。

“服务器端”不进行connect()调用，而是接收客户端connect()调用的初始SYN数据包。对于Python应用程序来说，服务器端接受连接请求的过程中其实还完成了一个更重要的操作——新建一个套接字！这是因为，TCP的标准POSIX接口实际上包含了两种截然不同的套接字类型：“被动”监听套接字和主动“连接”套接字。

- 被动套接字（passive socket）又叫作监听套接字（listening packet）。它维护了“套接字名”——IP地址与端口号。服务器通过该套接字来接受连接请求。但是该套接字不能用于发送或接收任何数据，也不表示任何实际的网络会话。而是由服务器指示被动套接字通知操作系统首先使用哪个特定的TCP端口号来接受连接请求。

- 主动套接字（active socket）又叫作连接套接字（connected socket）。它将一个特定的IP地址及端口号和某个与其进行远程会话的主机绑定。连接套接字只用于与该特定远程主机进行通信。可以通过该套接字发送或接收数据，而无需担心数据是如何划分为不同数据包的。这一通信流看上去就像是Unix系统的管道或文件。可以将TCP的连接套接字传给另一个接收普通文件作为输入的程序，该程序永远也不会知道它其实正在进行网络通信。

注意，被动套接字由接口IP地址和正在监听的端口号来唯一标识，因此任何其他应用程序都无法再使用相同的IP地址和端口。但是，多个主动套接字是可以共享同一个本地套接字名的。例如，如果有1000个客户端与一台繁忙的网络服务器都进行着HTTP连接，那么就会有1000个主动套接字都绑定到了服务器的公共IP地址和TCP的80端口。而唯一标识主动套接字的是如下所示的四元组：

```
(local_ip, local_port, remote_ip, remote_port)
```

操作系统是通过这个四元组来为主动TCP连接命名的。接收到TCP数据包时，操作系统会检查他们的源地址和目标地址是否与系统中的某一主动套接字相符。

3.4　一个简单的TCP客户端和服务器

阅读代码清单3-1。就像前面章节所采取的做法那样，我把两个本来相互独立的程序放在了一个代码清单里，原因在于它们有一定的共同点。同时，把客户端和服务器的代码放在一起也更易阅读。

代码清单3-1　简单的TCP服务器和客户端

```python
#!/usr/bin/env python3
# Foundations of Python Network Programming, Third Edition
# https://github.com/brandon-rhodes/fopnp/blob/m/py3/chapter03/tcp_sixteen.py
# Simple TCP client and server that send and receive 16 octets

import argparse, socket

def recvall(sock, length):
    data = b''
    while len(data) < length:
        more = sock.recv(length - len(data))
        if not more:
            raise EOFError('was expecting %d bytes but only received'
                           ' %d bytes before the socket closed'
                           % (length, len(data)))
        data += more
    return data

def server(interface, port):
    sock = socket.socket(socket.AF_INET, socket.SOCK_STREAM)
    sock.setsockopt(socket.SOL_SOCKET, socket.SO_REUSEADDR, 1)
    sock.bind((interface, port))
    sock.listen(1)
    print('Listening at', sock.getsockname())
    while True:
        sc, sockname = sock.accept()
        print('We have accepted a connection from', sockname)
```

```
            print('  Socket name:', sc.getsockname())
            print('  Socket peer:', sc.getpeername())
            message = recvall(sc, 16)
            print('  Incoming sixteen-octet message:', repr(message))
            sc.sendall(b'Farewell, client')
            sc.close()
            print('  Reply sent, socket closed')

def client(host, port):
    sock = socket.socket(socket.AF_INET, socket.SOCK_STREAM)
    sock.connect((host, port))
    print('Client has been assigned socket name', sock.getsockname())
    sock.sendall(b'Hi there, server')
    reply = recvall(sock, 16)
    print('The server said', repr(reply))
    sock.close()

if __name__ == '__main__':
    choices = {'client': client, 'server': server}
    parser = argparse.ArgumentParser(description='Send and receive over TCP')
    parser.add_argument('role', choices=choices, help='which role to play')
    parser.add_argument('host', help='interface the server listens at;'
                        ' host the client sends to')
    parser.add_argument('-p', metavar='PORT', type=int, default=1060,
                        help='TCP port (default 1060)')
    args = parser.parse_args()
    function = choices[args.role]
    function(args.host, args.p)
```

在第2章中，我详细地介绍了关于bind()这一主题的内容。提供给bind()作为参数的地址是挺重要的，它决定了远程主机能否尝试连接服务器，以及服务器是否不接受外部连接而只能与本机上的其他运行程序进行通信。相应地，在第2章中我们首先介绍了较为安全的程序，只绑定到了自环接口，然后慢慢深入到了更危险的程序，接受网络外部主机发起的连接。

不过在这里，我把上述两种可能性合并到了同一个程序里。通过向命令行提供host参数，我们可以选择绑定到127.0.0.1这一较为安全的做法，可以选择将其绑定到机器的某一外部IP地址，也可以提供一个空字符串，表示可以通过机器的任意IP地址接受连接请求。第2章提到的规则对TCP和UDP是同样适用的，可以重新阅读第2章来回顾所有这些规则。

和第2章中对UDP端口号的选择一样，对TCP端口号的选择也是类似的。两者的相似性使得我们可以直接将对UDP端口号选择的分析应用到本章中对TCP端口的选择上。

那么，与之前的UDP程序相比，这里的客户端和服务器除了建立在TCP的基础上之外，还有什么不同点呢？

实际上，客户端程序看上去相当类似。首先建立了一个套接字，然后以想要通信的服务器地址作为参数运行connect()，接着就能随意地发送或接收数据了。不过除此之外，还有一些不同之处。

首先，正如我之前所说的那样，TCP的connect()调用与UDP不同。UDP的connect()调用只是对绑定套接字进行了配置，设置了后续send()或recv()调用所要使用的默认远程地址，不会导致任何错误。而本例中的connect()调用则是真实的网络操作，会在要通信的客户端和服务器之间进行三次握手。这意味着connect()是有可能失败的。要验证这点很容易。只要在服务器没有运行时执行客户端程序，

connect()就失败了。

```
$ python tcp_deadlock.py client localhost
Sending 16 bytes of data, in chunks of 16 bytes
Traceback (most recent call last):
  ...
ConnectionRefusedError: [Errno 111] Connection refused
```

其次可以看到，由于不需要在程序中处理任何丢包现象，TCP客户端在这方面比UDP客户端要简单多了。这得益于TCP提供的保证，使用TCP的send()来发送数据时无需停下来检查远程主机是否接收到了数据，使用recv()接收数据时也无需考虑请求重传的情况。网络栈会保证进行必要的重传，客户端无需关心此事。

最后，本例的程序在某一方面其实比对应的UDP代码更为复杂——这可能会令人感到惊讶。这是因为，既然TCP提供了这么多保证，那么对于程序员来说，TCP流应该要比UDP简单得多。不过，准确来说，TCP把发送和接收的数据简单地看作流，而流是没有开始或结束标记的，TCP会自行将流分为多个数据包。UDP的意义很简单，要么是“发送这个数据报”，要么是“接收一个数据报”，每个数据报都是原子的。数据报中的数据是自包含的，只有成功发送接收或失败两种状态。在应用程序中UDP绝不会只发送了一半，或只接收了一半。UDP应用程序接收到的只可能是完整无损的数据报。

而TCP就不同了，它可能会在传输过程中把数据流分为多个大小不同的数据包，然后在接收端将这些数据包逐步重组。在代码清单3-1中我们只发送了大小为16字节的信息。由于数据量太小，数据流分组不太可能会出现。尽管如此，我们的代码还是要能够处理这种可能性的。调用send()和recv()对TCP流会有什么效果呢?

先来看看send()。在进行一次TCP send()时，操作系统的网络栈可能会碰到下述3种情况之一。

- 要发送的数据可能立即被本地系统的网络栈接收。这可能是由于网卡正好空闲，可用于立即发送数据；也可能因为系统还有空间，可以将数据复制到临时的发送缓冲区，这样程序就能够继续运行了。在这些情况下，send()会立即返回。由于发送的是整个串，因此返回值就是数据串的长度。
- 另一种可能就是，网卡正忙，该套接字的发送缓冲区也已满，而系统也无法或不愿为其分配更多空间。此时，send()默认情况下会直接阻塞进程，暂停应用程序，直到本地网络栈能够接受并传输数据。
- 最后一种情况介于上述两种情况之间。发送缓冲区几乎满了，但尚有空间，因此想要发送的部分数据可以进入发送缓冲区的队列等待发送。但剩余的数据块则必须等待。这种情况下，send()会立即返回从数据串开始处起已经被接收的字节数，剩余数据则尚未被处理。

由于可能发生最后一种情况，在调用流套接字的send()时需要检查返回值，还需要在一个循环内进行send()调用。这样，如果发生部分传输的现象，程序就会不断尝试发送剩余的数据，直至整个字节串均被发送。有时会在网络程序的代码中看到如下形式的循环：

```
bytes_sent = 0
while bytes_sent < len(message):
    message_remaining = message[bytes_sent:]
    bytes_sent += s.send(message_remaining)
```

幸运的是，每次需要传输数据块时，Python并不强制我们这么做。标准库的socket实现提供了一个友好的sendall()方法，这为我们提供了很大的便利。代码清单3-1就使用了这一方法。因为sendall()方法是用C实现的，所以它比我们自己实现的循环要快。另外，它在循环中释放了全局解释器锁（Global Interpreter Lock），因此其他Python线程在所有数据发送完成前不会竞争资源（不了解该意义的读者可忽略跳过）。

不幸的是，对于recv()调用，尽管它同样可能遇到传输不完整的问题，但是并没有相应的标准库封装。操作系统的内部recv()实现使用的逻辑与发送数据包的逻辑相当类似。

- 如果没有任何数据，那么recv()会阻塞程序，直到有数据传到。
- 如果接收缓冲区内的数据已经完整就绪，那么recv()会接收所需的所有数据。
- 如果接收缓冲区里只有recv()需要返回的部分数据，那么，即使这并非所需的全部内容，也会立即返回缓冲区中已经有的数据。

这就是必须在一个循环中调用recv()的原因。操作系统无从得知这个简单的客户端和服务器之间传输的是16位固定宽度的数据。它无法猜测传来的数据何时能组成程序所需的完整信息，因此它收到数据时会立即返回。

为什么Python标准库包含了sendall()，却没有相应的recv()方法呢？可能是由于如今已经很少使用定长信息了。多数协议对待部分到达的流的处理方法都很复杂，可不像代码清单3-1一样，只要做出“消息的长度永远都是16字节”这样简单的决定就行了。在多数现实世界的程序中，运行recv()的循环要比代码清单3-1的循环复杂得多。因为程序在能够猜测还有多少数据没有传达前，就需要读取并处理已传达的部分消息了。例如，一个HTTP响应包含头信息、一行空行，然后是在Content-Length头中给出的任意字节数据。至少在接收到头信息并解析得到响应内容的长度前，我们是不知道要连续运行recv()的次数的，像这样的细节最好还是在我们的应用程序中进行处理，而不是在标准库中提供解决方法。

3.4.1 每个会话使用一个套接字

再来看看代码清单3-1中的服务器代码。可以发现服务器的代码与之前所示的截然不同。两者之间的差别主要源于TCP流套接字的特定含义。回忆一下之前讨论过的两种不同类型的流套接字。第一种是**监听套接字**（listening packet），服务器通过监听套接字设定某个端口用于监听连接请求；第二种是**连接套接字**（connected socket），用于表示服务器与某一特定客户端正在进行的会话。

从代码清单3-1中可以看到这一区别是如何在实际的服务器代码中体现出来的。两者之间的联系一开始可能会让人有点儿吃惊。监听套接字调用accept()后实际上会返回一个新建的连接套接字！让我们跟着示例程序的步骤来看看套接字操作发生的顺序。

首先，服务器通过运行bind()来声明一个特定的端口。要注意，此时还没有决定该程序会被作为客户端还是服务器。也就是说，还没有确定程序是会主动发出连接请求，还是被动地等待接收连接请求。bind()只是简单地声明了一个用于本程序的特定端口。该端口可以只用于某一特定IP接口，也可以用于所有接口。如果客户端不想只是简单地使用随机分配的任意临时端口，而是想通过某一机器上的某一特定端口连接服务器的话，那么也可以使用该调用。

下一个调用是listen()。程序通过该调用表明，它希望套接字进行监听，此时才真正决定了程序要作为服务器。在TCP套接字上运行该调用会彻底转变该套接字的角色。listen()调用对套接字的改变是无法撤销的，而且调用之后该套接字再也不能用于发送或接收数据。这一特定的套接字对象将再也不会与任何特定的客户端连接。该套接字此时只能通过它的accept()方法来接受连接请求（accept()方法的唯一目的就是用于支持TCP套接字的监听功能，因此该方法在本书中尚未提及）。每次调用accept()方法都会等待一个新的客户端连接服务器，然后返回一个全新的套接字。该新建的套接字负责管理对应的新建会话。

可以从代码中看到，getsockname()同时适用于监听套接字和连接套接字，可以用于获取套接字正在使用的绑定TCP端口。如果想要获取连接套接字对应的客户端地址，可以随时运行getpeername()，也可以存储accept()方法的第二个返回值（该返回值即客户端套接字名）。运行该服务器程序，可以看到，这两种方法返回的地址是一样的。

```
$ python tcp_sixteen.py server ""
Listening at ('0.0.0.0', 1060)
Waiting to accept a new connection
We have accepted a connection from ('127.0.0.1', 57971)
  Socket name: ('127.0.0.1', 1060)
  Socket peer: ('127.0.0.1', 57971)
  Incoming sixteen-octet message: b'Hi there, server'
  Reply sent, socket closed
Waiting to accept a new connection
```

如下所示，通过客户端向服务器发起一次连接，将先看到如下输出。

```
$ python3 tcp_sixteen.py client 127.0.0.1
Client has been assigned socket name ('127.0.0.1', 57971)
The server said b'Farewell, client'
```

可以从余下的服务器代码中看到，在accept()方法返回一个连接套接字之后，该连接套接字与客户端套接字的通信模式将是完全相同的。recv()调用会在接收完毕后返回数据。如果要保证数据全部发送的话，那么最好使用sendall()来发送整个数据块。

注意到服务器套接字在调用listen()方法时传入了一个整型参数。该参数指明了处于等待的连接的最大数目。如果服务器还没有通过accept()调用为某连接创建套接字，那么该连接就会被压栈等待。但如果栈中等待的连接超过了该参数设置的最大等待数，操作系统就会忽略新的连接请求，并推迟后续的三次握手。由于本例中只允许某一时刻一个客户端来连接服务器，我将该参数设置得很小（为1）。不过，在第7章讨论网络服务器架构时，我会考虑为listen()方法提供更大的参数。

一旦客户端和服务器完成了所有需要的通信，它们就会调用close()方法关闭套接字，通知操作系统将输出缓冲区中剩余的数据传输完成，然后使用之前提到的FIN数据包的关闭流程来结束TCP会话。

3.4.2　地址已被占用

代码清单3-1中还有最后一个细节可能会引起读者的好奇。服务器在绑定端口之前为什么要谨慎地设置套接字的SO_REUSEADDR选项呢？

如果将这行代码注释掉，然后尝试运行服务器程序的话，就能够看到不设置该选项的结果。如果只是启动服务器，那么是完全没有效果的。因此一开始可能看不出有什么不同。（本例中我先启动服务器，然后直接在终端命令提示符中使用Ctrl+C来停止服务器。）

```
$ python tcp_sixteen.py server ""
Listening at ('127.0.0.1', 1060)
Waiting to accept a new connection
^C
Traceback (most recent call last):
  ...
KeyboardInterrupt
$ python tcp_sixteen.py server ""
Listening at ('127.0.0.1', 1060)
Waiting to accept a new connection
```

不过，如果先启动服务器，然后运行对应的客户端，接着试着关闭并重启服务器，就能看到完全不同的结果了。当服务器重启时，会得到一个错误信息。

```
$ python tcp_sixteen.py server
Traceback (most recent call last):
  ...
OSError: [Errno 98] Address already in use
```

多么诡异！bind()明明是可以不断重复使用的，怎么只是因为有一个客户端已经连接了就突然不行了呢？如果不断尝试在没有设置SO_REUSEADDR选项的情况下运行服务器的话，就会发现，该地址在上一次客户端连接几分钟之后才会变得可用。

这一限制的存在是因为操作系统的网络栈部分需要非常谨慎地处理连接的关闭。仅仅用于监听的服务器套接字是可以立即关闭并被操作系统忽略的。但是，对于实际与客户端进行通信的连接套接字就不行了。即使客户端和服务器都关闭了连接并向对方发送了FIN数据包，连接套接字也无法立即消失。为什么呢？因为即使网络栈发送了最后一个数据包将套接字关闭，也还是无法确认该数据包是否可以被接收。如果该数据包正好被网络丢弃了，那么另一方就无法得知该数据包长时间无法传达的原因，可能会重新发送FIN数据包，希望最后能收到响应。

显然，像TCP这样的可靠协议在停止通信时都会有类似的问题。逻辑上来讲，一些表示通信结束的数据包必须是无需接收响应的，否则系统在机器最终关机前都会无限等待类似"好的，我们双方都同意通信结束，好吧？"这样的消息。然而就算是这些表示通信结束的数据包，其自身也可能丢失，并需要重传多次，直至另一方最终接收。那么该如何解决这一问题呢？

答案就是，一旦应用程序认为某个TCP连接最终关闭了，操作系统的网络栈实际上会在一个等待状态中将该连接的记录最多保存4分钟。RFC将这些状态命名为CLOSE-WAIT和TIME-WAIT。当关闭的套接字还处于其中某一状态时，任何最终的FIN数据包都是可以得到适当的响应的。如果TCP实现要忽略某个连接，那么就无法用某个适当的ACK为FIN作出响应了。

因此，当一个服务器试图声明某个几分钟前运行的连接所使用的端口时，其实是在试图声明一个从某种意义上来讲仍在使用的端口。这就是试图通过bind()绑定该地址时会返回错误的原因。通过设定套接字选项SO_REUSEADDR，可以指明，应用程序能够使用一些网络客户端之前的连接正在关闭的端口。在实际工作中，我在编写服务器代码时经常会使用SO_REUSEADDR，从未遇到过任何问题。

3.5 绑定接口

第2章讨论UDP时就提到了，在进行bind()调用时，使用IP地址和端口号的二元组作为操作系统接收连接请求的网络接口。代码清单3-1的例子使用本地IP地址127.0.0.1，表示代码不会接收来自其他机器的连接请求。

要验证这一点，可以使用前面介绍的方法运行代码清单3-1的服务器程序，然后使用另一台机器的客户端来连接服务器。

```
$ python tcp_sixteen.py client 192.168.5.130
Traceback (most recent call last):
  ...
ConnectionRefusedError: [Errno 111] Connection refused
```

可以看到，运行的服务器甚至没有做出响应。操作系统甚至都没有通知服务器其端口收到的一个连接请求被拒绝了。（注意，如果机器上的操作系统运行了防火墙的话，客户端在试图连接时可能都不知道发生了什么，只是会不断等待，而不是收到友好的“拒绝连接”异常信息！）

不过，如果使用空字符串作为主机名来运行服务器的话，Python的bind()机制就知道，我们希望接受来自机器任意运行的网络接口的连接请求。这样客户端就能够成功连接另一台主机了（我们在shell的命令行最后使用两个双引号表示空字符串）。

```
$ python tcp_sixteen.py server ""
Listening at ('0.0.0.0', 1060)
Waiting to accept a new connection
We have accepted a connection from ('127.0.0.1', 60359)
  Socket name: ('127.0.0.1', 1060)
  Socket peer: ('127.0.0.1', 60359)
  Incoming sixteen-octet message: b'Hi there, server'
  Reply sent, socket closed
Waiting to accept a new connection
```

前面提到过，我的操作系统使用特殊IP地址0.0.0.0表示“接受传至任意接口的连接请求”。不过这一惯例在读者的操作系统上可能会有所不同。Python向我们隐藏了这一不同点，我们只需要使用空字符串即可。

3.6 死锁

在计算机科学中，当两个程序共享有限的资源时，由于糟糕的计划，只能一直等待对方结束资源占用，这种情况可以使用死锁（deadlock）这一术语来表示。在使用TCP的时候，可以发现死锁现象是很容易发生的。

之前提到，典型的TCP栈使用了缓冲区，这样就可以在应用程序准备好读取数据前存放接收到的数据，也可以在网络硬件准备好发送数据包前存放要发送的数据。这些缓冲区的大小通常是有限制的，系统一般不想让程序用未发送的网络数据将RAM填满。毕竟，如果另一方尚未准备好处理数据，那么增加系统资源用于更大的缓冲区是没有意义的。

代码清单3-1所示的客户端–服务器模式中，通信双方总是在读取了另一方发来的完整数据后才发送响应信息。如果遵循这一模式的话，缓冲区的限制通常并不会给我们带来什么困扰。不过，如果设计的客户端和服务器没有立即读取数据，导致有太多数据在等待处理的话，那么我们很快就会遇到麻烦了。

阅读代码清单3-2。该例中的服务器和客户端有点儿过于“聪明”了，却没有考虑后果。作者编写的这个服务器程序的功能其实是相当智能的。该服务器的任务是将任意数量的文本转换为大写形式。由于客户端的请求量可能非常大，如果试图读取整个输入流之后再做处理的话，可能会耗尽系统的内存。因此，该服务器每次只读取并处理1024字节的小型数据块。

代码清单3-2　可能造成死锁的TCP服务器和客户端

```
#!/usr/bin/env python3
# Foundations of Python Network Programming, Third Edition
# https://github.com/brandon-rhodes/fopnp/blob/m/py3/chapter03/tcp_deadlock.py
# TCP client and server that leave too much data waiting

import argparse, socket, sys

def server(host, port, bytecount):
    sock = socket.socket(socket.AF_INET, socket.SOCK_STREAM)
    sock.setsockopt(socket.SOL_SOCKET, socket.SO_REUSEADDR, 1)
    sock.bind((host, port))
    sock.listen(1)
    print('Listening at', sock.getsockname())
    while True:
        sc, sockname = sock.accept()
        print('Processing up to 1024 bytes at a time from', sockname)
        n = 0
        while True:
            data = sc.recv(1024)
            if not data:
                break
            output = data.decode('ascii').upper().encode('ascii')
            sc.sendall(output) # send it back uppercase
            n += len(data)
            print('\r  %d bytes processed so far' % (n,), end=' ')
            sys.stdout.flush()
        print()
        sc.close()
        print('  Socket closed')

def client(host, port, bytecount):
    sock = socket.socket(socket.AF_INET, socket.SOCK_STREAM)
    bytecount = (bytecount + 15) // 16 * 16 # round up to a multiple of 16
```

```
    message = b'capitalize this!'  # 16-byte message to repeat over and over

    print('Sending', bytecount, 'bytes of data, in chunks of 16 bytes')
    sock.connect((host, port))
    sent = 0
    while sent < bytecount:
        sock.sendall(message)
        sent += len(message)
        print('\r  %d bytes sent' % (sent,), end=' ')
        sys.stdout.flush()

    print()
    sock.shutdown(socket.SHUT_WR)

    print('Receiving all the data the server sends back')

    received = 0
    while True:
        data = sock.recv(42)
        if not received:
            print('  The first data received says', repr(data))
        if not data:
            break
        received += len(data)
        print('\r  %d bytes received' % (received,), end=' ')

    print()
    sock.close()

if __name__ == '__main__':
    choices = {'client': client, 'server': server}
    parser = argparse.ArgumentParser(description='Get deadlocked over TCP')
    parser.add_argument('role', choices=choices, help='which role to play')
    parser.add_argument('host', help='interface the server listens at;'
                        ' host the client sends to')
    parser.add_argument('bytecount', type=int, nargs='?', default=16,
                        help='number of bytes for client to send (default 16)')
    parser.add_argument('-p', metavar='PORT', type=int, default=1060,
                        help='TCP port (default 1060)')
    args = parser.parse_args()
    function = choices[args.role]
    function(args.host, args.p, args.bytecount)
```

我们不需要做什么构造或分析工作，就能很容易地将任务分割——只要在原始ASCII字符上运行字符串方法upper()即可。该操作可以在每个输入块上独立运行，无需担心之前或之后处理的数据块。如果服务器要进行一个像title()这样更为复杂的操作的话，可就没这么容易了。如果某个单词正好由于数据块的边界从中间被一分为二，而之后却没有进行适当的重组，那么该单词中间的字母也有可能被转换为大写格式。例如，如果一个特定的数据流被分割为大小为16字节的数据块，那么就会不经意引入如下的错误：

```
>>> message = 'the tragedy of macbeth'
>>> blocks = message[:16], message[16:]
```

```
>>> ''.join( b.upper() for b in blocks )  # works fine
'THE TRAGEDY OF MACBETH'
>>> ''.join( b.title() for b in blocks )   # whoops
'The Tragedy Of MAcbeth'
```

如果要处理UTF-8编码的Unicode数据，那么使用定长块来划分数据同样会产生问题。这是因为，包含多个字节的字符可能会从中间被分为两个二进制块。在这种情况下，服务器处理问题时就要比本例更为小心仔细，同时还要维护两个连续数据块之间的一些状态。

在任何情况下，处理输入时像这样每次只处理一个数据块对于服务器来说都是较为明智的行为，即使本例示意程序使用的1024字节的数据块对于如今的服务器和网络来说已经微不足道了。通过分块处理数据并及时发回响应，服务器限制了其任意时刻需要保存在内存中的数据量。如果服务器这样设计，即使每个客户端发送的数据流总量多达几兆字节，服务器也能够在同一时刻处理数百个客户端，而且不会令内存或其他硬件资源难堪重负。

对于较小的数据流来说，代码清单3-2中的客户端和服务器似乎是可以正确工作的。启动服务器，然后运行客户端，为表示发送字节数的命令行参数指定一个较为适中的数字（比如请求发送32字节的数据），于是所有文本都会被转换成大写。为了方便处理，不管我们提供的参数是多少字节，都会向上近似为16的倍数。

```
$ python tcp_deadlock.py client 127.0.0.1 32
Sending 32 bytes of data, in chunks of 16 bytes
  32 bytes sent
Receiving all the data the server sends back
  The first data received says b'CAPITALIZE THIS!CAPITALIZE THIS!'
  32 bytes received
```

服务器会显示出它确实为最近的客户端请求处理了32B的数据。顺便提一下，服务器与客户端需要运行在同一台机器上。为了保持示例的简单，本例的脚本使用了本地IP地址。

```
Processing up to 1024 bytes at a time from ('127.0.0.1', 60461)
  32 bytes processed so far
  Socket closed
```

可见，使用数据量较小的数据进行测试时，本例的代码似乎可以正常工作。事实上，如果数据量大一些，可能也没有问题。试试运行客户端，发送几百字节或几千字节的数据，看看代码是否还能正常工作。

顺便提一下，例子中第一次数据交换的过程展示了之前提到的recv()调用的效果。即使服务器请求接收1024字节的数据，但是如果只有16B的数据可供接收且暂时没有新传来的数据的话，那么recv(1024)也会欣然返回这16B的数据。

然而，本例的客户端和服务器是有可能发生死锁的。如果试图发送大到一定程度的数据，那就糟糕了！试试使用客户端发送一个很大的数据流，比如总大小为1GB的数据流。

```
$ python tcp_deadlock.py client 127.0.0.1 1073741824
```

可以看到，客户端和服务器都疯狂地刷新着终端窗口，不断更新发送以及接收到的数据量大小。这一数字会不断增加。然后，连接会突然中断。如果仔细观察的话，可以发现，实际上服务器会先停止，不久之后客户端也会停止。连接终端前处理完成的数据量大小根据我撰写本章时使用的Ubuntu笔记本电脑而有所不同。不过，根据我刚在笔记本电脑上完成的测试结果来看，Python脚本会停止运行，服务器输出如下：

```
$ python tcp_deadlock.py server ""
Listening at ('0.0.0.0', 1060)
Processing up to 1024 bytes at a time from ('127.0.0.1', 60482)
  4452624 bytes processed so far
```

客户端终止时发送的数据流要多350 000B。

```
$ python tcp_deadlock.py client "" 16000000
Sending 16000000 bytes of data, in chunks of 16 bytes
  8020912 bytes sent
```

为什么客户端和服务器都会停止呢？

答案就是，服务器的输出缓冲区和客户端的输入缓冲区最后都会被填满。然后，TCP就会使用滑动窗口协议来处理这种情况。套接字会停止发送更多数据，因为即使发送的话，这些数据也会被丢弃，然后进行重传。

那么，为什么会导致死锁呢？考虑一下每个数据块的传输过程中发生了什么。客户端使用sendall()发送数据块，然后服务器使用recv()来接收、处理，接着将数据转换为大写，并再次使用sendall()调用将结果传回。然后呢？好吧，没有了！由于还有数据需要发送，客户端此时没有运行任何recv()调用。因此，越来越多的数据填满了操作系统的缓冲区，缓冲区就无法再接收更多数据了。

在上述测试中，操作系统在客户端的接收队列中缓冲了大约4MB的数据。然后，网络栈就认为客户端接收缓冲区已满。此时，服务器阻塞了sendall()调用，其发送缓冲区被渐渐填满，服务器进程也被操作系统暂停，无法发送更多数据。此时服务器不再处理任何数据，也没有运行recv()调用。因此，服务器接收缓冲区中的数据会不断增加。而操作系统对客户端发送缓冲区队列中数据量的限制可能在3.5MB左右。当客户端所产生的数据量达到这一值后，它最终也会停止。

在读者的系统上，这一限制可能有所不同。前面提到的数字是随机的，它会根据我的笔记本电脑的系统状态而变化，并非TCP固有的特性。

当然，除了说明recv(1024)实际上会在可能的情况下立即返回少于1024B的数据外，本例还旨在告诉读者下述两点。

首先，本例更具体地讲述了缓冲区的概念。网络连接每一端的TCP栈中都有缓冲区，这些缓冲区能够暂时保存数据。这样一来，当数据包传到接收端时，即使接收端没有运行recv()调用，也不需要丢弃并最终重发这些数据包。然而，缓冲区的容量并不是无限的。如果一个TCP连接不断尝试写入的数据始终没有被接收或处理，那么它最终将再也无法继续写数据。直到数据最终被读取，缓冲区开始有空余的空间时，写数据操作才能继续进行。

其次，在某些协议中并没有采用锁，客户端并不会在请求特定大小的数据后等待服务器做出响应或确认。本例明确了这类协议中可能涉及的危险情况。如果一个协议并没有严格要求服务器在客户端请求发送完成后才读取完整的请求，然后再返回完整的响应，那么就会发生类似于本例的情况。客户端和服务器都会阻塞，唯一的办法是手动关闭程序，重新进行编写，以改进程序的设计。

那么，网络客户端与服务器在处理大量数据时怎样避免进入死锁呢？实际上有两种可能的方案。第一，客户端和服务器可以通过套接字选项将阻塞关闭。这样一来，像send()和recv()这样的调用在得知还不能发送数据时就会立即返回。在第7章中详细介绍了架构网络服务器程序的可选方案，读者可以从中了解到更多关于该选项的内容。

第二，程序可以使用某种技术同时处理来自多个输入的数据。可以采用多个线程或进程来处理（比如，一个用来向套接字发送数据，另一个可能就负责从套接字读取数据）；也可以运行select()或poll()等操作系统调用，使得程序在发送套接字和接收套接字繁忙时等待，当它们当中任何一个空闲时就做出响应。我们也会在第7章中探索这些内容。

最后，要留意，上述场景在使用UDP时是绝不会发生的。这是因为UDP并没有实现流量控制。如果传达的数据报数量超出了接收端的处理能力，那么UDP会直接将部分数据报丢弃，由应用程序来发现数据报的丢失。

3.7 已关闭连接，半开连接

在上述例子中，还有关于另一主题的两点应加以注意。

首先，代码清单3-2展示了Python套接字对象在遇到文件结束符时的处理方法。Python文件对象在调用read()时如果发现数据已读取结束，会返回一个空字符串。Python套接字对象与之相同，在套接字关闭时会直接返回一个空字符串。

在代码清单3-1中，它严格规定了用于交换的信息大小为16B，因此我们不用担心这一点，无需将关闭套接字作为通信完成的信号。套接字的关闭是惰性的。客户端和服务器之间发送信息后可以保持套接字的打开状态，之后再关闭套接字，无需担心任何一方会由于等待另一套接字的关闭而阻塞。

然而，在代码清单3-2中，客户端发送任意数量的数据，数据长度仅由用户向命令行提供的参数决定。因此，服务器也会处理并发送回任意数量的数据。可以从代码中两次看到一个相同的模式——一个在recv()返回空字符串前一直会运行的while循环。要注意的是，在阅读第7章并探究非阻塞套接字时，这一正常的Python化的模式就不适用了。因为只要没有数据可用，非阻塞套接字的recv()调用就可能会抛出一个异常。在这种情况下，需要使用其他技术来确定套接字是否已经关闭。

其次，可以看到客户端在套接字完成发送后调用了shutdown()。这解决了一个重要的问题。如果服务器在遇到文件结束符之前永远读取数据的话，那么客户端怎样避免在套接字上进行完整的close()操作呢？客户端又是怎样防止运行很多recv()调用来接收服务器的响应呢？解决方法就是，将套接字“半关”，即在一个方向上永久关闭通信连接，但不销毁套接字。在这种状态下，服务器再也不会读取任何数据，但它仍然能够向客户端发送剩余的响应，因为该方向的连接仍然是没有关闭的。

shutdown()调用可以用来关闭双向套接字中任一方向的通信连接。代码清单3-2中使用的套接字就是双向套接字。该调用的参数可以是下述3个符号之一。

- SHUT_WR：由于大多数情况下程序都知道自身的输出将于何时结束，但却未必知道通信对方的输出何时结束，因此这是最常使用的参数值。SHUT_WR表示调用方将不再向套接字写入数据，而通信对方也不会再读取任何数据并认为遇到了文件结束符。

- SHUT_RD：该参数值用来关闭接收方向的套接字流。如果设置了该值，那么当通信对方尝试发送更多数据时，就会引发文件结束错误。
- SHUT_RDWR：设置该参数值表示将套接字两个方向的通信都关闭。因为同样可以调用套接字的close()来关闭两个方向的通信，所以这一选项乍一看似乎是无用的。关闭套接字与关闭其两个方向的通信之间的不同点是一个较为高级的区别了。如果操作系统允许多个程序共享同一个套接字，则close()仅仅结束了调用它的进程与套接字的关系，此时如果其他进程仍然在使用该套接字的话，该套接字仍然是可用的。而shutdown()方法就不同了，一旦调用shutdown()，该套接字对于所有使用它的进程都会立即变得不可用。

由于无法通过标准socket()调用来创建单向套接字，许多需要在套接字的单个方向上发送信息的程序员会先创建双向套接字，然后在套接字连接后立即运行shutdown()，来关闭不需要的连接方向。这意味着，如果通信对方意外地在不需要的方向上发送了数据，操作系统的缓冲区也不会被无意义地填充。

在需要单向语义的套接字上立即运行shutdown()，还能够为通信对方提供更清晰的错误信息。这样，通信对方不会混淆，也不会尝试在不需要的方向上发送数据。否则，意外数据可能会被直接忽略，甚至可能会将缓冲区填满。这样一来，由于这些数据永远不会被读取，就会导致死锁的发生。

3.8 像使用文件一样使用 TCP 流

TCP对数据流的支持可能会让读者想起普通的文件：文件同样也支持将读取和写入顺序数据作为基础操作。Python很好地对这些概念进行了区分。文件对象可以read()和write()，而套接字只能send()和recv()。没有任何一种对象能够同时调用这两类方法。（POSIX直接提供的接口允许C程序员像操作普通文件操作符一样操作套接字，对这两者都可以调用read()和write()，而Python的这一做法实际上更清晰，概念上的区分也更明确。）

不过，有时候我们还是会想要像操作普通Python文件对象一样操作套接字。原因通常是想把该套接字传给希望执行此操作的代码，比如pickle、json和zlib等很多Python模块，它们都能够直接从文件读取及写入数据。因此，Python为每个套接字提供了一个makefile()方法。该方法返回一个Python文件对象，该对象实际上会在底层调用recv()和send()。

```
>>> import socket
>>> sock = socket.socket(socket.AF_INET, socket.SOCK_STREAM)
>>> hasattr(sock, 'read')
False
>>> f = sock.makefile()
>>> hasattr(f, 'read')
True
```

在Ubuntu和Mac OS X等源于Unix的系统上，套接字与普通Python文件一样，都有一个fileno()方法。可以在需要时通过该方法获取文件描述符编号，然后将其提供给底层调用。在第7章探索select()和poll()时，我们会发现这是很有帮助的。

3.9 小结

基于TCP的“流”套接字提供了所有必需的功能，包括重传丢失数据包、重新排列接收到的顺序错误的数据包，以及将大型数据流分割为针对特定网络的具有最优大小的数据包。这些功能提供了对在网络上两个套接字之间传输并接收数据流的支持。

跟UDP一样的是，TCP也使用端口号来区分同一台机器上可能存在的多个流端点。想要接收TCP连接请求的程序需要通过bind()绑定到一个端口，在套接字上运行listen()，然后进入一个循环，不断运行accept()，为每个连接请求新建一个套接字（该套接字用于与特定客户端进行通信）。如果程序想要连接到已经存在的服务器端口，那么只需要新建一个套接字，然后调用connect()连接到一个地址即可。

服务器通常都要为绑定的套接字设置SO_REUSEADDR选项，以防同一端口上最近运行的正在关闭中的连接阻止操作系统进行绑定。

实际上，数据是通过send()和recv()来发送和接收的。一些基于TCP的协议会对数据进行标记，这样客户端和服务器就能够自动得知通信何时完成。其他协议把TCP套接字看作真正的流，会不断发送和接收数据，直到文件传输结束。套接字方法shutdown()可以用来为套接字生成一个方向上的文件结束符（所有套接字本质上都是双向的），同时保持另一方向的连接处于打开状态。

如果通信双方都写数据，套接字缓冲区被越来越多的数据填满，而这些数据却从未被读取，那么就可能会发生死锁。最终，在某个方向上会再也无法通过send()来发送数据，然后可能会永远等待缓冲区清空，从而导致阻塞。

如果想要把一个套接字传递给一个支持读取或写入普通文件对象的Python模块，可以使用makefile()方法。该方法返回一个Python对象。调用方需要读取及写入数据时，该对象会在底层调用recv()和send()。

第4章 套接字名与DNS

我们在前两章中学习了IP网络上可用的两种数据传输协议——UDP和TCP的基础知识，现在让我们回过头来讨论一下两个无论使用哪种数据传输协议都需要处理的更重要的问题。本章将讨论网络地址这一话题，还会描述将主机名解析为原始IP地址的分布式服务。

4.1 主机名与套接字

我们很少在浏览器或是电子邮件客户端里键入原始IP地址，更多时候会键入域名。有一些域名标识了整个机构，比如python.org和bbc.co.uk，而另一些域名则指定了主机或服务，比如www.google.com或asaph.rhodesmill.org。在访问一些站点时，可以使用主机名的缩写。比如可以直接键入asaph，然后站点会假设我们想要访问的是该站点的asaph机器，并自动填充主机名的剩余部分。然而，无论已经在本地进行了任何自定义设置，使用包含了顶级域名及其他所有部分的*完全限定域名*（fully qualified domain name）总是正确无误的。

以前，*顶级域名*（TLD，Top-Level Domain）的概念是很简单的：要么是.com、.net、.org、.gov、.mil，要么是由两个字母组成的国际公认国家代号，比如.uk。不过，现在又出现了许多更无聊的顶级域名，比如.beer。这样一来，要一眼区分出完全限定域名和部分限定域名就困难多了（除非试着把所有顶级域名都记下来）。

一般来说，每个TLD都有自己的服务器。这些服务器由机构来运行，该机构负责为该TLD下所有的域名进行授权。当我们注册一个域名时，这些机构会在服务器上增加一个相应域名的条目。然后，每当世界上任意一处运行的客户端希望解析属于该域的名称时，顶级服务器就会把客户端请求转至机构自己的域名服务器。这样，机构就可以为其创建的各种主机名返回对应的地址。这种名称系统将顶级名称与机构各自的域名服务器维护的名称结合起来。世界各地使用该系统来对名称查询做出响应的服务器集合提供了*域名服务*（DNS，Domain Name Service）。

前两章已经介绍过，套接字无法用单个Python原始类型（如数字或字符串）来命名。而TCP和UDP则都通过整型的端口号来使一台机器上运行的多个不同的应用程序共享该机器的IP地址。因此，要生成一个套接字名，需要将IP地址和端口号结合起来，如下：

```
('18.9.22.69', 80)
```

读者可能已经从前面的章节中零零散散地学到了一些关于套接字名的内容，比如二元组的第一项既可以是主机名，也可以是用点来分隔的IP地址。现在是时候进一步全面了解这一主题了。

在创建及使用套接字的很多时候都可以重温套接字名的重要之处。为了方便查询，这里列出了所有需要提供某种形式的套接字名作为参数的主要套接字方法。

- mysocket.accept()：该方法由TCP流的监听套接字调用。每当有准备好发送至应用程序的连接请求时，该方法就会被调用。它会返回一个二元组，二元组的第二项是已连接的远程地址（二元组的第一项是新建的连接至远程地址的套接字）。
- mysocket.bind(address)：该方法将特定的本地地址（该地址为要发送的数据包的源地址）分配给套接字。如果其他机器要发起连接请求，那么该地址也可作为要连接的地址。
- mysocket.connect(address)：该方法说明，通过套接字发送的数据会被传输至特定的远程地址。对于UDP套接字来说，该方法只是设置了一个默认地址。如果调用方没有使用sendto()和recvfrom()，而是使用了send()和recv()，就会使用这一默认地址。该方法本身没有马上做任何网络通信操作。然而，对于TCP套接字来说，该方法会与另一台机器通过三次握手建立一个新的流，并且会在连接建立失败时抛出一个Python异常。
- mysocket.getpeername()：该方法返回了与套接字连接的远程地址。
- mysocket.getsockname()：该方法返回了套接字自身的本地端点地址。
- mysocket.recvfrom(...)：用于UDP套接字，该方法返回一个二元组，包含了返回数据的字符串和数据的来源地址。
- mysocket.sendto(data, address)：未连接的UDP端口使用该方法向特定远程地址发送数据。

就是这些了！这就是与套接字地址有关的主要套接字操作。我把它们放在一起列出，以便读者对下面内容的应用场景有一个基本的了解。一般而言，上述任一方法都可以接收或返回任意一种地址。也就是说，无论使用的是IPv4还是IPv6，甚至是某种本书不涉及的更少见的地址类型，这些方法都是适用的。

4.1.1　套接字的5个坐标

在学习第2章和第3章的示例程序时，我们格外关注了套接字使用的主机名和IP地址。不过，在创建和部署每个套接字对象时总共需要做出5个主要的决定，主机名和IP地址只是其中的最后两个。回忆一下，创建及部署套接字的步骤大概如下：

```
import socket
s = socket.socket(socket.AF_INET, socket.SOCK_DGRAM)
s.bind(('localhost', 1060))
```

可以看到，我们指定了4个值：两个用来对套接字做配置，另外两个提供bind()调用需要的地址。实际上还可能有第5个坐标，因为socket()方法有第3个可选参数。这样一来，一共就要做5个决定。我会从socket()方法的3个可能参数开始，依次讨论这5个参数。

首先，地址族（address family）的选择是最重要的决定。某个特定的机器可能连接到多个不同类型的网络。对地址族的选择指定了想要进行通信的网络类型。

在本书中，我会一直使用AF_INET作为地址族，因为我相信在IP网络层上编写程序，对于大多数Python程序员来说是最有益的。同时，这也可以帮助我们训练在Linux、Mac OS甚至Windows上都适用的技能。不过，如果导入socket模块，打印出dir(socket)，然后查找以AF_（Address Family）开头的符号，则可以看到其他选择。你可能认识其中一些，比如AppleTalk和Bluetooth。在POSIX系统上尤其流行的是AF_UNIX地址族。该地址族提供的连接与互联网套接字提供的非常相似，不过它提供的连接直接运行于同一机器的程序之间，它“连接”的是文件名，而不是由主机名和端口号组成的地址。

其次，在介绍了地址族后，我会介绍套接字类型（socket type）。套接字类型给出了希望在已经选择的网络上使用的特定通信技术。你可能会认为每个地址族都有着完全不同的套接字类型，因此使用时需要去逐个查询。毕竟，除了AF_INET之外，还有什么地址族支持像UDP和TCP这样的套接字类型呢？

不过幸运的是，这种疑虑是多余的。尽管UDP和TCP确实是AF_INET协议族特有的，但是套接字接口的设计者决定为基于数据报的套接字这一宏观的概念创建一些更通用的名字，这就是SOCK_DGRAM。而提供可靠传输与流量控制的数据流的概念则用我们已经见过的SOCK_STREAM来表示。由于很多地址族支持其中一种机制或是全部支持，因此，只需要这两个符号就足以覆盖大量不同地址族的很多协议了。

socket()调用的第3个参数是协议（protocol）。因为一旦确定了协议族及套接字类型，可能使用的协议范围通常就被缩小到了一个主要的选项，所以这一参数很少使用。因此，程序员常常不指定该参数，或者把它设为0，表示自动选择协议。如果希望在IP层上使用流，那么系统就会选择TCP。如果想要使用数据报，那么系统就会选择UDP。这就是本书中的socket()调用都没有第3个参数的原因。在实际应用中，它几乎是不需要的。如果深入socket模块，查看AF_INET协议族中定义的一些以IPPROTO开头的协议，就会发现，本书实际使用的两个协议是用IPPROTO_TCP和IPPROTO_UDP这两个名字表示的。

最后，用于建立连接的第4个和第5个值就是IP地址和端口号，在前两章中已经对此做了详细解释。

我们应该立刻回过头来注意到，套接字名之所以由主机名和端口号这两部分组成，只是因为我们特别指定了套接字的前3个坐标。如果选择AppleTalk、ATM或是Bluetooth作为地址族，那么可能还需要一些其他的数据结构，而不是一个字符串和整数组成的二元组。因此，本节讨论的5个坐标，其实是新建套接字所必需的3个固定的坐标，后面跟着使用特定地址族进行网络连接所需的任意数量的坐标。

4.1.2　IPv6

在已经介绍了所有这些之后，现在本书有必要介绍除了目前为止一直使用的AF_INET之外的另一个地址族——IPv6的地址族，名为AF_INET6。这将是未来的主流地址族。使用它，可以防止IP地址最终被耗尽的情况发生。

在以前的ARPANET真正选择使用32位地址伊始，这一选择就很明显地成为了一个令人担忧的限制。当时的计算机内存是以千字节计的，这使得这一选择在当时还是相当有意义的。然而，32位地址只能提供40亿个可能的IP地址，还不足以为地球上的每个人都提供IP地址。一旦每个人都拥有一台计算机以及一台智能手机时，这就成了很大的麻烦。

如今（指2014年6月），尽管只有很小一部分互联网上的计算机通过互联网服务提供商使用IPv6与全球网络进行通信，但是要令Python程序兼容IPv6，需要做的其实非常简单，因此我们应该试着编写能在未来兼容IPv6的程序。

在Python中，可以通过检查socket模块内置的has_ipv6这一布尔值来直接测试当前平台是否支持IPv6。

```
>>> import socket
>>> socket.has_ipv6
True
```

需要注意的是，这并不表示一个实际的IPv6接口已经运行并配置完成，可用来发送数据包了！这仅仅表明操作系统的实现是否提供IPv6支持，与是否已经使用IPv6无关。

如果要一项接着一项地列出IPv6对于Python代码的影响，那么这似乎会有点儿使人畏惧。

- 如果要在IPv6网络上进行操作，必须使用AF_INET6地址族来创建套接字。
- 套接字名不再仅仅由IP地址和端口号这两部分组成，它还包括提供了“流”信息和“范围”标识的额外坐标。
- 读者可能已经从配置文件或命令行参数中读到了IPv4用字节表示的优雅形式，比如18.9.22.69。不过，现在它们有时会被IPv6的主机地址替代，而现在甚至可能还没有用于这种形式的优良的正则表达式呢。IPv6的表达形式中包含大量冒号，有十六进制数字。总而言之，看起来很丑陋。

向IPv6的迁移带来的益处不仅仅在于其提供了大量的可用地址，相较大多数IPv4实现，IPv6协议也对链路层安全等很多特性提供了更完整的支持。

然而，如果习惯于编写过时的旧式风格的代码，通过自己设计的正则表达式来扫描或匹配IP地址及主机名的话，那么刚刚列出的变化似乎带来了许多麻烦。换句话说，如果我们正在以任意形式自行解析地址的话，那么可以想象，向IPv6的迁移甚至会使我们编写的代码比以前更加复杂。不要害怕。我的实际建议是，完全不要进行地址解析和扫描！下一节将展示操作方法。

4.2 现代地址解析

为了令程序简单强大，并免于处理从IPv4到IPv6的迁移带来的复杂性，我们应该将注意力放在Python套接字用户工具集中最强大的工具之一——getaddrinfo()上。

getaddrinfo()函数是socket模块中涉及地址的众多操作之一。除非要进行一些特定的工作，否则这个函数可能是我们用来将用户指定的主机名和端口号转换为可供套接字方法使用的地址时所需的唯一方法。

使用socket模块中的一些旧式程序来解决地址问题的方法是相当琐碎的。而getaddrinfo()提供的方法则很简单，我们能够在一个调用中指明要创建的连接所需的一切已知信息。该方法将返回先前讨论过的全部坐标。这些坐标是我们创建并将套接字连接至指定目标地址所必需的。

其基本用法很简单，如下所示（注意，pprint模块与网络操作无关，只不过它在打印元组列表时比标准的print函数效果更好）：

```
>>> from pprint import pprint
>>> infolist = socket.getaddrinfo('gatech.edu', 'www')
>>> pprint(infolist)
[(2, 1, 6, '', ('130.207.244.244', 80)),
 (2, 2, 17, '', ('130.207.244.244', 80))]
>>> info = infolist[0]
>>> info[0:3]
(2, 1, 6)
>>> s = socket.socket(*info[0:3])
>>> info[4]
('130.207.244.244', 80)
>>> s.connect(info[4])
```

这里的info变量包含了用来创建一个套接字并使用该套接字发起一个连接需要的所有信息。它提供了地址族、类型、协议、规范名称以及地址信息。那么，需要提供给getaddrinfo()的参数有哪些呢？我请求的是连接到主机gatech.edu提供的HTTP服务所需的可能方法，返回值是包含两个元素的列表。从返回值中我们得知，有两种方法可以用来发起该连接。可以创建一个使用IPPROTO_TCP（协议代号为6）的SOCK_STREAM套接字（套接字类型为1），也可以创建一个使用IPPROTO_UDP（协议代号为17）的SOCK_DGRAM（套接字类型为2）套接字。

是的，从上面的答案也可以看出HTTP官方同时支持TCP和UDP这一事实，至少根据分配端口号的官方机构可以得出这一结论。后面在脚本中调用getaddrinfo()时，通常会指定套接字的类型，而不是随机选取。

如果在代码中使用getaddrinfo()，那么其用法会与第2章及第3章中的代码清单有所不同。第2章及第3章的代码清单使用了AF_INET这样的真实符号，明确了套接字的底层工作机制，而生产环境中的Python代码除非是要向getaddrinfo()指明想要使用的地址类型，否则不会引用socket模块中的任何符号。我们将使用getaddrinfo()返回值的前3项作为socket()构造函数的参数，然后使用返回值的第5项作为传入地址，用于任何需要套接字地址的调用，比如本章第一节中列出的connect()。

从前面的代码片段中可以看到，getaddrinfo()一般除了允许提供主机名之外，还允许提供www这样的符号（而不是整数）作为端口名。这样的话，如果用户想使用www或smtp这样的符号作为端口号，而不使用80或25，就无需在以前的Python代码中进行额外的调用了。

在具体讨论getaddrinfo()支持的所有选项前，先来看看如何用它们来支持3种基本网络操作，这是更有裨益的。我将根据进行套接字操作的可能顺序（绑定、连接，然后是识别已经向我们发送信息的远程主机）来解释它们。

4.2.1　使用getaddrinfo()为服务器绑定端口

有时候我们会想要得到一个地址，并将其作为参数提供给bind()。这样做的原因可能是我们正在创建一个服务器套接字，也可能是出于某些原因希望客户端从一个可预计的地址连接至其他主机。此时可调用getaddrinfo()，将主机名设为None，但提供端口号与套接字类型。需要注意的是，在此处以及后面的getaddrinfo()调用中，如果某个字段为数字，则可以使用0来表示通配符。

```
>>> from socket import getaddrinfo
>>> getaddrinfo(None, 'smtp', 0, socket.SOCK_STREAM, 0, socket.AI_PASSIVE)
[(2, 1, 6, '', ('0.0.0.0', 25)), (10, 1, 6, '', ('::', 25, 0, 0))]
>>> getaddrinfo(None, 53, 0, socket.SOCK_DGRAM, 0, socket.AI_PASSIVE)
[(2, 2, 17, '', ('0.0.0.0', 53)), (10, 2, 17, '', ('::', 53, 0, 0))]
```

在本例中，我做了两个查询。第一个使用字符串作为端口标识符，第二个则使用原始的数字端口号。第一个查询的目的是想知道，如果使用TCP来支持SMTP数据传输的话，应该通过bind()把套接字绑定到哪个地址。该查询返回的答案是合适的通配符地址，表示可以绑定到本机上的任何IPv4及IPv6接口。当然，相应地，还需要提供正确的套接字地址族、套接字类型以及协议。

反之，如果想通过bind()绑定到本机上的一个特定IP地址，而且已知该地址已经配置完成，那么应省略AI_PASSIVE标记，并指定主机名。例如，下面是两种可以用于尝试将套接字绑定到localhost的方式。

```
>>> getaddrinfo('127.0.0.1', 'smtp', 0, socket.SOCK_STREAM, 0)
[(2, 1, 6, '', ('127.0.0.1', 25))]
>>> getaddrinfo('localhost', 'smtp', 0, socket.SOCK_STREAM, 0)
[(10, 1, 6, '', ('::1', 25, 0, 0)), (2, 1, 6, '', ('127.0.0.1', 25))]
```

可以看到，如果使用IPv4地址来表示本地主机，那么就只会接受通过IPv4发起的连接；而如果使用符号名localhost的话，IPv4和IPv6的本地名在该机器上均可用（至少在我的Linux笔记本电脑上是这样的，上面已经配置好了/etc/hosts文件）。

顺便提一下，现在读者可能想问一个问题：当我们指明想支持的基础服务，然后通过getaddrinfo()的返回值得到可供使用的多个地址时，到底应该做什么呢？我们当然无法通过bind()将创建的单个套接字绑定到多个地址！在第7章中，我将介绍编写服务器端代码时为服务器套接字进行多次绑定所需使用的技术。

4.2.2 使用getaddrinfo()连接服务

除了绑定到本地地址以自行提供服务之外，还可以使用getaddrinfo()来获取连接到其他服务所需的信息。查询服务时，可以使用一个空字符串来表示要通过自环接口来连接回本机，也可以提供一个包含IPv4地址、IPv6地址或是主机名的字符串来指定目标地址。

准备调用connect()或sendto()连接服务或向服务发送数据时，调用getaddrinfo()，并设置AI_ADDRCONFIG标记，该标记将把计算机无法连接的所有地址都过滤掉。例如，有一个机构，它可能既有IPv4的IP地址段，也有IPv6的IP地址段。如果特定的主机只支持IPv4，那么我们会希望将结果中的非IPv4地址过滤掉。有些情况下，本机只有IPv6网络接口，但是连接的服务却只支持IPv4。为了支持这种情况，我们也需要指定AI_V4MAPPED。指定了该标记之后，会将IPv4地址重新编码为可实际使用的IPv6地址。

把上述这些都拼凑起来，就得到了在套接字连接之前使用getaddrinfo()的常用方法。

```
>>> getaddrinfo('ftp.kernel.org', 'ftp', 0, socket.SOCK_STREAM, 0,
...             socket.AI_ADDRCONFIG | socket.AI_V4MAPPED)
[(2, 1, 6, '', ('204.152.191.37', 21)),
 (2, 1, 6, '', ('149.20.20.133', 21))]
```

这样就从getaddrinfo()的返回值中得到了我们所需要的信息：这是一个列表，包含了通过TCP方式连接ftp.kernel.org主机FTP端口的所有方式。注意到返回值中包括了多个IP地址。这是因为，为了负载均衡，该服务部署在了互联网的多个不同地址上。当返回值像上面这样包含了多个地址时，通常应该使用返回的第一个地址。只有在连接失败时才应该尝试使用剩下的地址。远程服务的管理员根据他们的希望为用户要连接的服务器赋予了一定顺序，这样用户提供的负载就会与管理员的设想相一致。

下面是另一个查询，我想通过该查询得知如何从我的笔记本电脑连接到IANA（IANA最初分配了端口号）的HTTP接口。

```
>>> getaddrinfo('iana.org', 'www', 0, socket.SOCK_STREAM, 0,
...             socket.AI_ADDRCONFIG | socket.AI_V4MAPPED)
[(2, 1, 6, '', ('192.0.43.8', 80))]
```

由于和其他优秀的互联网标准组织的网站一样已经支持了IPv6，IANA的网站确实是用来展示

AI_ADDRCONFIG标记用法的一个好例子。我的笔记本电脑在其目前连接的无线网络上只支持IPv4，因此，上面的调用只会谨慎地返回一个IPv4地址。但是，如果把认真选用的第6个标记删去，就能够看到该网站的IPv6地址，但我们是无法使用这个IPv6地址的。

```
>>> getaddrinfo('iana.org', 'www', 0, socket.SOCK_STREAM, 0)
[(2, 1, 6, '', ('192.0.43.8', 80)),
 (10, 1, 6, '', ('2001:500:88:200::8', 80, 0, 0))]
```

如果自己不准备直接尝试使用这些地址，而是要为其他主机或程序提供类似于目录信息的内容，那么上面的做法是很有用的。

4.2.3　使用 getaddrinfo()请求规范主机名

还有最后一种经常会遇见的情况，即需要知道属于通信对方套接字IP地址的官方主机名。这可能是由于我们正在建立一个新的连接，也可能是由于某个服务器套接字刚接受了一个连接请求。

尽管这一需求确实存在，但是要注意，它会带来一个严重的威胁：在机器进行从IP地址到主机名的反向查询时，IP地址的拥有者可以根据他们的希望令DNS服务器返回任意值作为查询结果！他们可以将规范主机名设为google.com、python.org，或者他们想要的任何值。在请求属于某IP地址的主机名时，IP地址的拥有者能够完全控制要返回的字符串。

因为对规范主机名的查询会将IP地址映射到一个主机名，而不是将主机名映射到IP地址，所以称之为反向DNS查询。在得到返回的主机名后，我们可能要先查阅并确认它确实可以被解析为原始的IP地址，然后才能信任该返回结果。如果无法将得到的主机名解析为原始IP地址，那么该主机名可能是故意返回的有误导性的结果，也可能是由一个尚未正确配置主机名和IP地址正反向映射的域名不小心返回的错误响应。

规范主机名查询是相当耗时的。它导致了对全球DNS服务的一次额外的查询往返，因此在记录日志时常常会跳过这一步。如果一个服务会反向查询与每个IP地址对应的主机名，就会使得连接响应变得异常缓慢。对此，系统管理员的一个常用做法就是只对IP地址进行日志记录。如果某个IP地址引发了问题，我们可以先从日志文件中找到该地址，然后手动查询对应的主机名。

不过，如果规范主机名对我们的程序大有用处的话，我们可能会想要尝试进行反向查询。此时只要在运行getaddrinfo()时设置AI_CANONNAME标记即可。返回元组中的第4项将包含规范主机名。在之前的例子中该项为空字符串。

```
>>> getaddrinfo('iana.org', 'www', 0, socket.SOCK_STREAM, 0,
...             socket.AI_ADDRCONFIG | socket.AI_V4MAPPED | socket.AI_CANONNAME)
[(2, 1, 6, '43-8.any.icann.org', ('192.0.43.8', 80))]
```

还可以将已经与远程通信对方连接的套接字名提供给getaddrinfo()，然后得到返回的规范主机名。

```
>>> mysock = server_sock.accept()
>>> addr, port = mysock.getpeername()
>>> getaddrinfo(addr, port, mysock.family, mysock.type, mysock.proto,
...             socket.AI_CANONNAME)
[(2, 1, 6, 'rr.pmtpa.wikimedia.org', ('208.80.152.2', 80))]
```

同样，这种方法只有在IP地址拥有者正好定义了反向主机名时才适用。互联网上的很多IP地址并没有提供可用的反向主机名。因此，除非通过加密方法来验证通信对方，否则我们是无法确定真正与我们进行通信的主机的。

4.2.4　其他getaddrinfo()标记

刚才的例子展示了3个最重要的getaddrinfo()标记的操作。不同的操作系统上可用的标记有所不同。如果对标记返回的值有疑问，则应该查阅计算机的文档（当然也要查询计算机的配置）。不过，有一些标记是跨平台的，下面是其中较为重要的几个。

- AI_ALL：我已经讨论过AI_V4MAPPED选项。在某些情况下，我们的主机只通过IPv6连接到网络，而想要连接的主机却只使用IPv4地址。该选项解决了这一问题。它会将IPv4地址重写为与之对应的IPv6地址。然而，如果有一些IPv6地址正好是可用的，那么返回的结果中只会显示这些IPv6地址，返回值中不会包含任何IPv4地址。AI_ALL选项就是用来解决这一问题的。即使其中某些IPv6地址可用，但如果我们还是希望在通过IPv6连接的主机上看到所有地址，那么可以将这个AI_ALL标记与AI_V4MAPPED标记结合起来。此时返回的列表会包含已知的与目标主机对应的所有地址。
- AI_NUMERICHOST：主机名参数是getaddrinfo()的第一个参数。AI_NUMERICHOST禁止对主机名参数以cern.ch这样的文本的方式进行解析，相反，只会将主机名字符串作为字面IPv4或IPv6地址来解析，如74.207.234.78或是fe80::fcfd:4aff:fecf:ea4e。设置该参数后速度更快，因为提供地址的用户或配置文件不会引起程序因查询主机名造成的DNS往返（参见4.3节）。另外，这种做法可以防止系统被不可信的用户输入控制，从而避免强制查询受他方控制的名称服务器。
- AI_NUMERICSERV：该选项禁用了www这类符号形式的端口名，而是坚持使用“80”这样的端口号。因为存储端口号的数据库通常都保存在支持IP的本地机器上，端口号查询不会引起远程查询，所以我们无需使用该选项来防止程序进行缓慢的DNS查询。在POSIX系统上，要解析一个符号形式的端口名通常只需要快速扫描/etc/services文件（不过需要检查/etc/nsswitch.conf文件的服务选项进行确认）即可。不过，如果知道端口字符串肯定是一个整数的话，那么设置AI_NUMERICSERV可以进行有用的合理性检查。

关于这些标记，最后一个需要注意的地方是：有一些操作系统提供了与IDN相关的标记。这些标记会告知getaddrinfo()对哪些包含Unicode字符的花哨的新型域名进行解析。不过我们无需关心这些标记。Python会检测字符串是否需要特殊编码方式，然后在需要时设置相应的选项，并进行自动转换。

```
>>> getaddrinfo('παράδειγμα.δοκιμή', 'www', 0, socket.SOCK_STREAM, 0,
...             socket.AI_ADDRCONFIG | socket.AI_V4MAPPED)
[(2, 1, 6, '', ('199.7.85.13', 80))]
```

如果读者对背后的原理有所好奇的话，可以从RFC 3492开始，往后阅读相关的国际标准。另外，注意到Python现在包含了一个'idna'编解码器，它能够完成与国际域名之间的相互转换。

```
>>> 'παράδειγμα.δοκιμή'.encode('idna')
b'xn--hxajbheg2az3al.xn--jxalpdlp'
```

在上面的例子中，当我们输入希腊语的示例域名时，真正发送给域名服务的其实是转换后的ASCII纯文本字符串。同样，Python会将这一复杂性隐藏起来。

4.2.5 原始的名称服务程序

在getaddrinfo()流行之前，程序员通过操作系统支持的一系列更简单的名称服务程序来进行套接字层的编程。它们多数都是硬编码的，只支持IPv4，因此现在应该避免使用这些程序。

可以在socket模块的标准库页面找到相关的文档。在这里，我会通过一些例子对每个调用快速地加以说明。有两个调用能够返回当前机器的主机名。

```
>>> socket.gethostname()
'asaph'
>>> socket.getfqdn()
'asaph.rhodesmill.org'
```

还有两个调用能够对IPv4主机名和IP地址进行相互转换。

```
>>> socket.gethostbyname('cern.ch')
'137.138.144.169'
>>> socket.gethostbyaddr('137.138.144.169')
('webr8.cern.ch', [], ['137.138.144.169'])
```

最后，有3个程序可以用来通过操作系统已知的符号名查询协议号以及端口号。

```
>>> socket.getprotobyname('UDP')
17
>>> socket.getservbyname('www')
80
>>> socket.getservbyport(80)
'www'
```

如果想要获取运行Python程序的机器的主IP地址，可以将完全限定主机名传给gethostbyname()调用，如下：

```
>>> socket.gethostbyname(socket.getfqdn())
'74.207.234.78'
```

不过，由于每个调用都有可能失败并返回一个地址错误（参见5.6节），我们应该在程序中做好第二手准备，以处理该调用无法返回可用IP地址的情况。

4.2.6 在代码中使用 getaddrinfo()

我将上面的内容结合起来，设计了一个简单的例子，用来快速介绍在实际代码中使用getaddrinfo()的方法。阅读代码清单4-1。

代码清单4-1　使用getaddrinfo()创建并连接套接字

```
#!/usr/bin/env python3
# Foundations of Python Network Programming, Third Edition
# https://github.com/brandon-rhodes/fopnp/blob/m/py3/chapter04/www_ping.py
# Find the WWW service of an arbitrary host using getaddrinfo().

import argparse, socket, sys

def connect_to(hostname_or_ip):
    try:
```

```
        infolist = socket.getaddrinfo(
            hostname_or_ip, 'www', 0, socket.SOCK_STREAM, 0,
            socket.AI_ADDRCONFIG | socket.AI_V4MAPPED | socket.AI_CANONNAME,
            )
    except socket.gaierror as e:
        print('Name service failure:', e.args[1])
        sys.exit(1)

    info = infolist[0] # per standard recommendation, try the first one
    socket_args = info[0:3]
    address = info[4]
    s = socket.socket(*socket_args)
    try:
        s.connect(address)
    except socket.error as e:
        print('Network failure:', e.args[1])
    else:
        print('Success: host', info[3], 'is listening on port 80')

if __name__ == '__main__':
    parser = argparse.ArgumentParser(description='Try connecting to port 80')
    parser.add_argument('hostname', help='hostname that you want to contact')
    connect_to(parser.parse_args().hostname)
```

这个脚本进行了一个简单的“你在吗？”的测试。可以在命令行提供任意网络服务器的名字，然后尝试通过一个流套接字快速连接80端口。使用该脚本的方法及运行结果如下：

```
$ python www_ping.py mit.edu
Success: host mit.edu is listening on port 80
$ python www_ping.py smtp.google.com
Network failure: Connection timed out
$ python www_ping.py no-such-host.com
Name service failure: Name or service not known
```

关于这个脚本，有3点值得引起我们的注意。

- 该脚本是完全通用的。代码中没有提到使用IP协议，也没有提到使用TCP作为传输方式。如果用户正好输入了一个主机名，而系统认为该主机是通过AppleTalk连接的（如果可以在当今的时代想象这类事情的话），那么getaddrinfo()将返回AppleTalk的套接字族、类型以及协议，而我们最终创建并连接的套接字就是该类型的。
- getaddrinfo()调用的失败会引起一个特定的名称服务错误。Python把这个错误叫作gaierror，而不是在脚本末尾检测的普通网络故障导致的普通套接字错误。我们将在第5章中学习到更多关于错误处理的知识。
- 我们没有为socket()的构造函数传入3个单独的参数。取而代之，我们使用星号传入了参数列表，表示socket_args列表中的3个元素会被当作3个单独的参数传入到构造函数中。在使用实际返回的地址时的做法则恰恰相反。返回地址会被当作单独的单元传入所有需要使用它的套接字程序中。

4.3 DNS协议

域名系统（DNS，Domain Name System）是成千上万互联网主机相互协作，对主机名与IP地址映射关系查询做出响应的一种机制。要访问Python的官方网站，可以在网络浏览器中输入python.org，而不用一直记住IPv4地址`82.94.164.162`或是IPv6地址`2001:888:2000:d::a2`。DNS就是在背后支撑这一切的机制。

DNS协议

目的：解析主机名，返回IP地址

标准：RFC 1034与RFC 1035（1987年）

传输层协议：UDP/IP与TCP/IP

端口号：53

库：第三方，包括dnspython3

为了完成解析，计算机发送的信息会遍历服务器组成的层级结构。本地计算机和名称服务器有可能无法解析主机名。原因是该主机名既不属于本地机构，也没有在近期访问并仍然处于名称服务器的缓存中。在这种情况下，下一步就是查询世界上的某个顶级名称服务器，获取负责查询的域名的DNS服务器。一旦返回了DNS服务器的IP地址，就可以反过来访问该地址，完成域名查询。

在了解细节之前，让我们先回顾一下如何开始这一操作。

以www.python.org这一域名为例。如果网络浏览器需要解析该地址，那么浏览器就会运行一个类似于`getaddrinfo()`的调用，请求操作系统对该域名进行解析。系统本身知道其是否运行了自己的名称服务器，以及连接的网络是否会提供名称服务。如今，我们的机器通常会在连接到网络时通过DHCP自动配置名称服务器信息。可以通过公司办公室或教育机构的LAN，也可以通过无线网络，还可以通过家庭电缆或DSL连接到网络。在其余情况下，系统管理员设置机器时会手动配置DNS服务器的IP地址。无论是上述哪种情况，都必须指定DNS服务器的原始IP地址。这是因为，在能够通过其他方法连接到DNS服务器之前，我们显然不能进行任何DNS查询。

有时，人们对ISP提供的DNS及其性能并不满意，他们会选择自己配置一个第三方的DNS服务器，比如谷歌运行的`8.8.8.8`和`8.8.4.4`。在一些极罕见的情况下，可以通过计算机正在使用的其他名称获取到本地DNS域名服务器，比如Windows名称服务WINS。不过，无论如何，要进行名称解析，就必须指定DNS服务器。

即使不查询域名服务，计算机也知道一些主机名对应的IP地址。当我们调用`getaddrinfo()`这样的函数时，其实操作系统做的第一件事并不是向DNS服务器查询主机名。实际上，由于进行DNS查询是相当耗时的，因此它常常是最后一个选择。操作系统在向DNS服务器查询主机名之前，可能会先从其他一个或多个地方查询。如果使用的是POSIX系统，那么要查询的文件取决于/tc/nsswitch.conf文件中的hosts条目。如果使用的是Windows系统，那么取决于控制面板选项。例如，在我的Ubuntu笔记本电脑上，每次查询主机名时都会先检查/etc/hosts文件。然后，会尽可能地使用一种叫作多播DNS的专用协议。只有在该操作失败或不可用时，才会启用完整的DNS查询来获取与主机名对应的IP地址。

继续来看我们的例子。假设没有在本地机器上定义www.python.org这一域名，也没有在足够短的时间内访问过该域名，因此，运行网络浏览器的机器的本地缓存上没有与该域名对应的IP地址。在这种情况下，计算机会查询本地DNS服务器，它通常会发送一个基于UDP的DNS查询数据包。

现在，问题就交给真正的DNS服务器了。在接下来的讨论中，我会把这个“为我们进行主机名查询的特定DNS服务器”叫作“我们的DNS服务器”。当然，这个服务器本身可能是属于别人的，比如我们的雇主，或者是我们的ISP，又或者是谷歌。因此，从拥有权的意义上来说，该服务器并不是我们的。

我们的DNS服务器首先会检查它自己最近查询域名的缓存，看看www.python.org是否在最近几分钟或几小时内由其他机器向DNS服务器查询过。如果存在一个条目，并且该条目尚未过期（有效期由每个域名的拥有者选择。这是因为，有些机构喜欢在需要时频繁更改IP地址，而另一些机构则愿意让其IP地址留在世界上的DNS缓存中几小时甚至几天都不改变），那么就可以马上返回IP地址。不过，设想访问时间是早晨，而我们是办公室或咖啡店中今天第一个尝试访问www.python.org的人，那么DNS服务器就需要从头开始查询与主机名对应的IP地址。

我们的DNS服务器现在会从世界上DNS服务器层级结构的最顶层开始递归查询www.python.org。根节点的名称服务器能够识别所有顶级域名（TLD），比如.com、.org以及.net，并且存储了负责相应顶级域名的服务器群信息。为了能够在实际连接至域名系统前找到域名服务器，名称服务器软件通常内置了这些顶级服务器的IP地址。这样，经过第一次UDP往返后，我们的DNS服务器就能够获取（如果尚未通过另一个最近的查询获取）保存完整.org域名索引的服务器了。

现在将发送第二个DNS请求。这次是发送给某一个.org服务器，用来询问负责保存python.org域名信息的服务器。可以使用whois命令获取这些顶级服务器中存储的关于某域名的信息。也可以在POSIX系统的命令行程序中运行whois命令。如果没有在本地安装该命令的话，也可以使用众多whois在线网页中的某一个。

```
$ whois python.org
Domain Name:PYTHON.ORG
Created On:27-Mar-1995 05:00:00 UTC
Last Updated On:07-Sep-2006 20:50:54 UTC
Expiration Date:28-Mar-2016 05:00:00 UTC
...
Registrant Name:Python Software Foundation
...
Name Server:NS2.XS4ALL.NL
Name Server:NS.XS4ALL.NL
```

在这里就能够找到我们所需要的答案了！无论身处世界何处，我们对任何属于python.org的主机名的DNS请求都会被发送至上面列出的两个DNS服务器之中一个。当然，当我们的DNS服务器向一个顶级域名服务器发送该请求时，它实际上不仅仅会返回上面的两个名字，而是会给出对应的IP地址。这样一来，就可以直接与这两个服务器进行交互，而不需要再引入另一个耗时的DNS查询往返了。

现在，我们的DNS服务器已经完成了与根节点DNS服务器以及顶级.org DNS服务器的通信，可以直接向`NS2.XS4ALL.NL`或`NS4.XS4ALL.NL`查询python.org这一域名了。事实上，它会先尝试与其中一个服务器进行通信，如果失败了，再尝试与另一个通信。这样做提高了得到结果的可能性。不过，查询失败当然也会增加我们呆坐着盯着网络浏览器等待页面显示的时间。

根据python.org对其名称服务器的不同配置，DNS服务器还需要进行查询的次数也会不同。DNS服务器可能只需要再进行一次查询就能得到答案。如果机构较为庞大，很多部门及子部门都运行着自己的DNS服务器的话，那么可能需要把请求分配给各部门自己的DNS服务器。这样就还需要好几次查询。此时，上面提到的两个服务器之一可以直接返回www.python.org查询的结果，而我们的DNS服务器也就可以向浏览器返回一个UDP数据包（数据包中包含了与www.python.org对应的IP地址）了。

需要注意的是，这一过程需要4次独立的网络往返。我们的机器向我们自己的DNS服务器发送请求，并获取响应。而为了得到查询结果，我们的DNS服务器必须进行递归查询。这一递归查询包含了与其他服务器之间的3次不同的往返。因此，当我们第一次在浏览器中输入一个域名时，需要一定的等待时间就不足为奇了。

4.3.1　为何不使用原始DNS

我希望前面对典型DNS查询的解释已经让读者明确了解了操作系统在我们需要进行主机名查找时做的大量工作。因此，我推荐的做法是，除非由于特殊原因必须直接进行DNS查询，否则永远都通过getaddrinfo()或者其他系统支持的机制来解析主机名。通过操作系统来查询主机名会带来下面这些好处。

- DNS通常都不是系统获取名称信息的唯一途径。如果应用程序把尝试自己进行DNS查询作为解析域名的第一选择，那么用户就会发现，一些能够在系统其他任何地方使用的计算机名称突然在应用程序中变得不可用了。这些名称在浏览器、文件共享路径等处均可用，但是由于我们没有像操作系统那样通过类似于WINS或/etc/hosts这样的机制来查询域名，我们在自己的应用程序中是无法使用这些名称的。
- 本地机器的缓存保存了最近查询过的域名，其中可能已经包含了我们需要的域名的IP地址。如果尝试自行做DNS查询的话，就意味着重复进行了已经完成的工作。
- 运行Python脚本的系统可能已经有了本地域名服务器的信息，原因可能是系统管理员做了手动配置，也可能是使用了类似于DHCP的网络安装协议。如果在自己的Python程序中开始DNS查询的话，我们就需要知道如何获取特定操作系统的相关信息。这种特定于操作系统的操作是本书中不会涉及的。
- 如果不使用本地DNS服务器，就无法利用本地DNS服务器自身的缓存。该缓存可以防止我们的应用程序以及其他运行在同一网络中的应用程序对本地频繁使用的主机名进行查询。
- 有时，世界上的DNS基础设施会做一些调整，操作系统的库和守护进程也会逐步更新以适应最新的变化。如果直接在程序中进行原始DNS调用，就需要自己跟踪这些变化，以确保代码与TLD服务器上的IP地址、国际化约定以及DNS协议本身的最新变化同步。

最后，注意到Python并没有把任何DNS工具内置到标准库中。如果要使用Python进行DNS操作，那么必须为此选择并学习一个第三方库。

4.3.2　使用Python进行DNS查询

然而，还是有一个使用Python来进行DNS调用的充分合理的理由的。如果要编写的是一个邮件服务器，或者至少是一个不需要本地邮件中继就尝试直接向收件人发送邮件的客户端，我们就会想得到与某域名关联的MX记录，这样就能够找到我们朋友的@example.com邮箱的正确邮件服务器了。

那么让我们来看一下Python的一个第三方DNS库，以此作为本章的结束。dnspython3可能是现在支持Python 3的库中最好的一个。可以使用标准Python打包工具来安装它。

```
$ pip install dnspython3
```

该库使用其自己的方法来获取我们的Windows或POSIX操作系统正在使用的域名服务器，然后请求这些服务器代表其进行递归查询。因此，本章中的所有代码都需要管理员或网络配置服务已经正确配置好能够运行的名称服务器。

代码清单4-2举例说明了一个简单而完整的查询。

代码清单4-2　一个包含递归的简单DNS查询

```
#!/usr/bin/env python3
# Foundations of Python Network Programming, Third Edition
# https://github.com/brandon-rhodes/fopnp/blob/m/py3/chapter04/dns_basic.py
# Basic DNS query

import argparse, dns.resolver

def lookup(name):
    for qtype in 'A', 'AAAA', 'CNAME', 'MX', 'NS':
        answer = dns.resolver.query(name, qtype, raise_on_no_answer=False)
        if answer.rrset is not None:
            print(answer.rrset)

if __name__ == '__main__':
    parser = argparse.ArgumentParser(description='Resolve a name using DNS')
    parser.add_argument('name', help='name that you want to look up in DNS')
    lookup(parser.parse_args().name)
```

可以看到，每次只能尝试一种DNS查询。因此，这个简短的脚本在命令行中提供了一个主机名作为参数，然后在一个循环中循环查询属于该主机名的不同类型的记录。以python.org作为参数运行该脚本，可以立刻得到如下关于DNS的信息。

```
$ python dns_basic.py python.org
python.org. 42945 IN A 140.211.10.69
python.org. 86140 IN MX 50 mail.python.org.
python.org. 86146 IN NS ns4.p11.dynect.net.
python.org. 86146 IN NS ns3.p11.dynect.net.
python.org. 86146 IN NS ns1.p11.dynect.net.
python.org. 86146 IN NS ns2.p11.dynect.net.
```

可以从程序中看到，返回响应中的每个“答案”都通过一个对象序列来表示。按照顺序，每行打印出的键如下。

- 查询的名称。
- 能够将该名称存入缓存的有效时间，以秒为单位。
- “类”，比如表示返回互联网地址响应的IN。
- 记录的“类型”。常见的有表示IPv4地址的A、表示IPv6地址的AAAA、表示名称服务器记录的NS，以及表示该域名使用的邮件服务器的MX。

- 最后是“数据”，提供了要连接或与服务通信所需的信息。

在刚才提到的查询中，我们得知了关于python.org这一域名的3点信息。首先，A记录告诉我们，如果想连接到真正的python.org机器（比如发起一个HTTP连接，或者开始一个SSH会话，或是因为用户提供了python.org作为其想连接的机器而需要进行的任何操作），那么应该把数据包发送至IP地址140.211.10.69。其次，NS记录告诉我们，如果想查询任何属于python.org的主机名，那么应该请求ns1.p11.dynect.net至ns4.p11.dynect.net（应该按照给出的顺序，而不是数字顺序）这4台服务器进行解析。最后，如果想向邮箱地址在@python.org这一域名下的用户发送电子邮件，则需要查阅主机名mail.python.org。

DNS查询也可能返回CNAME这一记录类型，表示我们查询的主机名其实只是另一个主机名的别名。我们需要单独查询该原始主机名！因为这一过程常常需要两次往返，所以这一记录类型现在并不流行，不过还是有可能会碰到。

4.3.3　解析邮箱域名

前面提到，解析邮箱域名是多数Python程序中对原始DNS查询的一个合理应用。最新的明确给出邮箱域名解析规则的文件是RFC 5321。简要地说，规则是这样的，如果存在MX记录，那么必须尝试与这些SMTP服务器进行通信。如果没有任何SMTP服务器接收消息，那么必须向用户返回一个错误（或者将该消息放入重试队列中）。如果优先级不同的话，那就按照优先级序号，从小到大尝试这些SMTP服务器。如果不存在MX记录，但是域名提供了A记录或AAAA记录，那么可以尝试向该A记录或AAAA记录对应的地址发起连接。如果域名没有提供上述任一记录，但是给出了CNAME，那么应该使用相同的规则搜索该CNAME对应域名的MX记录或A记录。

代码清单4-3展示了该算法的可能实现方法。通过进行一系列的DNS查询，该算法得到了可能的目标地址，并打印出了它的决定。像这样不断调整策略并返回地址，而不是仅仅将它们打印出来，就可以实现一个Python邮件分发工具，将电子邮件发送至远程地址。

代码清单4-3　解析电子邮件域名

```
#!/usr/bin/env python3
# Foundations of Python Network Programming, Third Edition
# https://github.com/brandon-rhodes/fopnp/blob/m/py3/chapter04/dns_mx.py
# Looking up a mail domain - the part of an email address after the `@`

import argparse, dns.resolver

def resolve_hostname(hostname, indent=''):
    "Print an A or AAAA record for `hostname`; follow CNAMEs if necessary."
    indent = indent + '    '
    answer = dns.resolver.query(hostname, 'A')
    if answer.rrset is not None:
        for record in answer:
            print(indent, hostname, 'has A address', record.address)
        return
    answer = dns.resolver.query(hostname, 'AAAA')
    if answer.rrset is not None:
```

```
        for record in answer:
            print(indent, hostname, 'has AAAA address', record.address)
        return
    answer = dns.resolver.query(hostname, 'CNAME')
    if answer.rrset is not None:
        record = answer[0]
        cname = record.address
        print(indent, hostname, 'is a CNAME alias for', cname) #?
        resolve_hostname(cname, indent)
        return
    print(indent, 'ERROR: no A, AAAA, or CNAME records for', hostname)

def resolve_email_domain(domain):
    "For an email address `name@domain` find its mail server IP addresses."
    try:
        answer = dns.resolver.query(domain, 'MX', raise_on_no_answer=False)
    except dns.resolver.NXDOMAIN:
        print('Error: No such domain', domain)
        return
    if answer.rrset is not None:
        records = sorted(answer, key=lambda record: record.preference)
        for record in records:
            name = record.exchange.to_text(omit_final_dot=True)
            print('Priority', record.preference)
            resolve_hostname(name)
    else:
        print('This domain has no explicit MX records')
        print('Attempting to resolve it as an A, AAAA, or CNAME')
        resolve_hostname(domain)

if __name__ == '__main__':
    parser = argparse.ArgumentParser(description='Find mailserver IP address')
    parser.add_argument('domain', help='domain that you want to send mail to')
    resolve_email_domain(parser.parse_args().domain)
```

当然，resolve_hostname()应该根据当前主机连接到的是IPv4还是IPv6网络来对A记录与AAAA记录进行动态选择，因此这里展示的实现并不健壮。事实上，我们或许应该在这里使用我们的好朋友getaddrinfo()，而不是尝试自己解析邮件服务器的主机名！不过，由于代码清单4-3是专门设计用于展示DNS的工作原理的，我认为还是应该遵循单纯DNS查询的逻辑，这样读者就能够了解这些查询是如何被解析的了。

真实的邮件服务器实现显然不会将邮件服务器的地址打印出来，而会向这些地址发送邮件。只要有一次发送成功，就将停止继续发送。（如果在发送成功后仍然继续遍历服务器列表，那么将生成电子邮件的多个副本。对应每个发送成功的服务器都会有一个副本。）尽管如此，这个简单的脚本还是让我们对这一过程有了很好的了解。可以看到，此时此刻，python.org只有一个邮件服务器的IP地址。

```
$ python dns_mx.py python.org
This domain has 1 MX records
Priority 50
    mail.python.org has A address 82.94.164.166
```

无论该IP是属于一台机器还是由一个主机集群共享，我们显然无法从外表简单地看出来。其他机构在存放收到的电子邮件时的策略更为激进。IANA现在有不少于6个电子邮件服务器（换句话说，IANA至少提供了6个IP地址供我们连接，但实际上运行的邮箱服务器则要多得多）。

```
$ python dns_mx.py iana.org
This domain has 6 MX records
Priority 10
     pechora7.icann.org has A address 192.0.46.73
Priority 10
     pechora5.icann.org has A address 192.0.46.71
Priority 10
     pechora8.icann.org has A address 192.0.46.74
Priority 10
     pechora1.icann.org has A address 192.0.33.71
Priority 10
     pechora4.icann.org has A address 192.0.33.74
Priority 10
     pechora3.icann.org has A address 192.0.33.73
```

通过尝试对许多不同的域名运行这个脚本，可以看到大型机构与小型机构是如何将收到的邮件路由到不同IP地址的。

4.4　小结

Python程序通常需要将主机名转换为可以实际连接的套接字地址。

多数主机名查询都应该通过socket模块的getaddrinfo()函数完成。这是因为，该函数的智能性通常是由操作系统提供的。它不仅知道如何使用所有可用的机制来查询域名，还知道本地IP栈配置支持的地址类型（IPv4或IPv6）。

传统的IPv4地址仍然是互联网上最流行的，但IPv6正在变得越来越常见。通过使用getaddrinfo()进行主机名和端口号的查询，Python程序能够将地址看成单一的字符串，而无需担心如何解析与解释地址。

DNS是多数名称解析方法背后的原理。它是一个分布在世界各地的数据库，用于将域名查询直接指向拥有相应域名的机构的服务器。尽管在Python中直接使用原始DNS查询的频率不高，但是它在基于电子邮件地址中@符号后的域名直接发送电子邮件时还是很有帮助的。

既然我们已经理解了如何解析套接字将连接到的主机名，那么第5章便将深入介绍对要传输的数据负载进行编码与划分时的不同选项。

第5章 网络数据与网络错误

本书的前4章介绍了IP网络上的域名解析方法，以及如何在两台主机间建立与关闭TCP流连接及UDP数据报连接。但是我们应该如何准备需要传输的数据呢？应该如何对数据进行编码与格式化呢？Python程序又需要提供哪些类型的错误呢？

无论我们使用的是流还是数据报，都无法避免上述这些问题。本章提供了所有这些问题的基本答案。

5.1 字节与字符串

计算机的内存芯片和网卡都支持将字节作为通用传输单元。字节将8比特的信息封装起来，作为信息存储的通用单位。但是，内存芯片与网卡是不同的。在程序运行期间，Python能够完全向我们隐藏内存中的数字、字符串、列表以及字典的具体实现细节。除非使用特殊的调试工具，否则我们甚至无法查看到这些数据结构存储的字节，而只能看到它们的外部表现。

网络通信的不同在于，套接字接口将字节暴露了出来，字节无论对程序员还是对应用程序都是可见的。在进行网络编程时，我们通常无法避免地要考虑在传输过程中表示数据的方式。这会给我们带来一些问题，而像Python这样的高级语言是可以让我们避免这类问题的。

那么，现在就让我们考虑一下字节的特性。

- 位（bit）是信息的最小单元。每位可以是0或1。在电子学中，位一般通过高电压和低电压来实现。
- 8位组成1字节（byte）。

组成字节的位需要按顺序排列，以便我们进行区分。当我们写下一个二进制数时（如01100001），我们对位的排序与书写十进制数时是一样的，应首先书写最高位（比如，在十进制数234中，因为百位对数字大小的影响比十位与个位更大，所以2是最高位，而4是最低位）。

一种解释字节的方法是将其看作一个介于00000000和11111111之间的数。如果做一下数学运算，将其转换为十进制的话，这个数的区间就是0~255。

也可以把这个介于0~255的数的最高位看成符号位，这样就可以表示负数了。从0开始反过来数，就可以得到这些负数。10000000到11111111的数本来会被看作128~255，但是由于我们把最高位看作指示数字是否为负数的符号位，因此这一区间就变成了-128~-1。［这叫作二进制补码运算（two's complement arithmetic）。］也可以使用很多更复杂的规则来解释字节。这些规则可能会使用一个表来为字节的位分配一些符号或意义，甚至可能将多个字节组合在一起，以此来构造更大的数字。

以前，不同的计算机上字节的长度是不同的。因此网络标准使用八位字节（octet）这一术语表示8个二进制位组成的字节。

在Python中，通常有两种表示字节的方法：第一种是使用一个正好介于0~255的整数，第二种是使用一个字节字符串，字符串的唯一内容就是该字节本身。可以使用Python源代码支持的任何常用进制（二进制、八进制、十进制及十六进制）来输入字节表示的数字。

```
>>> 0b1100010
98
>>> 0b1100010 == 0o142 == 98 == 0x62
True
```

可以把一个包含这些数字的列表作为参数传给bytes()，这样就能够将其转换成字节字符串。通过遍历字节字符串，可以将其转换回原来的形式。

```
>>> b = bytes([0, 1, 98, 99, 100])
>>> len(b)
5
>>> type(b)
<class 'bytes'>
>>> list(b)
[0, 1, 98, 99, 100]
```

字节字符串对象的repr()函数有点儿令人困惑。它使用ASCII字符作为简写形式，表示数组中字节值正好与可打印的ASCII字符对应的元素。对于没有对应可打印ASCII字符的元素，则使用显式的十六进制格式\xNN来表示。

```
>>> b
b'\x00\x01bcd'
```

但是，不要产生误解，字节字符串在语义上并不表示ASCII字符，它只用来表示8个二进制位组成的字节。

5.1.1　字符串

如果确实想要通过套接字传输一个符号串，那么就需要使用某种编码方法，来为每个符号分配一个确切的字节值。ASCII就是最流行的编码方式。ASCII是美国标准信息交换代码（American Standard Code for Information Interchange）的缩写。ASCII定义了从0到127的字符代码，可以对应到7个二进制位。因此，使用字节存储ASCII字符时，最高位始终是0。代码0~31表示用于输出显示的控制命令，而不是字母、数字以及标点符号这样的实际图像，因此也就不能在一个快速创建的图表中显示。接下来是表示实际图像的3类ASCII字符，每类包含32个字符。如下所示：第一类是标点符号与个位数字，第二类包含了大写字母，最后一类包含了小写字母。

```
>>> for i in range(32, 128, 32):
...   print(' '.join(chr(j) for j in range(i, i+32)))
...
  ! " # $ % & ' ( ) * + , - . / 0 1 2 3 4 5 6 7 8 9 : ; < = > ?
@ A B C D E F G H I J K L M N O P Q R S T U V W X Y Z [ \ ] ^ _
` a b c d e f g h i j k l m n o p q r s t u v w x y z { | } ~
```

顺便提一下，左上角的字符是空格，字符代码为32。（右下角的字符不可见。这相当奇怪，它是ASCII字符表中最后一个控制符——代码为127的删除符。）注意到，这个20世纪60年代起草的编码方法使用了两个很聪明的妙招。首先，位是按顺序排列的，因此要得到某个位的算术值，只需要将字符代码的该位设为0，然后用原来的字符代码值减去置零后的值即可。另外，通过翻转表示十进制值32的二进制位，可以完成大小写字母的转换，也可以通过把字符串中所有字母的字符值中表示十进制数32的二进制位设为1或0，将所有字母转换为大写或小写。

不过，Python 3的字符串能够包含的字符可远远不止是ASCII字符。受惠于最近的一个叫作Unicode的标准，我们现在不仅仅能够像ASCII一样为0~127这128个数字分配字符代码，还能够为多达几千甚至几百万个数字分配字符代码。Python把字符串看成是由Unicode字符组成的序列。就和常见的Python数据结构一样，Python也向我们小心地隐藏了Python字符串在RAM中的实际实现，因此在使用Python工作时无需考虑字符串的内部实现。不过，在处理文件中或网络上的数据时，我们必须考虑字符的外部表示以及下面要提到的两个术语概念。这两个概念会帮助我们在传输或存储信息的同时，保持信息意义的直观性。

- 对字符进行*编码*（Encoding）意味着将真正的Unicode字符串转换为字节字符串。Python程序会将这些字节发送给外部的真实世界。
- 对字节数据进行*解码*（Decoding）意味着将字节字符串转换为真正的Unicode字符。

为了帮助记忆这两个术语及其对应的转换操作，我们可以认为外部的世界是由字节组成的，这些字节通过某种密码保存。如果要在Python程序中正确处理外部世界中的字节，就需要将这种密码翻译或破解。如果要将Python程序中的数据传输到外部世界，就需要将数据编码成外部世界理解的字节密码；而要把数据从外部世界转移至Python程序中，就必须将其解码。

如今，世界上有许多种可用的编码方式，可以将它们分为两大类。

最简单的编码方式是*单字节编码*（singlc-byte encodings）。这种编码方式最多可以表示256个独立的字符，不过可以保证每个字符都能够唯一映射到一个单独的字节。在编写网络代码时，这种编码方式使用起来是很简单的。例如，我们事先就知道从一个套接字读取*n*个字节会生成*n*个字符，同时也知道当一个流被分割为多个部分时，每个字节就是一个单独的字符，我们不需要知道后续的字节就能够正确解释该字节。同样，我们可以通过第*n*个字节，马上找到输入中的第*n*个字符。

多字节编码（multibyte encodings）是一种更复杂的编码方式，它不具备上面提到的这些优势。有一些多字节编码方式会使用固定的字节数表示一个字符，比如UTF-32。如果数据中大多数字符都是ASCII字符的话，这种方法将相当浪费空间。该方法的优势是，表示每个字符的字节数都是相同的。在其他一些编码方式中，用于表示不同字符的字节数是不同的，因此操作起来要多加小心。如果数据流被分割为多个部分的话，我们不可能事先知道某个字符是否由于位于分割边界而从中间被分开。如果要找到第*n*个字符的话，就必须从头开始顺序扫描，直到遇到第*n*个字符为止。

如果想获取Python支持的所有编码方式列表的话，可以查阅codecs模块的标准库文档。

Python内置的多数单字节编码方式都是ASCII的扩展，它们把剩下的128个值用于特定地域的字母或符号。

```
>>> b'\x67\x68\x69\xe7\xe8\xe9'.decode('latin1')
'ghiçèé'
>>> b'\x67\x68\x69\xe7\xe8\xe9'.decode('latin2')
```

```
'ghiç
é'
>>> b'\x67\x68\x69\xe7\xe8\xe9'.decode('greek')
'ghiηθι'
>>> b'\x67\x68\x69\xe7\xe8\xe9'.decode('hebrew')
'ghiחטי'
```

标准库列出的许多Windows编码方式也是如此。不过，也有一些单字节编码方式与ASCII毫无关联，它们基于以前的IBM大型机的一些可选标准。

```
>>> b'\x67\x68\x69\xe7\xe8\xe9'.decode('EBCDIC-CP-BE')
'ÅÇÑXYZ'
```

最可能碰到的多字节编码方式是以前的UTF-16机制（在Unicode支持的数字还较小并且适用于16位时，UTF-16曾经短暂流行过）、现代UTF-32机制以及非常流行的变长编码方式UTF-8。UTF-8看上去和ASCII差不多，唯一的区别是：它包含的字符是从大于127的代码开始的。下面是使用上述3种方法表示的Unicode字符串。

```
>>> len('Namárië!')
8
>>> 'Namárië!'.encode('UTF-16')
b'\xff\xfeN\x00a\x00m\x00\xe1\x00r\x00i\x00\xeb\x00!\x00'
>>> len(_)
18
>>> 'Namárië!'.encode('UTF-32')
b'\xff\xfe\x00\x00N\x00\x00\x00a\x00\x00\x00m\x00\x00\x00\xe1\x00\x00\x00r\x00\x00\x00i\x00\x00\
x00\xeb\x00\x00\x00!\x00\x00\x00'
>>> len(_)
36
>>> 'Namárië!'.encode('UTF-8')
b'Nam\xc3\xa1ri\xc3\xab!'
>>> len(_)
10
```

如果仔细观察每一种编码方式的输出结果，应该能够发现，ASCII字母N、a、m、r和i分布在表示非ASCII字符的字节值之间。

需要注意的是，每个多字节编码都包含了一个额外的字符，这使得UTF-16编码的字节数为(8 × 2)+2，而UTF-32编码的字节数为(8 × 4)+4。这个特殊的字符是\xfeff，是表示字节顺序的标记（BOM）。可以通过该标记自动检测出Unicode字符串是先存储高位字节还是低位字节。（5.1.2节会介绍更多关于字节顺序的内容。）

操作已编码的文本时，可能会遇到两种字符错误：第一种是，要尝试载入的已编码字节字符串不符合提供的用于解释的编码规则，因此解码失败；第二种是，字符无法使用提供的编码方式表示，因此编码失败。

```
>>> b'\x80'.decode('ascii')
Traceback (most recent call last):
...
UnicodeDecodeError: 'ascii' codec can't decode byte 0x80 in position 0: ordinal not in range(128)
```

```
>>> 'ghiηθι'.encode('latin-1')
Traceback (most recent call last):
...
UnicodeEncodeError: 'latin-1' codec can't encode characters in position 3-5: ordinal not in range(256)
```

一般会从两个方面来处理这样的错误：要么确认是否使用了错误的编码方式，要么弄清楚为什么数据没有像我们预期的那样符合提供的编码方式。但是，如果这两种方法都没能解决问题，那么我们就会发现，我们的代码必须从程序逻辑上兼容编码方式与实际字符串或数据不能匹配的情况。因此，我们需要阅读标准库文档，来了解一些处理错误的替代方法，而不使用异常处理机制。

```
>>> b'ab\x80def'.decode('ascii', 'replace')
'ab�def'
>>> b'ab\x80def'.decode('ascii', 'ignore')
'abdef'
>>> 'ghiηθι'.encode('latin-1', 'replace')
b'ghi???'
>>> 'ghiηθι'.encode('latin-1', 'ignore')
b'ghi'
```

codecs模块的标准库文档对此做了描述。也可以从Doug Hellman的“每周Python模块”（Python Module of the Week）的codecs条目中找到更多例子。

另一点需要注意的是，如果编码时对某些字符使用了多字节编码方式，那么对部分接收的信息进行解码是很危险的。这是因为，我们已经接收到的信息与尚未传达的数据包之间的某个字符可能已经被分割了。关于该问题的解决方法，请参见5.2节。

5.1.2 二进制数与网络字节顺序

如果只想通过网络发送文本的话，那么只需要考虑编码与封帧问题（将在5.2节讨论）就可以了。

然而，有时我们可能希望用一种更紧凑的格式来表示数据，而使用文本无法达到该目的。另外，我们编写的Python代码也可能会与某个已经使用原始二进制数据的服务进行交互。无论是上述哪种情况，都会使我们不得不开始担心一个新问题——网络字节顺序。

为了理解字节顺序这一问题，思考一下在网络上发送一个整数的过程。以发送整数4253的过程作为一个具体的例子。

当然，许多协议会简单地把这个整数当作字符串'4253'来传输，也就是说，当作4个单独的字符来传输。无论使用任何一种常见的文本编码方式，4个字符至少都需要4个字节来传输。使用十进制还会引入一些计算开销。由于数字在计算机中并不是以十进制存储的，因此程序会使用反复的除法运算来检查余数。在这个程序中，会对要发送的值进行反复除法，然后发现它其实是由4个1000、2个100、5个10以及3个1构成的。当接收方接收到长度为4的字符串'4253'时，需要进行反复的加法和与10的幂的乘法，把收到的文本转换回数字。

尽管冗长而啰嗦，但是使用纯文本来表示数字实际上可能是如今互联网上最流行的技术。例如，每当我们获取一个网页时，HTTP协议就会使用一个包含十进制数的字符串（如'4253'）来表示结果的内容长度。虽然要付出一定的花销，但是网络服务器和客户端都会毫不犹豫地完成该字符串与十进制数的转换。在过去的20年中，网络的发展其实就是把深奥难懂的二进制格式替换成更简单明了、容易阅读的协议，尽管这要比以前付出更多的计算花销。

当然，现代处理器上乘法和除法运算的开销要比以前流行二进制格式时小多了。这不仅仅是因为处理器的速度已经大大提升了，也因为设计者在实现整数运算时采用了更聪明的方法，因此相同的操作在如今的处理器上所需的运算周期数要比20世纪80年代早期少得多。

Python使用一个整型变量来表示'4253'这个数字。无论是使用上面的哪种方法，计算机都会将它存储为一个二进制数，使用多个连续字节中的位来表示1、2、4，等等。我们可以在Python命令提示符使用内置的hex()函数来查看整数的存储方式。

```
>>> hex(4253)
'0x109d'
```

每个十六进制位都对应4个二进制位，因此每2个十六进制位表示1个字节的数据。这个数字没有通过4个十进制位来存储（4、2、5、3）。如果使用十进制的话，第一个4就是最高位（这是因为，一旦反过来，数字的值就会少掉1000），而3就是最低位。然而，该数字却是按十六进制存储的，0x10是最高位字节，0x9d是最低位字节，两个字节在内存中直接相邻。

但是，这两个字节到底是以哪种顺序排列的呢？说到这，我们就要考虑到不同品牌的计算机处理器架构之间的巨大差异了。尽管所有处理器都认同内存中的字节是有顺序的，它们也都会以C作为开始字符，以3作为结束字符来存储Content-Length: 4253这样的字符串，但是它们存储二进制数字的字节顺序是不同的。

这一不同点如下所述：一些计算机使用“大端法”（比如以前的SPARC处理器），将最高位字节存储在前面，就跟我们书写十进制数时一样；其他计算机（比如最近非常流行的x86架构）则使用“小端法”，将最低位字节存储在前面（“前面”指“内存低地址字节”）。

如果要从一个颇具娱乐性的历史角度来看待这个问题的话，一定要阅读Danny Cohen的“论圣战以及对和平的祈祷”（“On Holy Wars and a Plea for Peace”）一文（IEN-137）。这篇文章中使用Jonathan Swift的讽刺小说引入了大端法（big-endian）和小端法（little-endian）这两个词语，网址为：http://www.ietf.org/rfc/ien/ien137.txt。

只要使用Python的struct模块，就可以方便简单地看到这两种方法的区别。struct模块提供了用于将数据与流行的二进制格式进行相互转换所需的各种操作。下面首先展示用小端法表示的数字4253，然后是大端法的表示形式。

```
>>> import struct
>>> struct.pack('<i', 4253)
b'\x9d\x10\x00\x00'
>>> struct.pack('>i', 4253)
b'\x00\x00\x10\x9d'
```

在这里，我使用了struct模块的格式化代码i，表示使用4字节存储一个整数。对于4253这样较小的数字而言，两个高位字节为0。可以把struct表示端模式的两个符号<和>看成是与两种字节排列顺序对应的，箭头指向的方向就是字节字符串中的低位字节。这样也许能帮助我们记忆这两个符号的意义。

可以查看struct模块的标准库文档，获取它支持的完整数据格式。该模块也支持unpack()操作，可以将二进制数据转换回Python数字。

```
>>> struct.unpack('>i', b'\x00\x00\x10\x9d')
(4253,)
```

如果直觉上觉得大端法更容易理解的话，我们可能会觉得大端法在这场“哪种方法应该成为网络数据的标准存储顺序”比赛中“获胜”了。因此，struct模块提供了另一个符号!，在pack()与unpack()时表示与>相同的含义。不过，这个符号会告诉其他程序员（当然也在我们自己稍后阅读代码时告诉自己）：“我对这个数据进行编码，是为了通过网络将其发送出去。”

概括来说，在准备用于网络套接字传输的二进制数据时，我有以下建议。

- 使用struct模块生成用于网络传输的二进制数据，接收方接收到数据后使用struct模块进行解码。
- 如果要自己控制网络传输的数据格式的话，在选择网络字节顺序时使用!前缀。
- 如果其他人设计了协议并使用小端法，那么我们必须使用<。

使用struct时一定要进行测试，将数据的存放方式与要使用的协议说明进行比较。要注意，编码后的格式化字符串中的x字符可以用来插入填充字节。

我们可能会发现，以前的Python代码使用了socket模块中的许多名字很奇怪的函数来完成从整数到网络顺序字节字符串的转换。ntohl()与htons()就是这样两个函数，它们与POSIX网络库中实现相同功能的函数名字相同。POSIX网络库同样提供了socket()以及bind()这样的调用。我的建议是，忽略这些不优雅的函数，使用更灵活、更通用、写出的代码可读性更高的struct模块。

5.2 封帧与引用

如果使用UDP数据报进行通信，那么协议本身就会使用独立的、可识别的块进行数据传输。不过，就像第2章中概述的那样，如果网络出现了问题，我们就必须自己重新排列并重新发送这些数据块。

然而，如果我们选用了更为常用的TCP进行通信，那么就要应对封帧（framing）的问题，即如何分割消息，使得接收方能够识别消息的开始与结束。由于传递给sendall()的数据可能在实际网络传输时被分割成多个数据包，接收消息的程序可能需要进行多个recv()调用才能读取完整的消息。如果每个数据包传达时，操作系统都能够再次调度运行recv()程序的进程，那么可能不需要进行多个recv()调用。

关于封帧，需要考虑的问题是这样的，接收方何时最终停止调用recv()才是安全的？整个消息或数据何时才能完整无缺地传达？何时才能将接收到的信息作为一个整体来解析或处理？

正如我们所想的一样，有好几个解决方法。

首先来看模式一。它用于一些极其简单的网络协议，只涉及数据的发送，而不关注响应。因此，接收方永远不会认为“数据已经够了”，然后向发送方发送响应。在这种情况下，可以使用这种模式：发送方循环发送数据，直到所有数据都被传递给sendall()为止，然后使用close()关闭套接字。接收方只需要不断调用recv()，直到recv()最后返回一个空字符串（表示发送方已经关闭了套接字）为止。可以从代码清单5-1中看到该模式的实现。

代码清单5-1　直接发送所有数据，然后关闭连接

```
#!/usr/bin/env python3
# Foundations of Python Network Programming, Third Edition
# https://github.com/brandon-rhodes/fopnp/blob/m/py3/chapter05/streamer.py
# Client that sends data then closes the socket, not expecting a reply.

import socket
from argparse import ArgumentParser

def server(address):
    sock = socket.socket(socket.AF_INET, socket.SOCK_STREAM)
    sock.setsockopt(socket.SOL_SOCKET, socket.SO_REUSEADDR, 1)
    sock.bind(address)
    sock.listen(1)
    print('Run this script in another window with "-c" to connect')
    print('Listening at', sock.getsockname())
    sc, sockname = sock.accept()
    print('Accepted connection from', sockname)
    sc.shutdown(socket.SHUT_WR)
    message = b''
    while True:
        more = sc.recv(8192) # arbitrary value of 8k
        if not more: # socket has closed when recv() returns ''
            print('Received zero bytes - end of file')
            break
        print('Received {} bytes'.format(len(more)))
        message += more
    print('Message:\n')
    print(message.decode('ascii'))
    sc.close()
    sock.close()

def client(address):
    sock = socket.socket(socket.AF_INET, socket.SOCK_STREAM)
    sock.connect(address)
    sock.shutdown(socket.SHUT_RD)
    sock.sendall(b'Beautiful is better than ugly.\n')
    sock.sendall(b'Explicit is better than implicit.\n')
    sock.sendall(b'Simple is better than complex.\n')
    sock.close()

if __name__ == '__main__':
    parser = ArgumentParser(description='Transmit & receive a data stream')
    parser.add_argument('hostname', nargs='?', default='127.0.0.1',
                        help='IP address or hostname (default: %(default)s)')
    parser.add_argument('-c', action='store_true', help='run as the client')
    parser.add_argument('-p', type=int, metavar='port', default=1060,
                        help='TCP port number (default: %(default)s)')
    args = parser.parse_args()
    function = client if args.c else server
    function((args.hostname, args.p))
```

先使用该脚本运行服务器，然后在另一个命令行提示符中运行客户端。可以发现，所有客户端数据都完好无损地发送给了服务器。客户端关闭套接字后生成了文件结束符，用来表示这次通信唯一需要的一个帧。

```
$ python streamer.py
Run this script in another window with "-c" to connect
Listening at ('127.0.0.1', 1060)
Accepted connection from ('127.0.0.1', 49057)
Received 96 bytes
Received zero bytes - end of file
Message:

Beautiful is better than ugly.
Explicit is better than implicit.
Simple is better than complex.
```


需要注意的是，由于这个套接字并没有准备接收任何数据，因此，当客户端和服务端不再进行某一方向的通信时会立即关闭该方向的连接。这一做法避免了在另一方向上使用套接字。否则的话，可能会像第3章的代码清单3-2中一样，在缓冲区队列中填入太多未读取的数据，最终造成死锁。客户端和服务器，其中之一调用套接字的shutdown()方法是相当必要的，而在客户端和服务器的套接字上都调用shutdown()方法，不仅看上去会更对称，也能提供冗余性。

模式二是模式一的变体，即在两个方向上都通过流发送信息。套接字最开始在两个方向上都是打开的。首先通过流在一个方向上发送信息（就像代码清单5-1所示的一样），然后关闭该方向。接着，在另一方向上通过流发送数据。最后关闭套接字。同样，第3章的代码清单3-2举例说明了一个重要的警告：一定要先完成一个方向上的数据传输，然后再反过来在另一方向上通过流发送数据。否则的话，就可能使客户端与服务端发生死锁。

模式三也已经在第3章中举例说明了。这种模式像代码清单3-1中一样，使用定长的消息。可以使用Python的sendall()方法发送字节字符串，然后使用自己设计的recv()循环确保接收完整的消息。

```
def recvall(sock, length):
    data = ''
    while len(data) < length:
        more = sock.recv(length - len(data))
        if not more:
            raise EOFError('socket closed {} bytes into a {}-byte'
                           ' message'.format(len(data), length))
        data += more
    return data
```

因为现在很少有数据适用于静态边界，所以定长消息有点儿少见。不过，在传输特定的二进制数据时（比如要发送一个始终产生同样长度的数据块的struct格式）我们可能会发现，定长消息在某些情况下还算是不错的选择。

模式四是通过某些方法，使用特殊字符来划分消息的边界。接收方会进入与上面类似的recv()循环并不断等待，直到不断累加的返回字符串包含表示消息结束的定界符为止。如果能够确保消息中的字节或字符在特定的有限范围内，那么自然就可以选择该范围外的某个符号作为消息的结束符。比如，如果正在发送的是ASCII字符串，那么可以选择空字符'\0'作为定界符，也可以选择像'\xff'这样处于

ASCII字符范围之外的字符。

然而，如果消息可以包含任意数据的话，那么定界符的使用就是一个问题了。要是用作定界符的字符作为数据的一部分出现了，该怎么办呢？答案当然是：引用。这和在Python字符串中间使用\'来表示单引号是类似的。注意到Python字符串本身就是通过两个单引号来分隔的。

```
'All\'s well that ends well.'
```

不过，我还是认为，只有在消息使用的字母表有限时，才能够使用定界符机制。如果必须要处理任意数据的话，那么实现正确的引用与反引用机制通常会相当麻烦。首先，在测试是否遇到定界符时，必须明确区分引用的定界符和真正表示消息结束的定界符。第二个复杂之处是，当我们遇到用于表示定界符字面值的引用符号时，需要将其跳过。最后，除非我们进行解码，否则无法获取消息的长度。一个长为400的消息可能包含400个字符，也可能包含200个引用的定界符（每个都由引用符号和定界符字面值组成）。因此，包含的真实符号数也可能是200~400的任何值。

模式五是在每个消息前加上其长度作为前缀。如果使用该模式，那么无需进行分析、引用或者插入就能够一字不差地发送二进制数据块。因此，对于高性能协议来说，这是一个很流行的选择。当然，消息长度本身需要使用帧封装。封帧时可以使用前面提到的技术中的一种。通常会使用一个定长的二进制整数或是在变长的整数字符串后面加上一个文本定界符来表示长度。无论使用哪种方法，只要接收方读取并解码了长度，就能够进入循环，重复调用recv()，直到整个消息都传达为止。进入的循环与代码清单3-1中列出的循环看上去差不多，不过要把数字16替换成一个表示长度的变量。

最后，如果我们既想利用模式五的简洁高效，又无法事先得知每个消息的长度（这可能是由于发送者无法从数据源中事先得到消息长度），该怎么办呢？在这种情况下，是不是就只能放弃使用优雅的模式五，改用定界符这一麻烦的机制来处理数据呢？

如果使用模式六（这也是最后一个模式）的话，未知长度就不是问题了。使用模式六时，我们并非只发送单个消息，而是会发送多个数据块，并且在每个数据块前加上数据块长度作为其前缀。这意味着，每个新的信息块对发送者来说都是可见的，可以使用数据块的长度为其打上标签，然后将数据块置入发送流中。抵达信息结尾时，发送方可以发送一个与接收方事先约定好的信号（比如数字0表示的长度字段），告知接收方，所有数据块已经发送完毕。

代码清单5-2是展示了该想法的一个简单例子。和前面的代码清单一样，本例的代码只在一个方向上发送数据——从客户端向服务器发送。但是，这里使用的数据结构比前面代码清单中使用的有趣多了。每个消息前面都加上了一个struct作为前缀。struct中包含了使用4B表示的长度。由于I表示使用32位的无符号整数，因此每个帧的长度最大为4GB。本示例代码向服务器发送3个连续的数据块，然后发送一个长度为0的消息。长度为0的消息由长度字段0及其后跟的空消息数据组成，表示所有数据块已经发送完成。

代码清单5-2　使用长度前缀将每个数据块封装为帧

```
#!/usr/bin/env python3
# Foundations of Python Network Programming, Third Edition
# https://github.com/brandon-rhodes/fopnp/blob/m/py3/chapter05/blocks.py
# Sending data over a stream but delimited as length-prefixed blocks.

import socket, struct
from argparse import ArgumentParser
```

```
header_struct = struct.Struct('!I') # messages up to 2**32 - 1 in length

def recvall(sock, length):
    blocks = []
    while length:
        block = sock.recv(length)
        if not block:
            raise EOFError('socket closed with %d bytes left'
                           ' in this block'.format(length))
        length -= len(block)
        blocks.append(block)
    return b''.join(blocks)

def get_block(sock):
    data = recvall(sock, header_struct.size)
    (block_length,) = header_struct.unpack(data)
    return recvall(sock, block_length)

def put_block(sock, message):
    block_length = len(message)
    sock.send(header_struct.pack(block_length))
    sock.send(message)

def server(address):
    sock = socket.socket(socket.AF_INET, socket.SOCK_STREAM)
    sock.setsockopt(socket.SOL_SOCKET, socket.SO_REUSEADDR, 1)
    sock.bind(address)
    sock.listen(1)
    print('Run this script in another window with "-c" to connect')
    print('Listening at', sock.getsockname())
    sc, sockname = sock.accept()
    print('Accepted connection from', sockname)
    sc.shutdown(socket.SHUT_WR)
    while True:
        block = get_block(sc)
        if not block:
            break
        print('Block says:', repr(block))
    sc.close()
    sock.close()

def client(address):
    sock = socket.socket(socket.AF_INET, socket.SOCK_STREAM)
    sock.connect(address)
    sock.shutdown(socket.SHUT_RD)
    put_block(sock, b'Beautiful is better than ugly.')
    put_block(sock, b'Explicit is better than implicit.')
    put_block(sock, b'Simple is better than complex.')
    put_block(sock, b'')
    sock.close()

if __name__ == '__main__':
    parser = ArgumentParser(description='Transmit & receive blocks over TCP')
```

5

```
    parser.add_argument('hostname', nargs='?', default='127.0.0.1',
                        help='IP address or hostname (default: %(default)s)')
    parser.add_argument('-c', action='store_true', help='run as the client')
    parser.add_argument('-p', type=int, metavar='port', default=1060,
                        help='TCP port number (default: %(default)s)')
    args = parser.parse_args()
    function = client if args.c else server
    function((args.hostname, args.p))
```

要注意，编写上述代码时必须非常小心！尽管4B的数据量很小，很难想象recv()不会一次性返回所有4字节数据，但是，只有仔细地在一个循环中调用recv()，该代码才是正确的。这样能够不断要求接收更多数据（只是以防万一），直至所有4B的数据都被接收为止。这是我们编写网络代码时需要注意的地方。

因此，为了让客户端和服务器能够知道消息何时传输完成并进而做出响应，我们需要将连续的数据流分割成多个能够用于传输的数据块。此时至少有6种模式可供我们选择。注意到，许多现代协议会将多种模式混合使用，我们自己也可以做这种尝试。

HTTP就是混合使用多种不同封帧技术的一个好例子。我们在本书后面将学到更多关于HTTP的知识。HTTP使用一个定界符——空行'\r\n\r\n'，来表示头信息的结束。因为头信息是文本，因此用空行表示的结束符可以被安全地用作特殊字符。不过，由于实际的数据负载可以是纯二进制数据（比如图像或压缩文件），头信息中提供了Content-Length，单位为字节。这一字段决定了在头信息结束后，还要从套接字读取的数据量。因此，HTTP协议混合使用了上面提到的模式四和模式五。实际上，它也可以使用模式六。如果服务器要使用流发送长度未知的响应，那么HTTP可以使用“分块编码”，来发送一系列包含长度前缀的数据块。和代码清单5-2中一样，使用长度为0的字段表示传输结束。

5.3　pickle与自定义定界符的格式

需要注意的是，通过网络发送的某些数据可能已经包含了某种形式的内置定界符。如果要传输这样的数据，那么就不必在数据已有定界符的基础上再勉强设计我们自己的封帧方案了。

可以考虑使用Python标准库提供的原生序列化形式pickle。pickle将文本命令与数据混合使用，形式极为古怪。它将Python数据结构的内容存储起来，以供后续在另一台机器上重组该数据结构。

```
>>> import pickle
>>> pickle.dumps([5, 6, 7])
b'\x80\x03]q\x00(K\x05K\x06K\x07e.'
```

上面输出数据中的一个有趣之处是字符串末尾的.字符，它用于标记一个pickle的结束。遇到.后，加载器将停止读取，并立刻返回数据。因此，如果在上述pickle的末尾加上一些奇怪的数据，可以发现loads()会完全忽略我们加上的数据，并返回原始的列表。

```
>>> pickle.loads(b'\x80\x03]q\x00(K\x05K\x06K\x07e.blahblahblah')
[5, 6, 7]
```

当然，这种使用loads()的方式在处理网络数据时是无用的。这是因为，我们并不知道重新加载这个pickle时需要处理多少字节的数据，也不知道字符串中有多少属于pickle数据。不过，如果我们转而从文件读取pickle数据，并使用pickle的load()函数，那么文件指针就会停留在pickle数据结尾。可以从结尾处开始，读取该pickle后面的数据。

```
>>> from io import BytesIO
>>> f = BytesIO(b'\x80\x03]q\x00(K\x05K\x06K\x07e.blahblahblah')
>>> pickle.load(f)
[5, 6, 7]
>>> f.tell()
14
>>> f.read()
b'blahblahblah'
```

还有另一个方案可供选择。可以创建一个协议，协议的唯一内容就是在两个Python程序之间来回发送pickle。需要注意的是，因为pickle库会处理所有与文件读取有关的操作（包括在遇到空pickle前该如何进行重复读取），因此不需要使用代码清单5-2里recvall()函数中的那种循环。有些程序需要Python文件对象作为参数（比如pickle的load()函数）。如果要把套接字封装成Python文件对象的话，可以使用套接字的makefile()方法（在第3章中做了讨论）。

需要注意的是，使用pickle处理大型数据结构时涉及许多细节，尤其是数据结构中包含除了整数、字符串、列表以及字典等简单内置类型之外的Python对象时更是如此。请查阅有关pickle模块的文档，获取更详细的信息。

5.4 XML与JSON

如果要设计支持其他编程语言的协议，或者只是希望使用通用标准，而不是特定于Python的格式，那么JSON和XML这两种数据格式都是很流行的选择。注意，这两种格式本身都不支持封帧。因此，在处理网络数据前，先要使用某种方法提取出完整的文本字符串。

如今，JSON是用于在两种不同计算机语言之间发送数据的最佳选择之一。从Python 2.6开始，标准库就提供了对JSON的支持，封装在名为json的模块中。该模块提供了用于对简单数据结构进行序列化的通用技术。

```
>>> import json
>>> json.dumps([51, 'Namárië!'])
'[51, "Nam\\u00e1ri\\u00eb!"]'
>>> json.dumps([51, 'Namárië!'], ensure_ascii=False)
'[51, "Namárië!"]'
>>> json.loads('{"name": "Lancelot", "quest": "Grail"}')
{u'quest': u'Grail', u'name': u'Lancelot'}
```

从上面的例子中可以注意到，JSON不仅仅在字符串中支持Unicode字符，如果我们告诉Python的json模块不需要将输出字符限制在ASCII字符表内的话，那么甚至可以在数据中包含Unicode字符的字面值。此外，还注意到，JSON是通过一个字符串来表示的。这就是为什么这里使用完整的字符串，而不直接使用Python字节对象作为json模块的输入与输出的原因。按照JSON标准，需要使用UTF-8对JSON字符串进行编码，以用于网络传输。

对于文档来说，XML格式更为适用。原因在于它的基本结构就是将字符串封装为包含在尖括号中的元素，并为它们打上标签。在第10章中，我们将学习Python中用于处理由XML及相关格式编写的文档的各种选项。到目前为止，只需要记住，不必把XML的应用局限在使用HTTP协议中。在有些情况下，我们可能会发现需要对文本进行标记，而XML在与一些其他协议结合使用时是非常有用的。

在众多其他格式中，二进制格式也是开发者可能会考虑使用的，比如Thrift和Google Protocol Buffers。这些格式与刚才讨论的格式有所不同，因为无论是客户端还是服务器，都需要能够访问对每条消息包含的内容进行定义的代码。不过生产环境中的机器可能仍然在使用老版本的协议进行通信，因此这些系统都需要针对不同的协议版本进行配置，在没有对生产环境的协议进行升级前，也要能将新服务器引入到生产环境中。这些格式很高效，并且能够正确处理二进制数据。

5.5　压缩

数据在网络中传输所需的时间通常远远多于CPU准备数据所用的时间。因此，在发送前对数据进行压缩，通常是非常值得的。我们将在第9章中看到，广为流行的HTTP协议会让客户端和服务器自己来确认它们是否支持压缩。

GNU的zlib是当今互联网最普遍的压缩形式之一。Python标准库提供了对zlib的支持。能够自己进行封帧是zlib很有意思的一个特点。在传递一个压缩过的数据流时，zlib能够识别出压缩数据何时到达结尾，如果后面还有未经压缩的数据，用户也可以直接访问。

大多数协议都会选择自行封帧，然后在需要时将结果数据块传递给zlib进行解压缩。不过，可以想象到，我们会经常在利用zlib压缩过的字符串后面附加一些未经压缩的数据（这里将使用单个字节b'.'），然后可以观察到“额外数据”会作为定界符，表示前面的压缩数据已经结束，这样就可以将压缩后的对象分离出来。

思考下面将两个压缩数据流结合起来的例子。

```
>>> import zlib
>>> data = zlib.compress(b'Python') + b'.' + zlib.compress(b'zlib') + b'.'
>>> data
b'x\x9c\x0b\xa8,\xc9\xc8\xcf\x03\x00\x08\x97\x02\x83.x\x9c\xab\xca\xc9L\x02\x00\x04d\x01\xb2.'
>>> len(data)
28
```

要注意的是，大多数压缩机制在接收的数据量极小时，得到的结果都比原始数据更长，而不是更短。这是由于为了进行压缩而额外需要的数据量反而超过了压缩掉的数据量。

假设这28B是以每个数据包8B的形式发送至接收方的。在处理完第一个数据包后，我们会发现，解压缩对象的unused_data槽仍然是空的，表示还有数据尚未处理。

```
>>> d = zlib.decompressobj()
>>> d.decompress(data[0:8]), d.unused_data
(b'Pytho', b'')
```

因此，我们希望再次运行套接字的recv()调用。当我们把第二个包含8个字符的数据块传递给解压缩对象时，它除了会返回我们想要的压缩前数据外，还会返回一个非空的unused_data值，表示已经接收到了b'.'这一字节。

```
>>> d.decompress(data[8:16]), d.unused_data
('n', '.x')
```

无论第一部分压缩数据之后还有什么数据，接下来的一个字符一定是第二部分数据的第一个字节。由于我们正在等待更多压缩数据，因此会把'x'传递给一个新的解压缩对象，然后再把后面两个模拟的8B“数据包”传递给该解压缩对象。

```
>>> d = zlib.decompressobj()
>>> d.decompress(b'x'), d.unused_data
(b'', b'')
>>> d.decompress(data[16:24]), d.unused_data
(b'zlib', b'')
>>> d.decompress(data[24:]), d.unused_data
(b'', b'.')
```

此时，unused_data再次变得非空，表示我们已经读取到了第二部分压缩数据的结尾。由于已经知道数据完整无缺地传达到了，我们便可以开始对数据内容进行处理了。

同样，大多数协议设计者会把压缩设计为可选项，并且自行为其设计封帧策略。尽管如此，如果我们事先知道终究会使用zlib的话，那么类似于上面例子中的惯例用法则能够让我们充分利用zlib提供的流终止信息，自动探测每个压缩流的结尾。

5.6 网络异常

在设计本书中的示例脚本时，我一般都只会捕捉脚本在示范操作的过程中可能会发生的异常。因此，在代码清单2-2中举例说明套接字超时的时候，我小心地捕捉了socket.timeout异常。这是因为，套接字发出超时通知时使用的就是socket.timeout。但是我忽略了其他所有异常，比如在命令行提供非法主机名，调用bind()时提供远程IP地址，bind()要使用的端口已经被占用，无法连接通信对方或通信对方停止响应。

正在运行中的套接字会引发哪些错误呢？使用网络连接时可能发生的错误数量相当大（TCP/IP协议相当复杂，每个步骤中都可能出错）。尽管如此，程序在进行套接字操作时抛出的实际异常数量并不多。这是很幸运的。针对套接字操作而发生的异常如下。

- OSError：这是socket模块的可能抛出的主要错误。网络传输的所有阶段可能发生的任何问题几乎都会抛出该异常。OSError几乎会在任何套接字调用时都不期而至。例如，如果之前的send()调用使得远程主机发出了一个重置（RST）数据包，那么无论接下来在该套接字上进行哪种套接字操作，都会引发该错误。
- socket.gaierror：该异常在getaddrinfo()无法找到提供的名称或服务时被抛出。错误名称中的字母g、a和i就是getaddrinfo()的缩写。除了显式调用getaddrinfo()时可能抛出该异常外，如果我们向bind()或connect()这样的调用传入一个主机名而不是IP地址的话，该异常也会在主机名查询失败时被抛出。如果捕捉到这个异常的话，可以仔细查看异常对象的信息，获取错误编号及错误信息。

```
>>> import socket
>>> s = socket.socket(socket.AF_INET, socket.SOCK_STREAM)
>>> try:
...   s.connect(('nonexistent.hostname.foo.bar', 80))
... except socket.gaierror as e:
...   raise
...
```

```
Traceback (most recent call last):
  ...
socket.gaierror: [Errno -2] Name or service not known
>>> e.errno
-2
>>> e.strerror
'Name or service not known'
```

- socket.timeout：有时我们会决定为套接字设定超时参数，而不希望永远等待send()或recv()操作的完成。只有在此时，或是我们使用的库设定了套接字超时参数时，才可能抛出socket.timeout异常，表示等待操作正常完成的时间已经超过了超时参数的值。

从socket模块的标准库文档中也可以找到关于herror异常的描述。幸运的是，只有在使用了特定的旧式风格的地址查询调用时才可能引发herror异常。只要遵循第4章概述的实践方法，就不会引发该异常。

使用Python提供的基于套接字的高层协议时有一个重要的问题：是否允许在代码中直接处理原始套接字错误？换句话说，是否要先捕捉原始套接字错误，然后将它们转换为协议特定的错误类型？Python标准库本身的实现中就存在这两种方法！例如，httplib认为它自己是相对底层的，因此我们在连接到未知主机名时能够看到底层套接字错误。

```
>>> import http.client
>>> h = http.client.HTTPConnection('nonexistent.hostname.foo.bar')
>>> h.request('GET', '/')
Traceback (most recent call last):
  ...
socket.gaierror: [Errno -2] Name or service not known
```

但是urllib2就把相同的错误隐藏了起来，并会抛出一个URLError。这可能是因为urllib2认为自己是一个用于将URL解析为文档的干净且中性的系统，所以希望保持相应的语义。

```
>>> import urllib.request
>>> urllib.request.urlopen('http://nonexistent.hostname.foo.bar/')
Traceback (most recent call last):
  ...
socket.gaierror: [Errno -2] Name or service not known
During handling of the above exception, another exception occurred:

Traceback (most recent call last):
  ...
urllib.error.URLError: <urlopen error [Errno -2] Name or service not known>
```

因此，根据使用协议的不同实现，有时我们只需要处理协议特定的异常，而有时则可能既需要处理协议特定的异常，又需要处理原始套接字错误。如果对某个库采用的方法不确定的话，请仔细查阅文档。在介绍本书余下章节中涉及的主要程序包时，我会尽量把每个库可能在代码中引发的异常都列出。

当然，在使用不太确定的库时，可以先行尝试使用，然后通过输出结果来判断它抛出的异常类型。可以提供不存在的主机名，甚至也可以在没有连接至网络时运行该库。

在编写网络程序时，该怎样处理所有可能发生的错误呢？当然，这个问题并非只针对网络编程。各种各样的Python程序都需要处理异常。本章中简要讨论的技术也同样适用于许多其他类型的程序。

有时我们会将异常封装，提供给其他调用我们API的程序员使用；有时我们会中途拦截某些异常，把合适的信息提供给终端用户。这两种情况下使用的方法是不同的。

5.6.1 抛出更具体的异常

把异常传递给使用我们API的用户时，有两种方法。当然，在很多情况下，我们自己才是我们编写的某个模块或程序的唯一用户。但是，仍然有必要思考一下，在未来，即使是我们自己也有可能会忘记关于该模块的所有内容。因此使用简单明了的方法处理异常是很有帮助的。

第一种方法是完全不处理网络异常。此时这些异常对调用者来说是可见的。调用者负责处理异常。他们可以捕捉异常，也可以直接把异常输出至报告。这种方法适用于比较底层的网络程序。底层程序的调用者能够形象地了解我们建立套接字的原因以及配置或使用套接字可能引发错误的原因。只有在可调用的API与底层网络操作之间的映射关系非常明确时，才可以让开发者在调用API的代码中处理网络错误。

另一种方法是将网络错误封装成我们自己的异常。某些开发者对于程序的实现细节知之甚少。对于他们来说，这种方法就比第一种方法简单多了。因为他们的程序现在只需要专门捕捉代码操作中的异常即可，无需了解使用套接字的细节。使用自定义异常的另一个优点是能够在发生网络错误时构造出更清晰的错误信息，明确地解释导致错误的库操作。

例如，假设我们编写一个小型的mycopy()方法，用于在远程机器之间复制文件。如果只使用socket.error的话，调用方就无从得知错误是源于源机器的连接问题，还是目标机器的连接问题，又或者是任何其他问题。在这种情况下，如果我们自己定义了与API语义有紧密联系的异常（比如SourceError和DestinationError），那就好多了。我们可以使用raise...from语句在异常链中包含原始套接字错误。这样一来，即使API使用者希望深入查看错误信息也没有任何问题。

```
class DestinationError(Exception):
    def __str__(self):
        return '%s: %s' % (self.args[0], self.__cause__.strerror)

# ...

try:
    host = sock.connect(address)
except socket.error as e:
    raise DestinationError('Error connecting to destination') from e
```

当然，上面的代码假设DestinationError只封装继承自OSError的异常（比如socket.error）。否则的话，如果异常原因包含的文本信息除了strerror之外还有别的属性，那么__str__()函数就更复杂了。不过这个例子至少说明了这一模式的原理，即调用者捕捉DestinationError后，可以通过__cause__来获取它们实际捕捉到的包含丰富语义的异常背后的网络错误。

5.6.2 捕捉与报告网络异常

要捕捉异常，有两种基本方法：granular异常处理程序与blanket异常处理程序。

granular方法就是针对每个网络调用，都使用try...except语句，然后在except从句中打印出简洁的错误信息。这种方法尽管对于短小的程序非常适用，但是在大型程序中就不免显得重复了，并且没有给用户提供更多必要的信息。当我们为第100个网络操作编写try...except语句以及错误信息时，应该问问自己，是不是真的提供了有价值的错误信息。

另一种方法是使用blanket异常处理程序。要使用这种方法，需要重新审视我们的代码，识别出进行特定操作的代码段，如下所示。

- “整个程序都用于连接许可证服务器。”
- “这个函数中的所有套接字操作都用于从数据库获取响应。”
- “最后一部分代码都用来进行清理与关闭操作。”

然后外部程序（即收集输入、命令行参数、配置信息，并调用代码段的程序）使用try...except语句调用这些代码段，如下：

```
import sys

...

try:
    deliver_updated_keyfiles(...)
except (socket.error, socket.gaierror) as e:
    print('cannot deliver remote keyfiles: {}'.format(e), file=sys.stderr)
    exit(1)
```

最好在我们的代码中抛出自己设计的表示程序终止并为用户打印出错误信息的异常。

```
except:
    FatalError('cannot send replies: {}'.format(e))
```

然后，在程序的顶层捕捉抛出的所有FatalError异常，并打印出错误信息。这样的话，如果有一天我们希望增加一个命令行选项，把严重错误发送到系统的错误日志，而不是直接打印到屏幕，那么只需要修改一处的代码即可，无需到处修改。

还有最后一个原因，使得我们需要指定在网络程序中添加异常处理程序的位置。我们可能希望在操作失败时使用某种智能的方法进行重试。在长时间运行的程序中，这是很常见的。例如，有一个工具程序，每隔一段时间就将它的状态通过电子邮件发送出去。如果这个程序突然无法正确发送电子邮件，那么，由于这个错误可能只是暂时的，我们很可能不想关闭这个程序。相反，我们可能会让发送电子邮件的线程把错误输出到日志，等待几分钟，然后重新尝试发送。

在这种情况下，我们会将特定的多个连续网络操作结合起来，将其看作单个操作。这个操作可能成功，也可能失败。我们把它看成一个整体，使用try...except为其编写异常处理程序。“如果这里发生任何问题，我将先暂停，等待10分钟，然后重新尝试发送电子邮件。”在这里，我们进行的网络操作的结构和逻辑（而不是用户或程序员的便利）将会决定如何部署try...except从句。

5.7　小结

要把机器信息存放到网络上，就必须先进行相应的转换。无论我们的机器使用的是哪种私有的特定存储机制，转换后的数据都要使用公共且可重现的表示方式。这样的话，其他系统和程序，甚至其他编程语言才能够读取这些数据。

对于文本来说，最重要的问题就是选择一种编码方式，将想要传输的字符转换为字节。这是因为，包含8个二进制位的字节是IP网络上的通用传输单元。我们需要格外小心地处理二进制数据，以确保字节顺序能够兼容不同的机器。Python的struct模块就是用来帮助解决这个问题的。有时候，最好使用JSON或XML来发送数据结构和文档。这两种格式提供了在不同机器之间共享结构化数据的通用方法。

使用TCP/IP流时，我们会面临的一个重要问题，那就是封帧，即在长数据流中，如何判定一个特定消息的开始与结束。为了解决这个问题，有许多技术可供选用。由于recv()每次可能只返回传输的部分信息，因此无论使用哪种技术，都需要小心处理。为了识别不同的数据块，可以使用特殊的定界符或模式、定长消息以及分块编码机制来设计数据块。

Python的pickle除了能把数据结构转换为能用于网络传输的字符串外，还能够识别接收到的pickle的结束符。这使得我们不仅可以使用pickle来为数据编码，也可以使用pickle来为单独的流消息封帧。压缩模块zlib通常会和HTTP一起使用。它也可以识别压缩的数据段何时结束，也因此提供了一种花销不高的封帧方法。

与我们的代码使用的网络协议一样，套接字也可以抛出各种异常。何时使用try...except从句取决于代码的用户——我们是为其他开发者编写库还是为终端用户编写工具？除此之外，这一选择也取决于代码的语义。如果从调用者或终端用户的角度来看，某个代码段进行的是同一个较为宏观的操作，那么就可以将整个代码段放在一个try...except从句中。

最后，如果某个操作引发的错误只是暂时的，而调用晚些时候可能会成功，并且我们希望该操作能自动重试的话，就应将其单独包含在一个try...except从句中。

第 6 章

TLS/SSL

传输层安全协议（TLS，Transport Layer Security）可能是如今互联网上应用最广泛的加密方法了[①]，它是在1999年成为互联网标准的。TLS的前身是安全套接层（SSL，Secure Sockets Layer），由网景公司在1995年首次发布。在本章中我们将看到，现代互联网的许多基础协议都使用TLS来验证服务器身份，并保护传输过程中的数据。

TLS的正确使用及部署方法一直都在变化。每年都会出现针对TLS加密算法的新型攻击。相应地，也就出现了新的加密技术来应对这些攻击。撰写本书时，TLS的最新版本是TLS 1.2。不过，毋庸置疑，未来还会继续发布新版本。我会试着不断更新本书在线源代码库中的示例脚本，使之与最新的TLS版本兼容。因此，请务必访问本章中每个脚本顶部的URL，然后复制并粘贴在版本控制库中找到的相应代码版本。

本章会首先阐释TLS的功能，并概述使用TLS的相关技术。然后会通过简单或复杂的Python示例向读者介绍如何在一个TCP套接字上激活并配置TLS。最后，读者将了解到如何将TLS集成到现实世界的协议中。本书剩余部分将对这些协议进行介绍。

6.1 TLS 无法保护的信息

我们将在本章后面部分中了解到，只要配置好了TLS套接字，那么通过该套接字发送的数据对其他任何人来说都将只是"胡言乱语"。除此之外，除非TLS设计者使用的数学出现问题，否则即使是计算机或是拥有超多预算的政府特工也无法破解TLS保护的数据。这一点令人印象深刻。TLS能保护的信息包括：与请求URL之间的HTTPS连接以及返回内容、密码或cookie等可能在套接字双向传递的任意认证信息。窃听者无法偷取这些TLS保护的信息。（关于密码及cookie等更多HTTP特性，请参见第9章。）

尽管如此，我们还是应该立刻回过头来考虑一下，除了数据之外，一个连接中有哪些信息是*无法*通过TLS保护并且对任意第三方可见的。

- 本机与远程主机的地址都是可见的，地址信息在每个数据包的IP头信息中以纯文本的形式表示。
- 客户端与服务器的端口号同样在每个TCP头信息中可见。
- 客户端为了获取服务器的IP地址，可能会先进行DNS查询。该查询在通过网络发送时也是可见的。

① 关于网络传输安全的专著《HTTPS权威指南》已由人民邮电出版社出版。——编者注

通过TLS加密的套接字向任一方向传递数据块时，观察者都可以看到数据块的大小。尽管TLS会试图隐藏确切的字节数，但是观察者仍然可能看到传输数据块的大致规模。同样，也可以看到进行请求和响应的整体模式。

我将通过一个例子来说明上述弱点。想象如下场景：我们通过一家咖啡店的无线网络，使用一个安全的HTTPS客户端（比如我们最喜欢的网络浏览器）访问https://pypi.python.org/pypi/skyfield/。在咖啡店中，“观察者”可能是连接到咖啡店无线网络的任何人，也可能是控制了咖啡店与外网之间的路由器的某个人。那么观察者可能会了解到哪些信息呢？观察者首先会发现，我们的机器向pypi.python.org发出了一个DNS查询。除非返回的IP地址上还托管了许多其他网站，否则的话，观察者会猜测我们与该IP地址443端口之间进行的后续通信都是为了查看https://pypi.python.org的网页。HTTP是一个支持锁步的协议，服务器完整读取请求后才会返回响应，因此观察者同样能够区分我们的HTTP请求与服务器响应。除此之外，观察者还知道返回文档的大致大小以及我们获取这些文档的顺序。

想想观察者可以了解到多少信息啊！https://pypi.python.org上的不同页面大小不同，而观察者可以使用网络爬虫（参见第11章）扫描该网站进行编目。不同样式的页面包含的图片和其他素材也不同，我们会在HTML中对这些资源进行引用。在第一次访问页面或者某资源在浏览器缓存中已经过期时，就需要下载相应资源。尽管外部观察者可能并不具体了解我们进行的搜索详情以及最终访问或下载的资源，但是他们常常能通过观察到的文件的大致大小做出很准确的猜测。

如何保持浏览行为的私密性，以及如何隐藏任何其他通过公共网络传输的个人数据可是个很大的问题，远远超出了本书涉及的范围。如果要深究这个问题，那么要对在线匿名网络（例如，最近新闻中提到的Tor）以及匿名回邮器等机制进行深入研究。即使应用了这些机制，机器发送和接收的数据块大小仍然有可能会被用来猜测我们的具体行为。一个非常强大的攻击者甚至有可能会注意到，我们的请求模式与从匿名网络其他地方发送至某特定目的地址的请求模式是一致的。

本章剩余部分将把重点放在两点上。TLS能够提供哪些功能？我们如何在Python代码中有效地使用TLS？

6.2　可能出问题的地方

要快速了解TLS的基本功能，就需要先考虑一下，在建立一个连接时，协议本身要面临哪些挑战？它又是如何克服这些挑战的呢？

假设我们想要与互联网上的某个特定主机名与端口号建立一个TCP对话。尽管我们不希望让外界知道我们将进行主机名的DNS查询，但是我们所连接到的端口号仍将无法避免地暴露这一事实（除非我们连接到的服务拥有者将服务绑定到了非标准或是有误导性的端口号，否则端口号会暴露我们采用的协议）。我们向该IP地址和端口发起一个标准的TCP连接。如果使用的协议需要在一开始使用几字节的信息来说明要启用加密，那么任何人都能够看到这些说明信息。（不同的协议在实现这一细节时各有不同。HTTPS不会在启用加密前发送任何信息，但SMTP会来回发送几行文本。我们将在本章后续部分了解一些主要协议的具体做法。）

一旦建立并运行了套接字，同时完成了表示协议启用加密的几次交互之后，TLS就会负责接下来的工作了。它能够保证，窃听者绝对无法破译通信对方的数据。同时，在与通信对方的通信过程中，窃听者也绝对无法破译传输的数据。

TLS客户端需要的第一样东西就是远程服务器提供的一个二进制文档，称为证书（certificate）。证书中包含了被密码学家叫作公钥（public key）的东西。公钥是一个整数，用于对数据加密。只有拥有与公钥对应的私钥（也是一个整数），才能解密并理解相应的信息。如果远程服务器配置正确，并且没有被破解，那么它将是互联网上唯一拥有该私钥的服务器（可能有一个例外，相同集群中的其他机器可能也会拥有该私钥）。TLS实现是如何验证远程服务器确实拥有该私钥的呢？这很简单！TLS库会向服务器发送一些已经用公钥加密过的信息，然后要求服务器返回一个校验码，表示服务器能够使用私钥成功解密接收到的数据。

此时，TLS栈的实现必须考虑远程证书是否被伪造的问题。毕竟，只要能够使用openssl命令行工具（或是其他任何工具），任何人都可以创建一个通用名为cn=www.google.com、cn=pypi.python.org或是其他任何名字的证书。那么我们为什么要信任发自服务器的证书呢？答案就是，TLS会话保存了一个证书机构（CA）列表，该列表中包含了我们在对互联网主机进行身份验证时信任的机构。在默认情况下，操作系统或网络浏览器的TLS库会使用一个标准的CA列表。列表中包含全世界范围内的几百个证书机构，表示负责可信网站认证的机构。不过，如果我们对默认列表不满意，或者想使用一个我们自己的机构生成的私有CA来为私有主机证书签名，那么任何时候都可以提供自己的CA列表。如果我们只需要支持自己服务之间的连接，而不需要将服务提供给外部客户端连接，那么提供私有CA是一个常用的选择。

为了证明一个证书的合法性，CA会为证书加上一个数学标记，该标记叫作签名（signature）。TLS库使用相应CA证书的公钥验证了证书的签名之后，才会认为该证书是合法的。

一旦确认了证书的内容确实提交给了可信的第三方机构，并且由该机构进行签名后，TLS就可以处理证书的数据字段了。在处理的过程中，TLS会特别关注两种类型的字段。首先，证书中包含了一个notBefore日期与一个notAfter日期。这两个日期表示证书的有效期。这样一来，即使私钥被盗，属于该私钥的证书也不会永久生效。TLS栈在实现时会通过系统时钟检查证书是否超出有效期。因此，如果时钟时间有误或是没有正确配置，TLS通信可能会受到影响。其次，证书的通用名应该与我们尝试连接的主机名相符。毕竟，如果我们想要连接https://pypi.python.org，但是网站返回证书的通用名与主机名完全不同，我们是难以安心与其继续通信的。

多个主机名实际上是可以共享同一个证书的。现代证书除了在subject字段中提供单个值的通用名之外，还在subjectAltName字段中存储了额外的名字作为补充。同样，这些名字都可以使用通配符来匹配多个主机名，而并非一个名字对应一个主机名，比如*.python.org。现代TLS算法能够自动进行这样的匹配。Python的ssl模块也拥有这样的功能。

最后，客户端与服务器的TLS程序会协商好密钥[①]与加密方法，对实际通过该连接传输的数据进行加密。这是最后一个TLS可能失败的地方。如果配置正确的软件认为加密算法或密钥长度不当，那么会拒绝使用相应的加密算法或密钥。事实上，这种情况发生的原因有两点：第一，可能是通信某一方希望使用的TLS协议版本太旧或不安全；第二，通信某一方支持的加密算法不够强大，因此不够可信。

一旦通信双方同意使用某种加密算法，并且生成了相应的密钥为数据和签名进行加密，应用程序就会重新负责接下来的工作。每个发送的数据块都通过加密密钥加密了，加密后的数据块也通过签名

① 该密钥为“对话密钥”，用于对信息加密，而原本的公钥其实只用于对“对话密钥”进行加密。“对话密钥”是对称加密机制，因此运算速度很快。——译者注

密钥进行了签名，这样就能够确认签名确实由通信对方生成，而不是由网络中想要进行中间人（man-in-the-middle）攻击的某方生成。此时的通信与正常的TCP套接字一样，在TLS关闭，并且套接字关闭或返回到纯文本模式之前，可以无限制地在两个方向上传输数据。

在接下来的几节中，我们将学习如何使用Python的ssl库。ssl库实现了上面提到的所有主要操作。要更深入地了解相关信息，请查阅官方手册、Bruce Schneier的著作、谷歌在线安全（Google Online Security）博客以及Adam Langley等人的博客。个人认为Hynek Schlawack在PyCon 2014的演讲“The Sorry State Of SSL”很有帮助，读者可以在线观看这个演讲。如果在阅读本书期间，有人在会议中做了关于TLS的最新演讲，那么这些资料在帮助我们灵活应用密码学时可能会提供更实时的信息。

6.3　生成证书

Python标准库中并没有提供私钥生成或证书签名的相关操作。如果需要进行与这两项有关的操作，那么必须使用其他工具。openssl命令行工具是最为流行的工具之一。可以查看本书源代码库playground/certs目录下的Makefile，来了解一些调用openssl的例子。网址为：

https://github.com/brandon-rhodes/fopnp/tree/m/playground/certs

certs目录中也包含网络实验环境（参见第1章）本身使用的一些证书。在本章的示例中，将会用到其中一些证书。在通过TLS使用其他证书时，会令Python信任ca.crt证书所定义的证书机构，其他所有的证书都由ca.crt证书来签名。

简单地说，要创建证书，通常先要生成两部分信息：第一部分是人工生成的，另一部分则由机器生成。人工生成的信息对证书中描述的实体进行了文本说明，而机器会使用操作系统提供的真正的随机算法精心生成一个私钥。我通常会把手写的实体描述保存在一个版本控制文件中，以便今后查看。不过，也有一些管理员会直接在弹出的openssl命令提示符中输入实体描述的相关字段。作为一个例子，代码清单6-1展示了为网络实验环境中的www.example.com网络服务器生成证书的www.cnf文件。

代码清单6-1　一个供OpenSSL命令行使用的X.509证书的配置文件

```
[ req ]
prompt = no
distinguished_name = req_distinguished_name

[ req_distinguished_name ]
countryName             = us
stateOrProvinceName     = New York
localityName            = New York
0.organizationName      = Example from Apress Media LLC
organizationalUnitName = Foundations of Python Network Programming 3rd Ed
commonName              = www.example.com
emailAddress            = root@example.com

[ ssl_client ]
basicConstraints = CA:FALSE
nsCertType = client
keyUsage = digitalSignature, keyEncipherment
extendedKeyUsage = clientAuth
```

回忆一下，由于TLS需要确定其是否在与正确的主机进行通信，因此它会将证书中的commonName和任意subjectAltName（本例中没有出现）这两个重要的字段与主机名进行比较。

要为证书进行签名，就需要一个私钥。关于私钥的合适长度及类型，专家现在意见各异。有些管理员选择RSA算法，另一些则更喜欢Diffie-Hellman算法。我们在这里不参与这一讨论。下面的例子通过命令行创建了一个RSA密钥，使用了目前比较常见的密钥长度。

```
$ openssl genrsa -out www.key 4096
Generating RSA private key, 4096 bit long modulus
.....................................................................................
.............++
.............++
e is 65537 (0x10001)
```

准备好了这两部分信息后，管理员就可以创建一个证书签名请求（CSR，Certificate-Signing Request），并提交给管理员自己或是某个第三方的证书机构了。

```
$ openssl req -new -key www.key -config www.cnf -out www.csr
```

如果想知道如何使用openssl工具创建一个私有CA，以及私有CA如何对CSR进行签名并生成相应的www.crt文件，可以查阅Makefile了解相关步骤。当我们使用的是公有证书机构时，可能会通过电子邮件收到www.crt（不要惊慌，记住，证书应该是公有的），也可能要用我们的账户从机构的网站上下载签名后的证书。无论是上述哪种情况，为了便于通过Python使用我们的证书，最后一步都要把证书与私钥组合起来，保存在单个文件中。如果这两个文件都是通过上述命令生成并符合标准PEM格式，那么要将它们组合起来就跟运行Unix的concatenate命令一样容易。

```
$ cat www.crt www.key > www.pem
```

上面的命令生成的文件包含3部分信息：首先是证书内容的文字概述，然后是证书本身，最后是私钥。一定要小心保存这个文件！只要www.key或是这个PEM文件www.pem其中一方泄露或是被第三方获取，那么第三方在密钥过期之前将一直能够冒充我们的服务。代码清单6-2展示了一个包含上述3部分内容的文件。（注意省略号。我们简化了源文件，源文件实际上可能长达2~3页！）

代码清单6-2　包含证书与私钥的单个PEM文件

```
Certificate:
    Data:
        Version: 1 (0x0)
        Serial Number: 3 (0x3)
    Signature Algorithm: sha1WithRSAEncryption
        Issuer: C=us, ST=New York, L=New York, O=Example CA from Apress Media LLC,
                OU=Foundations of Python Network Programming 3rd Ed,
                CN=ca/emailAddress=ca@example.com
        Validity
            Not Before: Mar 8 16:58:12 2014 GMT
```

```
            Not After : Feb 12 16:58:12 2114 GMT
        Subject: C=us, ST=New York, O=Example from Apress Media LLC,
                 OU=Foundations of Python Network Programming 3rd Ed,
                 CN=www.example.com/emailAddress=root@example.com
...
-----BEGIN CERTIFICATE-----
MIIE+zCCA2MCAQMwDQYJKoZIhvcNAQEFBQAwgcUxCzAJBgNVBAYTAnVzMREwDwYD
VQQIEwhOZXcgWW9yazERMA8GA1UEBxMITmV3IFlvcmsxKTAnBgNVBAoTIEV4YW1w
I7Ahb1Dobi7EoK9tXFMrXutOTQkoFe ... pT7/ivFnx+ZaxEOmcR8qyzyQqWTDQ
SBH14aSHQPSodSHC1AAAfB3B+CHII1TkAXUudh67swE2qvR/mFbFtHwuSVEbSHZ+
2ukF5Z8mSgkNlr6QnikCDIYbBWDOSiTzmX/zPorqlw==
-----END CERTIFICATE-----
-----BEGIN RSA PRIVATE KEY-----
MIIG5QIBAAKCAYEA3rM3H+kGaWhbbfqyKzoePLIiYBOLw3W+wuKigsU1qDPFJBKk
JF4UqCo6OfZuJLpAHAIPwb/OihA2hXK8/I9Rd75t3leiYER6Oefg9TRGuxloDOom
8ZFW8k3p4RA7uDBMjHF3tZqIGpHpY6 ... f8QJ7ZsdXLRsVmHM+95T1Sy6QgmW2
WorzOPhhWVzGT7MgSduYOc8efArdZC5aVo24Gvd3i+di2pRQaOg9rSL7VJrm4BdB
NmdPSZN/rGhvwbWbPVQ5ofhFOMod1qgAp626ladmlublPtFt9sRJESU=
-----END RSA PRIVATE KEY-----
```

除了直接为证书进行签名以供服务器使用的CA外，还有一些更复杂的机制。例如，有些机构希望他们的服务器只使用有效期只有几天或几个星期的短期证书。这一做法可将服务器被破解或是私钥被盗时的损失降到最低。这些机构不会每隔几天就联系（并支付给）CA，他们会请求CA为他们签名一个临时（intermediate）证书。该临时证书的有效期较长。CA会严密保存临时证书的私钥，并使用该私钥为用户可见的证书签名，而实际分配给服务器的就是这些用户可见的证书。这一做法形成了一条证书链（certificate chain）或是信任链（chain of trust），使得我们不仅能够具备像拥有自己的CA一样的灵活性（因为我们在任何时候都能为新的证书进行签名），还能够具备公共CA的优点（因为不需要在每个想要与我们通信的浏览器或客户端上安装自定义CA证书）。只要我们在使用TLS的服务器的同时向客户端提供了特定于该服务器的证书与临时证书，并且将临时证书的密码链接设置为客户端已知的可信CA证书，客户端软件就可以正确地验证它们的身份。

如果要为自己的机构及服务建立加密身份，请查阅关于证书签名的书籍或文档。

6.4 TLS 负载移除

介绍如何在Python代码中使用TLS之前，我必须先提一下另一点。许多专家会提出（尤其是在我们要编写一个服务器时），为什么要直接在Python应用程序中进行加密操作呢？毕竟，已经有许多工具精心实现了TLS。如果在另一个端口运行这些工具的话，就可以通过它们对客户端的连接做出响应，并且把解密后的数据转发给应用程序。

因此，在Python应用程序中提供TLS支持时有两种选择：方案一是使用一个单独的守护进程或服务提供TLS支持，方案二则是直接在Python编写的服务器代码中使用提供TLS功能的OpenSSL库。相较方案二，方案一更易于升级与修改。除此之外，即使使用Python 3.4，我们也无法通过Python的ssl模块对某些TLS功能进行自定义，而使用第三方工具则可以达到这一目的。例如，普通的ssl模块现在并不支持ECDSA椭圆曲线签名与会话重新协商的设置。会话重新协商是一个尤为重要的话题。它能够显著减少TLS引起的CPU开销。但是，如果配置不当的话，它会影响我们提供完美前向安全（参见6.6节）

的能力。有一篇2013年的博文“如何破坏TLS的前向安全性”（“How to botch TLS forward secrecy”, https://www.imperialviolet.org/2013/06/27/botchingpfs.html），现在看来仍然是介绍这一话题的最好资料之一。

前端HTTPS服务器是使用第三方守护进程提供TLS支持的一个好例子。HTTPS标准指明，客户端和服务器在发送任何特定于协议的消息之前，都需要对加密方案进行协商。因此，使用第三方工具对HTTP进行包装是尤为容易的。无论是在Python网络服务的前端部署了Apache、nginx或是其他一些反向代理作为额外的防护层，还是订购了Fastly这样的内容分发网络将请求通过隧道发送至自己的服务器，我们都会发现，Python代码中并没有任何与TLS相关的内容。相反，其他相关的基础服务提供了对TLS的支持。

不过，即使使用自己的原始套接字协议（无法利用任何第三方工具），也可以在公共TCP端口设置并运行一个简单的守护进程（如stunnel），然后悄悄将连接到我们服务上的请求转发，以便利用第三方提供的TLS保护。

如果选择把支持TLS的工作交给另一个工具，那么可能只需要快速浏览一下本章剩余部分就足够了（了解一下需要寻找的功能），然后就可以开始阅读该工具的文档了。使用这种方法时，不是由自己编写的Python代码来载入证书及私钥，这些都由选用的工具来负责。不过需要合理地配置工具，以提供所需的保护级别，防止使用太弱的加密算法。唯一的问题就是，选择的前端工具如何把每个已连接客户端的IP地址以及（如果使用客户端证书）身份告知Python服务。对于HTTP连接来说，可以把客户端信息作为额外的头信息加入请求中。对于可能没有使用HTTP的更原始的工具（如stunnel或haproxy）来说，就必须把客户端IP地址这样的额外信息附加在接收到的数据流前面，作为额外的字节。无论是上述哪种情况，工具本身都将提供强大的TLS功能，而本章剩余部分将只使用Python套接字来举例说明这些功能的使用。

6.5 Python 3.4 默认上下文

TLS的开源实现有很多，Python标准库选择对最流行的OpenSSL库进行封装。尽管最近发生了几起安全事件，但是OpenSSL库似乎仍然被认为是大多数系统和语言在提供TLS支持时的最佳选择。有一些Python发行版使用了它们自己的OpenSSL，而另一些则直接对操作系统提供的OpenSSL版本进行封装。Python标准库提供TLS功能的模块使用的名字是旧式风格的`ssl`。在本书中将集中讨论`ssl`，但是要知道，Python社区也正在研究其他密码学项目，包括`pyOpenSSL`项目。相较`ssl`，`pyOpenSSL`封装了更多OpenSSL库的API。

Python 3.4引入了`ssl.create_default_context()`函数，使得我们能够轻松在Python应用程序中安全地使用TLS，这比起以前版本的Python实现起来要容易得多了。这是opinionated API[①]的一个很好的例子，大多数用户都需要这种类型的API。应该感谢Christian Heimes将默认上下文的概念加入了标准库，也要感谢Donald Stufft对此不断给出的极有帮助的建议。因为Python社区已经承诺过，发布的新版本Python的`ssl`模块不会破坏向下兼容性，所以尽管旧版本中用于建立TLS连接的默认机制没那么安

① 指API设计者做出了一些设计决定，提供了他们认为用户应该使用的最佳配置，而不是让用户自由进行任何配置。——译者注

全，但是新版本的ssl模块使用的机制还是必须要与旧版本的默认机制一致。不过，如果使用中的TLS加密算法或密钥已经被认为是不安全的，那么下次升级Python时，create_default_context()就会抛出一个异常。

在升级Python时，create_default_context()并不能确保应用程序的行为不变，它会仔细地选择要支持的加密算法。这减少了很多麻烦。这样，我们自己就不需要成为密码专家，去阅读安全博客并参考博客上的建议，然后对机器上的Python进行更新。在每次升级之后，一定要重新测试我们的应用程序，确保它们能够连接上TLS通信对方。如果某个应用程序连接失败了，那么检查一下失败连接的另一方是否也能进行升级，以便支持更多现代加密算法或机制。

如何创建及使用一个默认上下文呢？代码清单6-3展示了一个简单的客户端和服务器通过TLS套接字进行安全通信的方法。

代码清单6-3　在Python 3.4或更新版本的Python中，通过TLS提供套接字的安全通信

```
#!/usr/bin/env python3
# Foundations of Python Network Programming, Third Edition
# https://github.com/brandon-rhodes/fopnp/blob/m/py3/chapter06/safe_tls.py
# Simple TLS client and server using safe configuration defaults

import argparse, socket, ssl

def client(host, port, cafile=None):
    purpose = ssl.Purpose.SERVER_AUTH
    context = ssl.create_default_context(purpose, cafile=cafile)

    raw_sock = socket.socket(socket.AF_INET, socket.SOCK_STREAM)
    raw_sock.connect((host, port))
    print('Connected to host {!r} and port {}'.format(host, port))
    ssl_sock = context.wrap_socket(raw_sock, server_hostname=host)
    while True:
        data = ssl_sock.recv(1024)
        if not data:
            break
        print(repr(data))

def server(host, port, certfile, cafile=None):
    purpose = ssl.Purpose.CLIENT_AUTH
    context = ssl.create_default_context(purpose, cafile=cafile)
    context.load_cert_chain(certfile)

    listener = socket.socket(socket.AF_INET, socket.SOCK_STREAM)
    listener.setsockopt(socket.SOL_SOCKET, socket.SO_REUSEADDR, 1)
    listener.bind((host, port))
    listener.listen(1)
    print('Listening at interface {!r} and port {}'.format(host, port))
    raw_sock, address = listener.accept()
    print('Connection from host {!r} and port {}'.format(*address))
    ssl_sock = context.wrap_socket(raw_sock, server_side=True)

    ssl_sock.sendall('Simple is better than complex.'.encode('ascii'))
    ssl_sock.close()
```

```
if __name__ == '__main__':
    parser = argparse.ArgumentParser(description='Safe TLS client and server')
    parser.add_argument('host', help='hostname or IP address')
    parser.add_argument('port', type=int, help='TCP port number')
    parser.add_argument('-a', metavar='cafile', default=None,
                        help='authority: path to CA certificate PEM file')
    parser.add_argument('-s', metavar='certfile', default=None,
                        help='run as server: path to server PEM file')
    args = parser.parse_args()
    if args.s:
        server(args.host, args.port, args.s, args.a)
    else:
        client(args.host, args.port, args.a)
```

从上面的代码清单中可以看到，为一个套接字提供安全通信只需要3个步骤。第一步是创建一个TLS上下文（context）对象。该对象保存了我们对证书认证与加密算法选择的偏好设置。第二步是调用上下文对象的wrap_socket()方法，表示让OpenSSL库负责控制我们的TCP连接，然后与通信对方交换必要的握手信息，并建立加密连接。最后一步是使用wrap_socket()调用返回的ssl_sock对象，进行所有的后续通信。这样的话，TLS层便始终都能先对数据进行加密，然后再将其发送。我们会注意到，这个包装后的ssl_sock对象提供了所有普通套接字都能够提供的方法，并且方法名相同，比如在第3章使用普通TCP套接字进行通信时学习到的send()、recv()和close()。

在创建上下文对象时，需要指定创建该上下文对象的目的。可以将ssl.create_default_context()的第一个参数设为Purpose.SERVER_AUTH，表示该上下文对象为客户端所用，用于验证其连接的服务器；也可以将ssl.create_default_context()的第一个参数设为Purpose.CLIENT_AUTH，表示该上下文对象用于一个需要接受客户端连接的服务器。这一选择会影响到返回的新建上下文的多个设置。之所以会有这两个不同的设置集合，源于标准库作者的一个猜测：由于客户端有时会发现他们连接到的服务器并不受自己控制，而且这些服务器可能有点儿过时，因此标准库的作者希望客户端能够兼容旧版本的加密算法。不过，他们认为我们肯定希望自己的服务器能够坚持使用现代的安全性较高的加密算法！尽管每次发布新版本的Python时，create_default_context()选用的设置都有所不同，但是为了举例说明，我还是在这里给出了Python 3.4中的一些设置选择。

- create_default_context()在新建SSLContext对象时，会将协议设置为PROTOCOL_SSLv23，因此客户端和服务器都可以对要使用的TLS版本进行协商。
- 旧版本的协议SSLv2和SSLv3各自都有已知的弱点，客户端和服务器都会因此拒绝使用这两种协议。它们会坚持让通信对方使用TLSv1或是更新的协议版本。（这一选择排除的最常见的一个客户端就是运行在Windows XP上的Internet Explorer 6。这一组合实在是太老了，甚至连微软都已经不提供官方支持了）。
- 因为可能引起攻击，所以TLS压缩被关闭了。
- 下面介绍客户端与服务器设置之间的第一个区别。互联网上的大多数TLS会话中的客户端并不拥有自己的签名证书（比如典型的网络浏览器），而与之通信的服务器则拥有合法的签名证书（比如PyPI、谷歌、GitHub或是银行），因此Python不需要服务器对通信对方的证书进行验证（上下文的verify_mode被设置为ssl.CERT_NONE），但是客户端则一定要验证远程证书。如果验证失败，就抛出一个异常（ssl.CERT_REQUIRED）。

- 客户端与服务器之间的另一个区别就是对加密算法的选择。客户端的设置中支持更多可用的加密算法，甚至包括很旧的RC4流加密算法。服务器的设置就严格多了，它坚决采用提供完美前向安全（PFS，Perfect Forward Security）的现代加密算法。这样的话，即使服务器密钥泄露（无论是被犯罪分子截获还是由官方发布），之前的会话信息也不会泄露。

要编撰上面这份清单相当容易：我只是直接打开了标准库中的ssl.py，然后阅读了create_default_context()的源代码，就了解了它做出的选择。读者也可以自己阅读并了解create_default_context()的设置，这在新版本的Python发布时尤其重要，因为之前列出的选择已经开始过时了。ssl.py的源代码中甚至包含了客户端和服务器操作所支持的加密算法的原始列表。这两个列表现在以_DEFAULT_CIPHERS和_RESTRICTED_SERVER_CIPHERS命名，如果读者有兴趣，可以进行查阅。如果想知道每个字符串中的各个选项的意义，可以查阅最新的OpenSSL文档。

在代码清单6-3中，构造上下文对象时需要提供cafile选项。该选项表示脚本验证远程证书时信任的证书机构。cafile的默认值为None，此时create_default_context()会自动调用新建上下文对象的load_default_certs()方法，然后再返回该对象。该方法会尝试加载所有默认CA证书。操作系统上的浏览器在连接远程站点时会信任这些CA，这些CA足以用来认证公共网站以及其他拥有知名公共证书机构颁布的证书的服务。如果将cafile设置为一个字符串，字符串中指定了一个文件名，那么就不会从操作系统中加载证书。相反，在验证TLS连接的远程端点时，只会信任该文件中包含的CA证书。（需要注意的是，只要先创建上下文，并把cafile设置为None，然后调用load_verify_locations()安装其他证书，就可以同时使用上述两种证书。）

最后，在代码清单6-3中，wrap_socket()有两个重要的参数选项。一个用于服务器，另一个用于客户端。服务端使用参数server_side=True。原因很简单，就是因为通信双方中必须有一方负责服务器的功能，否则通信协商会失败，并抛出错误。客户端需要的调用信息则更为具体——已经通过connect()连接的主机名。提供了主机名后，就可以将它与服务器提供的证书的subject字段进行比对。这一检查极其重要。只要我们始终像上面的代码清单中一样，把server_hostname关键字提供给wrap_socket()，检查就会自动进行。

为了保持代码的简洁，代码清单6-3中的客户端和服务器都没有在循环中运行。相反，它们都只是在会话中做了一次单独的尝试。网上代码库的chapter06目录中有一个简单的localhost证书和对该证书进行签名的CA。如果读者要使用它们对上面的脚本进行测试的话，可以访问下面的URL并点击Raw按钮进行下载。

https://github.com/brandon-rhodes/fopnp/blob/m/py3/chapter06/ca.crt
https://github.com/brandon-rhodes/fopnp/blob/m/py3/chapter06/localhost.pem

如果已经将包含本书脚本的整个源代码库同步到了本地，那么就不用单独下载了，只要使用cd命令进入chapter06目录，找到脚本与证书即可。无论使用上述哪种方法，只要localhost别名能够在操作系统上作为IP地址127.0.0.1的同义词正确运行，那么接下来就可以成功运行代码清单6-3。先用-s选项在终端窗口中运行服务器，并提供服务器PEM文件的路径。

```
$ /usr/bin/python3.4 safe_tls.py -s localhost.pem '' 1060
```

回忆一下，我们在第2章与第3章中提到过，空主机名''表示希望服务器监听所有可用的接口。现在打开另一个终端窗口，首先通过浏览器在公共网络上运行时使用的默认系统CA列表运行客户端。

```
$ /usr/bin/python3.4 safe_tls.py localhost 1060
Connected to host 'localhost' and port 1060
Traceback (most recent call last):
  ...
ssl.SSLError: [SSL: CERTIFICATE_VERIFY_FAILED] certificate verify failed (_ssl.c:598)
```

因为没有公共机构对localhost.pem中的证书进行签名，所以客户端拒绝信任服务器。同样，我们还可以看到服务器也停止了运行。输出信息提示客户端开始了一次连接尝试，但是又中断了此次尝试。接着重启服务器，使用-a选项重新运行客户端，表示客户端信任已经由ca.crt签过名的任何证书。

```
$ /usr/bin/python3.4 safe_tls.py -a ca.crt localhost 1060
Connected to host 'localhost' and port 1060
b'Simple is better than complex.'
```

此时，可以看到服务器向客户端发送了一条简单的消息，会话完全成功了。如果打开一个tcpdump这样的数据包嗅探器，就会发现，无法将任何捕捉到的数据包内容解密为纯文本消息。在我的系统上，可以通过使用root权限运行下面的命令来监控会话（查阅操作系统文档，获取在自己的机器上使用tcpdump、WireShark或者其他工具进行数据包捕获的方法）。

```
# tcpdump -n port 1060 -i lo -X
```

前几个数据包包含一些很清晰的信息——证书与公钥。公钥可以通过明文安全地传输，毕竟它是一个公共的密钥。我捕获的数据包中展示了通过数据包传输的清晰的公钥片段。

```
0x00e0: 5504 0a13 2045 7861 6d70 6c65 2043 4120 U....Example.CA.
0x00f0: 6672 6f6d 2041 7072 6573 7320 4d65 6469 from.Apress.Medi
0x0100: 6120 4c4c 4331 3930 3706 0355 040b 1330 a.LLC1907..U...0
0x0110: 466f 756e 6461 7469 6f6e 7320 6f66 2050 Foundations.of.P
0x0120: 7974 686f 6e20 4e65 7477 6f72 6b20 5072 ython.Network.Pr
0x0130: 6f67 7261 6d6d 696e 6720 3372 6420 4564 ogramming.3rd.Ed
```

但是，只要使用了加密算法，第三方就再也不可能看明白数据包的内容了（假设加密算法没有bug或弱点）。下面是我的机器上捕获的从服务器发送至客户端的字节'Simple is better than complex'。

```
16:49:26.545897 IP 127.0.0.1.1060 > 127.0.0.1.40220:
  Flags [P.], seq 2082:2141, ack 426, win 350, options
  [nop,nop,TS val 51288448 ecr 51285953], length 59
        0x0000:  4500 006f 645f 4000 4006 d827 7f00 0001  E..od_@.@..'....
        0x0010:  7f00 0001 0424 9d1c dbbf f412 f4d0 24a3  .....$........$.
        0x0020:  8018 015e fe63 0000 0101 080a 030e 9980  ...^.c..........
        0x0030:  030e 8fc1 1703 0300 367f 9b5d e6c3 dfbd  ........6..]....
        0x0040:  8f21 d83f 8b61 569f 78a0 2ac3 090b bc9f  .!.?.aV.x.*.....
        0x0050:  101d 2cb1 1c07 ee08 f784 f277 b11e 9214  ..,........w....
```

```
    0x0060:  ce02 8e2b 1c0b b630 9c2d f323 3674 f5      ...+...0.-.#6t.
```

再次提醒一下，我在本章早些时候就警告过：服务器和客户端的IP地址及端口号是完全通过明文传输的。只有发送的数据本身才受到保护，无法被外界观察者查看。

套接字包装的变体

本章中的所有脚本都展示了使用ssl模块来提供TLS功能的简单并且通用的步骤：先建立一个配置好的SSLContext对象来描述安全需求，然后使用一个普通套接字建立从客户端到服务器的连接，接着调用上下文对象的wrap_socket()方法进行实际的TLS协商。我之所以在所有的例子中都使用这个模式，是因为该模式健壮性好，效率高，并且是使用该模块API的最灵活的方法。我们始终可以在Python应用程序中成功使用这一模式。因为通过该模式编写的客户端和服务器代码一致性高，方便与上面给出的例子做比对，也方便互相比较，因此可读性较高。

不过，标准库的ssl模块也提供了一些简要形式的变体，我们可能会在其他代码中看到这些形式，因此我在这里对这些变体也做一些介绍。接下来，让我分别介绍一下这些变体及其各自的缺点。

第一个变体就是没有先创建上下文对象就调用模块函数ssl.wrap_socket()。Python 3.2中才首次加入了上下文对象。在此之前，这种模式是创建TLS连接的唯一方法。因此我们会经常在以前的代码中看到这一模式！该模式至少有4个缺点。

- 效率较低。这是因为，每次调用时，该模式都会隐式地新建一个包含所有配置选项的上下文对象。现在的做法则是，先新建并配置自己的上下文，然后就可以不断复用该上下文，创建操作只需要进行一次。
- 无法提供真正的上下文的灵活性。尽管它提供了9个不同的可选关键字参数，试图以此提供足够的自定义选项，但是它仍然会忽略一些方面。比如，它无法让我们指定想要使用的加密算法。
- 为了履行提供对10年前的旧版本Python的向下兼容性的承诺，而过度允许使用较弱的加密算法。
- 最后，因为没有进行主机名检查，所以它无法提供真正的安全性！除非记得在“成功”连接后运行match_hostname()，否则我们甚至无法知道通信对方提供的证书是否与我们认为已连接的主机名相符。

基于上述原因，我们应该避免使用ssl.wrap_socket()，并准备好从我们正在维护的旧代码中移除这种用法。取而代之，我们应该采用代码清单6-3中所展示的模式。

我们将看到的另一种主要的简要形式就是在连接套接字前先包装套接字。如果是客户端套接字的话，就先包装套接字，然后运行connect()；如果是服务器套接字的话，就先包装套接字，然后运行accept()。无论是哪种情况，包装后的套接字都无法立即进行TLS协商，而是会继续等待，直到套接字连接完毕，然后再开始进行TLS协商。显然，这种做法只对于HTTPS这样在连接后就直接激活TLS的协议是有效的。像SMTP这样的协议需要通过一些明文来启动会话，这样的协议不能使用这一方法。这也是为什么在包装套接字时有一个关键字选项do_handshake_on_connect的原因。可以将其设为False，用来表示将一直等待，直到之后通过套接字的do_handshake()方法启动TLS协商为止。

事先包装好套接字这一做法本身并不会降低代码的安全性，但是考虑到下面3个与代码可读性有关的因素，我不会推荐使用这种方法。

- 首先，这种方法没有在真正进行TLS协商的地方调用套接字包装的函数，而是在代码中的其他地方进行该调用。这使得人们在最终阅读到connect()和accept()调用时，并不知道其中使用到了TLS协议。
- 第二个因素与第一个有关。connect()和accpet()调用除了在发生普通套接字或DNS异常时会失败之外，如果协商过程中出现问题，也会造成失败。因为在一个方法调用背后其实隐式地进行了两种迥异的操作，所以在使用try...except从句将这两个调用包装起来的时候，要考虑两种完全独立的错误类型。
- 最后，我们会发现SSLSocket对象实际上可能没有进行任何加密操作。只有在连接已经建立或者显式调用了do_handshake()（如果关闭了自动协商选项）时，所谓的SSLSocket才真正提供了加密功能！相反，在本书的代码清单里提供的模式中，只在真正进行加密操作时，才创建SSLSocket。这使得当前套接字对象的类型与正在进行的连接之间的语义联系更为清晰。

我只见到过一个很有意思的提前包装套接字的情况——尝试使用一个旧式的只支持明文通信的库。此时可以提前包装好套接字，并把do_handshake_on_connect关键字参数设为默认值True，这样甚至可以在协议不知情的情况下提供TLS保护。然而，这只是个特例。如果令使用的库支持TLS并能够接受一个TLS上下文作为参数的话（如果可能的话），处理起来会更好。

6.6　手动选择加密算法与完美前向安全

如果对数据安全性要求很高的话，可能需要指定OpenSSL确切使用的加密算法，而不使用create_default_context()函数提供的默认值。

随着密码学领域的不断发展，无疑会出现我们未曾想到过的隐患、漏洞以及解决方案。在本书即将出版时需要考虑的一个重要问题就是完美前向安全（PFS，Perfect Forward Security）的问题。这个问题的意思是：如果有人在未来获取（或者破解）了我们以前使用的私钥，那么他们能否捕捉到并读取以前的TLS会话，并将它们保存，在未来进行解密呢？现在最流行的加密算法就能够提供这一保护。它们使用一个临时密钥来对每个新建的套接字进行加密。对PFS保证的需要也是我们想要手动指定上下文对象属性的主要原因之一。

要注意的是，尽管ssl模块的默认上下文并不强制使用一个提供PFS保证的加密算法，但如果客户端和服务器运行的OpenSSL版本都足够新的话，我们可能就可以使用提供PFS保证的加密算法。例如，如果用服务器模式运行代码清单6-3的safe_tls.py脚本，并使用代码清单6-4中介绍的test_tls.py脚本连接服务器，那么（在我的笔记本电脑、操作系统以及OpenSSL版本上）即使我不特别要求，也可以看到Python脚本会优先使用提供PFS保证的椭圆曲线Diffie-Hellman交换（ECDHE）加密算法。

```
$ python3.4 test_tls.py -a ca.crt localhost 1060
...
Cipher chosen for this connection... ECDHE-RSA-AES256-GCM-SHA384
Cipher defined in TLS version....... TLSv1/SSLv3
Cipher key has this many bits....... 256
Compression algorithm in use........ none
```

除此之外，Python经常会在我们不需要特别指定时做出很好的选择。不过，如果想要保证使用某个特定的协议版本或是算法的话，可以对上下文对象进行自定义。例如，下面是本书即将出版之时的一个优秀的服务器配置（用于不需要客户端提供TLS证书的服务器，因此可以将验证模式设置为CERT_NONE）。

```
context = ssl.SSLContext(ssl.PROTOCOL_TLSv1_2)
context.verify_mode = ssl.CERT_NONE
context.options |= ssl.OP_CIPHER_SERVER_PREFERENCE  # choose *our* favorite cipher
context.options |= ssl.OP_NO_COMPRESSION            # avoid CRIME exploit
context.options |= ssl.OP_SINGLE_DH_USE             # for PFS
context.options |= ssl.OP_SINGLE_ECDH_USE           # for PFS
context.set_ciphers('ECDH+AES128 ')                 # choose over AES256, says Schneier
```

可以编写一个像代码清单6-3一样的程序，在创建服务器套接字的时候进行上述配置。在这里，显式地指定了很少几个要使用的TLS版本和加密算法。任何试图进行连接的客户端只要不支持这些选择，就无法成功建立连接。如果把上面的代码加入代码清单6-3，代替默认的上下文，那么，当尝试连接服务器的客户端的TLS版本稍旧（如1.1）或是加密算法稍弱（如3DES）时，该客户端的连接请求就会被拒绝。

```
$ python3.4 test_tls.py -p TLSv1_1 -a ca.crt localhost 1060
Address we want to talk to......... ('localhost', 1060)
Traceback (most recent call last):
  ...

ssl.SSLError: [SSL: TLSV1_ALERT_PROTOCOL_VERSION] tlsv1 alert protocol version (_ssl.c:598)
$ python3.4 test_tls.py -C 'ECDH+3DES' -a ca.crt localhost 1060
Address we want to talk to......... ('localhost', 1060)
Traceback (most recent call last):
  ...
ssl.SSLError: [SSL: SSLV3_ALERT_HANDSHAKE_FAILURE] sslv3 alert handshake failure (_ssl.c:598)
```

无论发生上述哪种情况，服务器都会抛出一个Python异常，对失败信息进行诊断。而如果连接成功的话，该连接就能够使用最新的功能最强大的TLS版本（1.2）以及最好的可用加密算法之一来保护数据了。

使用手动设置的上下文代替ssl模块的默认套接字也有其麻烦之处。我们不仅需要在第一次编写应用程序时去自己进行调研，确定需求，选择TLS版本及加密算法，而且我们自己或是未来的软件维护者在当前配置出现可利用的漏洞时必须更新配置。TLS 1.2版本包含了椭圆曲线Diffie-Hellman算法。至少在本书即将出版时，这看起来很棒。但是，未来的某一天，这个算法也可能会过时，或是彻底变得不安全。到时候我们能否及时了解到这一点，并对软件项目中的手动配置进行更新呢？

除非有一天create_default_context()提供了一个选项，让我们指定必须提供完美前向安全，否则的话，我们就会对是否要进行手动配置犹豫不决。要么信任默认的上下文，并且接受与我们通信的某些客户端（或服务器）可能并没有受到PFS保护的事实；要么自己选择加密算法，并不断追踪密码学社区的最新动态。

需要注意的是，只有在系统会定期丢弃服务器维护的会话状态或会话密钥时，PFS才是“完美”

的。在最简单的情况下，只要每天晚上都重启服务器进程，就可以确保生成新的密钥。但是，如果要部署整个服务器集群，使之能够好好地利用会话重启，高效地提供一个TLS客户端池，就需要做更深入的研究了。（不过，在这种需要协调整个集群的会话重启密钥，但又不能破坏PFS保护的情况下，使用Python以外的工具来提供TLS支持可能会更有效。）

最后需要考虑的一点是，如果我们同时编写客户端与服务器，或是至少同时维护客户端与服务器的话，自己选择加密算法就要简单多了。一种可能的情况就是，在自己的机房内或是服务器之间建立加密通信。当使用第三方维护软件时，不够灵活的加密算法配置会增加其他人与我们的服务交互的难度。这一情况在第三方工具使用其他TLS实现时尤为严重。如果确实进行了自定义配置，将加密算法及协议限制在了较小的范围内，那么要试着为编写或配置客户端的用户撰写清晰且易读的文档。这样的话，他们就能够对以前的客户端可能出现的连接问题进行诊断。

6.7　支持 TLS 的协议

大多数流行的互联网协议现在都已经加入了对TLS的支持。无论是通过Python的标准库模块还是通过第三方库来使用这些协议，都需要研究一个重要的问题：如何配置TLS加密算法及选项，以防止通信对方使用较弱的协议版本、加密算法或是像压缩这种可能会降低协议安全性的选项。该配置过程可能通过下面两种形式进行：第一种是特定于库的API调用，第二种是直接传递一个包含了配置选项的SSLContext对象。

下面是Python标准库提供的支持TLS的协议。

- **http.client**：在构造一个HTTPSConnection对象（参见第9章）时，可以把构造器中的context关键字设置为一个自己配置过的SSLContext。不幸的是，无论是urllib.request，还是第9章中给出的第三方库Requests，现在都无法提供能够接受SSLContext作为参数的API。
- **smtplib**：在构造一个SMTP_SSL对象（参见第13章）时，可以把构造器中的context关键字设置为一个自己配置过的SSLContext。如果创建的是一个普通SMTP对象，那么只有在之后调用它的starttls()方法时，才可以向该方法调用提供context参数。
- **poplib**：在构造一个POP3_SSL对象（参见第14章）时，可以把构造器中的context关键字设置为一个自己配置过的SSLContext。如果创建的是一个普通POP3对象，那么只有在之后调用它的stls()方法时，才可以向该方法调用提供context参数。
- **imaplib**：在构造一个IMAP4_SSL对象（参见第15章）时，可以把构造器中的context关键字设置为一个自己配置过的SSLContext。如果创建的是一个普通IMAP4对象，那么只有在之后调用它的starttls()方法时，才可以向该方法调用提供context参数。
- **ftplib**：在构造一个FTP_TLS对象（参见第17章）时，可以把构造器中的context关键字设置为一个自己配置过的SSLContext。需要注意的是，FTP会话的第一行或前两行始终会通过明文传输（例如通常包含服务器主机名的“220”欢迎消息），此时是无法打开加密选项的。FTP_TLS对象在通过login()方法发送用户名与密码前会自动打开加密选项。如果不准备登录到远程服务器，但是仍然希望打开加密选项，则需要在连接后立刻手动调用auth()方法。
- **nntplib**：尽管本书不涉及NNTP网络新闻（Usenet）协议，但是我仍将指出，它也是安全的。在构造一个NNTP_SSL对象时，可以把构造器中的context关键字设置为一个自己配置过的

SSLContext。如果创建的是一个普通IMAP4对象，那么只有在之后调用它的starttls()方法时，才可以向该方法调用提供context参数。

需要注意的是，几乎所有这些协议都要处理一个相同的问题：有两种不同的方法可以对旧的普通文本协议进行扩展，使之支持TLS，因此需要选择其中一种。第一种方法是在协议中增加一个新的命令，允许先使用协议的常用端口号建立一个旧式风格的纯文本连接，然后在会话过程中将原会话升级为TLS保护的会话。另一种方法是，互联网标准机构专门为提供TLS保护的协议版本分配另一个知名TCP端口号。使用这种方法，连接成功后，无须请求，就可以立即开始TLS协商。上面提到的大多数协议都同时支持这两种方法。但是，因为HTTP协议被设计为无状态协议，所以只支持第二种方法。

如果正在连接的服务器由另一个团队或机构进行配置，并且支持上述某一个协议的TLS版本，那么可能只需要测试一下它们是为协议打开了一个新的TLS端口，还是只是支持对旧的纯文本协议的TLS升级（如果他们没有提供任何文档）即可。

如果没有使用标准库来完成网络通信，而是使用了从本书或其他地方了解到的第三方包，则需要查阅其文档，了解如何使用该第三方包提供自己的SSLContext。如果无法使用第三方包构造自己的SSLContext（在我撰写本书时，即使是很多流行的第三方库，往往也并没有为Python 3.4或更新版本的Python用户提供这一功能），就需要对这个包提供的功能及配置做些实验，测试一下结果（也许可以使用6.8节介绍的代码清单6-4），看看该第三方库提供的协议与加密算法是否足以满足我们对数据隐私性的要求。

6.8　了解细节

为了帮助我们进一步了解客户端与服务器能够选择的TLS协议版本及加密算法，代码清单6-4给出了一个用Python 3.4编写的脚本。该脚本创建了一个加密连接，然后打印出了该连接的特性。为了达到这一目的，脚本中使用了标准库ssl模块SSLSocket对象的一些最新特性。这些新特性使得Python脚本现在能够通过查看OpenSSL连接的状态来获取配置信息。

用来获取配置信息的方法如下。

- getpeercert()：在很多早期的Python版本中，SSLSocket就已经提供了这个功能。该方法返回一个Python字典，字典中包含从TLS会话对方的X.509证书中选出的字段。不过，在最新的Python版本中，该方法能够获取的证书特性比以前更多。
- cipher()：该方法返回OpenSSL与通信对方的TLS实现最终协商确认并且正在连接中使用的加密算法。
- compression()：该方法返回正在使用的压缩算法名称或是Python的单例对象None。

为了尽可能完整地打印出这些特性，代码清单6-4中的脚本也试着通过巧妙地使用ctypes来获取正在使用的TLS协议的信息（在Python 3.5发布时，这应该能够成为ssl模块的一个原生特性）。代码清单6-4把所有这些组合起来，让我们连接到一个自己构建的客户端或服务器，并了解它们支持的或不支持的加密算法与协议。

代码清单6-4　连接至任意TLS终端并打印出协商通过的加密算法

```
#!/usr/bin/env python3
# Foundations of Python Network Programming, Third Edition
```

```
# https://github.com/brandon-rhodes/fopnp/blob/m/py3/chapter06/test_tls.py
# Attempt a TLS connection and, if successful, report its properties

import argparse, socket, ssl, sys, textwrap
import ctypes
from pprint import pprint

def open_tls(context, address, server=False):
    raw_sock = socket.socket(socket.AF_INET, socket.SOCK_STREAM)
    if server:
        raw_sock.setsockopt(socket.SOL_SOCKET, socket.SO_REUSEADDR, 1)
        raw_sock.bind(address)
        raw_sock.listen(1)
        say('Interface where we are listening', address)
        raw_client_sock, address = raw_sock.accept()
        say('Client has connected from address', address)
        return context.wrap_socket(raw_client_sock, server_side=True)
    else:
        say('Address we want to talk to', address)
        raw_sock.connect(address)
        return context.wrap_socket(raw_sock)

def describe(ssl_sock, hostname, server=False, debug=False):
    cert = ssl_sock.getpeercert()
    if cert is None:
        say('Peer certificate', 'none')
    else:
        say('Peer certificate', 'provided')
        subject = cert.get('subject', [])
        names = [name for names in subject for (key, name) in names
                 if key == 'commonName']
        if 'subjectAltName' in cert:
            names.extend(name for (key, name) in cert['subjectAltName']
                         if key == 'DNS')

        say('Name(s) on peer certificate', *names or ['none'])
        if (not server) and names:
            try:
                ssl.match_hostname(cert, hostname)
            except ssl.CertificateError as e:
                message = str(e)
            else:
                message = 'Yes'
            say('Whether name(s) match the hostname', message)
        for category, count in sorted(context.cert_store_stats().items()):
            say('Certificates loaded of type {}'.format(category), count)

    try:
        protocol_version = SSL_get_version(ssl_sock)
    except Exception:
        if debug:
            raise
    else:
        say('Protocol version negotiated', protocol_version)
```

```
    cipher, version, bits = ssl_sock.cipher()
    compression = ssl_sock.compression()

    say('Cipher chosen for this connection', cipher)
    say('Cipher defined in TLS version', version)
    say('Cipher key has this many bits', bits)
    say('Compression algorithm in use', compression or 'none')

    return cert

class PySSLSocket(ctypes.Structure):
    """The first few fields of a PySSLSocket (see Python's Modules/_ssl.c)."""

    _fields_ = [('ob_refcnt', ctypes.c_ulong), ('ob_type', ctypes.c_void_p),
                ('Socket', ctypes.c_void_p), ('ssl', ctypes.c_void_p)]

def SSL_get_version(ssl_sock):
    """Reach behind the scenes for a socket's TLS protocol version."""

    lib = ctypes.CDLL(ssl._ssl.__file__)
    lib.SSL_get_version.restype = ctypes.c_char_p
    address = id(ssl_sock._sslobj)
    struct = ctypes.cast(address, ctypes.POINTER(PySSLSocket)).contents
    version_bytestring = lib.SSL_get_version(struct.ssl)
    return version_bytestring.decode('ascii')

def lookup(prefix, name):
    if not name.startswith(prefix):
        name = prefix + name
    try:
        return getattr(ssl, name)
    except AttributeError:
        matching_names = (s for s in dir(ssl) if s.startswith(prefix))
        message = 'Error: {!r} is not one of the available names:\n {}'.format(
            name, ' '.join(sorted(matching_names)))
        print(fill(message), file=sys.stderr)
        sys.exit(2)

def say(title, *words):
    print(fill(title.ljust(36, '.') + ' ' + ' '.join(str(w) for w in words)))

def fill(text):
    return textwrap.fill(text, subsequent_indent='    ',
                         break_long_words=False, break_on_hyphens=False)
if __name__ == '__main__':
    parser = argparse.ArgumentParser(description='Protect a socket with TLS')
    parser.add_argument('host', help='hostname or IP address')
    parser.add_argument('port', type=int, help='TCP port number')
    parser.add_argument('-a', metavar='cafile', default=None,
                        help='authority: path to CA certificate PEM file')
    parser.add_argument('-c', metavar='certfile', default=None,
                        help='path to PEM file with client certificate')
    parser.add_argument('-C', metavar='ciphers', default='ALL',
```

```
                        help='list of ciphers, formatted per OpenSSL')
    parser.add_argument('-p', metavar='PROTOCOL', default='SSLv23',
                        help='protocol version (default: "SSLv23")')
    parser.add_argument('-s', metavar='certfile', default=None,
                        help='run as server: path to certificate PEM file')
    parser.add_argument('-d', action='store_true', default=False,
                        help='debug mode: do not hide "ctypes" exceptions')
    parser.add_argument('-v', action='store_true', default=False,
                        help='verbose: print out remote certificate')
    args = parser.parse_args()

    address = (args.host, args.port)
    protocol = lookup('PROTOCOL_', args.p)

    context = ssl.SSLContext(protocol)
    context.set_ciphers(args.C)
    context.check_hostname = False
    if (args.s is not None) and (args.c is not None):
        parser.error('you cannot specify both -c and -s')
    elif args.s is not None:
        context.verify_mode = ssl.CERT_OPTIONAL
        purpose = ssl.Purpose.CLIENT_AUTH
        context.load_cert_chain(args.s)
    else:
        context.verify_mode = ssl.CERT_REQUIRED
        purpose = ssl.Purpose.SERVER_AUTH
        if args.c is not None:
            context.load_cert_chain(args.c)
    if args.a is None:
        context.load_default_certs(purpose)
    else:
        context.load_verify_locations(args.a)

    print()
    ssl_sock = open_tls(context, address, args.s)
    cert = describe(ssl_sock, args.host, args.s, args.d)
    print()
    if args.v:
        pprint(cert)
```

要了解这个工具程序支持的命令行选项，最简单的方法就是，通过标准的-h帮助选项运行它。这个程序试着通过命令行选项给出SSLContext的所有主要特性，这样我们就可以针对这些特性做一些实验，来了解它们是如何影响协商过程的。例如，我们可以探究一下，使用Python 3.4的create_default_context()方法的服务器的默认设置在哪些方面比对应的客户端更严格。在一个终端窗口中，启动代码清单6-3的脚本作为服务器。同样，这里假设读者已经从本书的源代码库的chapter06目录下下载了证书文件ca.crt与localhost.pem。

```
$ /usr/bin/python3.4 safe_tls.py -s localhost.pem '' 1060
```

该服务器能够成功接受使用最新协议版本及加密算法的连接。事实上，如果有机会的话，该服务会协商选择一个提供完美前向安全的较强的配置。直接选用Python的默认配置，使用代码清单6-4中的脚本进行连接，观察输出结果。

```
$ /usr/bin/python3.4 test_tls.py -a ca.crt localhost 1060

Address we want to talk to......... ('localhost', 1060)
Peer certificate................... provided
Name(s) on peer certificate........ localhost
Whether name(s) match the hostname.. Yes
Certificates loaded of type crl.... 0
Certificates loaded of type x509.... 1
Certificates loaded of type x509_ca. 0
Protocol version negotiated........ TLSv1.2
Cipher chosen for this connection... ECDHE-RSA-AES128-GCM-SHA256
Cipher defined in TLS version...... TLSv1/SSLv3
Cipher key has this many bits....... 128
Compression algorithm in use........ none
```

与ECDHE-RSA-AES128-GCM-SHA256的结合使用是现在OpenSSL能够提供的最佳加密方案！不过，safe_tls.py服务器会拒绝与只提供Windows XP加密级别的客户端进行通信。重新启动safe_tls.py服务器，这次通过下面的选项进行连接。

```
$ /usr/bin/python3.4 test_tls.py -p SSLv3 -a ca.crt localhost 1060

Address we want to talk to......... ('localhost', 1060)
Traceback (most recent call last):
  ...
ssl.SSLError: [SSL: SSLV3_ALERT_HANDSHAKE_FAILURE] sslv3 alert handshake failure (_ssl.c:598)
```

过时的SSLv3协议会被断然拒绝，这是因为Python提供了较为谨慎的服务器配置。像RC4这样过时的加密算法也同样会导致失败，即使把它与一些现代协议结合使用也无法成功。

```
$ /usr/bin/python3.4 test_tls.py -C 'RC4' -a ca.crt localhost 1060

Address we want to talk to......... ('localhost', 1060)
Traceback (most recent call last):
  ...
ssl.SSLError: [SSL: SSLV3_ALERT_HANDSHAKE_FAILURE] sslv3 alert handshake failure (_ssl.c:598)
```

不过，如果以客户端模式启动代码清单6-3中的“安全”脚本，运行结果就会有所不同。这源于我们之前已经讨论过的一个理论：连接的安全程度其实是由服务器负责决定的，客户端的作者通常只是希望在不完全暴露数据的情况下让操作尽可能地按照他们的想法进行。记得之前在进行测试的时候，安全的服务器会拒绝使用RC4加密算法。现在，试着用客户端模式运行safe_tls.py，并指定使用RC4算法，观察一下运行结果。首先关闭已经运行的所有服务器，然后以服务器模式运行测试脚本，使用-C选项设置加密算法。

```
$ /usr/bin/python3.4 test_tls.py -C 'RC4' -s localhost.pem '' 1060

Interface where we are listening.... ('', 1060)
```

然后打开另一个终端窗口，试着使用safe_tls.py脚本，通过Python 3.4的默认上下文连接服务器。

```
$ /usr/bin/python3.4 safe_tls.py -a ca.crt localhost 1060
```

即使使用的是默认上下文，连接也能够成功建立！在服务器的窗口中，我们会看到它确实选择了RC4作为流加密算法。通过为-C选项提供不同的字符串，可以确认，RC4是这个安全的脚本能够接受的最弱的加密算法。像MD5这样的加密算法会被直接拒绝。因为即使对于一个试图保证与想要通信的所有服务器都尽量兼容的客户端来说，像MD5这样的加密算法也太弱了。

查阅ssl模块的文档以及OpenSSL的官方文档，了解更多关于如何选择自定义协议与加密算法的内容。在进行实验时，有一个很有用的工具——原生的OpenSSL命令行（如果系统包含该工具的话）。它可以打印出与某个表示加密算法的字符串匹配的所有加密算法。可以向代码清单6-3的-C选项提供该字符串，也可以在自己的代码中调用set_cipher()方法时指定该字符串。除此之外，随着密码学的不断发展与系统OpenSSL的升级，不同加密算法规则的效果也会随之改变。也可以使用该命令行测试这一变化效果。现在，为了展示一个使用例子，我在我的Ubuntu笔记本电脑上键入ECDH+AES128这一字符串，来表示加密算法。输出为：与该字符串相匹配的加密算法。

```
$ openssl ciphers -v 'ECDH+AES128'
ECDHE-RSA-AES128-GCM-SHA256 TLSv1.2 Kx=ECDH     Au=RSA  Enc=AESGCM(128) Mac=AEAD
ECDHE-ECDSA-AES128-GCM-SHA256 TLSv1.2 Kx=ECDH     Au=ECDSA Enc=AESGCM(128) Mac=AEAD
ECDHE-RSA-AES128-SHA256 TLSv1.2 Kx=ECDH     Au=RSA  Enc=AES(128)  Mac=SHA256
ECDHE-ECDSA-AES128-SHA256 TLSv1.2 Kx=ECDH     Au=ECDSA Enc=AES(128)  Mac=SHA256
ECDHE-RSA-AES128-SHA    SSLv3 Kx=ECDH     Au=RSA  Enc=AES(128)  Mac=SHA1
ECDHE-ECDSA-AES128-SHA  SSLv3 Kx=ECDH     Au=ECDSA Enc=AES(128)  Mac=SHA1
AECDH-AES128-SHA        SSLv3 Kx=ECDH     Au=None Enc=AES(128)  Mac=SHA1
ECDH-RSA-AES128-GCM-SHA256 TLSv1.2 Kx=ECDH/RSA Au=ECDH Enc=AESGCM(128) Mac=AEAD
ECDH-ECDSA-AES128-GCM-SHA256 TLSv1.2 Kx=ECDH/ECDSA Au=ECDH Enc=AESGCM(128) Mac=AEAD
ECDH-RSA-AES128-SHA256  TLSv1.2 Kx=ECDH/RSA Au=ECDH Enc=AES(128)  Mac=SHA256
ECDH-ECDSA-AES128-SHA256 TLSv1.2 Kx=ECDH/ECDSA Au=ECDH Enc=AES(128)  Mac=SHA256
ECDH-RSA-AES128-SHA     SSLv3 Kx=ECDH/RSA Au=ECDH Enc=AES(128)  Mac=SHA1
ECDH-ECDSA-AES128-SHA   SSLv3 Kx=ECDH/ECDSA Au=ECDH Enc=AES(128)  Mac=SHA1
```

在OpenSSL库看来，所有这些组合都可以由set_cipher('ECDH+AES128')表示，并且在进行具体选择时不会优先选择任何一个组合。同样地，仍然推荐尽可能使用默认上下文。否则的话，就一定要对想要使用的特定客户端和服务器进行测试，试着选择客户端和服务器都支持的一到两个较强的加密算法。不过，如果最终需要进行更多实验和调试的话，希望代码清单6-4提供了一个有用的工具，能够帮助我们进行实验，更快了解OpenSSL不同选项的效果。由于书中的代码可能会过时，如果有机会的话一定要从代码清单6-4最上面注释中的URL处下载最新的代码。我会根据密码学和Python ssl模块API的最新进展不断更新在线代码库。

6.9　小结

本章介绍了一个很少有人真正精通的话题——使用密码学保护TCP套接字传输的数据。更具体地说，就是通过Python使用TLS协议（曾经叫作SSL）。

在一个典型的TLS交换场景中，客户端向服务器索取证书——表示身份的电子文件。客户端与服务器共同信任的某个机构应该对证书进行签名。证书中必须包含一个公钥。之后服务器需要证明其确实拥有与该公钥对应的私钥。客户端要对证书中声明的身份进行验证，确定该身份是否与想连接的主机名匹配。最后，客户端与服务器就加密算法、压缩以及密钥这些设定进行协商，然后使用协商通过的方案对套接字上双向传输的数据进行保护。

许多管理员甚至都没有尝试在他们的应用程序中支持TLS。反之，他们把应用程序隐藏在了工业强度的前端工具之后，比如Apache、nginx或是HAProxy这些可以自己提供TLS功能的工具。在前端使用了内容分发网络的服务也必须把支持TLS功能的责任留给第三方工具，而不是将其嵌入自己的应用程序中。

尽管网络搜索的结果会提供一些使用第三方库在Python中提供TLS支持的建议，不过Python标准库的`ssl`模块实际上已经内置了对OpenSSL的支持。如果我们的操作系统以及Python版本上支持`ssl`模块，而且它能正常工作，那么只需要一个服务器的证书，就可以建立基本的加密连接。

由Python 3.4或更新版本Python（如果应用程序要自己提供TLS支持，强烈建议至少使用3.4版本）编写的应用程序通常会遵循如下模式：先创建一个“上下文”对象，然后打开连接，调用上下文对象的`wrap_socket()`方法，表示使用TLS协议来负责后续的连接。尽管可以在旧式风格的代码中看到`ssl`模块提供的一个或两个简短形式的函数，但是上下文-连接-包装这一模式才是最通用，也是最灵活的。

许多Python客户端和服务器都能够直接接受`ssl.create_default_context()`返回的默认“上下文”对象作为参数，并使用该对象提供的设置。服务器使用默认设置时设置更为严格，而客户端使用默认设置时则较为宽松一些，这样客户端就能够成功连接到一些只支持旧版本TLS的服务器了。其他Python应用程序为了根据它们的特定需求定制协议及加密算法，会自己实例化`SSLContext`对象。无论是上述哪种情况，都能使用本章展示的测试脚本或其他TLS工具来展示不同设置的效果。

标准库提供了许多可以提供TLS安全功能的协议，本书后续章节会介绍其中的多数协议。这些协议都支持我们提供的`SSLContext`对象。现在，Python 3.4最近才发布，而且多数Python程序员仍然在使用Python 2，因此第三方库对上下文的支持还不够。不过，使用Python 3.4的程序员应该会越来越多。

一旦我们在自己的应用程序中实现了TLS，就应该始终使用工具对那些具有不同参数集的不同类型的连接进行测试。可以使用Python以外的第三方工具与网站来测试TLS客户端和服务器，也可以使用代码清单6-4给出的Python 3.4脚本在自己的机器上为OpenSSL提供不同的设置，以便观察协商的过程与效果。

第7章 服务器架构

7

网络服务的编写者需要面对两个挑战。第一个挑战是核心问题：要编写出能够正确处理请求并构造合适响应的代码。第二个挑战是如何将网络代码部署到随系统自动启动的Windows服务或是Unix守护进程中，将活动日志持久化存储，并在无法连接数据库或后端数据存储区时发出警告，为其提供完整的保护，以防止所有可能的失败情形，或是确保其在失败时快速重启。

本书将着重介绍第一个挑战。第二个挑战涉及如何在所选操作系统上保持进程运行的话题，这是需要用一整本书来讨论的问题，大大偏离了本书要谈论的网络编程的中心话题。因此，本章只会使用一个小节的篇幅来介绍关于部署的问题，然后就会把重点放在如何构建网络服务器软件上。

我们可以很自然地把网络服务器分为3大类。本书会首先介绍一个简单的单线程服务器（类似于第2章介绍的UDP服务器和第3章介绍的TCP服务器），并且着重讨论这类服务器的局限性，即同一时刻只能为一个客户端提供服务，此时所有其他客户端都要进行等待，即使是在为该客户端服务，系统的CPU也很可能处于近乎空闲的状态。一旦理解了这一挑战，我们就可以开始学习两个截然相反的解决方案：方案一是，使用多个线程或进程，每个线程或进程内都运行一个单线程服务器；方案二是，在自己的代码中使用异步网络操作来支持多路复用，而不直接使用操作系统提供的多路复用。

在学习多线程和异步网络代码的过程中，我们将首先从头实现这两个模式，然后了解一些实现这两个模式的框架。本书将举例说明的所有框架都来自于Python的标准库，不过我也会在文中提及其他主要的第三方框架。

本章出现大多数脚本也可以在Python 2下运行，不过本章介绍的最先进的框架——最新的asyncio模块只支持Python 3。程序员只有准备好了升级到Python 3，才能享受这一标准库的显著改进。

7.1 浅谈部署

我们可能会把网络服务部署到单台机器上，也可能部署到多台机器上。要使用单台机器上的服务，客户端只要直接连接到该机器的IP地址即可；而要使用运行在多台机器上的服务，就需要更复杂的方法了。一种方法是将该服务的某个实例的地址或主机名返回给客户端（比如与客户端运行在同一机房中的服务实例），然而这种方法没有提供任何冗余性，如果服务的这一实例宕机了，那么通过主机名或IP地址硬编码连接该服务实例的客户端都将无法继续连接。

还有一种更健壮的方法：要访问某服务时，令DNS服务器返回运行该服务的所有IP地址，如果客户端无法连接第一个IP地址的话，再连接第二个IP地址，然后连接第三个，以此类推。业界如今已经广泛应用了该方法：在服务前端配置一个负载均衡器（load balancer），客户端直接连接到负载均衡器，然后由负载均衡器将连接请求转发至实际的服务器。如果某台服务器宕机了，那么负载均衡器会将转发至该服务器的连接请求予以停止，直到该服务器恢复服务为止。这样的话，服务器的故障对于大量用户来说是不可见的。大型的互联网服务则结合了上述两种方法：每个机房中都配置了一个负载均衡器与服务器群，而公共的DNS名会返回与用户距离最近的机房中的负载均衡器的IP地址。

无论服务器架构有多么简单或多么复杂，都需要使用某种方式在物理或虚拟机器上运行我们的Python服务器代码，这一过程叫作*部署*（deployment）。人们对于部署的看法可以分为两大类。较为旧式的技术观点是，为每个服务器程序都编写服务所提供的所有功能：通过两次`fork()`创建一个Unix守护进程（或是将自己注册为一个Windows服务），安排进行系统级的日志操作，支持配置文件以及提供启动、关闭和重启的相关机制。可以使用已经解决了相关问题的第三方库来完成服务器程序的编写，也可以在自己的代码中重新实现这些功能。

另一种方法随着“*十二要素应用*”（The Twelve-Factor App）这样的宣言的提出而广为流行。该方法提倡只实现服务器程序必需功能的最小集合。它将每个服务实现为普通的前台程序，而不是将其实现为守护进程。这样的程序从环境变量（Python中的`sys.environ`字典）而不是系统级的配置文件中获取所需的配置选项。它通过环境变量中指定的选项连接到任意的后端服务，并且直接将日志信息输出到屏幕，甚至直接使用Python自己提供的`print()`函数。另外，该方法通过打开并且监听环境配置指定的任意端口来接受网络请求。

使用这种风格编写的服务很易于开发者直接在shell命令提示符中运行以进行测试。不过，只要简单地在应用程序外部使用适当的部署框架，就能够将程序改为守护进程或是系统服务，也可以将其部署到网络服务器集群中。例如，部署框架可以从一个集中式的配置服务中获取环境变量的设置，可以将应用程序的标准输出流和标准错误流连接到一个远程日志服务器，也可以在服务停止响应或暂停时重启服务。由于程序本身并不知道这一切，仍然会像平常一样直接输出到标准输出流，因此程序员有足够的信心保证该服务器代码在生产环境下的运行表现与开发环境中相同。

现在有一些大型的“平台即服务”（PaaS，Platform as a Service）提供商为我们提供了托管这种应用程序的功能，他们将应用程序的几十个甚至几百个副本配置在一个公共域名和TCP负载均衡器下，然后将所有输出的日志聚集起来进行分析。某些提供商允许我们直接提交Python应用程序的代码，另一些提供商则更希望我们将代码、Python解释器以及所有需要的依赖打包入一个容器内（特别提一下，Docker容器正在成为一种流行的机制）。我们可以在自己的笔记本电脑上对该容器进行测试，然后将其部署到生产环境中，从而能够确认，生产环境中运行的Python代码与测试环境中运行的代码使用的是完全相同的镜像。无论使用上述哪种方法，都无需在单个服务中提供多个功能，服务中所有的冗余和重复都由平台来帮我们处理。

长期以来，在Python社区中还有很多工作都努力让程序员免于编写单个包含所有功能的服务。广为流行的`supervisord`工具就是一个很好的例子。该工具可以运行程序的一个或多个副本，将标准输出流和标准错误流输出到日志文件，并且在进程发生故障时重启进程。该工具甚至可以在服务故障过于频繁时发送警告通知。

尽管编写“十二要素应用”风格的程序有这么多吸引人的地方，我们有时还是会决定将程序编写为守护进程。此时应该在Python社区中寻找一些编写守护进程的优秀模式。可以从阅读PEP 3143（可以访问http://python.org）开始，其中的“Other daemon implementations”一节提供了编写守护进程所需步骤的资源列表。`supervisord`工具和Python标准库`logging`模块的源代码同样也可作参考。

7

无论要编写的是独立的包含完整功能的Python进程还是应用PaaS的网络服务，如何最有效地使用操作系统网络栈和操作系统进程对网络请求进行响应的问题都是一样的。正是因为这个问题，我们才需要认真学习本章余下的内容。我们的目标是令系统尽可能地繁忙，这样就能把客户端获取网络请求响应前的等待时间减少到最短。

7.2　一个简单的协议

为了让读者将注意力放在服务器设计需要关注的众多选项上，本章的示例使用一个最简单的TCP协议进行说明。在这个协议中，客户端可以询问3个问题，这3个问题都以纯文本的ASCII字符表示。在发出请求的问题后，客户端将等待服务器的应答。和HTTP协议一样，只要套接字保持打开，客户端发起问题请求的次数将是没有限制的。客户端不再发起问题请求后，无需发出任何警告即可将连接关闭。每个问题的结尾使用ASCII的问号字符表示问题的结束。

```
Beautiful is better than?
```

服务器发送回的应答在结尾用句点表示响应信息的结束。

```
Ugly.
```

这3个问题和答案的组合都基于《Python之禅》(The Zen of Python)中的某句格言。《Python之禅》是关于Python语言内部设计的一致性准则的一首诗。在运行Python时，任何时刻想要从Python的设计中获取灵感或是重读这首诗，都可以键入`import this`来获取这首诗。

为了基于这一协议构建一个客户端和多个服务器，我们在代码清单7-1中定义了许多规则。注意到代码清单7-1本身并没有命令行接口。该程序编写的模块存在的唯一作用就是作为一个支持性的模块，由后续的程序清单导入，而后续的程序清单也就可以重用代码清单7-1中定义的模式，无需重复编写。

代码清单7-1　支持《Python之禅》示例协议的数据与规则

```
#!/usr/bin/env python3
# Foundations of Python Network Programming, Third Edition
# https://github.com/brandon-rhodes/fopnp/blob/m/py3/chapter07/zen_utils.py
# Constants and routines for supporting a certain network conversation.

import argparse, socket, time

aphorisms = {b'Beautiful is better than?': b'Ugly.',
             b'Explicit is better than?': b'Implicit.',
             b'Simple is better than?': b'Complex.'}

def get_answer(aphorism):
    """Return the string response to a particular Zen-of-Python aphorism."""
    time.sleep(0.0) # increase to simulate an expensive operation
    return aphorisms.get(aphorism, b'Error: unknown aphorism.')

def parse_command_line(description):
```

```
    """Parse command line and return a socket address."""
    parser = argparse.ArgumentParser(description=description)
    parser.add_argument('host', help='IP or hostname')
    parser.add_argument('-p', metavar='port', type=int, default=1060,
                        help='TCP port (default 1060)')
    args = parser.parse_args()
    address = (args.host, args.p)
    return address

def create_srv_socket(address):
    """Build and return a listening server socket."""
    listener = socket.socket(socket.AF_INET, socket.SOCK_STREAM)
    listener.setsockopt(socket.SOL_SOCKET, socket.SO_REUSEADDR, 1)
    listener.bind(address)
    listener.listen(64)
    print('Listening at {}'.format(address))
    return listener

def accept_connections_forever(listener):
    """Forever answer incoming connections on a listening socket."""
    while True:
        sock, address = listener.accept()
        print('Accepted connection from {}'.format(address))
        handle_conversation(sock, address)

def handle_conversation(sock, address):
    """Converse with a client over `sock` until they are done talking."""
    try:
        while True:
            handle_request(sock)
    except EOFError:
        print('Client socket to {} has closed'.format(address))
    except Exception as e:
        print('Client {} error: {}'.format(address, e))
    finally:
        sock.close()

def handle_request(sock):
    """Receive a single client request on `sock` and send the answer."""
    aphorism = recv_until(sock, b'?')
    answer = get_answer(aphorism)
    sock.sendall(answer)

def recv_until(sock, suffix):
    """Receive bytes over socket `sock` until we receive the `suffix`."""
    message = sock.recv(4096)
    if not message:
        raise EOFError('socket closed')
    while not message.endswith(suffix):
        data = sock.recv(4096)
        if not data:
            raise IOError('received {!r} then socket closed'.format(message))
        message += data
    return message
```

客户端希望服务器理解的3个问题作为aphorisms字典的键列出，对应的回答则以字典值的形式存储。get_answer()函数是为了在字典中安全地查找回答而编写的一个简单的快速函数。如果传入的问题无法被识别的话，该函数会返回一个简短的错误信息。注意到客户端的请求始终以问号结尾，而回答则始终以句点结尾（即使返回的错误信息也不例外）。这两个标点符号为这个迷你协议提供了封帧的功能。

接下来的两个函数提供了所有服务器都会共同使用的一些启动代码。parse_command_line()函数提供了用于读取命令行参数的通用机制，而create_srv_socket()则用于构造TCP的监听套接字，服务器通过监听套接字来接受连接请求。

不过，代码清单中的最后4个函数才真正开始展示服务器进程的核心模式。这4个函数之间的层级调用过程只是简单地重复了一些我们已经学习过的操作，包括第3章中关于通过监听套接字来创建TCP服务器的内容，以及第5章中关于数据封帧和错误处理的内容。

- accept_connections_forever()函数中只包含一个简单的循环，循环中不断通过监听套接字接受连接请求，并且使用print()把每个连接的客户端打印出来，然后将连接套接字作为参数传递给handle_conversation()。
- handle_conversation()包含一个无限循环，来不断地处理请求。该程序会捕捉可能发生的错误，这样的设计使得客户端套接字的任何问题都不会引起程序的崩溃。如果客户端完成了所有的请求并且已经挂起，那么最内层的数据接收循环会抛出EOFError异常作为信号传递的方式。这一现象在本例的协议中是很常见的（在HTTP协议中也一样），它并不是一个真正的异常事件。因此，程序专门在一个单独的except从句中捕捉了EOFError异常，而将所有其他异常都视为错误，这些错误被捕捉后会通过print()函数进行输出。（回忆一下，所有普通的Python错误都继承自Exception，因此都会被这个except从句截获！）finally从句能够确保无论该函数通过哪一条代码路径退出，始终都会将客户端套接字关闭。Python允许对已经关闭的文件以及套接字对象重复调用close()函数，且次数不限，因此通过这种方法运行close()函数始终是安全的。
- handle_request()函数能够简单地读取客户端的问题，然后做出应答。要注意的是，因为send()调用本身无法保证数据发送的完整性，所以这里要使用sendall()。
- recv_until()函数使用第5章中概述的方法进行封帧。只要不断累加的字节字符串没有形成一个完整的问题，就会不断重复调用套接字的recv()方法。

上述的程序就是用来构建各种服务器的工具箱。

为了测试本章的各种服务器，需要一个客户端程序。代码清单7-2提供了一个简单的命令行工具作为客户端。

代码清单7-2　用于《Python之禅》示例协议的客户端程序

```
#!/usr/bin/env python3
# Foundations of Python Network Programming, Third Edition
# https://github.com/brandon-rhodes/fopnp/blob/m/py3/chapter07/client.py
# Simple Zen-of-Python client that asks three questions then disconnects.

import argparse, random, socket, zen_utils
```

```
def client(address, cause_error=False):
    sock = socket.socket(socket.AF_INET, socket.SOCK_STREAM)
    sock.connect(address)
    aphorisms = list(zen_utils.aphorisms)
    if cause_error:
        sock.sendall(aphorisms[0][:-1])
        return
    for aphorism in random.sample(aphorisms, 3):
        sock.sendall(aphorism)
        print(aphorism, zen_utils.recv_until(sock, b'.'))
    sock.close()

if __name__ == '__main__':
    parser = argparse.ArgumentParser(description='Example client')
    parser.add_argument('host', help='IP or hostname')
    parser.add_argument('-e', action='store_true', help='cause an error')
    parser.add_argument('-p', metavar='port', type=int, default=1060,
                        help='TCP port (default 1060)')
    args = parser.parse_args()
    address = (args.host, args.p)
    client(address, args.e)
```

在正常情况下，cause_error为False。此时客户端将创建一个TCP套接字，然后发送3句格言作为请求，每发送一个就等待服务器返回相应的答案。不过我们有时会想知道本章的服务器会如何处理输入有误的情况，因此该客户端提供了-e选项，用来发送不完整的问题，然后使服务器突然挂起。如果没有提供-e选项，那么只要服务器已经启动并且正确运行，就能在客户端看到这3个问题以及相应的答案。

```
$ python client.py 127.0.0.1
b'Beautiful is better than?' b'Ugly.'
b'Simple is better than?' b'Complex.'
b'Explicit is better than?' b'Implicit.'
```

跟本书中的许多其他示例一样，本章的客户端和服务器使用1060端口。不过，如果读者系统上的1060端口不可用的话，可以使用-p选项来指定另一个端口。

7.3 单线程服务器

代码清单7-1中的zen_utils模块提供了丰富的工具程序，大大减少了编写一个简单的单线程服务器的工作量。单线程服务器是最简单的可用设计，我们已经在第3章中看到过这种设计了。代码清单7-3中只使用3行代码就完成了这个单线程服务器。

代码清单7-3 最简单的可用服务器是单线程的

```
#!/usr/bin/env python3
# Foundations of Python Network Programming, Third Edition
# https://github.com/brandon-rhodes/fopnp/blob/m/py3/chapter07/srv_single.py
# Single-threaded server that serves one client at a time; others must wait.
```

```
import zen_utils

if __name__ == '__main__':
    address = zen_utils.parse_command_line('simple single-threaded server')
    listener = zen_utils.create_srv_socket(address)
    zen_utils.accept_connections_forever(listener)
```

与我们在第2章和第3章中编写的服务器程序一样，上面的这个服务器要求提供一个命令行参数——服务器用来监听连接请求的接口。如果要防止LAN或网络中的其他用户访问该服务器的话，应指定标准本地主机IP地址127.0.0.1作为监听接口。

```
$ python srv_single.py 127.0.0.1
Listening at ('127.0.0.1', 1060)
```

也可以更大胆些，提供空字符串作为参数（这在Python中表示当前机器上的任意接口），这样就能够通过本机的所有接口来提供服务。

```
$ python srv_single.py ''
Listening at ('', 1060)
```

无论使用的是上述哪种方法，服务器都会输出一行内容，表示已经正确打开了服务器端口，然后会等待连接请求。服务器也支持-h选项和-p选项。-h选项用于提供帮助信息，-p选项则用于选择除了1060端口之外的另一个端口。一旦服务器启动并运行，就可以试着执行7.2节中介绍的客户端脚本，并观察服务器的运行过程了。在客户端打开及关闭连接时可以看到，服务器将在其所运行的终端窗口中打印出相应的客户端活动。

```
Accepted connection from ('127.0.0.1', 40765)
Client socket to ('127.0.0.1', 1060) has closed
Accepted connection from ('127.0.0.1', 40768)
Client socket to ('127.0.0.1', 1060) has closed
```

如果只有一个客户端连接我们的网络服务，而且该客户端在同一时刻只会发起一个连接，那么应用上面的设计就绰绰有余了。上一个连接一关闭，这个服务器就可以准备好进行下一个连接。只要一个连接正在进行，服务器就只可能处于下面两种状态中的一种，即可能被recv()调用阻塞，等待更多数据传达并被操作系统唤醒；也可能正在尽快构造针对某个请求的答案，然后将答案立刻发送回请求方。只有在客户端还没准备好接收数据时，send()或sendall()才可能阻塞。在这种情况下，客户端一准备好，数据就可以被发送，服务器就能够从阻塞状态恢复，然后继续调用recv()等待请求。因此，无论处于哪种情况，服务器都会在接收到客户端的请求后尽快计算出响应信息，然后发送回客户端。

如果在服务器与一个客户端进行会话期间，另一个客户端也尝试连接该服务器，那么这个单线程设计的缺点就显而易见了。如果listen()函数的整型参数大于0的话，操作系统至少会通过一个TCP三次握手来接收第二个客户端的连接请求，这可以节省一些服务器最终实现通信的准备时间。然而，只要服务器与第一个客户端的会话没有完成，新建立的连接就会一直处于操作系统的监听队列中。只有服务器与第一个客户端的会话完成了，并且服务器代码进入下一次循环迭代再次调用accept()函数时，服务器才能够接收第二个客户端的连接请求并生成相应的客户端套接字，并开始对该客户端套接字上的请求做出回答。

要对这个单线程服务器进行拒绝服务攻击是非常容易的：连接该服务器，并且永远不关闭该连接即可。服务器会永远阻塞在recv()调用，等待客户端的数据。服务器的作者可能会更聪明一点，即通过sock.settimeout()设置了超时参数，以防止服务器永远等待。此时只要调整一下拒绝服务攻击的工具，使之发送请求的间隔不超过服务器超时参数设置的最长等待时间即可。这样的话，就没有任何其他客户端能够使用该服务器了。

最后，由于单线程的设计无法在等待客户端发送下一个请求时进行其他操作，因此无法有效利用服务器的CPU和系统资源。我们可以使用标准库的trace模块来运行该单线程服务器，测试每一行代码花费的时间。为了只输出服务器代码的运行时间，需要令trace模块忽略与标准库模块有关的输出（在我的系统上，Python 3.4安装在/usr目录下）。

```
$ python3.4 -m trace -tg --ignore-dir=/usr srv_single.py ''
```

每行输出都给出了对应代码的运行时间，单位精确到秒。输出从服务器启动并运行第一行Python代码开始。我们可以观察到，大多数代码行在前一行代码运行完成后就立刻运行，两行代码的运行间隔不超过0.01秒。不过，每次服务器需要等待客户端时，就会停止运行，并进行等待。下面给出了一个示例输出。

```
3.02 zen_utils.py(40):        print('Accepted connection...'...)
3.02 zen_utils.py(41):        handle_conversation(sock, address)
⋮
3.02 zen_utils.py(57):    aphorism = recv_until(sock, b'?')
3.03 zen_utils.py(63):    message = sock.recv(4096)
3.03 zen_utils.py(64):    if not message:
3.03 zen_utils.py(66):    while not message.endswith(suffix):
⋮
3.03 zen_utils.py(57):    aphorism = recv_until(sock, b'?')
3.03 zen_utils.py(63):    message = sock.recv(4096)
3.08 zen_utils.py(64):    if not message:
3.08 zen_utils.py(66):    while not message.endswith(suffix):
⋮
3.08 zen_utils.py(57):    aphorism = recv_until(sock, b'?')
3.08 zen_utils.py(63):    message = sock.recv(4096)
3.12 zen_utils.py(64):    if not message:
3.12 zen_utils.py(66):    while not message.endswith(suffix):
⋮
3.12 zen_utils.py(57):    aphorism = recv_until(sock, b'?')
3.12 zen_utils.py(63):    message = sock.recv(4096)
3.16 zen_utils.py(64):    if not message:
3.16 zen_utils.py(65):        raise EOFError('socket closed')
⋮
3.16 zen_utils.py(48):    except EOFError:
3.16 zen_utils.py(49):        print('Client socket...has closed'...)
3.16 zen_utils.py(53):        sock.close()
```

```
3.16 zen_utils.py(39):          sock, address = listener.accept()
```

这是client.py客户端程序与服务器之间的一个完整会话，包含了3个请求与响应。从第一行代码到最后一行代码，总共的处理时间为0.14秒。而三次等待客户端的时间总和为0.05 + 0.04 + 0.04 = 0.13秒。在这0.13秒中服务器都是空闲的！这意味着服务器的CPU占用率在上述信息交换过程中只有0.01 / 0.14 = 7%。当然，这只是一个粗略的估计。我们在trace下运行服务器，因此实际上降低了服务器的运行速度，并且增加了CPU的使用率，这些数字的比率都不是精确的。然而，如果我们使用更为复杂的工具，同样可以得到并确认这一事实。除非单线程服务器要对每个请求进行大量CPU运算，否则服务器的CPU使用率是极低的。当其他客户端在等待服务器为其服务时，CPU一直是空闲的。

有两个有趣的技术细节值得一提。首先，第一个recv()调用会立即返回，而第二个、第三个直到最后一个recv()调用在知道套接字已经关闭前都会延迟一段时间才返回数据。第一个recv()调用能够立刻返回，这是因为操作系统的网络栈相当智能，它会在建立TCP连接的三次握手时将第一个请求的文本包含在内。因此，当该连接正式存在并调用了accept()函数后，其实已经有数据在等待被接收了，recv()也就可以立即返回了。

另一个细节是，send()并没有引起任何延迟。这是因为send()在POSIX系统上的语义认为其只要将数据发送至操作系统网络栈的发送缓冲区，就可以返回。因此仅仅通过send()返回无法保证系统真正发送了任何数据！只有在服务器端监听更多的客户端数据，才能强制操作系统阻塞进程，并观察数据发送的结果。

让我们回到将要讨论的话题。如何克服单线程服务器的这些限制呢？本章剩余部分探究了防止单个客户端独占服务器的两种不同技术。这两种技术都允许服务器同时与多个客户端进行通信。首先，我会介绍线程的使用（对进程同样适用），这种方法由操作系统来切换服务器服务的客户端。然后，我将介绍异步服务器设计，展示如何自己进行切换控制，并在单个线程内处理与多个不同客户端之间的通信。

7.4 多线程与多进程服务器

如果希望服务器能同时与多个客户端进行会话，那么有一个很流行的解决方案可供选择，即利用操作系统的内置支持，使用多个控制线程单独运行同一段代码。可以创建多个共享相同内存空间的线程，也可以创建完全独立运行的进程。

该方法的优点是简洁：直接使用单线程服务器的代码，创建多个线程运行它的多份副本。

该方法的缺点是：服务器能够同时通信的客户端数量受操作系统并发机制规模的限制。即使某个客户端处于空闲状态，或是运行缓慢状态，它也会占用整个线程或进程。就算程序被recv()阻塞，也会占用系统RAM以及进程表中的一个进程槽。当同时运行的线程数量达到几千甚至更多时，操作系统很少能够维持良好的表现。此时系统在切换服务的客户端时需要进行大量上下文切换，这使得服务的运行效率大大降低。

大家可能会觉得多线程或多进程服务器需要使用一个主控制线程来不断运行accept()循环，然后将新创建的客户端套接字交给等待队列中的工作线程来处理。幸运的是，操作系统大大简化了这一操作。每个线程都可以拥有服务器监听套接字的一个副本，并运行自己的accept()函数。操作系统会将每个新的客户端连接交由任何运行了accept()函数并处于等待的线程来处理。如果所有线程都处在繁忙状态的话，操作系统会将该连接置于队列中，直到某个线程空闲为止。代码清单7-4展示了这样一个例子。

代码清单7-4　多线程服务器

```
#!/usr/bin/env python3
# Foundations of Python Network Programming, Third Edition
# https://github.com/brandon-rhodes/fopnp/blob/m/py3/chapter07/srv_threaded.py
# Using multiple threads to serve several clients in parallel.

import zen_utils
from threading import Thread

def start_threads(listener, workers=4):
    t = (listener,)
    for i in range(workers):
        Thread(target=zen_utils.accept_connections_forever, args=t).start()

if __name__ == '__main__':
    address = zen_utils.parse_command_line('multi-threaded server')
    listener = zen_utils.create_srv_socket(address)
    start_threads(listener)
```

需要注意的是，这只是多线程程序的一种可能设计。主线程启动*n*个服务器线程，然后退出。主线程认为这*n*个工作线程将永远运行，因此运行这些线程的进程也会保持运行状态。除此之外还有其他可选的设计。例如，主线程可以保持运行，并且成为一个服务器线程。主线程也可以作为一个监控线程，每隔一段时间就检查一下*n*个服务器线程是否仍然在运行。如果有服务器线程停止运行了，主线程就将其重启。如果不使用threading.Thread，而使用multiprocessing.Process，那么操作系统会为每个线程分配独立的内存空间以及文件描述符，这会增加操作系统的开销，但是能够更好地隔离进程，进一步降低服务器线程造成主监控进程崩溃的概率。

可以从threading和multiprocessing这两个模块的文档以及关于Python并发的书籍和指南中学习到上述所有模式。这些模式有一个共同的基本特点：无论客户端是否正在发送请求，都会为每个连接的客户端分配一个开销较大的操作系统级控制线程。然而，服务器代码无需任何改变就能够部署到多个线程（假设每个线程都建立了自己的数据库连接并管理自己打开的文件，因此无需协调不同线程之间的资源），很容易就能够尝试使用这种多线程方法来处理服务器的工作。如果该方法确实能够处理我们的请求，那么它的简单性便使其成为了我们为内部服务提供多线程支持时的一个极具吸引力的技术。内部服务并不向公共开放，因此攻击者无法简单地打开很多空闲的连接，以使我们的线程池或进程池耗尽资源。

遗留的SocketServer框架

7.4节介绍的模式使用了操作系统级的控制线程来处理同一时刻的多个客户端会话。这一模式非常流行，因此Python标准库内置了一个框架，实现了这一模式。这个框架是很久以前实现的，采用了20世纪90年代的设计风格，使用了大量面向对象以及多继承设计思想。尽管如此，还是值得将它作为一个例子快速介绍一下。我们可以从中了解如何将这个多线程模式设计成一个通用框架，并可以增加对该模块的熟悉程度，以便将来需要维护使用了这个框架的遗留代码时使用。

socketserver模块（在Python 2中叫作SocketServer）将上述多线程模式分为了两个模式：第一个是用于打开监听套接字并接受客户端连接的server模式，第二个是用于通过某个打开的套接字与特定客户端进行会话的handler模式。结合使用这两个模式时，我们需要实例化一个server对象，然后将一个handler对象作为参数传给server对象。代码清单7-5展示了这一用法。

代码清单7-5　使用标准库服务器模式构建的多线程服务器

```
#!/usr/bin/env python3
# Foundations of Python Network Programming, Third Edition
# https://github.com/brandon-rhodes/fopnp/blob/m/py3/chapter07/srv_legacy1.py
# Uses the legacy "socketserver" Standard Library module to write a server.

from socketserver import BaseRequestHandler, TCPServer, ThreadingMixIn
import zen_utils

class ZenHandler(BaseRequestHandler):
    def handle(self):
        zen_utils.handle_conversation(self.request, self.client_address)

class ZenServer(ThreadingMixIn, TCPServer):
    allow_reuse_address = 1
    # address_family = socket.AF_INET6 # uncomment if you need IPv6

if __name__ == '__main__':
    address = zen_utils.parse_command_line('legacy "SocketServer" server')
    server = ZenServer(address, ZenHandler)
    server.serve_forever()
```

程序员可以将ThreadingMixIn改为ForkingMixIn，这样就可以使用完全隔离的进程来处理连接的客户端，而不使用线程。

与代码清单7-4中的程序相比，代码清单7-5中的方法的最大缺点相当明显。代码清单7-4中的方法启动了固定数量的线程，线程的数量可以由服务器的管理员根据特定服务器和操作系统能够高效管理的控制线程数量来指定。而代码清单7-5中的方法则由服务器的客户端连接池来决定启动的线程数量——不限制服务器最终启动的线程数量！这使得攻击者可以很容易令服务器过载。因此，在开发用于生产环境以及面向客户的服务时，并不推荐使用这个标准库模块。

7.5　异步服务器

从服务器向客户端发送响应到接收客户端的下一个请求之间有一段时间的间隔，如何在不为每个客户端分配一个操作系统级的控制线程的前提下保证CPU在这段时间内处于繁忙状态呢？答案就是，可以采用一种异步（asynchronous）模式来编写服务器。使用这种模式的话，代码就不需要等待数据发送至某个特定的客户端或由这个客户端接收。相反，代码可以从整个处于等待的客户端套接字列表中读取数据。只要任何一个客户端做好了进行通信的准备，服务器就可以向该客户端发送响应。

现代操作系统网络栈的两个特点使得对该模式的应用成为了现实。首先，网络栈提供了一个系统调用，支持进程为等待整个客户端套接字列表中的套接字而阻塞，而不只是等待一个单独的客户端套接字。这样一来，就可以使用一个线程来同时为成千上万的客户端套接字提供服务。第二个特点是，可以将一个套接字配置为非阻塞套接字。非阻塞套接字在进行send()或recv()调用时永远不会阻塞调用进程。无论会话中是否会有进一步的交互，send()或recv()系统调用都会立刻返回。如果发生延迟的话，那么调用方会负责在稍后客户端准备好继续进行交互时重试。

异步（asynchronous）这一术语表示服务器代码从来不会停下来等待某个特定的客户端，即运行代码的控制线程不是同步（synchronized）的。换句话说，控制线程不会以锁步的方式等待任何一个进行会话的客户端。相反，异步服务器可以在所有连接的客户端之间自由切换，并提供相应的服务。

操作系统通过许多调用来支持异步的代码。最古老的就是POSIX的select()调用。不过，select()调用在很多方面都显得效率低下。受此启发，在现代操作系统上出现了一些select()的替代品，比如Linux上的poll()调用和BSD系统上的epoll()调用。W. Richard Stevens的《UNIX网络编程》（*UNIX Network Programming*）一书是关于这一话题的标准指南。本章的主要目的其实并不是介绍如何实现自己的异步控制循环，因此在本章中我将重点介绍poll()，而并不涉及其余内容。本章会在循环中使用poll()，以此作为一个例子，帮助我们理解一个完整的异步框架背后的原理，并将其应用到自己程序的异步实现中去。接下来的几节会举例介绍一些框架。

代码清单7-6展示了一个简单异步服务器的完整内部细节，用于简单的Zen协议。

代码清单7-6 一个简单的异步事件循环

```
#!/usr/bin/env python3
# Foundations of Python Network Programming, Third Edition
# https://github.com/brandon-rhodes/fopnp/blob/m/py3/chapter07/srv_async.py
# Asynchronous I/O driven directly by the poll() system call.

import select, zen_utils

def all_events_forever(poll_object):
    while True:
        for fd, event in poll_object.poll():
            yield fd, event

def serve(listener):
    sockets = {listener.fileno(): listener}
    addresses = {}
    bytes_received = {}
    bytes_to_send = {}

    poll_object = select.poll()
    poll_object.register(listener, select.POLLIN)

    for fd, event in all_events_forever(poll_object):
        sock = sockets[fd]

        # Socket closed: remove it from our data structures.

        if event & (select.POLLHUP | select.POLLERR | select.POLLNVAL):
            address = addresses.pop(sock)
```

7

```
                rb = bytes_received.pop(sock, b'')
                sb = bytes_to_send.pop(sock, b'')
                if rb:
                    print('Client {} sent {} but then closed'.format(address, rb))
                elif sb:
                    print('Client {} closed before we sent {}'.format(address, sb))
                else:
                    print('Client {} closed socket normally'.format(address))
                poll_object.unregister(fd)
                del sockets[fd]

            # New socket: add it to our data structures.

            elif sock is listener:
                sock, address = sock.accept()
                print('Accepted connection from {}'.format(address))
                sock.setblocking(False) # force socket.timeout if we blunder
                sockets[sock.fileno()] = sock
                addresses[sock] = address
                poll_object.register(sock, select.POLLIN)

            # Incoming data: keep receiving until we see the suffix.

            elif event & select.POLLIN:
                more_data = sock.recv(4096)
                if not more_data: # end-of-file
                    sock.close() # next poll() will POLLNVAL, and thus clean up
                    continue
                data = bytes_received.pop(sock, b'') + more_data
                if data.endswith(b'?'):
                    bytes_to_send[sock] = zen_utils.get_answer(data)
                    poll_object.modify(sock, select.POLLOUT)
                else:
                    bytes_received[sock] = data

            # Socket ready to send: keep sending until all bytes are delivered.

            elif event & select.POLLOUT:
                data = bytes_to_send.pop(sock)
                n = sock.send(data)
                if n < len(data):
                    bytes_to_send[sock] = data[n:]
                else:
                    poll_object.modify(sock, select.POLLIN)

if __name__ == '__main__':
    address = zen_utils.parse_command_line('low-level async server')
    listener = zen_utils.create_srv_socket(address)
    serve(listener)
```

这个事件循环的精髓在于：它使用了自己的数据结构来维护每个客户端会话的状态，而没有依赖操作系统在客户端活动改变时进行上下文切换。这个服务器实际上有两层循环。首先是一个不断调用poll()的while循环。一次poll()调用可能返回多个事件，因此这个while循环内部还有一个循环，用于处理poll()返回的每一个事件。我们将这两层迭代隐藏在一个生成器内，这样就避免了主服务器循环因为这两次循环迭代而多用两个不必要的缩进。

这个程序中维护了一个sockets字典。因此，从poll()获取表示已经准备好进行后续通信的套接字的文件描述符n后，就能够根据该文件描述符从sockets字典中查找到对应的Python套接字了。同样，我们还存储了套接字的地址。这样的话，即使套接字已经关闭，操作系统无法继续提供已经连接的地址，也能够打印出正确的远程地址作为调试信息。

然而，这个异步服务器的真正核心其实是它的缓冲区：在等待某个请求完成时，会将收到的数据存储在bytes_received字典中；在等待操作系统安排发送数据时，会将要发送的字节存储在bytes_to_send字典中。这两个缓冲区与我们告知poll()要在每个套接字上等待的事件一起形成了一个完整的状态机，用于一步一步地处理客户端会话。

(1) 准备连接的客户端首先会将它自身视作服务器监听套接字上的一个事件，要始终将该事件设置为POLLIN（poll input）状态。响应此类事件的方法就是运行accept()，将返回的套接字及其地址存储在字典内，并通过register()方法告知poll对象，已经准备好从新返回的客户端套接字接收数据了。

(2) 当套接字本身就是客户端套接字，并且事件类型为POLLIN时，就能够使用recv()方法接收最多为4KB的数据了。如果还没有接收到表示帧尾的问号字符，那么就将数据保存到bytes_received字典中，并返回至循环顶部，进行下一个poll()调用。反之，就表示已经接收到了一个完整的问题，因此就可以处理该客户端请求，使用zen_utils的get_answer()函数查询对应的回答，并将结果存储到bytes_to_send字典中。这一过程包含了一个很重要的操作：将套接字的模式从POLLIN切换至POLLOUT。POLLIN模式表示要接收更多数据，而POLLOUT模式则表示在发送缓冲区空闲时立刻通知系统。这是因为此时套接字不再用于接收，而是用于发送。

(3) 套接字模式设置为POLLOUT后，只要客户端套接字的发送缓冲区还能够接收一个或多个字节，那么poll()调用就会立刻通知我们。作为响应，我们使用send()发送余下的需要发送的内容。如果要发送的数据超出了发送缓冲区的容量，就将超出部分保存至bytes_to_send。

(4) 最后，如果套接字模式为POLLOUT，并且send()完成了所有数据的发送，那么此时就完成了一个完整的请求-响应循环，因此将套接字模式切换回POLLIN，用于下一个请求。

(5) 如果客户端套接字返回了错误信息或是关闭状态，就将该客户端套接字及其发送缓冲区与接收缓冲区丢弃。至此，我们至少已经完整地完成了众多可能同时进行的会话中的一个。

这个异步方法的关键之处在于，可以在一个控制线程中处理成千上万的客户端会话。当每个客户端套接字准备好下一个事件时，代码就执行该套接字的下一个操作，接收或发送数据，然后立刻返回到poll()调用，监控更多事件。使用这种单线程的异步方法，不需要进行任何操作系统上下文切换（除了为了进行poll()、recv()、send()以及close()系统调用而在进入操作系统时进行的特权模式切换之外）。它通过将所有客户端会话的状态保存在一系列字典中，并且将客户端套接字作为键进行索引，成功地在单个控制线程中处理大量客户端。从本质上来说，就是使用Python字典支持的键值查找功能代替了操作系统成熟的上下文切换机制，而多线程或多进程服务器在为不同的客户端提供服务时需要的正是这种机制。

从技术角度来说，即使不使用sock.setblocking(False)将所有accept()返回的客户端套接字设置为非阻塞模式，上述代码仍然能够正确运行。这是为什么呢？因为代码清单7-6只在有等待数据时才调用recv()，而只要有数据输入，recv()就不会阻塞。同样地，只在有数据可供传输时，send()才会被调用，而只要有数据能够被写入到操作系统的发送缓冲区，send()就不会阻塞。然而无论如何，使用setblocking()调用总是更谨慎的，这样可以防止代码出错。如果没有将套接字设置为非阻塞的话，只要在错误的位置调用了send()或recv()，就可能造成阻塞，而且除了造成阻塞的客户端之外，其他所有客户端都无法得到服务器的响应。而使用了setblocking()调用后，如果服务器出现问题而无法做出响应的话，就会抛出socket.timeout异常。这样我们就知道操作系统无法立刻对我们进行的某个调用做出响应。

如果启动多个客户端，来与这个服务器进行通信，就能发现，这个单线程服务器能够自如地处理所有同时进行的会话。不过，为了编写代码清单7-6中的这个服务器，仍然需要深入了解一些操作系统的内部细节。如果想将注意力放在客户端代码上，而将与select()、poll()或是epoll()有关的细节交给别人去负责，要怎么做呢？

7.5.1　回调风格的asyncio

Python 3.4将最新的asyncio框架引入了标准库，Python发明者Guido van Rossum负责设计了框架的一部分。asyncio框架尝试将Python 2中较为分散的各部分内容统一起来，为基于select()、epoll()以及其他类似机制的事件循环提供标准接口。

观察代码清单7-6，会注意到代码中只有很小一部分是特定于本章介绍的Zen示例协议的。由此便可以想象到asyncio这样的框架需要完成哪些工作。asyncio维护了一个select风格的核心循环，将所有进行I/O操作的套接字保存在了一个表中，有需要时会在select循环里向表中添加或删除套接字。一旦套接字关闭，asyncio就会将其清除或丢弃。最后，当接收到实际数据时，将由用户代码来决定要返回的正确响应。

asyncio框架支持两种编程风格。第一种风格会让程序员想起Python 2中的Twisted框架。使用Twisted框架时，用户通过对象实例来维护每个打开的客户端连接。在这种设计模式中，使用对象实例上的方法调用代替了代码清单7-6中用来加速客户端会话的各步骤。在代码清单7-7中，可以看到一个熟悉的流程：读取问题，然后给出响应。代码清单7-7直接使用了asyncio框架。

代码清单7-7　回调风格的asyncio服务器

```
#!/usr/bin/env python3
# Foundations of Python Network Programming, Third Edition
# https://github.com/brandon-rhodes/fopnp/blob/m/py3/chapter07/srv_asyncio1.py
# Asynchronous I/O inside "asyncio" callback methods.

import asyncio, zen_utils

class ZenServer(asyncio.Protocol):

    def connection_made(self, transport):
        self.transport = transport
        self.address = transport.get_extra_info('peername')
        self.data = b''
        print('Accepted connection from {}'.format(self.address))

    def data_received(self, data):
```

```
        self.data += data
        if self.data.endswith(b'?'):
            answer = zen_utils.get_answer(self.data)
            self.transport.write(answer)
            self.data = b''

    def connection_lost(self, exc):
        if exc:
            print('Client {} error: {}'.format(self.address, exc))
        elif self.data:
            print('Client {} sent {} but then closed'
                  .format(self.address, self.data))
        else:
            print('Client {} closed socket'.format(self.address))

if __name__ == '__main__':
    address = zen_utils.parse_command_line('asyncio server using callbacks')
    loop = asyncio.get_event_loop()
    coro = loop.create_server(ZenServer, *address)
    server = loop.run_until_complete(coro)
    print('Listening at {}'.format(address))
    try:
        loop.run_forever()
    finally:
        server.close()
        loop.close()
```

可以看到，在代码清单7-7的协议代码中，真正的套接字对象被小心地隐藏了。可以通过该框架来获取远程地址，而不是直接通过套接字来获取。数据是通过一个方法调用来传输的。该方法只需要将接收到的字符串作为参数即可。当需要发送响应时，只要将回答传递给框架的transport.write()方法即可，无需将相关代码写到主事件循环中。回答数据被真正传递给操作系统并发送回客户端这一过程其实是在主循环执行期间进行的。框架能够确保尽快完成数据的传输，并且不会阻塞其他进行中的客户端连接。

异步通信的过程通常要比这个例子复杂得多。举一个常见的例子，有时构造响应信息的过程并不像本例中那样，而是可能会涉及文件系统上的文件读取或是对数据库等后端服务的查询。在这种情况下，代码就要处理两个方向上的数据传输：asyncio框架既会负责服务器与客户端之间的数据发送和接收，也会负责服务器与文件系统或数据库之间的数据发送和接收。此时可能会在回调方法中构造一些futures对象，用于更深一层的回调，以供数据库或文件系统的I/O最终完成时触发。要了解更多相关细节，请参见asyncio的官方文档。

7.5.2 协程风格的 asyncio

asyncio框架提供的另外一种构造协议代码的方法就是使用协程（coroutine）。协程是一个函数，它在进行I/O操作时不会阻塞，而是会暂停，并将控制权转移回调用方。Python语言支持协程的一种标准形式就是生成器（generator）——在内部包含一个或多个yield语句的函数。这类函数不会在运行了一条返回语句后就退出，而是会返回一个序列。

通用的生成器中的yield语句只用来生成一系列的项供调用方使用，因此如果读者曾经编写过通用生成器的话，可能会对asyncio使用生成器的方式有所惊讶。asyncio利用了PEP 380中提出的扩展yield句法。扩展句法不仅允许使用yield from语句利用另一个生成器生成的项来生成序列，还允许yield将返回值返回给一个协程，甚至能在调用方需要的时候抛出异常。这使得我们能够在协程中使用result = yield的形式。yield后面的对象描述了我们想要进行的操作，这可能是读取另一个套接字的内容，也可能是读取文件系统。如果操作成功，就会将yield的结果存储在result中，反之，就会直接在协程内触发异常。

代码清单7-8举例说明了通过协程实现的Zen协议。

代码清单7-8　协程风格的asyncio服务器

```
#!/usr/bin/env python3
# Foundations of Python Network Programming, Third Edition
# https://github.com/brandon-rhodes/fopnp/blob/m/py3/chapter07/srv_asyncio2.py
# Asynchronous I/O inside an "asyncio" coroutine.

import asyncio, zen_utils

@asyncio.coroutine
def handle_conversation(reader, writer):
    address = writer.get_extra_info('peername')
    print('Accepted connection from {}'.format(address))
    while True:
        data = b''
        while not data.endswith(b'?'):
            more_data = yield from reader.read(4096)
            if not more_data:
                if data:
                    print('Client {} sent {!r} but then closed'
                          .format(address, data))
                else:
                    print('Client {} closed socket normally'.format(address))
                return
            data += more_data
        answer = zen_utils.get_answer(data)
        writer.write(answer)

if __name__ == '__main__':
    address = zen_utils.parse_command_line('asyncio server using coroutine')
    loop = asyncio.get_event_loop()
    coro = asyncio.start_server(handle_conversation, *address)
    server = loop.run_until_complete(coro)
    print('Listening at {}'.format(address))
    try:
        loop.run_forever()
    finally:
        server.close()
        loop.close()
```

将上面的代码和之前编写服务器的方法对比一下，我们就能理解所有的代码了。while循环使用之前提到的封帧方法不断调用recv()，然后将响应写入并发送给等待的客户端。所有操作都被封装在

while循环中。该循环会尽可能对各客户端发出的请求做出响应。然而，协程风格的服务器与之前有一个重要的区别，因此尽管逻辑相同，仍然无法简单地重用之前的实现。本例使用了生成器的形式，使用yield from代替了之前所有进行阻塞操作并等待操作系统响应的地方。正是这一区别，使得这个生成器能够直接应用到asyncio子系统中，并且不会将系统阻塞，也不会同时处理多个客户端连接。

因为使用这种方法可以使我们更容易地找到生成器可能暂停的地方，所以PEP 380推荐在协程中使用这种方法。每次调用yield时，该协程都可能会在一段不确定的时间内暂停运行。有些程序员不喜欢在代码中显式调用yield语句，在Python 2中也有一些框架会使用普通的网络代码，比如gevent和eventlet。这些框架使用普通的阻塞I/O调用，在合适的地方截获这些调用并完成真正意义上的异步I/O。本书编写时，这些框架都还没有被移植到Python 3中。如果完成移植的话，它们还需要与已经引入标准库的asyncio进行竞争。如果这些框架被成功移植到了Python 3中，程序员就需要在这些框架与asyncio的协程之间做出选择。asyncio的协程方法有点啰嗦，但是意思明确，每个可能暂停的地方都有yield语句。而对于另外几个框架，代码意思并不明确，但是更紧凑。它们使用了像recv()这样的调用。这些调用在代码中看上去就像普通的方法调用一样，但是实际上会在返回时将控制权交还给异步I/O循环。

7.5.3 遗留模块 asyncore

我们有可能会遇到一些使用标准库asyncore模块编写的服务。代码清单7-9使用该模块实现了示例协议。

代码清单7-9 使用旧式的asyncore框架

```
#!/usr/bin/env python3
# Foundations of Python Network Programming, Third Edition
# https://github.com/brandon-rhodes/fopnp/blob/m/py3/chapter07/srv_legacy2.py
# Uses the legacy "asyncore" Standard Library module to write a server.

import asyncore, asynchat, zen_utils

class ZenRequestHandler(asynchat.async_chat):

    def __init__(self, sock):
        asynchat.async_chat.__init__(self, sock)
        self.set_terminator(b'?')
        self.data = b''

    def collect_incoming_data(self, more_data):
        self.data += more_data

    def found_terminator(self):
        answer = zen_utils.get_answer(self.data + b'?')
        self.push(answer)
        self.initiate_send()
        self.data = b''

class ZenServer(asyncore.dispatcher):
```

```
    def handle_accept(self):
        sock, address = self.accept()
        ZenRequestHandler(sock)

if __name__ == '__main__':
    address = zen_utils.parse_command_line('legacy "asyncore" server')
    listener = zen_utils.create_srv_socket(address)
    server = ZenServer(listener)
    server.accepting = True # we already called listen()
    asyncore.loop()
```

如果读者是很有经验的Python程序员的话，就会发现上面的代码是很有问题的。ZenServer对象既没有被传递给asyncore.loop()，也没有进行任何显式注册，但是控制循环却很神奇地获取了可用的服务！显然，这个模块不当地使用了一些模块级别的全局变量，或是通过某些不良的方法建立了主循环、服务器对象以及请求处理程序之间的联系，但我们却无法看到这一联系的建立方法。

尽管如此，asyncore隐藏的许多步骤与asyncio显式处理的步骤还是有许多相同之处的。每个客户端连接都会新建一个ZenRequestHandler实例。可以在每个实例的变量中存储任意种类的状态信息，用于维护每个客户端会话的状态。除此之外，在我们介绍的所有这些异步框架中，数据的接收和发送之间都是不对称的。接收数据的过程中需要返回控制权并将控制权交还给框架。只要还有输入数据需要接收，就要重新调用recv()。但是，发送数据后就不需要再理会什么了。可以将需要发送的所有数据都交给框架处理，框架会确保使用必要的send()调用去尽量将数据发送出去。

最后要提一下，除非使用包含了隐藏操作的gevent或eventlet（目前只支持Python 2），否则若要使用异步框架来编写服务器代码，都需要遵循不同的编程风格，这与代码清单7-3中的那种简单服务器是大不相同的。多线程与多进程程序中可以直接使用未经修改的单线程代码，而异步方法则需要对代码进行分解，使得每部分都可以非阻塞地运行。回调风格的异步程序会把每一个非阻塞代码片段封装在方法内；协程风格的异步程序则会将所有非阻塞操作放在yield或yield from语句中。

7.5.4　两全其美的方法

上面介绍的异步服务器都可以在服务的不同客户端会话间迅速地切换。要完成切换，它们只要扫描协议对象即可（在提供了更基础操作的代码清单7-6中，只要扫描字典键值对即可）。比起操作系统的上下文切换，这种方法为客户端提供服务的花销要小多了。

然而，异步服务器是有硬性限制的。因为所有的操作都在单个操作系统线程中完成，所以一旦CPU使用率达到了100%，异步服务器就无法再为任何客户端提供服务了。在这种模式中，即使服务器有多个核，所有工作也只能在单个处理器上完成（至少对于原始形式的异步服务器来说如此）。

幸运的是，已经有一个解决方案来解决这一问题了。当我们需要高性能时，首先使用异步的回调对象或协程来编写服务，并通过某个异步框架来启动服务。然后再回过头来配置一些运行服务器的操作系统，检查操作系统的CPU内核数目。有多少CPU内核，就启动多少个事件循环！（有一个细节需要询问操作系统管理员：是否能够将所有CPU内核都占用？是否需要为操作系统留下一个或两个空闲的CPU？）这样就能够同时享受到两种方法的优点了。在每个给定的CPU上，异步框架都可以不断地提供高效服务，在打开的客户端套接字之间来回切换，而无需进程间的上下文切换。操作系统可以负责将新建立的连接分配给某个服务器进程，这在理想情况下能够平衡整个服务器的负载。

就像7.1节中讨论的那样，我们可能想把这些进程写入一个守护进程中，这样就能够监控每个服务器的状态，并在服务器出现故障时将其重启或通知管理员。从supervisord一直到完整的“平台即服务”容器服务，我们讨论过的所有关于部署的机制对于异步服务都是适用的。

7.6 在 inetd 下运行

鼎鼎大名的inetd守护进程是本章不得不提的一个内容。几乎所有BSD和Linux发行版都提供了inetd。inetd是在互联网发展的早期阶段发明的，用于解决下述问题：在一台特定的服务器上，在系统启动时启动*n*个不同的后台进程，用于提供*n*个不同的网络服务。可以简单地在系统的/etc/inetd.conf文件中将所有要监听的端口全部列出。

inetd守护进程在列出的每个端口上都调用了bind()和listen()，不过它只在客户端真正连接时才会启动一个服务器进程。使用这种模式来支持端口号较小的服务（这些服务是在普通用户账号下运行的）是很容易的，这是因为，inetd进程本身打开的端口号也是较小的。对于本章介绍的TCP协议服务来说（查阅inetd(8)文档，了解支持UDP数据报服务的更复杂的情况），inetd守护进程可以为每个客户端连接都启动一个进程，也可以在服务器接受了客户端连接后使用同一进程继续监听下一个连接请求。

为每个连接都建立一个进程的花销是很大的，而且会降低服务器的利用率，不过这种方法也更加简单。要通过这种方式启用服务，只要在该服务的inetd.conf配置文件中将第4个字段设为nowait即可。

```
1060 stream tcp nowait brandon /usr/bin/python3 /usr/bin/python3 in_zen1.py
```

这样的服务一经启用，其标准输入流、标准输出流以及标准错误流便被连接到了客户端套接字。服务只需要与连接的客户端通信，然后退出即可。代码清单7-10给出了可与上面的inetd.conf配置结合使用的一个例子。

代码清单7-10　响应一个将套接字连接到stdin/stdout/stderr的客户端

```
#!/usr/bin/env python3
# Foundations of Python Network Programming, Third Edition
# https://github.com/brandon-rhodes/fopnp/blob/m/py3/chapter07/in_zen1.py
# Single-shot server for the use of inetd(8).

import socket, sys, zen_utils

if __name__ == '__main__':
    sock = socket.fromfd(0, socket.AF_INET, socket.SOCK_STREAM)
    sys.stdin = open('/dev/null', 'r')
    sys.stdout = sys.stderr = open('log.txt', 'a', buffering=1)
    address = sock.getpeername()
    print('Accepted connection from {}'.format(address))
    zen_utils.handle_conversation(sock, address)
```

由于我们很少会希望Python或是某个Python库将原始的追踪和状态信息输出到标准输出或标准错误中，从而中断与客户端的会话，该脚本很小心地将Python的标准输入流、标准输出流和标准错误流对象设置为了合适的已打开文件。需要注意的是，因为这种方法只操作了sys内的文件对象，并没有操作真正的文件描述符，所以只是在Python内部重新设置了I/O。如果服务器调用了处理标准I/O的底层C语言库，那么就需要关闭表示标准输入流、标准输出流和标准错误流的文件描述符0、1和2。不过在这种情况下，我们将开始自行处理沙箱之类的工作，而7.1节中介绍的守护进程风格的supervisord模块或是“平台即服务”风格的容器其实都已经更好地完成了这一工作。

只要所选择的端口号较小，就可以在普通的用户命令行中运行inetd -d inet.conf来测试代码清单7-10中的程序。其中，inet.conf是一个小型的配置文件，该文件中包含了之前提到的配置行。然后照常运行client.py连接到该服务的端口即可。

另一种模式是，在配置inetd.conf时将第4个字段指定为wait，表示会将监听套接字提供给脚本。此时，脚本需要调用accept()，用于接受正在等待的客户端的连接请求。这一模式的优势在于，服务器可以保持运行状态，并不断运行accept()来接受更多的客户端连接请求，而在这一过程中并不需要inetd的介入。如果客户端暂时停止了连接，服务器也可以自由调用exit()，来降低服务器的内存占用。在客户端再次需要服务器时再启动服务器即可。inetd会检测到我们的服务已经退出，然后会由inetd来负责监听。

代码清单7-11就是使用wait模式来设计的。该程序能够永远接受新的连接请求，不过它也可以发生超时或退出行为。这样一来，如果好几秒钟之内都没有任何客户端连接的话，服务器便无需一直将该程序置于内存中。

代码清单7-11　对一个或多个客户端连接做出响应，最终发生超时

```
#!/usr/bin/env python3
# Foundations of Python Network Programming, Third Edition
# https://github.com/brandon-rhodes/fopnp/blob/m/py3/chapter07/in_zen2.py
# Multi-shot server for the use of inetd(8).

import socket, sys, zen_utils

if __name__ == '__main__':
    listener = socket.fromfd(0, socket.AF_INET, socket.SOCK_STREAM)
    sys.stdin = open('/dev/null', 'r')
    sys.stdout = sys.stderr = open('log.txt', 'a', buffering=1)
    listener.settimeout(8.0)
    try:
        zen_utils.accept_connections_forever(listener)
    except socket.timeout:
        print('Waited 8 seconds with no further connections; shutting down')
```

当然，这个服务器与本章最开始的脚本使用了相同的原始单线程设计。在生产环境中，可能会希望使用一个更健壮的设计，此时可以应用本章讨论过的任何一种方法。唯一的要求就是，要能够在一个已经处于监听状态的套接字上不停地运行accept()。如果并不介意在使用inetd启动服务器进程后便不再退出该进程，那么要办到这点就很容易了。但是，如果希望服务器在连续一段时间内没有活动的情况下提供超时和关闭功能的话，那就稍微复杂一些了（这超出了本书的范围）。这是因为，对于一组线程或进程来说，要确认它们在最近的一段时间内既没有与客户端通信，也没有收到任何客户端的连接请求，从而无需保持运行状态的过程是相当棘手的。

某些inetd版本还内置了一种基于IP地址与主机名的简单访问控制机制。该机制源于一个叫作tcpd的古老程序。该程序曾经是与inetd结合使用的，后来合并入了同一个进程。该程序的/etc/hosts.allow

和/etc/hosts.deny文件可以根据响应的规则禁止某些（或者所有）IP地址连接某个服务。如果正在调试客户端无法连接某个使用inetd启用的服务的问题，那么一定要阅读系统文档，检查一下系统管理员是否配置了这些文件。

7.7 小结

第2章和第3章中的示例网络服务器只能够在同一时刻与一个客户端进行交互，此时其他所有客户端都要进行等待，直到上一个客户端套接字关闭为止。有两种技术可以解决这一问题。

从编程的角度来看，最简单的方法就是多线程（或者多进程）。使用多线程时通常可以不加修改地使用单线程服务器程序，操作系统会负责隐式地完成切换，使得等待中的客户端能够快速得到响应，而空闲的客户端则不会消耗服务器的CPU。这一技术不仅允许同时进行多个客户端会话，而且很好地利用了服务器的CPU。而对于原始的单线程服务器，由于其大多数时间都在等待客户端的操作，因此CPU在很多时候都是空闲的。

更复杂但是更强大的方法是使用异步编程的风格在单个控制线程中完成对大量客户端的服务切换。这种方法向操作系统提供了当前正在进行会话的完整套接字列表。复杂之处在于需要将读取客户端请求然后构造响应的过程分割为小型的非阻塞代码块，这样就能在等待客户端操作时将控制权交还给异步框架。尽管可以通过`select()`或`poll()`这样的机制手动编写异步服务器，不过多数程序员还是会使用一个框架来提供异步功能，比如Python 3.4或更新版本Python标准库中内置的asyncio框架。

将编写的服务安装到服务器上，并且在系统启动时运行服务器的过程叫作部署（deployment）。可以使用许多现代机制进行自动化部署，比如使用supervisord这样的工具或是将控制权交给一个“平台即服务”容器。在一台基本的Linux服务器上可以使用的最简单的部署方法可能就是古老的inetd守护进程了。inetd提供了一种极其简单的方法，能够在客户端需要连接时保证服务处于启动状态。

在本书中还会遇到有关服务器的话题。第8章将介绍一些现代Python程序员依赖的基础网络服务。第9章到第11章则着重介绍HTTP协议的设计以及用于操作HTTP客户端和HTTP服务器的Python工具。在这一过程中，我们会看到本章所介绍的各类设计的实际应用，比如Gunicorn这样基于forking的网络服务器和一个叫作Tornado的异步框架。

7

第 8 章

缓存与消息队列

本章尽管较为简短，却可能是全书最为重要的章节之一。本章研究了服务负载较重时常用的两项基本技术：缓存与消息队列。本章是全书的一个转折点。前面的章节已经介绍了套接字API以及在Python中使用基础IP网络操作来构建通信信道的方式；而本章之后的所有章节则都是关于构建在套接字上的特定协议的——如何从万维网获取文档、发送电子邮件，以及向远程服务器提交命令。

那么为什么要把缓存与消息队列放在一章中介绍呢？这两项技术有如下一些共同特点。

- 这两项技术都是非常强大的工具，因而广为流行。使用Memcached或是一个消息队列，不是为了实现一个有趣的协议来与其他工具进行交互，而是为了编写优雅的服务来解决特定的问题。
- 这两项技术解决的问题通常是机构内部特有的问题。我们通常无法仅从外界就得知一个特定的网站或网络服务使用了哪种缓存、哪种消息队列以及哪种负载分配工具。
- 尽管HTTP和SMTP这样的工具都是针对一个特定的负载设计的（HTTP针对超文本文档，SMTP针对电子邮件消息），但是缓存和消息队列是无需了解它们所要传输的数据的。

本章并不是要编写这些技术的用户手册。网上有大量关于这些库的文档。对于其中最流行的工具，我们甚至可以找到介绍相关技术的完整图书。本章的目的是向读者介绍各工具要解决的问题，解释使用相关服务来解决问题的方法，并且给出一些在Python中使用有关工具的提示。

当然，程序员面临的最基本的挑战就是，要在漫漫人生中不断学习编程技术。除此之外，程序员还经常会面临的最大挑战就是识别出现有解决方案所能快速解决的通用问题。程序员们有一个不太好的习惯，就是会努力地重新造轮子。读者可以把本章视作为大家提供了两个已经造好的轮子，这样我们就不用再重复劳动了。

8.1 使用 Memcached

Memcached意为“内存缓存守护进程”（memory cache daemon）。Memcached将安装它的服务器上的空闲RAM与一个很大的近期最少使用（LRU）的缓存结合使用。用大家的话说，Memcached已经对许多大型互联网服务产生了革命性的影响。我们首先会快速介绍一下在Python中使用Memcached的方法，然后讨论Memcached的实现。我们可以从Memcached的实现中学习到一个重要的现代网络概念——分区（sharding）。

使用Memcached的实际步骤是相当简单的。

- 在每台拥有空闲内存的服务器上都运行一个Memcached守护进程。
- 将所有Memcached守护进程的IP地址与端口号列出，并将该列表发送给所有将要使用

Memcached的客户端。

- 客户端程序现在可以访问一个组织级的速度极快的键值缓存，它就像是所有服务器之间共享的一个巨大的Python字典。该缓存是基于LRU的。如果有些项长时间没有被访问的话，就会将这些项丢弃，为新访问的项挪出空间，并记录被频繁访问的项。

现在有许多Memcached的Python客户端，我就不在这里一一列出了，下面的链接所指向的页面列出了这些客户端：http://code.google.com/p/memcached/wiki/Clients。

最先列出的客户端是完全用Python编写的，因此不需要借助任何库来编译。我们可以将其干净地安装到Python包索引（Python Package Index）提供的虚拟环境中（见第1章）。可以使用一句命令来安装Python 3版本的Memcached。

```
$ pip install python3-memcached
```

这个包的API相当简单易懂。尽管有人会希望这个包的接口能够与Python字典保持一致，比如提供__getitem__()这样的Python原生方法，但是Memcached的API作者还是选择在所有语言的API接口中使用相同的方法命名规则。这是一个很好的决定，因为这更有利于将其他语言的Memcached例子直接移植到Python中。如果已经在机器上安装并于默认的11211号端口运行了Memcached，那么就可以在Python命令提示符中进行下面的简单交互了。

```
>>> import memcache
>>> mc = memcache.Client(['127.0.0.1:11211'])
>>> mc.set('user:19', 'Simple is better than complex.')
True
>>> mc.get('user:19')
'Simple is better than complex.'
```

可以看到，这里的接口与Python字典极其类似。将一个字符串作为值传入set()时，该字符串会以UTF-8编码直接被写入Memcached，稍后在通过get()获取该字符串时会进行解码。除了简单字符串之外，写入任何其他Python对象都会自动触发memcache模块的pickle操作（见第5章），然后将二进制的pickle存储在Memcached中。要牢记这一不同点，因为有时我们编写的Python应用程序会与用其他语言编写的客户端共享Memcached缓存。此时，只有以字符串形式存储的值才可以被使用其他语言编写的客户端直接使用。

始终要牢记，服务器是可以丢弃存储在Memcached中的数据的。Memcached的目的是将重复计算花销较高的结果记录下来，以此来加速操作。它不是用来作为数据的唯一存储区的！如果运行上面的命令时，相应的Memcached正处于繁忙状态，或者set()和get()操作之间相隔的时间太长，那么在运行get()的时候可能会发现字符串已经超过了缓存的有效期，所以被丢弃了。

代码清单8-1展示了在Python中使用Memcached的基本模式。在进行一个（人工构造的）花销很大的整数平方操作前，代码首先会检查Memcached中是否已经保存了之前计算过的答案。如果缓存中已经存在相应的答案，那么不需要重复计算，就能将答案立刻返回。反之，则需进行计算，并将答案存储在缓存中，然后将答案返回。

代码清单8-1　使用Memcached为一个花销很大的操作加速

```
#!/usr/bin/env python3
# Foundations of Python Network Programming, Third Edition
# https://github.com/brandon-rhodes/fopnp/blob/m/py3/chapter08/squares.py
# Using memcached to cache expensive results.

import memcache, random, time, timeit

def compute_square(mc, n):
    value = mc.get('sq:%d' % n)
    if value is None:
        time.sleep(0.001) # pretend that computing a square is expensive
        value = n * n
        mc.set('sq:%d' % n, value)
    return value

def main():
    mc = memcache.Client(['127.0.0.1:11211'])

    def make_request():
        compute_square(mc, random.randint(0, 5000))

    print('Ten successive runs:')
    for i in range(1, 11):
        print(' %.2fs' % timeit.timeit(make_request, number=2000), end='')
    print()

if __name__ == '__main__':
    main()
```

同样地，要成功运行这个例子，需要在机器的11211端口上运行Memcached守护进程。当然，对于最开始的几百个请求来说，程序一般会以正常的速度运行。第一次请求计算某个整数的平方时，程序会先发现RAM缓存中并没有存储过该整数的平方，因此必须进行计算。但是，随着程序的运行，就会开始不断遇到一些相同的整数，此时程序会发现缓存中已经存储了一些整数的平方，从而加快了程序的运行速度。

每个输入整数都存在5000个可能值，在运行了几千次请求之后，程序的速度应该会有很大的提升。在我的机器上，以每运行2000个请求作为一组，第10组的速度比第一组快6倍。

```
$ python squares.py
Ten successive runs:
 2.87s 2.04s 1.50s 1.18s 0.95s 0.73s 0.64s 0.56s 0.48s 0.45s
```

这一模式展示了缓存的一个普遍特性。随着缓存中存储的键值对越来越多，程序的运行速度会越来越快。当Memcached存满或所有可能输入都已经计算过之后，速度就不会再有显著提升了。

在实际应用程序中，我们会希望将哪种数据写入到缓存中呢？

许多程序员会直接将最底层的花销较大的调用存入缓存，比如数据库查询、文件系统读写或是对外部服务的查询。为了保证缓存中的数据不过时，我们需要决定信息在缓存中的保存时间。对底层操作进行缓存时，这一决定是较易理解的。当数据库的行发生变化时，缓存中与有变化的数据相关的项就过时了，因此需要将这些项先从缓存中移除。然而，有时候缓存一些应用程序更高层的中间结果也是很有意义的，比如数据结构、HTML片段甚至是整个网页。这样一来，缓存命中时不仅可以减少数据库访问的次数，而且能够减少把结果转化为数据结构然后再生成HTML的花销。

Memcached的网站上提供了许多链接，其中有许多很优秀的介绍、深入的指导以及内容极为广泛的FAQ。Memcached的开发者似乎发现问答教学法是向人们介绍相关服务的最佳途径。我只在这里提几点最常被提及的。

首先，键必须是唯一的。开发者们开始逐渐倾向于使用前缀和编号来区分存储的各种类型的对象。我们经常会看到类似`user:19`和`mypage:/node/14`这样的键，甚至还有一些键，它们使用了整个SQL查询的文本内容。键最长只能包含250个字符，但是通过使用一个强大的散列函数，我们能够对更长的字符串提供查询功能。顺便提一下，Memcached中存储的值可以比键更长，但是不能超过1MB的限制。

其次，必须要牢记，Memcached只是一个缓存。它存储的内容是暂时的。它使用RAM作为存储介质。一旦系统重启，那么所有曾经存储过的内容都会丢失！如果缓存内容丢失的话，应用程序应始终能够恢复并重建所有丢失的数据。

再次，要确保缓存返回的数据不能太旧，这样返回给用户的数据才是精确的。返回的数据是否“太旧”完全取决于要解决的问题。银行账户可能需要绝对实时，而新闻网站首页上几分钟前的新闻可能就能够作为“今日头条”。

有3个方法可以用来解决脏数据的问题，确保能够在数据过时后进行及时清理，永远不返回脏数据。

- Memcached允许我们为缓存中的每一项设置一个过期时间，到达这个时间时，Memcached会负责悄悄将这些项丢弃。
- 如果能够建立从信息标识到缓存中包含该标识的键的映射，那么就可以在脏数据出现后主动移除这些缓存项。
- 当缓存中的记录不可用时，我们可以重写并使用新内容代替该条记录，而不是简单地移除该记录。这一做法对于每秒能命中好几十次的记录来说是很有用的。因为这样一来，所有使用该缓存的客户端就不会发现要查找的条目不存在，然后一起试图重新计算，而是会在缓存中查找到重写过后的记录。同样也是因为这个原因，在应用程序首次启动时预先安装缓存对于大型网站来说是极为重要的一项技术。

正如我猜测的一样，由于Python装饰器可以在不改变函数调用的名称以及签名的情况下对其进行包装，所以它是在Python中增加缓存功能的一种常见做法。如果查看Python包索引的话，会发现好几个基于Memcached的装饰器缓存库。

8.2 散列与分区

Memcached的设计阐明了许多其他种类的数据库中使用的一个重要原理，而我们也很可能会想在自己的架构中应用这一原理。当Memcached客户端得到包含了多个Memcached实例的列表时，会根据每个键的字符串值的散列值对Memcached数据库进行分区（shard），由计算出的散列值决定用Memcached集群中的哪台服务器来存储特定的记录。

为了理解这一方法之所以能够有效的原因，让我们来看一个特定的键值对，比如代码清单8-1可能会存储的键sq:42和值1764。为了充分利用可用的RAM，Memcached集群会只希望存储一次这个键值对。而为了加快服务的速度，它希望能够在避免冗余的同时避免不同服务器之间的协同操作或是各客户端之间的通信。

这意味着所有客户端除了键和配置的Memcached服务器列表之外不需要其他任何信息。这些客户端需要采取某种机制来确定将特定的信息存储在哪台服务器上。如果没有把相同的键值对映射到同一台服务器上，那么同一个键值对就会被复制多份，从而减少了可用的总内存空间。除此之外，客户端在试图移除某服务器上的不可用记录时，其他服务器上仍会存在该记录。

解决方法就是，所有客户端都要实现一个相同的稳定算法，将键转换为整数n，根据这个整数来从服务器清单选择一台服务器真正进行存储。这一过程通过“散列”算法来完成。该算法在构造一个数字的时候会将字符串的所有位都混合起来，因此理想状态下字符串中的所有模式都会被消除。

为了帮助理解必须将键值对中的模式消除的原因，让我们来看一下代码清单8-2。该程序加载的是一个英语单词字典（要在自己的机器上成功运行该程序，读者可以自行下载自己的字典，并调整路径）。程序将单词作为键，研究这些单词在4个服务器上的分布规律。第一个算法试图将字母表分为4个大致平均的部分，并根据单词的首字母来分配键；另外两个算法则使用了散列算法。

代码清单8-2　向服务器分配数据的两种机制——数据中的模式与散列值中的位

```
#!/usr/bin/env python3
# Foundations of Python Network Programming, Third Edition
# https://github.com/brandon-rhodes/fopnp/blob/m/py3/chapter08/hashing.py
# Hashes are a great way to divide work.

import hashlib

def alpha_shard(word):
    """Do a poor job of assigning data to servers by using first letters."""
    if word[0] < 'g':           # abcdef
        return 'server0'
    elif word[0] < 'n':         # ghijklm
        return 'server1'
    elif word[0] < 't':         # nopqrs
        return 'server2'
    else:                       # tuvwxyz
        return 'server3'

def hash_shard(word):
    """Assign data to servers using Python's built-in hash() function."""
    return 'server%d' % (hash(word) % 4)

def md5_shard(word):
    """Assign data to servers using a public hash algorithm."""
    data = word.encode('utf-8')
    return 'server%d' % (hashlib.md5(data).digest()[-1] % 4)

if __name__ == '__main__':
    words = open('/usr/share/dict/words').read().split()
    for function in alpha_shard, hash_shard, md5_shard:
```

```
d = {'server0': 0, 'server1': 0, 'server2': 0, 'server3': 0}
for word in words:
    d[function(word.lower())] += 1
print(function.__name__[:-6])
for key, value in sorted(d.items()):
    print(' {} {} {:.2}'.format(key, value, value / len(words)))
print()
```

hash()函数是Python自己内置的散列函数。该函数就是Python字典查找时使用的内部实现，运行速度非常之快。MD5算法就复杂多了，它实际上是作为一个用于加密的散列算法来设计的。尽管现在MD5作为安全用途的算法已经太弱了，但是将其用于分配服务器的负载还是很不错的（尽管比Python内置的散列算法慢）。

从运行结果中，可以很直接地发现，如果用于分配负载的方法直接暴露了数据中的模式，那么将是相当危险的。

```
$ python hashing.py
alpha
   server0 35285 0.36
   server1 22674 0.23
   server2 29097 0.29
   server3 12115 0.12

hash
   server0 24768 0.25
   server1 25004 0.25
   server2 24713 0.25
   server3 24686 0.25

md5
   server0 24777 0.25
   server1 24820 0.25
   server2 24717 0.25
   server3 24857 0.25
```

可以看到，使用首字母来分配负载时，4个服务器负责的首字母数基本相同。但是，尽管服务器0只负责6个首字母，而服务器3负责7个首字母，服务器0的负载却是服务器3负载的3倍！然而两个散列算法的表现都非常完美。散列算法没有借助任何与单词有关的模式，包括英语单词的首字母、整体结构和结尾，两种散列算法都将单词平均分配到了4台服务器上。

尽管许多数据集不会向英语单词的分布一样这么不对称，但是像Memcached这样的数据库在进行分区时都需要避免依赖于输入数据中的模式。

例如，代码清单8-1中经常会使用一个通用的前缀，后跟有限字母表中的字符（十进制数字）作为键。这样的模式非常明显，这也是为什么我们在进行分区的时候一定要使用散列函数的原因。

当然，这只是一个实现细节，在使用Memcached这样的数据库系统时通常可以将这一细节忽略。这些数据库系统的客户端库内部就支持分区。不过，如果我们需要自行设计能够自动将负载或数据分配到集群中结点的服务时，要令多个客户端对同一数据输入给出相同的分配结果的话，就会发现，在代码中使用散列算法是十分有用的。

8.3 消息队列

消息队列协议允许我们发送可靠的数据块。协议将这样的数据块称为消息（message），而不是数据报（datagram）。这是因为，数据报这一概念是用来特指不可靠服务的，传输过程中数据可能会丢失、重复或是被网络重新排列（见第2章）。一般来说，消息队列保证消息的可靠自动传输：一条消息要么被完好无损地传输至目的地，要么完全不传输。消息队列协议会负责封帧。使用消息队列的客户端从来都不需要在接收到完整的消息之前一直在循环中不断调用recv()这样的函数。

消息队列还有另一个创新之处，即与TCP这样基于IP传输机制提供的点对点连接不同，使用消息队列的客户端之间可以设置各种各样的拓扑结构。消息队列有许多可能的应用场景。

- 当我使用自己的电子邮箱地址在一个网站注册新账号时，网站通常会立刻返回一个页面，页面上写着“感谢注册，请于电子邮件收件箱内查收确认邮件”。在这一过程中，用户无需等待，而网站通过我们的电子邮箱服务提供商传输邮件则可能需要好几分钟的时间。网站的通常做法是将电子邮箱地址放在一个消息队列中，当后台服务器准备好建立一个用于发送的SMTP连接（见第13章）时，就会直接从消息队列中获取邮箱地址。如果发送暂时失败，那么电子邮箱地址会被直接放回到队列中，在经历更长时间的间隔后进行重试。
- 消息队列可以作为自定义*远程过程调用*（RPC，Remote Procedure Call，见第18章）服务的基础。远程过程调用服务允许繁忙的前端服务器将一些困难的工作交给后端服务器来负责。前端服务器可以将请求置于消息队列中，几十甚至几百个后端服务器会对该消息队列进行监听，后端服务器在处理完消息队列中的请求后会将响应返回给正在等待的前端服务器。
- 经常需要将一些大容量的事件数据作为小型的有效消息流集中存储在消息队列中并进行分析。在一些网站中，消息队列已经彻底代替了存储到本地硬盘中的日志系统以及syslog这样更古老的日志传输机制。

消息队列应用程序设计有一个重要特点，那就是它具有混合安排并匹配所有客户端与服务器或发布者与订阅者进程的能力。需要注意的是，它们都需要连接到同一个消息队列系统。

消息队列的使用给程序编写带来了一些革命性的进步。典型的传统应用程序在单个应用程序中包含了所有功能。它由一层一层的API组成。一个控制线程可能会负责对所有API的调用，比如先从套接字读取HTTP数据，然后进行认证，请求解析，调用API进行特定的图像处理，最后将结果写入磁盘中。该控制线程使用的所有API都必须存在于同一台机器上，并且被载入到同一个Python运行时实例内。然而，一旦我们能够使用消息队列，那么就可能会产生一个疑惑：为什么像图像处理这样计算密集型、专业且对于网络不可见的工作要与前端HTTP服务共享CPU和磁盘驱动器呢？因此，我们可以不使用安装了大量不同库的强大机器来构建服务，而是开始转而使用一些专门用于单一目的的机器，将这些机器集合到集群中，共同提供某个服务。这样一来，只要负责运维的同事理解消息传递的拓扑结构，并且保证在进行服务器分离时没有任何信息丢失，他们在卸载、安装以及重装图像处理服务器时就完全不会影响位于消息队列前端的HTTP服务负载均衡池。

通常来说，所有消息队列都支持多种拓扑结构。

- 管道（pipeline）拓扑结构可能是与我们脑海中对于队列的直观映像最相似的一种模式：生产者创建消息，然后将消息提交至队列中，消费者从队列中接收消息。例如，一个照片分享网站的前端网络服务器可能会将用户上传的图片存储在一个专门用于接收文件的内部队列中。

包含许多缩略图生成工具的机房会从队列中读取图片。每个图像处理服务器每次从队列中接收一条消息（消息中包含需要生成缩略图的图片），然后为其生成缩略图。站点较为繁忙时，队列在运行过程中可能会越来越长；站点较为空闲时，队列就会变短或是再次清空。不过，无论站点是否繁忙，前端网络服务器都可以直接向等待的客户端返回一个响应，告诉用户，上传已经成功，并且很快就能在他们的照片流中看到他们的照片。

- 发布者-订阅者（publisher-subscriber）或扇出（fanout）拓扑结构看上去和管道结构差不多，不过二者有一个重要的区别。尽管管道拓扑结构的消息队列能够保证队列中的每个消息都只会被发送给一个消费者（这是由于，把同一张图片发送给两台图像服务器毕竟是很浪费的），但是消息订阅者通常想要接收队列中的所有消息。因此，另一种方法是，由订阅者设置一个过滤器，通过某种特定的格式限定有兴趣的消息范围。该类型的队列可以用于需要向外部世界推送事件的外部服务。服务器机房同样可以使用这种队列系统来对哪些系统启动了，哪些系统因为维护而关闭进行通知。除此之外，甚至还可以使用这种队列系统在其他消息队列创建和销毁的时候发布它们的地址。
- 最后一个是请求-响应（request-reply）模式，这也是最为复杂的模式。复杂的原因在于消息需要进行往返。在前两种模式中，消息生产者的工作是非常少的。生产者连接到队列，然后发送消息，仅此而已。但是，发起请求的消息队列客户端需要保持连接，并等待接收响应。为了支持这一点，队列必须提供某种寻址机制，从成百上千个已经连接并且仍然处于等待的客户端中找到正确的客户端，将响应发送到该客户端。不过也正是由于这一复杂性使得请求-响应模式几乎成为了最强大的模式。它允许我们将几十或是几百个客户端请求均匀分布到大量服务器中，除了设置消息队列之外，不需要做其他任何工作。一个优秀的消息队列允许服务器在不丢失消息的前提下绑定到消息队列或解除绑定，因此这种拓扑结构的消息队列同样允许服务器在需要维护而关闭时的行为对客户端机器保持不可见。

请求-响应模式的队列是将能够在某台机器上大量运行的多个轻量级线程（比如网络前端服务器的许多线程）与数据库客户端或文件服务器连接起来的一种很好的方式。数据库客户端或文件服务器有时需要被调用，代替前端服务器进行一些高负荷的运算。请求-响应模式很自然地适用于RPC机制，而且还提供了普通RPC系统没有提供的额外优点：许多消费者或生产者都可以使用扇入或扇出的工作模式绑定到同一个队列，而模式的不同对于客户端来说是不可见的。

在 Python 中使用消息队列

最流行的消息队列被实现为独立的服务器。构建应用程序时我们为了完成各种任务选用的所有组件（比如生产者、消费者、过滤器以及RPC服务）都可以绑定到消息队列，并且互相不知道彼此的地址，甚至不知道彼此的身份。AMQP协议是最常见的跨语言消息队列协议实现之一，我们可以安装许多支持AMQP协议的开源服务器，比如RabbitMQ、Apache Qpid服务器以及许多其他项目。

许多程序员从来都不去学习消息协议。相反，他们会去依赖一些第三方库，这些第三方库将消息队列的重要功能封装起来，并提供了易于使用的API。例如，许多使用Django网络框架的Python程序员会使用非常流行的Celery分布式任务队列，而并不去学习AMQP协议。这些库同样可以支持其他后端服务，使得其不依赖于特定的协议。在Celery中，我们可以使用简单的Redis键值存储作为我们的“消息队列”，而不需要使用专用的消息机制。

然而，为了更好地阐述本书的重点，使用一个不需要安装全功能独立消息队列服务器的例子会更加方便。因此我将介绍ØMQ（Zero Message Queue）。ØMQ同样由提出AMQP的公司开发，但是它将提供智能消息机制的任务交给了每个消息客户端程序来完成，而没有交给集中式服务器来处理。换句话说，我们只需将ØMQ库嵌入到自己的每个程序中，就能够同时构建消息机制，而无需使用一个集中式服务器。这与基于集中式服务器的架构在可靠性、冗余性、重传以及磁盘永久存储等方面有着诸多不同之处。ØMQ网站（http://www.zeromq.org/docs:welcome-from-amqp）提供了关于其优缺点的一个很好的概括。

为了保证本章示例能够包含所有读者需要的知识，代码清单8-3要处理的问题很简单，而且其实并不需要消息队列。本示例使用简单、可能并不高效的蒙特卡洛方法来计算π的值。消息传递的拓扑结构相当重要，图8-1展示了这一结构。bitsource程序生成一个长为2*n*的字符串，字符串由0和1组成。其中，使用奇数位的*n*位数字表示*x*轴坐标，使用偶数位的*n*位数字表示*y*轴坐标（坐标值均为无符号整数）。那么该坐标值对应的点是否落在以坐标原点为中心、以*n*位整数表示的坐标值最大值为半径的第一象限四分之一圆内呢？

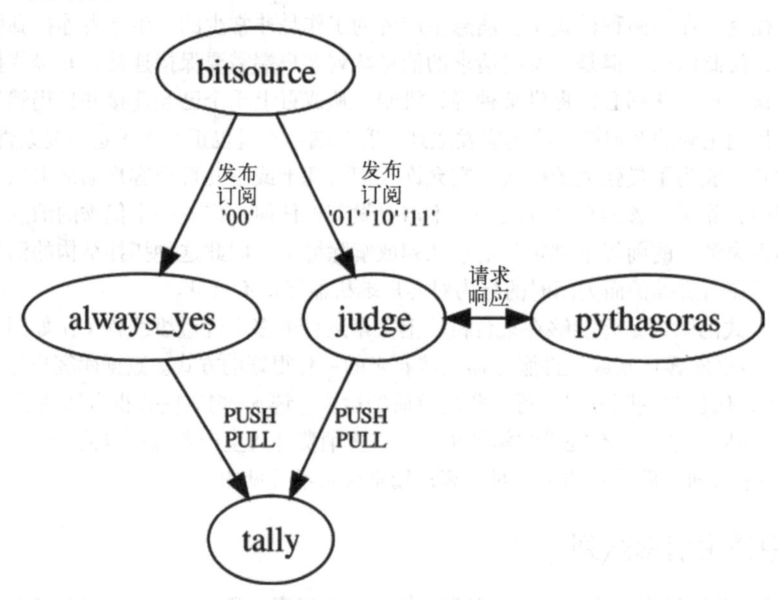

图8-1　使用简单蒙特卡洛方法估算π值的系统拓扑结构

我们使用发布者-订阅者结构的消息队列，构建两个监听模块，对bitsource生成的表示坐标轴的二进制字符串进行监听。always_yes监听模块只接受以00开始的字符串，然后直接生成结果Y，并推送给tally模块。这是因为，如果字符串的前两位均为0，那么*x*轴和*y*轴坐标一定都小于坐标最大值的一半，所以对应的点一定位于第一象限的四分之一圆内。但是，如果字符串开始为01或10或11，就必须通过judge模块处理，来真正进行测试。judge模块会请求pythagoras模块计算两个整数坐标值的平方和，然后判断对应的点是否在第一象限的四分之一圆内，并根据结果将T或F推送到输出队列中。

拓扑结构最下面的tally模块接收由每个随机串生成的T或F，通过计算T的数量与T和F总数的比值，就能对π值进行估算。如果对具体的计算方法有兴趣的话，可以在网上搜索"蒙特卡洛方法估算π值"。

代码清单8-3实现了这个包含5个模块的拓扑结构，并持续运行了30秒。该程序需要使用ØMQ，这实现起来非常容易，只要创建一个虚拟环境，然后输入下述命令即可。

```
$ pip install pyzmq
```

如果我们使用了操作系统默认提供的Python或者像Anaconda这样的独立安装版Python，这个包可能已经安装好了。无论是哪种情况，代码清单8-3都能够正确运行，不会产生导入错误。

代码清单8-3　连接5个不同模块的ØMQ消息机制

```
#!/usr/bin/env python3
# Foundations of Python Network Programming, Third Edition
# https://github.com/brandon-rhodes/fopnp/blob/m/py3/chapter08/queuecrazy.py
# Small application that uses several different message queues

import random, threading, time, zmq
B = 32 # number of bits of precision in each random integer

def ones_and_zeros(digits):
    """Express `n` in at least `d` binary digits, with no special prefix."""
    return bin(random.getrandbits(digits)).lstrip('0b').zfill(digits)

def bitsource(zcontext, url):
    """Produce random points in the unit square."""
    zsock = zcontext.socket(zmq.PUB)
    zsock.bind(url)
    while True:
        zsock.send_string(ones_and_zeros(B * 2))
        time.sleep(0.01)

def always_yes(zcontext, in_url, out_url):
    """Coordinates in the lower-left quadrant are inside the unit circle."""
    isock = zcontext.socket(zmq.SUB)
    isock.connect(in_url)
    isock.setsockopt(zmq.SUBSCRIBE, b'00')
    osock = zcontext.socket(zmq.PUSH)
    osock.connect(out_url)
    while True:
        isock.recv_string()
        osock.send_string('Y')

def judge(zcontext, in_url, pythagoras_url, out_url):
    """Determine whether each input coordinate is inside the unit circle."""
    isock = zcontext.socket(zmq.SUB)
    isock.connect(in_url)
    for prefix in b'01', b'10', b'11':
        isock.setsockopt(zmq.SUBSCRIBE, prefix)
    psock = zcontext.socket(zmq.REQ)
    psock.connect(pythagoras_url)
```

```
    osock = zcontext.socket(zmq.PUSH)
    osock.connect(out_url)
    unit = 2 ** (B * 2)
    while True:
        bits = isock.recv_string()
        n, m = int(bits[::2], 2), int(bits[1::2], 2)
        psock.send_json((n, m))
        sumsquares = psock.recv_json()
        osock.send_string('Y' if sumsquares < unit else 'N')

def pythagoras(zcontext, url):
    """Return the sum-of-squares of number sequences."""
    zsock = zcontext.socket(zmq.REP)
    zsock.bind(url)
    while True:
        numbers = zsock.recv_json()
        zsock.send_json(sum(n * n for n in numbers))

def tally(zcontext, url):
    """Tally how many points fall within the unit circle, and print pi."""
    zsock = zcontext.socket(zmq.PULL)
    zsock.bind(url)
    p = q = 0
    while True:
        decision = zsock.recv_string()
        q += 1
        if decision == 'Y':
            p += 4
        print(decision, p / q)

def start_thread(function, *args):
    thread = threading.Thread(target=function, args=args)
    thread.daemon = True # so you can easily Ctrl-C the whole program
    thread.start()

def main(zcontext):
    pubsub = 'tcp://127.0.0.1:6700'
    reqrep = 'tcp://127.0.0.1:6701'
    pushpull = 'tcp://127.0.0.1:6702'
    start_thread(bitsource, zcontext, pubsub)
    start_thread(always_yes, zcontext, pubsub, pushpull)
    start_thread(judge, zcontext, pubsub, reqrep, pushpull)
    start_thread(pythagoras, zcontext, reqrep)
    start_thread(tally, zcontext, pushpull)
    time.sleep(30)

if __name__ == '__main__':
    main(zmq.Context())
```

上述代码中的每一个线程都很小心地创建了各自的一个或多个用于通信的套接字，其原因是，试图让两个线程共享一个消息套接字并不安全。不过，多个线程之间确实共享了一个共同的上下文（context）对象，这能够保证所有线程都存在于同一个URL和消息队列空间内。通常来说，我们只要为每个进程创建一个ØMQ上下文即可。

尽管这些套接字提供的方法名与recv()和send()这样的普通套接字操作名类似，不过一定要记住，它们有着不同的语义。消息是有序保存的，并且从不重复。在连续的消息流中，消息被优雅地分割为了多个独立的消息，且不会丢失。

这个例子很明显是刻意构造的，因此我们能够在不多的代码中使用典型消息队列提供的大多数主流消息模式。always_yes和judge与bitsource之间的连接构成了一个发布-订阅系统。在该系统中，所有连接的客户端都会接收到一份来自发布者的消息（在本例中，最终被过滤掉的消息不会发送给相应的订阅者）。每个设置了过滤器的ØMQ套接字都会接收所有的起始两位字符与过滤字符串相匹配的消息。这样就保证了两个订阅者能够接收由bitsource生成的所有字符串，原因在于“00”“01”“10”和“11”这4种过滤器覆盖了字符串开头两位的所有可能组合。

judge与pythagoras之间是典型的RPC请求-响应关系。其中，创建了REQ套接字的客户端必须先发起请求，将消息发送给绑定到该套接字的某一个等待中的代理。（当然，本例中只有一个代理绑定到了该套接字。）消息机制自动为请求隐式添加了一个返回地址。一旦代理完成了工作并发出了响应，就可以使用这个返回地址通过REP套接字将响应发送到正确的客户端（即使有几十甚至几百个客户端绑定到了套接字，也可以正确工作）。

最后，tally工作进程阐释了推送-拉取（push-pull）模式的工作原理。推送-拉取模式能够保证被推送的每一项都会被一个且仅被一个连接到该套接字的代理接收。如果我们启动了多个tally工作进程，那么每个来自上游的数据都只会发送给其中的一个tally工作进程，它们会分别计算π值。

需要注意的是，上面的代码清单与本书中介绍的其他套接字编程内容有所不同，它完全不需要考虑bind()和connect()的调用顺序！这是ØMQ的一个特点。如果某个通过URL描述的终端之后才会启动，那么ØMQ会通过延时设置和轮询技术不断地隐式重试connect()。这样一来，即使在应用程序运行过程中某个代理会时不时地掉线，ØMQ也能够保持其健壮性。

在我的笔记本上运行这个由5个模块构成的系统，程序退出时计算出的π值能够精确到3位有效数字。

```
$ python queuepi.py
...
Y 3.1406089633937735
```

这个难度适中的例子可能会让读者觉得ØMQ编程太过简单了。在现实生活中，我们需要保证消息的传输，在消息无法被处理时需要将它们持久化保存。除此之外，还需要进行一些流量控制，保证代理在速度较慢时也能够处理队列中处于等待状态的消息的数量。因此，我们通常需要使用一些更为复杂的模式。要深入了解在编写生产环境中的服务时所需的模式的实现方法，可以查阅官方文档中的详细讨论。许多程序员发现，使用RabbitMQ、Qpid和Celery底层的Redis这样的全功能消息队列时只需要他们做很少量的工作，却能保证极低的出错率。

8.4 小结

现在，为成千上万的用户提供服务已经成为了应用开发者的日常工作。因此出现了一些重要的技术，来帮助开发者解决用户量的问题。在Python中使用这些技术相当简单。

Memcached就是其中一个流行的服务。Memcached利用所有安装了它的服务器上的空闲RAM构建了一个大型的LRU缓存。只要我们的程序需要删除或替换过时的记录，或者要处理的数据会在一段固定且可预测的时间内过期，那么Memcached就可以大大减少数据库或其他后端存储的运行负荷。可以在处理过程中的多个不同地方插入使用Memcached。例如，与其保存一个花销很大的数据库查询结果，直接将最终生成的网络图形界面元素存入缓存得到的效果可能会更好。

消息队列是另一个为应用程序的不同部分提供协作与集成功能的机制。在协作与集成过程中，可能需要不同的硬件、负载均衡技术、平台，甚至是编程语言。普通的TCP套接字只能提供点对点连接的功能，但是消息队列能够将消息发送到多个处于等待状态的用户或服务器。消息队列同样也可以使用数据库或其他持久化存储机制来保证消息在服务器未正常启动时不会丢失。除此之外，由于系统的一部分暂时成为性能的瓶颈时，消息队列允许将消息存储在队列中等待服务，因此消息队列也提供了可恢复性和灵活性。消息队列隐藏了为特定类型的请求提供服务的服务器或进程，因此在断开服务器连接、升级服务器、重启服务器以及重连服务器时无需通知系统的其余部分。

许多程序员会通过友好的API来使用消息队列，比如Django社区中非常流行的Celery项目。Celery也可以使用Redis来作为后端。尽管本章没有涉及Redis，但是Redis绝对值得读者进行了解。它与Memcached一样，都维护了键值对，但是它能够将键值对持久化存储，这与数据库类似。Redis与消息队列的相似之处在于它们都支持FIFO（先进先出队列）。

如果对上述任何模式有所疑问，可以搜索Python包索引，查阅实现了这些模式的Python库。在本书印刷时，Python社区中关于这些通用工具和技术的研究会继续不断发展，可以通过博客、推特以及Stack Overflow来跟进最新的研究进展。尤其推荐Stack Overflow。Stack Overflow有一种强烈的始终保持最新的文化。在一些解决方案过时，另一些新方法出现时，Stack Overflow上的答案会不断更新。

现在，已经完成了对这些基于TCP/IP的简单专用技术的介绍，在接下来的3章中，我们将转而研究广为流行的一种协议——HTTP协议。HTTP协议实现了万维网，这使得它甚至被认为是互联网的同义词。

第 9 章

HTTP客户端

本章是书中3个关于HTTP的章节中的第一个。在本章中，我们将从客户端程序的角度来学习HTTP协议的使用方法。这些客户端程序需要获取或缓存文档，有时可能还要向服务器提交请求或数据。在这一过程中，我们将学习到HTTP协议的规则。第10章将介绍HTTP服务器的设计与部署。这两章将介绍HTTP协议最本质的概念形式——一种用于获取与发布文档的机制。

尽管HTTP可以用于传输许多种类的文档（图像、PDF、音乐以及视频），但是第11章介绍的却是一种使得HTTP和互联网举世闻名的特定文档类型——万维网的超文本文档。第11章中还描述了URL。正是URL的发明，将所有超文本文档连接了起来。在第11章中，我们将学习到一些编程模式，并通过模板库、表单、Ajax来实现这些模式。除此之外，我们还将介绍一些网络框架，这些框架试图将所有模式结合起来，以方便用户使用。

HTTP 1.1版本是目前最常用的版本，RFC 7230-7235定义了这一版本。如果这三章的任何内容让读者产生了疑惑或是读者想了解更多关于HTTP 1.1的内容，可以查阅这几个RFC文档。如果想了解协议设计背后的原理，可以查阅Roy Thomas Fielding著名的博士论文“Architectural Styles and the Design of Network-based Software Architectures”中第5章给出的技术性介绍。

现在我们就开始学习HTTP。首先学习如何查询服务器并获取响应文档。

9.1 Python 客户端库

对于Python程序员来说，对HTTP协议及其带来的大量数据资源的应用是长久以来一直都很流行的一个话题。这些年来，也有大量的第三方客户端在试图提供比标准库内置的urllib更强大的功能。

但是，如今已经有一个第三方解决方案从中脱颖而出了。它不仅把其他第三方竞争者远远甩在了身后，还替代了urllib，成为Python程序员在使用HTTP时的第一选择。这个库就是由Kenneth Reitz编写的Requests。Requests基于urllib3的连接池逻辑，urllib3目前由Andrey Petrov维护。

在本章中学习HTTP时，我们会介绍urllib和Requests这两个库针对各个HTTP特性各自展现出的优缺点。它们的基本接口极其相似，都提供了可供调用的方法，用于打开HTTP连接，发起请求，等待接收响应头，然后将包含响应头的响应对象发送给程序员。响应体会留在套接字的接收队列中，只有程序员请求时才会读取响应体。

在本章的大多数示例中，我会使用一个域名为http://httpbin.org的小型测试网站来测试这两个HTTP客户端库。这个测试网站也是由Kenneth Reitz设计的，可以使用pip在本地安装这个网站，然后在一个类似于Gunicorn的WSGI容器（见第10章）内运行它。在localhost的8000端口上运行这个测试网站，使得我们在无需访问公共版本的httpbin.org的情况下就能在自己的机器上试着运行本章中的例子。在命令行终端中键入下述命令：

```
$ pip install gunicorn httpbin requests
$ gunicorn httpbin:app
```

安装完成后，应该就能够使用urllib和Requests来获取该网站的页面了。可以发现，乍一看两者的接口极其类似。

```
>>> import requests
>>> r = requests.get('http://localhost:8000/headers')
>>> print(r.text)
{
  "headers": {
    "Accept": "*/*",
    "Accept-Encoding": "gzip, deflate",
    "Host": "localhost:8000",
    "User-Agent": "python-requests/2.3.0 CPython/3.4.1 Linux/3.13.0-34-generic"
  }
}
>>> from urllib.request import urlopen
>>> import urllib.error
>>> r = urlopen('http://localhost:8000/headers')
>>> print(r.read().decode('ascii'))
{
  "headers": {
    "Accept-Encoding": "identity",
    "Connection": "close",
    "Host": "localhost:8000",
    "User-Agent": "Python-urllib/3.4"
  }
}
```

从上述例子中已经可以看见urllib和Requests的两处区别了，这两处区别也为本章接下来要介绍的内容埋下了一个伏笔。Requests一开始就声明其支持gzip和deflate两种压缩格式的HTTP响应，而urllib则不支持。除此之外，Requests能够自己确定正确的解码方式，并将HTTP响应从原始字节转换为文本；而urllib库则只会返回原始字节，用户需要自己进行解码。

除了urllib和Requests之外，还有其他Python HTTP客户端尝试提供强大的功能，其中许多都试图将其设计得更像一个浏览器。这中间所涉及的内容超出了本章介绍的HTTP协议的范畴，我们将在第11章中学习相关的概念，包括HTML结构、表单的语义，以及浏览器在用户完成表单并点击提交按钮时所遵循的规则。在这些库中，mechanize库也曾流行一时。

然而，许多网站都非常复杂，只能通过全功能的浏览器才能与这些网站进行交互。原因在于，现在的表单通常都只是通过JavaScript的注解或纠正来实现的。许多现代风格的表单甚至没有实体的提交按钮，它们直接通过激活一个脚本就可以完成相应的功能。用于浏览器控制的技术要比mechanize更为有用，这一点已经得到了证明，我将在第11章中介绍其中部分技术。

本章的目的是让读者理解HTTP，并帮助读者了解Requests和urllib所支持的HTTP特性。此外，本章还将帮助读者理解使用标准库的urllib包时需要处理的边界接口。如果读者发现无法在环境中安装第三方库，但是仍然需要进行一些高级HTTP操作，那么就不仅仅需要查询urllib库本身的文档了，还需要查阅另外两个资源：Python Module of the Week中对urllib2的介绍以及在线电子书《深入Python》（*Dive Into Python*）中关于HTTP的章节。网址分别为：

http://pymotw.com/2/urllib2/index.html#module-urllib2

http://www.diveintopython.net/http_web_services/index.html

这些资源都是使用Python 2编写的，因此库的名字被命名为urllib2，而不是urllib.request。但是，我们会发现，它们仍然可以作为介绍urllib糟糕且过时的面向对象设计的基础指南。

9.2 端口、加密与封帧

80端口是用于纯文本HTTP会话的标准端口。而有些客户端则希望首先协商一个加密的TLS会话（见第6章），一旦加密连接建立完成，就使用HTTP进行通信。这是超文本传输安全协议（HTTPS，Hypertext Transfer Protocol Secure）的一个变形，此时的标准端口是443端口。在加密连接内部，只要像在普通的未加密套接字上一样，直接使用HTTP即可。

我们将在第11章中了解到，在用户所构造或接收到的URL中，经常会遇到需要在HTTP和HTTPS之间进行选择以及在标准和非标准端口之间进行选择这样两个问题。

让我们回忆一下，TLS的目的并不仅仅是保护数据在传输过程中不被窃听，它也会对客户端连接的服务器身份进行验证（除此之外，如果客户端也提供证书的话，TLS也允许服务器对客户端身份进行验证）。如果某个HTTPS客户端没有检查尝试连接的服务器所提供的证书是否与其主机名匹配的话，那么绝对不要使用这个客户端。本章介绍的所有客户端都会进行这样的检查。

在HTTP中，客户端首先向会服务器发送一个获取文档的请求（request）。一旦发送完整个请求，客户端就会进行等待，直到从服务器接收到完整的响应（response）为止。响应中可能会包含错误信息，也可能会提供客户端请求的文档信息。至少在今天最流行的HTTP/1.1版本的协议中，不允许客户端在尚未收到上一个请求的响应前就在同一个套接字上开始发送第二个请求。

HTTP中有一种很重要的平衡——请求和响应采取了相同的格式化与封帧规则。下面的例子给出了一对请求和响应，读者在阅读后面的协议描述时可以进行参考。

```
GET /ip HTTP/1.1
User-Agent: curl/7.35.0
Host: localhost:8000
Accept: */*

HTTP/1.1 200 OK
Server: gunicorn/19.1.1
Date: Sat, 20 Sep 2014 00:18:00 GMT
Connection: close
Content-Type: application/json
Content-Length: 27
Access-Control-Allow-Origin: *
Access-Control-Allow-Credentials: true
```

9

```
{
  "origin": "127.0.0.1"
}
```

表示请求的文本块以GET开始。响应以表示版本号的HTTP/1.1开始，在响应头后面跟了一个空行，然后是3行JSON文本。请求和响应的标准名称都是HTTP 消息（message），每个消息由以下3部分组成。

- 在请求消息中，第一行包含一个方法名和要请求的文档名；在响应消息中，第一行包含了返回码和描述信息。无论是在请求还是响应消息中，第一行都以回车和换行（CR-LF，ASCII码13和10）结尾。
- 第二部分包含零个或多个头信息，每个头信息由一个名称、一个冒号以及一个值组成。HTTP头的名称是区分大小写的，因此可以根据客户端或服务器的要求自由使用大写字母。每个头信息由一个CR-LF结尾。在列出了所有的头信息之后再跟上一个空行，空行由CR-LF-CR-LF四个连续字节组成。无论第二部分中是否包含头信息，都必须包含该空行。
- 第三部分是一个可选的消息体。消息体紧跟着头信息后面的空行。我们会简要介绍用于对各实体进行封帧的一些选项。

第一行和头信息部分都通过表示结束的CR-LF进行封帧。而这两部分作为一个整体又是通过空行来封帧的，这样服务器或客户端就可以通过调用recv()来接收这两部分信息，直到遇到CR-LF-CR-LF这4个连续字符为止。在接收时不会事先得到任何关于第一行和头信息长度的警告，因此许多服务器根据常识设置了第一行和头信息的最大长度，以防止有客户端连接并发送无限长度的头信息而造成内存溢出。

在对消息体进行封帧时，有3种不同的方法可供选择。

最常见的封帧方法就是提供一个Content-Length头。Content-Length的值是一个十进制整数，表示消息体包含的字节数。该方法实现起来非常简单。客户端可以简单地在循环中不断运行recv()调用，直到接收到的字节总数与Content-Length表示的字节数相等为止。然而，有时数据是动态生成的，此时无法在头信息中声明Content-Length头，只有在整个过程完成之后，才能够确定消息体的长度。

如果在头信息中指定Transfer-Encoding头，并将其设置为chunked，那么就可以激活一个更为复杂的封帧机制。该机制不会在消息体前面指定消息体的长度，而是将消息体分成一系列较小的消息块，在每个块前使用一个前缀来指定该块的长度。每个块中至少包含如下部分：一个表示块长度的十六进制数（与使用十进制表示的Content-Length不同）、两个字符CR-LF、一个与给定长度相符的数据块以及最后的两个字符CR-LF。在所有块结尾，使用一个长度为零的块来表示消息的结束。长度为零的块是最小的块，包含数字0、两个字符CR-LF以及最后的两个字符CR-LF。

发送者可以在块长度和CR-LF之间插入一个分号，然后指定应用于该块的extension选项。在最后一个块中，发送者可以在用0表示的块长度和CR-LF之间添加最后一些HTTP头。如果读者要自己实现HTTP的话，可以查阅RFC 7230，来了解相关细节。

另一个可以用来代替Content-Length的方法略显突兀。服务器可以指定Connection: close，然后就能够随意发送任意大小的消息体，发送完毕后关闭TCP套接字。该方法引入了一个危险：客户端无法判断套接字是因为成功发送了完整的消息体而关闭，还是由于服务器或网络错误而提前关闭。此外，使用这种方法时，客户端每发送一个请求都需要重新连接服务器，这降低了协议的效率。

（根据标准，Connection: close的不能由客户端来指定，否则客户端将无法接收到服务器的响应。但是难道他们没听说过使用shutdown()来单向关闭套接字么？这就允许客户端关闭发送方向的套接字，但仍然能够从服务器读取发回的数据。）

9.3 方法

HTTP请求中的第一个单词指定了客户端请求服务器时使用的操作类型。GET和POST是两种最常见的方法。除此之外，还有许多为服务器定义的不太常见的方法。这些方法为其他想要获取文档的计算机程序提供了完整的API（比如JavaScript，服务器本身会将JavaScript脚本传输给浏览器）。

GET和POST这两种基本方法提供了HTTP的基本“读”和“写”操作。

当我们在网络浏览器中键入HTTP的URL时，使用的就是GET方法。它请求服务器将请求路径指向的文档作为响应发送回浏览器。GET方法不包括消息体。HTTP标准规定，任何情况下都不能允许客户端通过GET方法修改服务器上的数据。像?q=python或?results=10这样附加到请求路径（参见第11章，了解有关URL的内容）后面的任何参数都只能修改返回后的文档，而不能修改服务器上的数据。这一限制使得客户端能够在第一次请求尝试失败时安全地重新尝试GET，也能够将GET的响应存入到缓存中（本章稍后将介绍缓存）。除此之外，还能使我们在运行网络抓取程序（见第11章）时，安全地访问任意数量的URL，而不必担心网络抓取程序会在其遍历的网站上创建或删除内容。

当客户端希望向服务器提交新数据时，就会使用POST方法。传统的Web表单通常使用POST来提交客户端的请求（除非它们直接将表单数据复制到了URL中）。面向程序员的API同样使用POST来提交新文档、评论以及数据库行。两次运行同一个POST会在服务器上进行两次相同的操作（比如向某商户重复提交两次100美元），因此既不能将POST操作的结果存入缓存以提高后续重复操作的速度，也不能在没有接收到响应的时候自动重试POST。

其余HTTP方法可以分为两大类：本质上类似于GET的方法和本质上类似于POST的方法。

OPTIONS和HEAD是类似于GET的方法。OPTIONS方法请求与给定路径匹配的HTTP头的值。而HEAD方法则请求服务器做好一切发送资源的准备，但是只发送头信息。这使得客户端能够在不需要下载整个消息体的前提下检查Content-Type等信息，降低了查询所用的花销。

PUT和DELETE是类似于POST的操作，其相同点在于，它们都可能会对存储在服务器上的内容做出不可逆转的修改。顾名思义，PUT的目的就是向服务器发送一个新的文档，该文档上传后就会存在于请求指定的路径上。DELETE则请求服务器删除指定的路径及所有存在于该路径下的内容。有趣的是，尽管这两个方法都请求对服务器进行“写”操作，但是与POST不同的是，它们在某种意义上是安全的。这是因为它们是幂等的，客户端可以进行任意次数的重试，多次运行这两个操作与单次运行的效果是一样的。

最后，HTTP标准指定了一个用于调试的TRACE方法和一个用于将所使用的协议从HTTP切换为其他协议的CONNECT方法（我们将在第11章中看到，该方法用于打开WebSocket）。不过这两个方法很少使用，而且并不涉及文档传输。我们可以从本章中了解到，文档传输才是HTTP协议的核心工作。要了解更多关于TRACE方法和CONNECT方法的信息，请查阅标准文档。

需要注意的是，标准库的urlopen()方法有一个奇怪之处：它隐式选择了HTTP方法。如果调用者指定了一个数据参数，那么使用POST方法；否则使用GET方法。因为HTTP方法的正确使用对于客户端和服务器设计安全性是非常重要的，所以这并不是一个明智的选择。Requests库的选择就好多了，它为不同的基础方法都提供了get()和post()方法。

9.4　路径与主机

第一个版本的HTTP允许只在请求中包含方法名和路径。

```
GET /html/rfc7230
```

这在互联网早期没有问题，因为当时每台服务器上只会托管一个网站。但是，后来管理员开始希望在大型HTTP服务器上部署几十甚至几百个网站，此时上述做法就行不通了。如果只提供路径的话，服务器要如何猜测用户在URL中输入的是哪个主机名呢？尤其是现在几乎每个网站上都存在/这样的路径。

解决方法就是至少要强制使用Host头。现代HTTP协议也要求提供协议版本，一个请求至少需要提供下述信息：

```
GET /html/rfc7230 HTTP/1.1
Host: tools.ietf.org
```

如果客户端没有提供Host头指出在URL中使用的主机名，许多HTTP服务器就会发出一个客户端错误，结果通常是400 Bad Request。参见9.5节，了解更多关于错误码及其含义的内容。

9.5　状态码

响应首行以协议版本开始，这与以协议版本结尾的请求首行有所不同。协议版本后面跟着一个标准状态码，最后是对状态的非正式文本描述，以供用户阅读或记录日志。若一切正常，那么状态码为200，此时响应首行通常如下：

```
HTTP/1.1 200 OK
```

因为跟在状态码后面的文本只是非正式的，所以服务器可以将OK改为Okay、Yippee或是It Worked等，甚至还可以进行国际化，使用运行服务器的国家的本地语言。

标准（特指RFC 7231）制定了二十多个返回码，既覆盖了通用情况，也覆盖了一些特定情况。可以查阅标准文档来获取完整列表。一般来说，200~300的状态码表示成功，300~400表示重定向，400~500表示客户端的请求无法被识别或非法，500~600表示服务器错误导致了一些意外错误。

下面只列出本章提及的一些状态码。

- 200 OK：请求成功。如果是POST操作的话，表明已经对服务器产生了预期的影响。
- 301 Moved Permanently：尽管路径合法，但是该路径已经不是所请求资源目前的官方路径了（尽管曾经可能是）。客户端若要获取响应，应请求Location头中给出的URL。如果客户端希望将新URL存入缓存，则所有后续的请求都会直接忽略旧URL，直接转向新URL。

- 303 See Other：通过某个路径请求资源时，客户端可以通过使用GET方法对响应信息的Location头中给出的URL进行请求，以获取响应结果，但是对该资源的后续请求仍然需要通过当前请求路径来完成。我们将在第11章中看到，该状态码对于网站的设计是至关重要的。任何使用POST正确提交的表单都应该返回303状态码，这样就能通过安全、幂等GET方法获取客户端实际看到的页面了。
- 304 Not Modified：不需要在响应中包含文档内容，原因在于请求头指出了客户端已经在缓存中存储了所请求文档的最新版本。
- 307 Temporary Redirect：无论客户端使用GET或POST方法发起了什么样的请求，都需要使用响应的Location头中给出的另一个URL重新发送请求。不过，对于同一资源的后续请求还是需要通过当前请求路径来发起。该状态码允许在服务器宕机或不可用时暂时将表单提交到另一个可用的地址。
- 400 Bad Request：请求不是一个合法的HTTP请求。
- 403 Forbidden：客户端没有在请求中向服务器提供正确的密码、cookie或其他验证数据来证明客户端有访问服务器的权限。
- 404 Not Found：路径没有指向一个已经存在的资源。因为用户在请求成功时只会在屏幕上看到所请求的文档，而不会看到200状态码，所以404可能是最著名的异常码了。
- 405 Method Not Allowed：服务器能够识别方法和路径，但是该方法无法应用于该路径。
- 500 Server Error：这是另一个熟悉的状态。服务器希望完成请求，但是由于某些内部错误，暂时无法请求。
- 501 Not Implemented：服务器无法识别请求中给出的HTTP方法。
- 502 Bad Gateway：请求的服务器是一个网关或代理（见第10章），它无法连接到真正为该请求路径提供响应的服务器。

返回码为3*xx*的响应不包含消息体，而返回码为4*xx*和5*xx*的响应则通常包含消息体——一般会提供一些人们可以理解的对于错误的描述。也有一些错误页面提供的信息很少，比如，有的页面会原封不动地将编写网络服务器所用的语言或框架层面的错误显示出来。服务器的编写者常常会重新编写一些能够提供更多信息的页面，来帮助用户或开发者了解错误恢复的方法。

鉴于我们正在学习一个特定的Python HTTP客户端，有两个关于状态码的问题值得一提。

第一个问题是，库是否会自动进行重定向。如果不提供重定向功能，我们就需要自行检查状态码为3*xx*的响应的Location头。尽管标准库内置的底层httplib模块并没有提供自动重定向的功能，但是urllib模块会根据标准，为我们提供该功能。Requests库也提供了重定向功能，它提供了一个history变量，将整个重定向链从头到尾列了出来。

```
>>> r = urlopen('http://httpbin.org/status/301')
>>> r.status, r.url
(200, 'http://httpbin.org/get')
>>> r = requests.get('http://httpbin.org/status/301')
>>> (r.status_code, r.url)
(200, 'http://httpbin.org/get')
>>> r.history
[<Response [301]>, <Response [302]>]
```

此外，Requests库还允许我们在需要时关闭重定向功能。要关闭该功能，只需要一个简单的关键字参数即可（使用urllib也可以做到这点，但是要难得多）。

```
>>> r = requests.get('http://httpbin.org/status/301',
...                  allow_redirects=False)
>>> r.raise_for_status()
>>> (r.status_code, r.url, r.headers['Location'])
(301, 'http://localhost:8000/status/301', '/redirect/1')
```

如果愿意花时间在Python程序中对301错误进行检测，并且在未来再次遇到相同的过期URL时将其跳过，那将大大减少所查询的服务器的负载。可以在程序中维护一个持久化状态，作为缓存存储曾经出现的301错误。这样的话，请求中再次出现相同的路径时就可以不再访问该路径，或者直接在缓存中使用最新的URL将该路径重写。如果用户是通过可交互的方式请求该URL的话，我们可能需要打印一些帮助信息，将最新的页面位置通知给用户。

两个最常见的重定向的例子就是：在用于连接服务器的主机名前自动添加www前缀，或是自动删去www前缀。

```
>>> r = requests.get('http://google.com/')
>>> r.url
'http://www.google.com/'
>>> r = requests.get('http://www.twitter.com/')
>>> r.url
'https://twitter.com/'
```

在这个例子中，Google和Twitter这两个流行的网站在决定是否要在官方主机名内包含www前缀时采取了相反的方案。不过，这两个网站都通过使用重定向来强制将URL转换为官方形式，这也避免了网站因拥有两个不同URL而造成混乱。如果我们编写的应用程序并不清楚网站的重定向规则并且设法避免重复重定向，那么每当我们请求资源时，若URL中不包含正确的主机名，就会发送两个HTTP请求，而不是一个。

关于HTTP客户端，还有另一个问题需要进行探究：如果我们尝试访问的URL返回了4*xx*或5*xx*的错误状态码，客户端会采取什么样的方法通知我们呢？一旦返回了这样的错误码，标准库的urlopen()函数就会抛出一个异常，以防止我们的代码意外地以处理正常数据的方式处理服务器返回的错误页面。

```
>>> urlopen('http://localhost:8000/status/500')
Traceback (most recent call last):
...
urllib.error.HTTPError: HTTP Error 500: INTERNAL SERVER ERROR
```

那么，如果urlopen()抛出了异常并中断了程序的话，我们该如何查看响应的细节呢？答案就是，只要查看异常对象即可。异常对象的主要作用有两个：第一，表示发生的异常；第二，作为包含了响应头和响应体的响应对象。

```
>>> try:
...     urlopen('http://localhost:8000/status/500')
... except urllib.error.HTTPError as e:
...     print(e.status, repr(e.headers['Content-Type']))
500 'text/html; charset=utf-8'
```

比起urlopen()，Requests库的处理方法更令人意想不到。即使只请求获取状态码，Requests库也会直接向调用方返回一个响应对象。调用方要负责检查响应的状态码，或者通过手动调用raise_for_status()，在状态码为4*xx*或5*xx*时抛出异常。

```
>>> r = requests.get('http://localhost:8000/status/500')
>>> r.status_code
500
>>> r.raise_for_status()
Traceback (most recent call last):
...
requests.exceptions.HTTPError: 500 Server Error: INTERNAL SERVER ERROR
```

如果担心会忘记在每次调用requests.get的时候进行状态检查的话，可以考虑自己封装一个函数，来进行自动检查。

9.6 缓存与验证

为了防止客户端对频繁使用的资源进行重复的GET请求，HTTP采用了多种精心设计的机制，不过这些机制只在服务器将相应的头信息加入到允许这些机制的资源中时才适用。对于服务器程序编写者来说，充分考虑并在任何可能的情况下采用缓存方案是相当重要的。使用缓存不仅能够减少网络流量，还能够降低服务器负载，加快客户端应用程序的运行速度。

RFC 7231和RFC 7232极其详细地描述了这些机制的细节，本节只是试着进行基本的介绍。

服务架构者在想要添加HTTP头来允许缓存时需要考虑一个最重要的问题：是不是只要两个请求的路径完全相同，就应该返回同一个文档？有没有其他的因素可能导致这两个请求返回不同的文档？如果有的话，该服务就需要在每个响应中包含Vary头信息，列出文档内容所依赖的其他HTTP头。Vary头中常见的选项有Host和Accept-Encoding。如果设计者会将不同的文档返回给不同的用户，那么Cookie选项也是极为常见的。

一旦正确设置了Vary头，就可以激活多个不同级别的缓存。

可以完全禁止将资源存储在客户端缓存中，这样可以防止客户端以任何形式自动复制非易失存储器中的响应。这一做法的目的是让用户来决定是否要选择“保存”来将资源的副本保存到硬盘中去。

```
HTTP/1.1 200 OK
Cache-control: no-store
...
```

反之，如果选择允许缓存，那么服务器通常会希望在用户每次请求资源时都返回所请求资源的缓存版本（在缓存过期前）。如果某个文档或图片的每个版本都会永久存储，并且每个版本都对应一个特定的路径，那么服务器无需担心缓存有效期的问题，可以永远返回缓存版本的资源。例如，如果设计师每次完成一个新版本的公司logo时，都将获取logo的URL末尾的版本号自增或是改变URL末尾的散列值，那么任意特定版本的logo都能够被永久存储。

服务器可以使用两种方法来避免永远向用户返回存储在客户端的缓存版本的资源。第一种方法是指定一个过期日期和时间，如果要在该过期日期和时间后访问资源，就必须重新向服务器发送请求。

```
HTTP/1.1 200 OK
Expires: Thu, 01 Dec 1994 16:00:00 GMT
...
```

不过，这种使用过期日期和时间的方法引入了一种威胁：如果没有正确设置客户端的时钟，那么存储在缓存中的资源的有效时间就可能会过长。现代的机制则采用了一种好得多的方法，那就是指定资源在缓存中的有效时间（以秒为单位）。只要客户端的时钟没有停止，这种方法就是有效的。

```
HTTP/1.1 200 OK
Cache-control: max-age=3600
...
```

上面的两个头信息指定客户端能够在一段有限的时间内使用缓存中的资源副本，而无需再向服务器发起查询。

不过，如果服务器希望对使用缓存版本的资源还是从服务器返回最新版本的资源保留决定权的话，该怎么办呢？此时就需要客户端在每次想要使用某个资源时，通过一个HTTP请求向服务器进行验证。由于直接使用缓存中的副本不需要进行任何网络操作，因此这种方法的花销会更大。但是，如果客户端缓存中存储的副本确实已经过期了的话，服务器仍然需要发送最新版本的资源。因此，这种方法仍然能够节省时间。

如果服务器希望客户端在每次请求资源时都发送测试请求，询问要使用哪个版本的资源，并且尽可能地重用客户端缓存中的资源副本，那么，有两种机制可供选择。由于只有在这些测试的结果表明客户端缓存中的资源版本已经过期时，服务器才会发送消息体，因此将这些测试请求称为条件（conditional）请求。

第一种机制要求服务器知道资源的最近修改时间。如果客户端请求的资源是存储在文件系统上的文件，那么要获取最近修改时间是很容易的。但是，如果请求的资源要从数据库表中查询得到，而该数据库表又没有维护审计日志或最近修改日期，那么要采用这种机制就变得非常困难，甚至不太可能实现了。如果能够获得资源的最近修改时间，则服务器就可以在每个响应中包含该信息。

```
HTTP/1.1 200 OK
Last-Modified: Tue, 15 Nov 1994 12:45:26 GMT
...
```

如果想要重用缓存中的资源副本，则客户端可以将最近修改时间也存储到缓存中。在下一次需要使用该资源时，将缓存中的最近修改时间发回给服务器。服务器进行比对，检查上一次客户端收到该资源后该资源是否有改动。如果没有的话，就不返回消息体，只返回消息头和特殊状态码304。

```
GET / HTTP/1.1
If-Modified-Since: Tue, 15 Nov 1994 12:45:26 GMT
...

HTTP/1.1 304 Not Modified
```

```
...
```

第二种机制并不通过修改时间来实现，而是通过资源ID来实现。在这种机制中，服务器需要通过一些方法为某个资源的每个版本创建一个唯一的标签，并且保证任何时候只要资源发生改变，该标签也会更改为一个新的值。校验码或者数据库的UUID[①]就是可以作为标签的两种信息。服务器在构造响应时需要将该标签放在ETag头中传输给客户端。

```
HTTP/1.1 200 OK
ETag: "d41d8cd98f00b204e9800998ecf8427e"
...
```

一旦客户端在缓存中保存了该版本的资源副本，就可以在想要重用该副本时向服务器发送一个资源请求，并且在请求中包含缓存的标签。这样一来，如果缓存中的版本仍然是最新版本的话，服务器就不需要再次传输该资源了。

```
GET / HTTP/1.1
If-None-Match: "d41d8cd98f00b204e9800998ecf8427e"
...
HTTP/1.1 304 Not Modified
...
```

ETag和If-None-Match中使用了引号，说明这种机制不仅仅可以比较两个字符串是否相等，其实还可以进行功能更强大的字符串比较操作。如果想要了解细节，可以查阅RFC 7232的3.2节。

需要注意的是，不管是If-Modified-Since还是If-None-Match，都只是通过防止资源重复传输来节约用于传输的时间，从而节省带宽。因此，在客户端能够使用资源前，仍然至少需要一次从客户端到服务器的请求响应往返。

缓存技术功能强大，这对于现代网络的性能来说是极其重要的。不过，我们介绍的两个Python的客户端库在默认情况下都不会进行缓存。urllib和Requests都认为它们的主要工作是在需要时进行实时网络HTTP请求，而不是管理缓存来减少网络通信。如果需要一个封装好的库，要求其能够在所请求的资源来自某种本地持久化存储的情况下，使用Expires头和Cache-control头、修改日期以及ETags，来最小化客户端请求资源的网络延迟及网络流量，那么我们必须寻找别的第三方库来完成这一任务。

如果需要配置或运行一个代理服务器，那么缓存技术同样是一个重要的考虑因素。本书将在第10章中讨论关于代理服务器的话题。

9.7 传输编码

理解HTTP传输编码与内容编码之间的区别是至关重要的。

传输编码（transfer encoding）只是一个用于将资源转换为HTTP响应体的机制。显然，传输编码方式的选择不会对客户端获得的资源有任何影响。例如，不管服务器发送的响应是通过Content-Length

① UUID即Universally Unique Identifier，通用唯一识别码。——译者注

还是区块编码来封帧的，客户端接收到的的文档或图片都是一样的。发送资源时，可以使用原始字节，也可以为了加快传输速度，使用压缩后的字节，但是最终的资源内容是相同的。传输编码只是一种用于数据传输的封装方式，并不会修改真正的数据。

现代网络浏览器支持多种传输编码，但是在程序员间最流行的可能还是gzip。能够接受这种传输编码的客户端必须在Accept-Encoding头中进行声明，并且检查响应中的Transfer-Encoding头，确认服务器是否使用了客户端要求的传输编码。

```
GET / HTTP/1.1
Accept-Encoding: gzip
...

HTTP/1.1 200 OK
Content-Length: 3913
Transfer-Encoding: gzip
...
```

urllib库不支持这一机制。因此，如果要使用压缩形式的传输编码，就需要在自己的代码中检查这些头信息，然后自己对响应体进行解压缩。

Requests库自动为Accept-Encoding头声明了gzip和deflate两种传输编码。如果服务器发回的响应使用了合适的传输编码，Requests就会自动解压缩响应消息体。Requests库不仅可以对使用服务器支持的传输编码方式传输的信息进行自动解压缩，还能向用户隐藏这一过程。

9.8　内容协商

内容类型（content type）和*内容编码*（content encoding）与传输编码不同，它们对终端用户或发送HTTP请求的客户端程序都是完全可见的。它们决定了要使用哪种文件格式来表示给定的资源，如果选择的格式是文本的话，它们还决定了要使用哪种编码方式将文本代码转化为字节。

通过这些HTTP头，不支持最新PNG图片的旧版浏览器可以声明优先使用GIF和JPG格式，用户也可以向网络浏览器指定一种资源传输使用的首选语言。下面的例子展示了由一个现代网络浏览器生成的HTTP头。

```
GET / HTTP/1.1
Accept: text/html;q=0.9,text/plain,image/jpg,*/*;q=0.8
Accept-Charset: unicode-1-1;q=0.8
Accept-Language: en-US,en;q=0.8,ru;q=0.6
User-Agent: Mozilla/5.0 (X11; Linux i686) AppleWebKit/537.36 (KHTML)
...
```

HTTP头中先列出的类型和语言优先级最高，权重为1.0，其后列出的类型和语言优先级权重通常会降为q=0.9或q=0.8，以确保服务器知道后面列出的类型和语言不是第一选择。

许多简单的HTTP服务和网站会彻底忽略这些HTTP头，它们会为资源的每个版本都分配一个独立的URL。例如，如果一个网站支持英语和法语的话，它的首页可能有两个版本，URL分别为/en/index.html

和/fr/index.html。而同一个公司logo也可能拥有/logo.png和/logo.gif两个路径，用户在浏览公司的宣传资料时可以选择下载这两种格式的logo图片。RESTful网络服务（见第10章）的文档通常会为不同的返回格式指定不同的URL查询参数，如?f=json和?f=xml。

然而，HTTP的设计意图并非如此。

HTTP旨在为每个资源提供一个路径。无论可能使用多少种不同的机器格式或人类语言来生成资源，每个资源都只应有一个路径。服务器使用上述这些用于内容协商的HTTP头来选择资源。

那么，为什么内容协商会经常被忽略呢？

首先，使用内容协商会使得用户很难控制他们的用户体验。再回想一下刚才举的同时支持英语和法语的网站的例子。如果该网站使用Accept-Language头来决定显示的语言，而用户却希望使用另一种语言，那么此时服务器就没什么好办法了。服务器只能建议用户打开网络浏览器的控制面板，然后更改默认语言。但是，如果用户找不到更改默认语言的设置怎么办？如果用户是通过公共终端来访问网站，没有更改默认语言的权限又该怎么办？

用户使用的浏览器可能代码写得不好、逻辑不清或很难配置，因此许多网站不希望由浏览器来负责语言的选择，它们直接构造了多个冗余的路径，为网站支持的每种人类语言都分配了一个路径。当接收到用户请求时，它们会检查Accept-Language头，并据此为浏览器自动选择最合适的语言。如果自动选择的语言并不是用户想要的，这些站点也允许用户选择其他语言。

内容协商经常被忽略（或是与基于URL的机制共同使用，确保返回正确版本的资源内容）的第二个原因是，HTTP的客户端API（包括浏览器中JavaScript使用的API和其他语言在运行时提供的API）通常难以控制Accept、Accept-Charset和Accept-Language这些HTTP头。将控制元素放在URL中的一大优点就是任何人即使只使用最原始的URL获取工具也可以通过调整URL来控制要访问的资源版本。

最后一个原因是，内容协商意味着HTTP服务器必须进行一系列选择之后才能生成或确定要返回的内容。我们可以假设服务器逻辑始终可以获取Accept头信息（唉，并非所有情况下都可以）。如果不考虑内容协商的话，服务器端的编程通常会简单得多。

不过，对于想要支持内容协商的复杂服务来说，内容协商可以帮助减少URL的数量，同时还允许智能的HTTP客户端获取根据其需要的数据格式和人类阅读的需求生成的内容。如果读者计划使用内容协商的话，可以查阅RFC 7231，了解Accept头语法的相关细节。

最后一个麻烦之处就是User-Agent串。

User-Agent本来根本不应该是内容协商的一部分，它只是使用功能有限的特定浏览器时的权宜之计。换句话说，它原本只是针对特定的客户端精心设计了一些处理方法，以便让所有其他客户端都正常无误地访问页面。

然而，应用程序的开发者很快就可以通过客户服务中心接收到的反馈发现，如果只允许特定的浏览器（比如某个特定版本的IE浏览器）访问网站，就不会产生任何兼容性问题了，这样就可以大大减少客户服务中心收到的问题反馈。各种浏览器之间接连发生的“军备竞赛”导致现在的User-Agent串非常之长。http://webaim.org/blog/user-agent-string-history/从一个新奇的角度叙述了User-Agent串不断变长的历史。

我们在本章学习的两个客户端库urllib和Requests都允许将Accept头信息加入到请求中。它们也都支持创建一个自动使用用户首选的HTTP头的客户端。Requests通过Session的概念来实现这一特性。

```
>>> s = requests.Session()
>>> s.headers.update({'Accept-Language': 'en-US,en;q=0.8'})
```

除非使用另一个值将默认值覆盖，否则所有像s.get()方法这样的后续调用都会使用HTTP头的默认值。

urllib库提供了它自己的模式来设置默认处理函数，并注入默认HTTP头。但是，由于这一机制相当复杂（唉，而且是面向对象的），要了解细节，请查阅urllib的文档。

9.9 内容类型

一旦服务器从客户端检测到了多个Accept头信息并决定了要返回的资源的表达方式，就会相应地在响应消息中设置Content-Type头。

作为email消息的一部分，多媒体可以通过多种MIME类型来表示（见第12章）。内容类型便是从这些MIME类型中选择出来的。text/plain和text/html都是普通类型，image/git、image/jpg和image/png则是图像类型。文档以包括application/pdf在内的形式进行传输。application/ octet-stream用于传输原始的字节流，服务器保证不会进一步对这些字节流进行解释。

在处理通过HTTP传输的Content-Type头时，有一个复杂之处不应被忽略。如果主要类型（斜杠之前的单词）是text，则有多种编码方式可供服务器选择。要指定将文本传输给客户端所用的编码方式，则只需在Content-Type头后面加上一个分号，之后再接上用于将文本转换为字节的字符编码方式即可。

```
Content-Type: text/html; charset=utf-8
```

这意味着，在从一系列MIME类型中扫描搜索特定的Content-Type时，必须先检查该Content-Type中是否包含分号。如果包含的话，需要先将其分割为两部分。大多数库都不提供这一功能。无论我们使用的是urllib还是Requests，如果代码中需要检查内容类型的话，就必须自己根据分号对Content-Type进行分割（尽管在通过请求Requests的Response对象来获取解码后的text属性值时，Requests会隐式使用内容类型的字符集）。

本书介绍的库中只有一个库会在默认情况下对内容类型和字符集进行分割——Ian Bicking的WebOb库（见第10章）。WebOb的Response对象没有像Content-Type头的标准形式那样，提供由分号分割的内容类型和字符集，而是提供了content_type和charset这两个单独的属性。

9.10 HTTP认证

authentic这个英文单词用于表示真实可信的事物，而认证（authentification）这一术语用于描述确认某请求的发送者是否真正拥有授权的过程。我们在给银行或是航空公司打电话时，对方会首先询问我们的地址以及个人身份信息，确认我们确实是账户持有人。而发送HTTP请求时也有这样一个类似的内置认证过程，来确认发送请求的机器或用户的身份。

当服务器无法通过协议验证用户的身份或是认证用户没有权限查看请求的特定资源时，服务器会返回错误码401 Not Authorized。

许多现实世界中的HTTP服务器是完全为人类用户而设计的，因此它们实际上从来都不会返回401错误码。向这些服务器请求资源时，如果没有通过认证，那么服务器可能会返回303 See Other状态码，并将页面转至登陆页面。这对于人类用户来说是很有帮助的，但是对于Python程序来说就不尽然了。我们需要在Python程序中区分由于认证失败引起的303 See Other和正常请求访问资源时重定向引起的303 See Other。

每个HTTP请求都是独立的，与任何其他请求都不相关，因此即使是同一套接字处理的几个连续请求，也需要对认证信息进行单独传输。这种独立性使得代理服务器和负载均衡器在任意数量的服务器之间分配HTTP请求时得以安全运行，即使所有请求都发送到同一个套接字也不会影响安全性。

读者可以阅读RFC 7235，了解最新的HTTP认证机制。以前采用的初始化步骤已经不推荐使用了。

服务器涉及的第一个认证机制是基本认证（Basic Authentication，或Basic Auth），使用该机制的服务器在返回的401 Not Authorized头信息中包含一个叫作realm的字符串，表示认证域。浏览器保存了用户密码和认证域之间的对应关系，因此认证域字符串使得一台服务器能够通过不同的密码来保护文档树的不同部分。客户端在收到返回的401 Not Authorized后重新发送请求，并在Authorization头中指定与认证域对应的用户名和密码（通过base-64进行编码）。理想情况下，此时就可以得到200响应。

```
GET / HTTP/1.1
...

HTTP/1.1 401 Unauthorized
WWW-Authenticate: Basic realm="engineering team"
...

GET / HTTP/1.1
Authorization: Basic YnJhbmRvbjphdGlnZG5nbmF0d3dhbA==
...

HTTP/1.1 200 OK
...
```

直接用明文传输用户名和密码在今天听起来相当不合理，但是在以前的“纯真年代”，甚至还没有出现无线网络，交换机设备都倾向于使用封闭的固件，而不使用易受攻击的软件。后来，随着协议设计者们渐渐开始考虑安全问题，出现了摘要访问认证机制。采用摘要认证的服务器会返回一个随机数，然后客户端发送根据该随机数和用户密码生成的MD5散列值。然而，这一机制仍然是不安全的。即使使用了摘要认证，用户名依然是可见的。所有通过表单提交的数据和网站返回的资源也都是可见的。一个野心勃勃的攻击者可以发起中间人攻击，接收真实服务器发送的随机数，然后伪装成服务器，将该随机数发送给客户端；在收到客户端发送的MD5散列值后，再反过来伪装成客户端，向真实服务器发送请求。

像银行这样需要显示我们资产信息和亚马逊这样需要我们输入信用卡信息的网站需要的是真正的安全。因此，协议设计者们为了创建HTTPS连接，发明了SSL以及后续一系列我们今天仍在使用的TLS版本。我们在第6章中已经详细描述了TLS/SSL。

加上了TLS之后，使用基本认证在原则上已经没有任何问题了。许多简单的通过HTTPS保护的API和网络应用程序现在都使用基本认证。要在urllib中使用基本认证，就必须构建一系列对象，并将这些对象传入URLopener中（参见相关文档，获取详细信息）。而Requests则直接通过一个关键字参数来支持基本认证。

```
>>> r = requests.get('http://example.com/api/',
...                  auth=('brandon', 'atigdngnatwwal'))
```

使用Requests时，同样可以事先定义一个Session并进行认证，以避免每次调用get()或post()时都进行重复认证。

```
>>> s = requests.Session()
>>> s.auth = 'brandon', 'atigdngnatwwal'
>>> s.get('http://httpbin.org/basic-auth/brandon/atigdngnatwwal')
<Response [200]>
```

需要注意的是，无论是Requests还是其他现代库，都没有实现完整的协议！事先设置的用户名和密码都没有绑定到任何特定的认证域。用户名和密码只是单向绑定至请求的，过程中并没有事先检测服务器是否需要用户名和密码，因此服务器不会返回401响应，更不会提供认证域。无论是auth关键字，还是等价的Session设置，都只是用来帮助用户在无需自己进行base-64编码的前提下设置Authorization头的。

相较于实现完整的基于认证域的协议，现代开发者更偏爱这种简单的方法。通常来说，他们唯一的目的就是根据发起请求的用户或应用程序的身份，对一个面向开发者的API提供的GET或POST请求进行独立认证。一个支持单向认证的HTTP头就足以完成这一任务。这种方法还有另一个优势：当用户已经有足够的理由确信此次请求需要密码时，就不会再浪费时间和带宽来获取初始401响应。

如果需要进行交互的是一个历史遗留系统，需要对同一服务器上的不同认证域使用不同密码的话，Requests库就无能为力了。开发者需要提供正确的密码以及正确的URL。这也是为数不多的urllib支持而Requests不支持的有用功能！但是，我还从来没听过人们抱怨Requests的这个缺点，这也说明了真正的基本认证协商已经非常罕见了。

9.11　cookie

基于HTTP的认证现在已经很少使用了。对于使用网络浏览器访问的资源来说，使用HTTP认证最后其实被证明是一个失败的主张。

那么，HTTP认证给用户带来了什么问题呢？通常来说，网站的设计者都希望使用他们自己的方式来进行认证。他们喜欢在给出了网站的用户操作指南之后提供一个友好的自定义登录界面。而使用协议内置的HTTP认证时，浏览器会跳出一个小小的弹窗。这绝对是一个败笔，大大地破坏了用户体验。即使在最好的情况下，这些弹窗也无法提供足够的信息。这使得用户完全无法沉浸在网站之中。除此之外，只要输入的用户名或密码有误，这个弹窗就会一遍又一遍地反复弹出，而用户却不知道到底什么地方出错了，自然也不知道该如何进行修改。

因此，cookie就这么出现了。

从客户端的角度来看，cookie是一个很难懂的键值对。任何从服务器发送至客户端的成功响应中都可以传输cookie。

```
GET /login HTTP/1.1
...
```

```
HTTP/1.1 200 OK
Set-Cookie: session-id=d41d8cd98f00b204e9800998ecf8427e; Path=/
...
```

在这之后，如果客户端还要向该服务器发送任何请求的话，就将接收到的cookie键值对添加到Cookie头中。

```
GET /login HTTP/1.1
Cookie: session-id=d41d8cd98f00b204e9800998ecf8427e
...
```

这使得用户可以通过网站生成的登录页面来完成身份认证。当提交的登录表单中包含非法的认证信息时，服务器可以要求用户重新填写登录表单，并根据需要给出许多有用的提示或支持链接，而所有这些信息的样式风格都与网站的其余部分保持统一。一旦表单正确提交，服务器就可以进行授权，为该客户端生成一个特有的cookie。在之后的所有请求中，客户端都可以使用这个cookie来通过服务器的身份验证。

更为巧妙的是，如果登录页面没有使用真正的web表单，而是使用了Ajax，在同一页面内进行登录操作（见第11章），只要调用的API属于同一主机，那么仍然可以使用cookie。当进行登录的API调用验证了用户名和密码，并返回了200 OK及Cookie头后，所有后续的发送至同一网站的请求（不仅仅是API调用，还包括对页面、图片和数据的请求）都可以使用cookie来进行身份验证。

需要注意的是，应该将cookie设计为人类无法理解的串。可以在服务器端生成随机的UUID串，指向存储真正用户名的数据库记录；也可以不使用数据库，把cookie设计为一个加密的字符串，直接在服务器端进行解密并验证用户身份。如果用户可以解析cookie的话，一些聪明的用户就可以自己编辑cookie，生成并在之后的请求中提交一些伪造的值，以此来模拟其他他们知道用户名或可以猜出用户名的用户。

现实世界的Set-Cookie头要比上面的例子复杂得多了，RFC 6265中对此进行了详细的描述。我要提一下secure属性。该属性告诉HTTP客户端，向网站发送非加密请求时不要传输cookie。如果没有这个属性的话，cookie就可能暴露。使用咖啡店无线网络的其他任何人只要得到了某用户的cookie的值就可以模拟该用户。有些网站给用户提供cookie只是为了记录用户的访问信息。它们通过cookie来追踪用户在该网站的访问行为。在用户浏览时，收集到的访问历史就已经被应用到了定向广告中。如果用户之后使用用户名进行了登录，网站就会将浏览历史信息保存到永久的账户历史中。

许多用户定制的HTTP服务必须使用cookie来跟踪用户的身份，并保证用户通过认证才能成功运行。使用urllib来跟踪cookie需要用到面向对象的思想，请阅读urllib的文档。而在Requests中，如果创建并始终使用Session对象，那么cookie跟踪是自动进行的。

9.12 连接、Keep-Alive和httplib

要打开一个TCP连接，需要经过三次握手（见第3章）。如果连接已经打开，就可以避免三次连接的过程。这甚至促使早期的HTTP允许在浏览器先后下载HTTP资源、JavaScript以及CSS和图片的过程中始终保持打开连接。当TLS（见第6章）出现并成为所有HTTP连接的最佳实践后，建立新连接的花销变得更大了，这也增加了连接复用带来的好处。

HTTP/1.1版本的协议在默认设置下会在请求完成后保持HTTP连接处于打开状态。客户端和服务器都可以指定Connection: close，在一次请求完成后关闭连接；否则，就可以使用单个TCP连接，根据客户端的需要，不断从服务器获取资源。网络浏览器经常会对一个网站同时建立4个或更多TCP连接，这样就可以并行下载一个页面及其所有支持文件和图像，尽快将页面呈现到用户眼前。

如果读者对完整的连接控制机制有兴趣，想实现相应的机制，可以查阅RFC 7230的第6节，来了解相应的细节。

不幸的是，urllib模块没有提供对连接复用的支持。要使用标准库在同一套接字上进行两次请求，只能使用更底层的httplib模块。

```
>>> import http.client
>>> h = http.client.HTTPConnection('localhost:8000')
>>> h.request('GET', '/ip')
>>> r = h.getresponse()
>>> r.status
200
>>> h.request('GET', '/user-agent')
>>> r = h.getresponse()
>>> r.status
200
```

注意到使用HTTPConnection对象进行第二次请求时不会返回错误，而是会隐式地建立一个新的TCP连接，来代替之前建立的连接。HTTPSConnection类提供了经过TLS保护后的HTTPConnection。

与urllib不同的是，Requests库的Session对象使用了第三方的urllib3包。它会维护一个连接池，保存与最近通信的HTTP服务器的处于打开状态的连接。这样一来，在向同一网站请求其他资源时，就可以自动重用连接池中保存的连接了。

9.13　小结

HTTP协议用于根据保存资源的主机名和路径来获取资源。标准库的urllib客户端提供了在简单情况下获取资源所需的基本功能。但是，比起Requests，urllib的功能就弱了很多。Requests提供了许多urllib没有的特性，是互联网上最热门的Python库。程序员如果想要从网上获取资源的话，Requests是最佳选择。

HTTP运行于80端口，通过明文发送。而通过TLS保护的HTTP（HTTPS）则在443端口运行。客户端的请求和服务器的响应在传输过程中都使用相同的基本结构：首行信息，然后是若干行由名字和值组成的HTTP头信息，最后是一个空行，然后是可选的消息体。消息体可以使用多种不同的方式进行编码和分割。客户端总是先发送请求，然后等待服务器返回响应。

最常用的HTTP方法是用于获取资源的GET和用于更新服务器信息的POST。除了GET和POST之外，还有其他方法，不过本质上都与GET或POST类似。服务器在每个响应中都会返回一个状态码，表示请求成功、失败或需要客户端重定向以载入另一个资源。

HTTP的设计采用了像同心圆一样的分层结构。可以对头信息进行缓存，将资源存储在客户端的缓存中，这样可以重复使用资源，避免不必要的重复获取。这些缓存的头信息也可以避免服务器重复发送没有修改过的资源。这两种优化方法对于繁忙站点的性能都至关重要。

内容协商可以保证根据客户端和人类用户的真实偏好来决定返回的数据格式和语言。不过在实际应用中，内容协商会带来一些问题，这使得它没有得到广泛应用。内置的HTTP认证在交互设计上很糟糕，已经被自定义的登录页面和cookie替代。不过，在使用TLS保护的API时，有时还是会使用基本认证。

HTTP/1.1版的连接在默认情况下是保持打开并且可以复用的，而Requests库也在需要的时候精心提供了这一功能。

在第10章中，我们将应用本章学到的所有知识，转换一下视角，了解编写服务器时会遇到的编程任务。

第10章 HTTP服务器

怎样才能使Python程序作为服务器来运行，并对HTTP请求进行响应呢？第7章中，我们已经学习了编写基于TCP的Web服务器时使用的一些基本套接字和并发模式。HTTP协议的广为流行使得许多现成的解决方案应运而生，这些解决方案实现了我们可能需要的所有主要的服务器模式。因此，在使用HTTP时，我们几乎不太可能会编写任何底层的代码。

本章将主要介绍一些第三方的工具，但标准库也提供了一个内置的HTTP服务器实现。也可以从命令行启动该服务器。

```
$ python3 -m http.server
Serving HTTP on 0.0.0.0 port 8000 ...
```

这个服务器遵循了20世纪90年代用于文件系统服务器的陈旧的设计惯例。HTTP请求中的路径会被转换为用于在本地文件系统中进行文件搜索的路径。根据这个服务器的设计可知，它只支持获取当前工作目录及其子目录下的文件。当要获取的是文件时，服务器可以正常返回该文件。但是当请求获取的是一个目录时，服务器就会返回index.html文件的内容（如果该文件存在）或是动态生成该目录包含的文件列表。

在安装了Python的环境中构建小型的Web服务器时，我有时需要在不同机器之间传输文件，但是却没有更详细的文件传输协议可供使用，这着实让我头疼了好些年。如果我们需要更进一步，部署自己的软件，来对HTTP请求进行响应，又需要遵循哪些步骤呢？

本书在两个独立的章节中讨论了上面的问题。本章将着眼于服务器架构和部署，介绍编写服务器代码时需要解决的问题。无论是向客户端返回文档还是返回面向程序员的API，这些问题都不可避免。而第11章将描述万维网，并研究专用于返回HTML页面与用户浏览器进行交互的工具。

10.1 WSGI

在早期的HTTP编程中，许多Python服务都会被编写为简单的CGI脚本。每次收到请求就会触发CGI脚本。服务器对HTTP请求进行分割，将相应的参数以环境变量的形式传入CGI脚本中。Python程序员可以直接将这些输入参数和HTTP响应打印到标准输出，也可以借助标准库的cgi模块来查看。

上面的方式会为每个接收到的HTTP请求启动一个新的进程。这大大影响了服务器的性能，因此各种语言开始着手实现自己的HTTP服务器。Python在标准库中加入了http.server模块。使用该模块来实现服务时，程序员需要编写自己的子类继承BaseHTTPRequestHandler，并添加do_GET()和do_POST()方法。

其他一些程序员想在支持返回动态页面的Web服务器上同时支持返回静态内容（如图片和样式表），因此出现了mod_python。mod_python是一个Apache模块，允许成功注册的Python函数提供自定义的Apache处理函数，并且在自定义处理函数中提供认证和日志功能以及返回内容。mod_python的API是Apache独有的。使用Python编写的处理函数接收一个特殊的Apache request对象作为参数。在处理函数内部，可以调用apache模块的特殊函数来与Web服务器进行交互。使用mod_python的应用程序与使用CGI或http.server编写的程序几乎毫无相似之处。

因此，在Python中使用上述不同方式编写的HTTP应用程序，在设计与Web服务器交互的接口时都采用了某种特定的机制。使用CGI方式编写的服务至少需要重写一部分代码才能应用http.server。无论是使用CGI还是http.server编写的服务器程序，都需要经过修改才能够在Apache下运行。这使得Python网络服务的可移植性很差。

为了解决这一问题，Python社区在PEP 333中提出了Web服务器网关接口（WSGI，Web Server Gateway Interface）。

David Wheeler①有一句名言："计算机科学中的任何问题，都可以通过加上另一层间接的中间层来解决。"而WSGI标准就是添加了一层中间层。通过这一中间层，用Python编写的HTTP服务就能够与任何Web服务器进行交互了。WSGI标准指定了一个调用惯例，如果所有主流的Web服务器的实现都遵循这一惯例，那么就能够直接在服务器中应用底层服务以及功能完整的Web框架，而无需修改原来的代码。各大Web服务器很快就遵循WSGI进行了实现。现在，WSGI已经成为了使用Python进行HTTP操作的标准方法。

根据标准的定义，WSGI应用程序是可以被调用的，并且有两个输入参数。代码清单10-1展示了一个例子，其中使用一个简单的Python函数来表示可调用的WSGI应用程序。（也可以使用其他可调用类型，比如Python类甚至是包含__call__()方法的类实例。）第一个参数是environ，用于接收一个字典，字典中提供的键值对是旧式的CGI环境变量集合的扩展。第二个参数本身也是可以被调用的，习惯上会将其命名为start_response()，WSGI应用程序通过start_response()来声明响应头信息。被调用后，app函数可以开始生成字节字符串（如果app函数本身是一个生成器），也可以返回一个可迭代对象。该对象可以在迭代过程中生成字节字符串（例如，可以返回一个简单的Python列表）。

代码清单10-1　以WSGI应用程序形式编写的简单HTTP服务

```
#!/usr/bin/env python3
# Foundations of Python Network Programming, Third Edition
# https://github.com/brandon-rhodes/fopnp/blob/m/py3/chapter10/wsgi_env.py
# A simple HTTP service built directly against the low-level WSGI spec.

from pprint import pformat
from wsgiref.simple_server import make_server

def app(environ, start_response):
    headers = {'Content-Type': 'text/plain; charset=utf-8'}
    start_response('200 OK', list(headers.items()))
    yield 'Here is the WSGI environment:\r\n\r\n'.encode('utf-8')
    yield pformat(environ).encode('utf-8')
```

① David Wheeler是全世界首位计算机博士学位获得者。——译者注

```
if __name__ == '__main__':
    httpd = make_server('', 8000, app)
    host, port = httpd.socket.getsockname()
    print('Serving on', host, 'port', port)
    httpd.serve_forever()
```

只看代码清单10-1的话，可能会觉得WSGI很简单，这只是因为上面的代码只选择了一种简单的处理方式，没有展示出WSGI标准的完整说明而已。但是，编写服务器程序[①]时，复杂度就大大提升了。这是因为需要完全考虑标准中描述的许多注意点和边界情况。如果想了解相关细节的话，可以阅读PEP 3333提出的现代Python 3版本的WSGI。

WSGI出现后，WSGI中间件的思想开始广为流行。未来的Python服务可能应该被设计为一系列WSGI包装函数[②]。其中，有的包装函数可能会提供认证功能；有的包装函数会负责捕捉异常，记录日志，然后返回500 Internal Server Error页面；而有的包装函数则负责对指向仍然在机构中运行的老旧的CMS[③]的URL进行反向代理，使用Diazo（一个现在仍然使用的项目）将这些URL重构，使之指向机构中的最新页面。

尽管仍然有一些开发者会编写并使用WSGI中间件，但是现在大多数Python程序员使用WSGI的主要原因是，它提供了应用程序或框架与监听HTTP请求的Web服务器之间的可插拔性。

10.2　异步服务器与框架

然而，有一种应用程序的模式是WSGI尚未支持的，那就是支持协程或绿色线程[④]的异步服务器。

WSGI可调用对象的设计是面向传统的多线程或多进程服务器的，因此在需要进行I/O操作时，可调用对象会被阻塞。WSGI没有提供任何能够使可调用对象将控制权交还给主服务器进程的机制，来让主进程轮流调度不同的可调用对象。（参见第7章中对异步的讨论，回顾一下，异步服务如何将整个逻辑分为多个小型的非阻塞代码块。）

因此，任何异步服务器框架都需要各自给出用于编写Web服务的惯例。尽管这些框架使用的模式在简洁性和便捷性上各不相同，但是它们一般都会负责解析收到的HTTP请求，有时也会提供URL分发和自动连接数据库的功能（见第11章）。

这也是本节的题目中包含了“服务器与框架”的原因。处理异步问题的Python项目都必须在其各自的引擎之上提供一个HTTP Web服务器，同时必须自行指定一种调用惯例，并通过这种调用惯例将解析得到的请求信息传递给处理请求的代码。与WSGI生态系统不同的是，我们无法单独选择异步HTTP服务器和Web框架。两者很可能来自同一个包。

Twisted已经有了十余年的历史，它支持许多不同协议的处理函数，同时也提供了编写Web服务的惯例。最近，由Facebook开发并开放的Tornado引擎并没有把重点放在支持协议的数量上，而是着重提

---

① 本节中提到的应用程序、服务器程序与中间件其实都是运行在服务端的。——译者注

② 从服务器程序的角度来看，中间件就是应用程序，会被服务器程序调用；从应用程序的角度来看，中间件就是服务器程序，会调用应用程序。——译者注

③ CMS即Content Management System，内容管理系统。——译者注

④ 绿色线程与操作系统线程相对，由语言运行平台自身进行调度。——译者注

升了HTTP服务器的性能。Tornado支持的回调函数惯例与Twisted不尽相同。Eventlet项目的绿色线程的异步性是隐式提供的，没有在进行I/O操作时将控制权显式交还给主线程。这使得我们可以编写类似普通WSGI的可调用对象，而它们进行阻塞操作时会隐式地交还控制权。

展望未来，Python的发明者Guido van Rossum已经将最新的asyncio引擎加入到了Python 3.4中（见第7章），旨在提供一个统一的接口，以使不同的异步协议框架可以直接应用不同的事件循环实现。尽管这可能会有助于统一底层事件循环的“乱战局面”，但是asyncio没有指定专用于HTTP请求和响应的API，因此对于想要编写异步HTTP服务的作者来说，并不会立刻受其影响。

始终要牢记的一点是，如果准备使用asyncio、Tornado或Twisted这样的异步引擎来编写HTTP服务，那么要精心选择HTTP服务器和框架（用于解析请求和构造响应）的组合。千万不要把服务器和框架搞混。

10.3　前向代理与反向代理

无论是前向代理还是反向代理，HTTP代理其实就是一个HTTP服务器，用于接收请求，然后对接收到的请求（至少是部分请求）进行转发。转发请求时代理会扮演客户端的角色，将转发的HTTP请求发送至真正的服务器，最后将从服务器接收到的响应发回给最初的客户端。阅读RFC 7230的2.3节关于代理的介绍，了解HTTP的设计是如何支持代理的：https://tools.ietf.org/html/rfc7230#section-2.3。

早期关于Web的描述所阐明的观点貌似认为前向代理（forward proxies）会成为最常见的代理模式。例如，一家公司可能会为所有职员通过网络浏览器发出的请求提供一个HTTP代理，而不是直接将这些请求发送到远程服务器上。如果早上有100个员工的浏览器要请求获取谷歌的logo，那么代理可以先向谷歌发送一个请求，来获取logo，然后将logo保存在缓存中。之后再有员工想要获取该logo时，就可以直接将保存在缓存中的logo返回给该员工。如果谷歌提供的Expircs和Cache-Control头信息允许，那么该公司就能大大节省带宽，而员工也能够体验到更快的网速。

然而，随着作为用户隐私及身份保护最佳实践的TLS的出现，前向代理开始变得难以实施。对于无法读取的请求，代理服务器是没有办法查看和缓存的。

反向代理则恰恰相反。现在反向代理已经广泛应用于大型HTTP服务之中。*反向代理*（reverse proxy）是Web服务的一部分，对于HTTP客户端并不可见。当客户端认为它们连接到python.org时，它们实际上正在与一个反向代理进行交互。如果真正运行python.org的核心服务器提供了合适的Expires或Cache-Control头信息，那么代理服务器就可以直接将其缓存中的许多资源（包括静态资源和动态页面）返回给客户端。由于只有在资源无法进行缓存或已经超过了代理服务器的缓存有效期时，才需要将HTTP请求转发给核心服务器，反向代理服务器通常都能处理服务运行过程中的大多数负载。

反向代理服务器必须进行TLS截止，而且反向代理服务器上运行的服务必须拥有原始服务器的证书和私钥。只有代理服务器审核了HTTP请求的合法性，才能进行缓存或转发。

如果我们采用的是反向代理（无论是Apache或nginx这样的前端Web服务器还是Varnish这样的专用守护进程），像Expires和Cache-Control这样与缓存相关的HTTP头都会变得异乎寻常地重要。这些HTTP头不仅与终端用户的浏览器相关，更是服务器架构各层之间的重要通信信号。

对于我们本来觉得不应该缓存的数据（比如每秒都会更新的标题页面或事件日志），反向代理甚至也能帮上忙，当然前提是我们能够容忍显示的结果是至少1秒以前的脏数据。毕竟，客户端获取资源通常也需要花上零点几秒的时间。但是，显示1秒以前的脏数据真的会影响到用户体验么？以一个每秒会收到100条请求的重要feed或事件日志为例。假设将Cache-Control头的max-age设置为1秒。应用反向代理后可能会将服务器的负载减小为原来的0.01倍。反向代理只需要在每秒的开始去获取资源，然后将该资源的缓存版本发送给请求资源的所有其他客户端即可。

如果要在代理服务器后端设计并部署大型HTTP服务，则需要查阅RFC 7234及其关于HTTP缓存设计与期望效果的延伸讨论。我们会从中了解到特定于中间层缓存（如Varnish）而不是终端用户的HTTP客户端缓存的选项与设置，例如proxy-revalidate和s-maxage。我们在设计服务时应该考虑使用这些选项与设置。

警告　页面的内容通常不仅仅取决于请求该页面的路径与方法，也取决于其他一些因素，如Host头信息以及发送请求的用户的身份。除此之外，描述客户端能够支持的内容类型的HTTP头也可能会对页面内容产生影响。仔细回顾RFC 7231中7.1.4节以及第9章中对Vary头的描述。要确保服务器做出正确响应，必须正确设置Vary: Cookie的值，这一点是毋庸置疑的。

10.4　4 种架构

架构师们似乎可以使用很多种复杂的机制来将多个子模块组合构建成一个HTTP服务。不过在Python社区中，已经形成了4种最基本的设计模式（见图10-1）。如果已经编写了用于生成动态内容的Python代码，并且已经选择了某个支持WSGI的API或框架，应该如何将HTTP服务部署到线上呢？

- 运行一个使用Python编写的服务器，服务器代码中可以直接调用WSGI接口。现在最流行的是Green Unicorn（Gunicorn）[1]服务器，不过也有其他已经可用于生产环境的纯Python服务器。例如，一些项目中仍然在使用“久经沙场”的CherryPy服务器。而Flup也仍然吸引着不少用户使用。（除非编写的服务工作负载很小或是仅对机构内部开放使用，否则最好不要使用wsgiref这样的原型服务器。）如果使用异步服务器引擎，那么服务器和框架必须运行在同一进程中。
- 配置mod_wsgi并运行Apache，在一个独立的WSGIDaemonProcess中运行Python代码，由mod_wsgi启动守护进程。这是一种复合型的方法，在同一个服务器中使用了两种不同的语言。如果客户端请求的是静态资源，那么Apache的C语言引擎可以直接返回该资源；而对动态资源的请求则会提交给mod_wsgi，由mod_wsgi调用Python解释器，运行守护进程中的应用程序代码。（WSGI不支持应用程序暂时放弃控制权并于之后再完成操作，因此这种方法不适用于异步Web框架。）
- 在后端运行一个类似于Gunicorn的Python HTTP服务器（或支持所选异步框架的任何服务器），然后在前端运行一个既能返回静态文件，又能对Python编写的动态资源服务进行反向代理的Web服务器。Apache和nginx是适用于这一任务的两个流行的前端服务器。除此之外，如果我们编写的Python应用程序运行在多台后端服务器上的话，Apache和nginx也可以对客户端的请求进行负载均衡。

---

① 参见http://gunicorn.org。——译者注

- 在最前端运行一个纯粹的反向代理（如Varnish），在该反向代理后端运行Apache或nginx，在最后端运行Python编写的HTTP服务器。这是一个三层的架构。这些反向代理可以分布在不同的地理位置，这样就能够将离客户端最近的反向代理上的缓存资源返回给发送请求的客户端。像Fastly这样的内容分发网络（content delivery networks）就将大量的Varnish服务器部署在了世界各地的机房中，为客户端提供了完整并可立即使用的服务。它能够终止面向客户端的TLS证书，并将请求转发给后端的服务器。

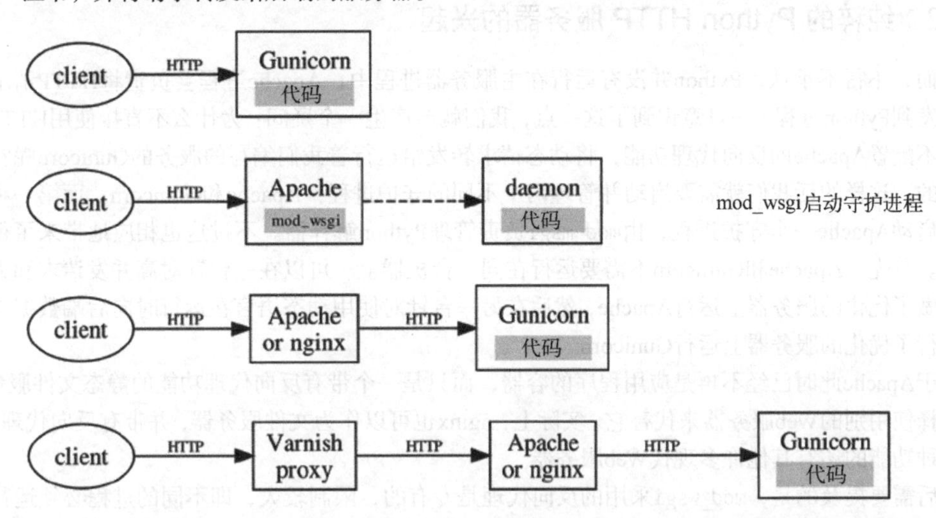

图10-1　单独部署Python代码或将Python代码部署在反向HTTP代理后端的4种常用技术

长期以来，对这4个架构的选择主要基于CPython的3个运行时特性，即解释器占用内存大、解释器运行慢、全局解释器锁（GIL，Global Interpreter Lock）禁止多个线程同时运行Python字节码。

GIL的限制鼓励使用多个独立的Python进程而非共享进程空间的多个Python线程。但是，解释器占用的内存大小又带来了另一个问题：内存中只能载入一定数量的Python实例，这限制了能够同时运行的进程数量。

10.4.1　在 Apache 下运行 Python

使用旧式的mod_python在Apache下运行Python网站时非常有可能遇到上面描述的问题。一个典型的网站收到的大多数请求（见第11章）都是对静态资源的请求。每一个请求Python动态生成一个页面的请求都伴随着大量对CSS、JavaScript以及图片的请求。但是，mod_python在每一个Apache工作线程中都维护了一个Python解释器运行时实例，其中大多数都是处于空闲状态的。某一特定时刻只有一个工作线程可以运行Python，其余的所有线程都使用Apache的C语言核心程序输出静态文件。

如果将Python解释器保存在Web服务器的独立进程中，上面的情形就得以避免。维护Python解释器实例的Web服务器工作进程也负责从磁盘中取出静态内容，交给等待中的套接字，准备发送给客户端。这就产生了两种不同的方法。

第一种避免在每个Apache线程中都保存一个Python解释器的方法就是使用现代mod_wsgi模块，并激活它的"守护进程"特性。在这种模式下，Apache工作线程或进程就无需负责Python的载入与执行，只需要动态连接到mod_wsgi即可。与mod_python不同的是，mod_wsgi创建并管理了一个独立的Python工作进程池，负责实际调用WSGI应用程序。客户端的请求也会被转发到这个进程池中。当每个占用内存较大的Python解释器耗费较长时间构建动态页面时，大量小型的Apache工作进程或线程也能够快速向客户端返回静态文件。

10.4.2　纯粹的Python HTTP服务器的兴起

然而，不得不承认，Python并没有运行在主服务器进程中，Apache进程会负责将HTTP请求序列化并转发到Python进程。一旦意识到了这一点，我们就会产生一个疑问：为什么不直接使用HTTP呢？为什么不配置Apache的反向代理功能，将动态请求转发给运行着我们编写的服务的Gunicorn呢？

是的，这样的话我们就需要启动并管理两个不同的守护进程：Apache和Gunicorn。而第一种方法只需要启动Apache一个守护进程，由mod_msgi负责管理Python解释器。不过这也相应地带来了很大的灵活性。首先，Apache和Gunicorn不需要运行在同一台机器上。可以在一台针对高并发请求和无序文件读取做了优化的服务器上运行Apache，然后在另一台针对使用动态语言在运行时向后端数据库发送请求进行了优化的服务器上运行Gunicorn。

鉴于Apache此时已经不再是应用程序的容器，而只是一个带有反向代理功能的静态文件服务器，可以选择使用别的Web服务器来代替它。实际上，nginx也可以作为文件服务器，并带有反向代理功能。具有这种功能的还有其他许多现代Web服务器。

最后需要提及的是，mod_wsgi采用的反向代理是专有的，限制较大，即不同的进程必须运行在同一台机器上，进程之间的交互使用的是mod_wsgi所独有的内部协议。而对于纯粹的Python HTTP服务器，使用的则是真正的HTTP协议，既可以在同一台机器上运行Python和Web服务器，也可以根据需要在不同机器上运行Python和Web服务器。

10.4.3　反向代理的优势

如果HTTP应用程序只需要支持Python代码生成的动态内容，不需要处理任何对静态资源的请求，情况又是怎样呢？在这种情况下，Apache和nginx似乎没有什么用，开发者很有可能想无视Apache或nginx，而直接使用Gunicorn或其他纯粹的Python Web服务器来向客户端提供服务。

在这种情况下，就需要考虑到反向代理能够提供的安全性了。如果有人想要停止我们所编写的Web服务，只需要通过*n*个套接字连接我们服务中的*n*个工作进程，在每个请求中都先发送一些随机字节，然后暂停发送即可。此时，所有工作进程都已经被占用，并等待接收完整的请求。然而完整的请求可能永远都不会到达。反之，如果在服务的前端使用了Apache或nginx的话，反向代理就会负责将长时间没有完整到达的请求（可能是因为恶意攻击，也可能是因为某些客户端运行在移动设备上或其他带宽较低的场合）存储在缓冲区中，直到接收到完整的请求之后再将请求转发给后端的服务。

当然，仅仅靠一个先收集完整请求再转发给后端服务的代理是无法保证系统免受拒绝服务攻击的，但是这确实可以防止后端的动态语言在运行时由于没有接收到客户端的完整数据而停止运行。除此之外，这一做法还能够防止Python服务接收一些畸形的输入，比如超长的HTTP头名或是完全畸形的请求。这是因为Apache或nginx会直接拒绝这些请求，并返回4*xx*错误。这一过程对后端的应用程序代码是完全不可见的。

在上面列出的架构中，我现在经常使用的是其中的3种。

默认情况下，我会使用nginx加上Gunicorn的架构，如果系统管理员要求的话也会使用Apache。

如果编写的服务是一个单纯的API，不涉及任何静态组件的话，我有时也会试着直接使用Gunicorn，或者直接在Gunicorn前端部署一个Varnish，来为动态资源提供一级缓存。

只有在涉及大型Web服务时，我才会考虑使用完整的三层架构，即在Gunicorn中运行Python代码，在Gunicorn前端部署nginx或Apache，然后在最前端使用本地或分布式的Varnish集群。

当然，还有许多其他的配置方式，希望上面的讨论已经涉及足够多的注意事项和需要权衡的地方，同时希望读者能够根据项目和所在机构的具体问题进行具体分析，做出明智的选择。

现在出现了一些Python运行环境，它们可以将运行速度提升到机器级，比如PyPy。这也引出了一个重要的问题：既然Python代码可以和Apache运行得一样快，为什么不直接在Python代码中同时处理对静态内容和动态内容的请求呢？关于使用运行速度较快的Python运行环境编写的服务器是否比Apache和nginx这样传统可靠的解决方案更有竞争力，是个挺有意思的问题。Apache和nginx这些工业界的首选方案提供了完善的文档，其机制也为大量系统管理员熟知并喜爱。那么，有什么样的动力可以驱使他们将服务全部移植到Python服务器上去呢？

当然，上面的模式还有一些变种。比如直接在Varnish后端运行Gunicorn。如果不需要支持静态文件，或是编写者乐于使用Python从磁盘中获取静态文件的话，这就是一个可选的方案。另一个变种就是，打开nginx或Apache的反向代理缓存功能，直接提供类似于Varnish的缓存功能，而不使用三层架构。有些网站在前端服务器和Python应用程序之间尝试使用了一些别的协议，比如Flup和uwsgi项目中采用的协议。本节中主要介绍的4种模式只是最常见的4种，还有许多其他可用的设计方案，其中大多数现在都应用在各种项目中。

10.5　平台即服务

10.4节提到的许多话题（负载均衡、代理服务器的多层设计以及应用程序部署）都已经开始涉及系统管理和运维方案了。像前端负载均衡器的选择以及HTTP服务的物理冗余和地理冗余这样的话题并不仅仅是针对Python的。如果在本章中铺开来讲，那么就偏离了Python网络编程的核心内容了。

既然已经选择使用Python来构建网络服务，那么我推荐读者阅读关于自动化部署、持续集成以及高性能大规模服务的相关技术，这些技术有可能可以应用到读者自己的服务或所在公司的项目之中。篇幅所限，这里就不再介绍了。

不过有一个话题还是值得一提的：现在出现了一些平台即服务（PaaS，Platform as a Service）提供商，那么应该如何打包自己的应用程序，以便将应用部署到这些服务之上呢？

有了PaaS以后，构建和运行HTTP服务过程中的许多烦人事儿就自动消失了，或者至少是不用开发者自己来担心了，PaaS提供商会解决这些问题。我们不需要自己去租赁服务器、提供存储设备和IP地址、配置管理和重启服务器所需的root权限，或是安装正确版本的Python。服务器重启或断电之后，我们也不需要使用系统脚本将应用程序复制到所有服务器上，然后自动运行服务。

反之，这些麻烦事儿都交由PaaS提供商来解决。他们会负责安装或租赁成千上万的主机和数据库服务器，也会根据客户规模提供许多负载均衡器。我们只需要向PaaS提供商提供一个配置文件，上述步骤就会自动完成。接着，PaaS提供商会将我们的域名信息加到它的DNS中，并将其指向某台负载均衡器，然后会在操作系统镜像内安装正确版本的Python以及所有Python依赖项，启动运行我们的应用程序。在此过程中，我们很容易提交新的源代码，或是在新版本应用程序在用户使用过程中产生错误时进行回滚。我们无需创建单独的/etc/init.d文件，也无需重启某台特定的机器。

Heroku是目前PaaS领域最受开发者喜爱的项目，它为Python应用程序作为其生态环境的一部分提供了极佳的支持。Heroku及其竞争对手对于缺乏专业经验或时间来自己构建或管理负载均衡等工具的小公司来说尤其有意义。

最近出现的Docker生态环境是Heroku的一个潜在竞争对手。Docker支持用户直接在本地的Linux机器上运行Heroku风格的容器，这大大简化了测试和调试的过程。而使用Heroku时，即使只修改一行配置，也需要经历漫长的提交和重新build的过程。

如果读者对于PaaS还不熟悉，可能会认为只要已经编写了支持WSGI的Python应用程序，就可以直接部署到PaaS服务上，不需要做什么别的事儿了。

然而事实并非如此。即使使用了Heroku或Docker，我们仍然需要选择一个Web服务器。

原因在于，尽管PaaS提供商提供了负载均衡、容器化、支持版本控制的配置、容器镜像缓存以及数据库管理的功能，他们仍然希望我们的应用程序能够提供标准的HTTP互操作性，即一个打开的端口，来供PaaS负载均衡器连接并发送HTTP请求。要为WSGI应用程序或框架提供一个监听网络端口，显然还是需要一个Web服务器的。

有些开发者觉得让PaaS服务进行负载均衡就够了。他们会选择一个简单的单线程服务器，由PaaS服务来负责根据需求启动多个应用程序实例。

但是，还有许多开发者并不这么认为，他们会选择使用Gunicorn或Gunicorn的某个同类产品，这样就能够在每个容器内同时运行多个工作进程，从而使得单个容器能够接收多个请求。由于我们的服务有时需要好几秒钟才能生成某些资源，如果一开始请求了这样的资源，且单个容器不能接收多个请求的话，那么后续的请求都要排队等待之前请求的完成。这会造成一个问题。由于PaaS负载均衡器采用了轮询，如果所有容器都处于繁忙状态，那么负载均衡器对所有容器轮询一遍后仍然无法找到合适的容器。

需要注意的是，大多数PaaS提供商并不支持静态内容，除非我们在Python应用程序中实现了对静态内容的更多支持或者向容器中加入了Apache或nginx。尽管我们可以将静态资源与动态页面的路径放在两个完全不同的URL空间内，许多架构师还是倾向于将两者放在同一个名字空间内。

10.6　GET 与 POST 模式和 REST 的问题

Roy Fielding博士是当前HTTP标准的主要制定者之一，他在他的博士论文中提到了关于HTTP标准的设计。他创造了表述性状态转移（REST，Representational State Transfer）这个术语，用来表示随着HTTP这样的超文本系统的所有特性都得到充分利用而出现的一种软件架构风格。读者可以从网上查阅他的博士论文。他在第5章中基于一系列较为简单的概念，总结出了REST的概念。网址为：

http://www.ics.uci.edu/~fielding/pubs/dissertation/rest_arch_style.htm

Fielding博士指出“REST由4个对接口的约束条件定义”，他在论文5.1.5节的最后简要罗列了这4个约束条件。

- ❑ 使用URI来标识资源。
- ❑ 通过操作资源的表述形式来操作资源。
- ❑ 消息具备自描述性。
- ❑ 超媒体[①]即应用状态引擎。

许多服务设计者都希望他们的设计能够顺应HTTP的设计，并且渴望构建的服务能够赢得RESTful的美誉。然而，Fielding博士却认为它们中的大多数都不是RESTful的设计。那么它们的问题出在哪里呢？

第一个约束条件“使用URI来标识资源”就排除了几乎所有传统形式的RPC。无论是JSON-RPC，还是XML-RPC（见第18章），都没有在HTTP协议级别上暴露资源实体。假设一个客户端想要获取一篇博文，然后更新博文的标题，接着再获取该博文，以检查其更新是否成功。如果使用RPC方法调用来实现这一过程，那么暴露给HTTP的方法和路径如下所示：

```
POST /rpc-endpoint/ → 200 OK
POST /rpc-endpoint/ → 200 OK
POST /rpc-endpoint/ → 200 OK
```

每个请求都可能会在POST消息体中的某处有类似于post 1022的信息，用来指定客户端想要获取或编辑的特定资源。但是，RPC使得这一信息对HTTP协议是不可见的。想要符合REST的接口会使用资源路径来指定要操作的博文，比如将其命名为/post/1022。

第二个约束条件是“通过操作资源的表现形式来操作资源”。这一约束可以防止设计者使用一些特定于他们自己的服务的临时解决方案。仍然以更新博文标题为例，如果设计者使用了特定于服务的解决方案，那么每当客户端作者想要了解更新方法时，都需要吃力地阅读服务指定的文档。而如果使用了REST，则修改一篇博文的标题时就不需要了解特定的东西了。这是因为，一篇博文的表现形式可能是HTML、JSON、XML或是其他格式的，而我们只能够针对这些表述形式进行读写操作。要更新一篇博文的标题，客户端只需要获取该博文当前的表述形式，然后修改标题，最后将新的表述形式提交给服务即可。

```
GET /post/1022/ → 200 OK
PUT /post/1022/ → 200 OK
GET /post/1022/ → 200 OK
```

获取或更新资源都至少要与服务器进行一次往返，这对许多设计者来说是一个痛点。因此，他们会有很强的意愿在实际设计时不去完全遵循REST的架构风格。不过，遵循了REST的风格的话，就能够发挥出它的优势。此时对资源的读写操作是对称的，并且能够将有意义的语义暴露给HTTP协议。使用REST后，HTTP协议就能够确定哪些请求是读请求，哪些是写请求。如果GET的响应中包含了正确的HTTP头信息，那么即使程序之间没有通过浏览器来交互，也可以使用缓存以及条件请求。

第三个约束条件“消息具备自描述性”提出的原因主要在于表示进行显式缓存的HTTP头，这些头信息对消息提供了文档描述。例如，编写客户端的程序员不需要查询API文档就能够获悉/post/1022/的格式是JSON，它只有在使用了条件请求确保缓存尚未过期时才能够使用缓存，`/post/?q=news`这样的请求可以在上次获取同一资源60秒内直接获取缓存中的副本。服务器返回的每个HTTP响应中都会重新声明这些头信息。

① Ted Nelson在1962年创造了“超媒体”这个词，它是“超文本”的泛化。——译者注

如果一个服务满足了前3个约束条件，那么它对于HTTP协议来说就是完全透明的了，而代理、缓存以及客户端也能够充分利用REST请求的语义，因此也就不需要提前获取关于该服务的先验知识。除此之外，该服务可以是为人类用户设计的，用来返回包含表单以及JavaScript（见第11章）的HTML页面；也可以是为机器设计的，用来返回指向JSON或XML格式文件的简洁的URL。

然而，满足最后一个约束条件的服务就少得多了。

“超媒体即应用程序状态引擎”（Hypermedia as the engine of application state）这一表述颇具争议，Fielding博士的论文中并没有单独重点解释这一概念。在后续的文献以及讨论中通常都用其首字母缩写HATEOAS来表达这一观点。他在一篇名为“REST API必须由超文本驱动”（“REST APIs must be hypertext-driven”）的博文中指出，现在很多所谓的REST API实际上都没有满足这最后一个约束条件，这篇博文也引起了人们的注意。网址为：

http://roy.gbiv.com/untangled/2008/rest-apis-must-be-hypertext-driven

在这篇博文中，他将HATEOAS这一约束条件分为了至少6个独立的要点，其中最后一点是最为根本的。博文开篇提到：“除了原始的URI和适用于目标用户的标准多媒体类型之外，REST API不应该依赖于任何先验知识。”

对于这一约束，几乎所有我们熟悉的HTTP API都无法满足。无论是Google还是GitHub提供的API，它们的文档一开始基本上都会先讨论一下支持的资源类型，比如“每篇博文的URL都是用类似/post/1022/的形式为每篇博文指定一个独有的ID”。对于这种类型的API，都不能称之为真正的符合REST条件的API。它们都在文档中包含了一些特殊的规则，客户端并不能够仅通过超链接就获取到正确的资源。

相反，一个彻彻底底的符合REST条件的API应该只有一个入口。服务器返回的媒体信息中可能会包含一系列的表单，客户端可以向其中某个表单提交博客文章的ID来获取要访问该文章所需的URL。服务本身会负责将“ID为1022的博客文章”的概念和与之对应的特定路径动态链接起来，而不是通过人类可读的文档由客户端手动建立两者之间的链接。

根据Fielding博士所说，“超媒体”这个概念作为“超文本”的泛化，对于旨在长期运行的服务来说，是一个非常重要的约束条件。如果想要支持好几代HTTP客户端用户，并且在第一代用户已经离开不再使用服务时使得后续用户仍然能够轻松寻找到需要的数据，那么这一约束条件是很重要的。但是，因为只需要满足前3个约束条件，就能够利用HTTP的大多数优势了（无状态、冗余性以及缓存加速），所以似乎还没有出现太多尝试满足完整的REST约束的服务。

10.7　不使用Web框架编写WSGI可调用对象

第7章列举了一些供编写网络服务时使用的模式，其中任何一种都可以用来对HTTP请求做出响应。但是我们很少会需要自己编写底层的套接字代码来实现HTTP协议，许多协议的细节都可以交给Web服务器来处理。如果选择使用Web框架的话，Web框架也可以处理协议的细节。那么Web服务器和Web框架两者之间有什么区别呢？

Web服务器负责建立并管理监听套接字，运行`accept()`来接收新连接，并且解析所有收到的HTTP请求。Web服务器甚至不需要调用应用程序代码就能够处理连接的客户端不发送完整请求和客户端请求无法解析为HTTP请求的情况。有些Web服务器也会设置超时参数，关闭空闲的客户端套接字，并拒绝路径或头信息超长的请求。Web服务器只会将符合规则的完整请求传递给Web框架或应用程序代码。这一过程通过调用在Web服务器注册的WSGI可调用对象实现。然后，Web服务器通常会生成类似下面的HTTP响应码（见第9章）。

- 400 Bad Request：HTTP请求不符合规则或超出了指定的大小限制。
- 500 Server Error：WSGI可调用对象没有成功运行，而是抛出了一个异常。

在成功接收并解析了HTTP请求之后，有两种方法可以构建WSGI可调用对象以供Web服务器调用。第一种方法是直接自己创建可调用对象，第二种方法是使用提供了WSGI可调用对象的Web框架，然后将自己的代码嵌入到Web框架之中。两者有何区别呢？

Web框架的基本任务是负责URL分发。HTTP请求中的方法、主机名和路径构成了一个坐标空间，每个请求都是这个空间中的一个坐标点。我们编写的服务可能会运行在一些主机名下，但不可能运行于所有主机名下。对于方法也是一样。服务可能会支持GET或POST请求，但是HTTP请求可以指定任何方法（甚至是虚构的方法）。对于许多请求路径，服务器都能够生成有效的响应，但是对于另一些请求路径，服务器则可能无法生成有效的响应。可以在Web框架中声明支持的路径和方法，而对于不支持的HTTP请求，Web框架将自动生成并返回类似下面的状态码：

- 404 Not Found
- 405 Method Not Allowed
- 501 Not Implemented

第11章探究了传统Web框架和异步Web框架进行URL分发的方式，同时也对Web框架为程序员提供的其他主要特性做了调研。但是，如果不使用Web框架，应该如何编写代码呢？如何在自己的代码中直接提供WSGI接口并进行URL分发呢？

要构建这样的应用程序，有两种方法：第一种方法是阅读WSGI的具体说明，了解环境变量字典中的属性；第二种方法是使用WebOb和Werkzeug工具集提供的包装函数，这两个工具互为竞争产品，可以从Python包索引中获取这些工具。代码清单10-2给出了在原始WSGI环境中编写应用程序的冗长的代码风格。

代码清单10-2　用于返回当前时间的原始WSGI可调用对象

```
#!/usr/bin/env python3
# Foundations of Python Network Programming, Third Edition
# https://github.com/brandon-rhodes/fopnp/blob/m/py3/chapter10/timeapp_raw.py
# A simple HTTP service built directly against the low-level WSGI spec.

import time

def app(environ, start_response):
    host = environ.get('HTTP_HOST', '127.0.0.1')
    path = environ.get('PATH_INFO', '/')
    if ':' in host:
        host, port = host.split(':', 1)
    if '?' in path:
        path, query = path.split('?', 1)
    headers = [('Content-Type', 'text/plain; charset=utf-8')]
    if environ['REQUEST_METHOD'] != 'GET':
        start_response('501 Not Implemented', headers)
```

```
        yield b'501 Not Implemented'
    elif host != '127.0.0.1' or path != '/':
        start_response('404 Not Found', headers)
        yield b'404 Not Found'
    else:
        start_response('200 OK', headers)
        yield time.ctime().encode('ascii')
```

如果没有使用Web框架，那么就需要在代码中过滤掉与服务不符的主机名、路径以及方法。这一过程无趣而又麻烦。如果服务只能够对路径为/，主机名为127.0.0.1的GET请求做出响应，那么一旦检测到了不符的主机名、路径或方法，就需要向客户端返回一个错误。当然，对于代码清单10-2中的这种规模极小的服务来说，没有简单地接受所有主机名似乎有点儿傻。不过，在这里我们假设未来会将该服务扩展至大规模服务，在不同的主机名下存储不同的内容，因此要仔细地检测主机名。

需要注意的是，我们在代码中将主机名与端口进行了分离，这是为了处理客户端提供类似127.0.0.1:8000这样的Host头的情况。除此之外，还必须基于?字符对请求路径进行分割，用于处理以/?name=value这样的查询字符串结尾的请求。（代码清单10-2假设我们通常会忽略多余的查询字符串，而没有返回404 Not Found。）

接下来的两个代码清单展示了使用第三方库简化原始WSGI模式的方法。可以使用标准的pip安装工具（见第1章）来安装WebOb和Werkzeug。

```
$ pip install WebOb

$ pip install Werkzeug
```

WebOb（Web Object）库最早是由Ian Bicking编写的。它是一个轻量级的对象接口，封装了标准WSGI字典，简化了对WSGI字典信息的存取。代码清单10-3展示了使用WebOb对代码清单10-2的程序进行简化的例子。

代码清单10-3　使用WebOb编写的可调用对象返回当前时间

```
#!/usr/bin/env python3
# Foundations of Python Network Programming, Third Edition
# https://github.com/brandon-rhodes/fopnp/blob/m/py3/chapter10/timeapp_webob.py
# A WSGI callable built using webob.

import time, webob

def app(environ, start_response):
    request = webob.Request(environ)
    if environ['REQUEST_METHOD'] != 'GET':
        response = webob.Response('501 Not Implemented', status=501)
    elif request.domain != '127.0.0.1' or request.path != '/':
        response = webob.Response('404 Not Found', status=404)
    else:
        response = webob.Response(time.ctime())
    return response(environ, start_response)
```

WebOb库已经实现了代码清单10-2中需要自己实现的两个模式：第一个是从可能包含端口号的

Host头中单独分离出主机名，第二个是忽略路径结尾的查询字符串。WebOb也提供了一个Response对象，该对象已经设置了所有关于内容类型以及编码的信息（默认情况下将内容类型设置为纯文本），因此只需要传入一个字符串作为响应体即可，所有其他内容都由WebOb自动处理。

注意　WebOb有一个特性在众多Python HTTP响应对象的实现中几乎是独一无二的。WebOb的Response类提供了content_type和charset两个独立的属性，这就允许用户将Content-Type头信息的两部分（text/plain;charset=utf-8）看作两个独立的值进行处理。

Armin Ronacher开发的Werkzeug库作为同样由他开发的Flask框架的基础（在第11章中讨论），尽管在纯WSGI编程中没有WebOb流行，但是也广受忠实用户的支持。Werkzeug的请求和响应对象是不可变的，WSGI环境无法修改这两个对象。代码清单10-4展示了Werkzeug与WebOb在简化操作时的不同之处。

代码清单10-4　使用Werkzeug编写的WSGI可调用对象返回当前时间

```
#!/usr/bin/env python3
# Foundations of Python Network Programming, Third Edition
# https://github.com/brandon-rhodes/fopnp/blob/m/py3/chapter10/timeapp_werkz.py
# A WSGI callable built using Werkzeug.

import time
from werkzeug.wrappers import Request, Response

@Request.application
def app(request):
    host = request.host
    if ':' in host:
        host, port = host.split(':', 1)
    if request.method != 'GET':
        return Response('501 Not Implemented', status=501)
    elif host != '127.0.0.1' or request.path != '/':
        return Response('404 Not Found', status=404)
    else:
        return Response(time.ctime())
```

使用Werkzeug时甚至不需要知道符合WSGI可调用对象规范的参数和返回值。它使用了一个装饰器，简化了函数的调用方式。我们只负责接收一个Werkzeug的Request对象作为唯一的参数，并且只需要返回一个Response对象即可，其他所有事情都由Werkzeug库来解决。

相较于使用WebOb编写的代码，使用Werkzeug的唯一一个小小的不足之处就是，需要自己从127.0.0.1:8000这样的字符串中将主机名分割出来，它没有提供方便的分割方法。不过，除了这个小小的不同之处以外，这两个库其实都做了同一件事，即使得我们可以在更高的抽象层次来操作HTTP请求和响应，而不需要直接去了解WSGI的规范。

作为开发者，通常都不值得把时间花在这些底层操作上，因此可以选择使用Web框架。但是，在将收到的HTTP请求交给Web框架处理前，我们有时会想对请求进行一些变换。此时，编写原始的WSGI程序就有用了。除此之外，如果要编写自定义的反向代理或是其他用Python编写的纯HTTP服务，也可以直接编写WSGI应用程序。

如果把范围扩大，则原始WSGI可调用对象在Python语言中的位置有点类似于前向代理和反向代理在整个HTTP生态系统中的位置。相对于作为HTTP服务来根据特定的主机名和路径返回资源而言，它们更适合处理请求过滤、请求规范化以及请求分发这样较为底层的任务。如果想了解WSGI可调用对象在将请求转发给其他可调用对象前是如何修改请求细节的，可以阅读WSGI的规范说明，也可以查阅WebOb或Werkzeug文档中给出的编写中间件的可用模式。

10.8　小结

Python有一个内置的http.server模块，从命令行启动该服务器时，它可向客户端返回当前工作目录下的文件。尽管在紧急情况下以及所请求的网站直接存储在磁盘上时使用起来很方便，但是该模块现在已经很少用于新型HTTP服务的创建了。

在Python中，标准的同步HTTP通常会用到WSGI标准。服务器负责解析收到的请求，然后生成一个保存了所有信息的字典，应用程序从字典中获取信息，然后返回HTTP头以及响应体（如果有的话）。这使得我们能够自由选择Web服务器，来与任意标准的Python Web框架配合使用。

WSGI生态系统并不支持异步Web服务器。WSGI可调用对象不是完整意义上的协程，因此所有异步HTTP服务器都需要针对使用各自的Web框架所编写的服务采用特定的处理方式。在这种情况下，服务器和框架是绑定在一起的，通常不会与其他服务器或框架有更多的互操作性。

要使用Python提供HTTP服务，有4种流行的架构。第一种是使用Gunicorn或其他纯Python服务器（如CherryPy）直接运行单独的服务器。其他架构会选择通过mod_wsgi在Apache的控制下运行Python。然而由于反向代理服务器的概念是所有种类Web服务的首选模式，许多架构师发现直接将Gunicorn或其他纯Python服务器部署在nginx或Apache后端更简单。nginx或Apache和纯Python服务器都作为独立的HTTP服务。当请求路径指向动态资源时，nginx或Apache会将请求转发给后端的纯Python服务器。

可以在上面所有架构模式的前端部署Varnish或其他反向代理，用于增加一层缓存。缓存实例可以存在于请求机器的同一机房中（甚至是同一台机器上），不过通常会根据其地理位置的分布进行部署，使得各特定的HTTP客户群都有距离较近的缓存实例。

可以将服务安装在某个PaaS提供商提供的PaaS服务内。这些PaaS提供商通常提供了缓存、反向代理以及负载均衡的功能。我们的应用程序只需要负责对HTTP请求做出响应（通常使用Gunicorn这样的容器）即可。

对于服务，有一个非常流行的问题：它们是否是RESTful的？它们是否满足该标准的提出者Roy Fielding博士所提出的特性？Fielding博士提出的这些特性是HTTP设计的基本原则。尽管现在的很多服务都已经不再隐藏所选的方法和路径（这会隐藏服务的真正目的），但还是很少有服务会采用Fielding博士关于将语义置于超媒体而非面向程序员的文档中这一远见。

可以将一些小型服务（尤其是对HTTP请求进行过滤或变换的小型服务）编写成WSGI可调用对象。无论是使用WebOb还是Werkzeug，都能够将原始WSGI环境封装到一个便于使用的Request对象中。我们可以从Request对象中获取信息，然后使用Response类来编写并返回响应信息。

在下一章中，我们会在通用HTTP服务和底层WSGI编程的基础上更深入一步——学习关于万维网的知识。万维网是将所有在线文档通过超链接连接起来的系统，也正是万维网使得互联网蜚声于世。我们会在下一章中学习如何获取并处理超文本文档，并使用流行的Web框架来实现自己的网站。

第 11 章 万维网

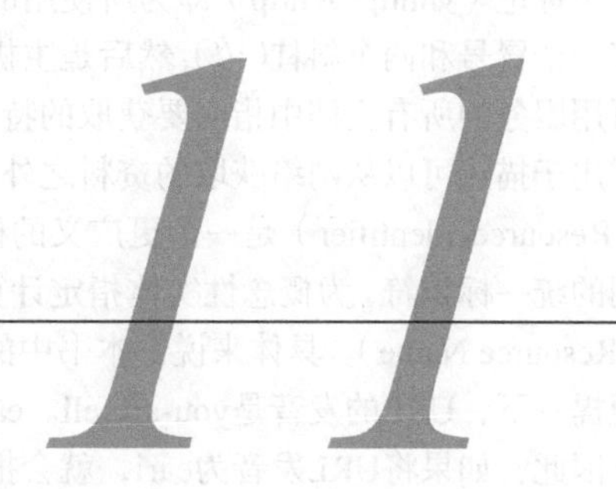

根据第9章和第10章的解释，超文本传输协议（HTTP，Hypertext Transfer Protocol）是一种通用机制。客户端使用HTTP向服务器请求文档，而服务器则通过HTTP向客户端提供文档。

然而，有一些内容在这两章中并没有提到：协议的名称为什么要以*超文本*（hypertext）开头呢？

其实，HTTP的设计初衷并非只是将其作为一种用于传输文件的新方法，也不是将其作为旧式文件传输协议（如FTP，见第17章）的一个更复杂的提供缓存功能的替代品。当然，HTTP能够传输书籍、图片以及视频这些独立的文件，但是尽管如此，HTTP的目的其实远不止于此，它还允许世界各地的服务器发布文档，并通过相互之间的交叉引用形成一张互相连接的信息网。

HTTP就是为万维网设计的。

11.1 超媒体与URL

长久以来，人们撰写书籍的时候都会引用其他书籍的相关内容。但是要想找到引用源，就必须先找到另一本书，然后不停地翻页，直到找到引用的文字才行。万维网（WWW，World Wide Web，或者直接称为Web）所实现的梦想就是把寻找引用的任务交给机器来负责。

假设有一段文字“第9章关于cookie的讨论”，这段文字本来是孤立的，与外界没有联系，但是如果它出现在电脑屏幕上，加了下划线，并且被点击之后可以转到所引用的文本，那么这段文字就成为了一个*超链接*（hyperlink）。文本中包含内嵌超链接的整个文档叫作*超文本*（hypertext）文档。如果文档中又加入了图片、声音以及视频，该文档就成为了*超媒体*（hypermedia）。

其中，前缀hyper表示后面的媒介能够理解文档之间相互引用的机制，并且能够为用户生成链接。短语“见第103页”如果只是出现在纸质书本上，那么并没有办法直接转到它所描述的位置（第103页）。而如果该短语是浏览器中显示的一个超链接，它就具备了直接转到第103页的能力了。

为了操作超媒体，人们发明了统一资源定位符（URL，Uniform Resource Locator）。它不仅为现代的超文本文档提供了一个统一的机制，还能够供以前的FTP文件和Telnet服务器使用。在网络浏览器的地址栏中可以看到很多类似下面这样的例子。

```
# Some sample URLs

https://www.python.org/
http://en.wikipedia.org/wiki/Python_(programming_language)
http://localhost:8000/headers
ftp://ssd.jpl.nasa.gov/pub/eph/planets/README.txt
telnet://rainmaker.wunderground.com
```

第一个标记（如https或http）即为所使用的机制（scheme），它指明了获取文档所使用的协议。它后面跟着一个冒号和两个斜杠(://)，然后是主机名，接着可能还有端口号。URL最后是一个路径(path)，用于在可用服务的所有文档中指明要获取的特定文档。

除了用于描述可以从网络获取的资料之外，上述句法还有更通用的用处。统一资源标识符（URI，Uniform Resource Identifier）是一个更广义的概念，可以用于标识通过网络访问的物理文档，也可以作为通用的统一标识符，为概念性实体指定计算机可以识别的名字。这些名字叫作统一资源名（URN，Uniform Resource Name）。具体来说，本书中的所有内容都可以叫作URL。

顺便提一下，URL的发音是you-are-ell。earl是指伯爵，在英国的贵族体系中级别低于侯爵，但高于子爵。因此，如果将URL发音为earl，就会把网络文档地址与欧洲大陆贵族体系中的伯爵搞混了。

当服务器需要根据用户提供的参数来自动生成文档时，就需要在基本的URL后面加上一个查询字符串。查询字符串由问号（?）开始，然后使用&符号来分割不同的参数。每个参数由参数名、等号以及参数值组成。

```
https://www.google.com/search?q=apod&btnI=yes
```

除此之外，还可以在URL后面加上一个以#号开始的片段（fragment），后面接上链接引用内容在页面上的具体位置。

```
http://tools.ietf.org/html/rfc2324#section-2.3.2
```

片段与URL的其他组成部分是有所不同的。Web浏览器在寻找片段指定的元素时需要获取路径指定的整个页面，因此传输的HTTP请求中其实压根并不包含关于片段的信息！服务器能够从浏览器获取的URL中只包括主机名、路径以及查询字符串。我们在第9章中提到过，主机名是以Host头的形式传输的，而路径和查询字符串则拼接在一起组成了跟在请求首行HTTP方法后的完整路径。

如果学习RFC 3986的话，就会从中发现其他一些现在已经很少使用的特性。如果偶尔需要使用这些特性的话（比如直接在URL中包含user@password这样的认证字符串），可以查阅这一官方资料，了解更多信息。

11.1.1　解析与构造URL

Python标准库内置的urllib.parse模块提供了解析并构造URL所需的工具。使用urllib.parse时，只需要一个函数调用就能够将URL分解成不同的部分。在较早版本的Python中，该函数的返回值就是一个元组。可以使用tuple()来查看元组信息，并使用整数索引或是在赋值语句中使用元组拆分来读取元组中的元素。

```
>>> from urllib.parse import urlsplit
>>> u = urlsplit('https://www.google.com/search?q=apod&btnI=yes')
>>> tuple(u)
('https', 'www.google.com', '/search', 'q=apod&btnI=yes', '')
```

不过，返回的元组同样支持通过属性的名称来访问属性值，这使得解析URL时编写的代码更具可读性。

```
>>> u.scheme
'https'
>>> u.netloc
```

```
'www.google.com'
>>> u.path
'/search'
>>> u.query
'q=apod&btnI=yes'
>>> u.fragment
''
```

表示“网络位置”（network location）的netloc属性其实也由若干部分组成，但是urlsplit()函数不会在返回的元组中将它们分解成不同的部分；相反，urlsplit()还是会在返回值中将网络位置作为一个单独的属性。

```
>>> u = urlsplit('https://brandon:atigdng@localhost:8000/')
>>> u.netloc
'brandon:atigdng@localhost:8000'
>>> u.username
'brandon'
>>> u.password
'atigdng'
>>> u.hostname
'localhost'
>>> u.port
8000
```

对URL进行分解只是整个解析过程的第一步。在构建URL的路径和查询字符串时，需要对一些字符进行转义。例如，由于&和#是URL的分隔符，因此不能直接在URL中使用这两个符号。除此之外，由于/符号是用来分割路径的，如果要在一个特定的路径中使用/符号的话，那么也必须进行转义。

URL的查询字符串有其自己的编码规则。查询字符串中的值通常会包含空格，而使用加号（+）来代替URL中的空格就是一种编码方案。例如，在Google进行搜索时，如果关键字包含空格，就会使用加号来代替空格。如果查询字符串编码时不使用加号的话，就只能和URL其余部分的编码策略一样，使用十六进制转义码“%20”来表示空格。

假设有一个URL用于在网站“Q&A”一节中的“TCP/IP”部分中搜索关于packet loss的信息，如果要正确解析这个URL的话，就必须遵循下述步骤：

```
>>> from urllib.parse import parse_qs, parse_qsl, unquote
>>> u = urlsplit('http://example.com/Q%26A/TCP%2FIP?q=packet+loss')
>>> path = [unquote(s) for s in u.path.split('/')]
>>> query = parse_qsl(u.query)
>>> path
['', 'Q&A', 'TCP/IP']
>>> query
[('q', 'packet loss')]
```

注意，使用split()对路径进行分割的返回值中一开始有一个空字符串。这是因为该路径是一个绝对路径，并且以一个斜杠作为开始。

URL的查询字符串允许多次指定同一个查询参数，因此解析查询字符串后会返回一个元组列表，而不是简单的字典。如果无需在编写的代码中处理这种情况，就可以将返回的元组列表传递给dict()，而最后一次指定的参数值将会作为字典中的值。如果既想返回一个字典，又希望能够多次指定同一个查询参数，那么可以使用parse_qs()来代替parse_qsl()。此时会返回一个字典，字典中的值是列表。

```
>>> parse_qs(u.query)
{'q': ['packet loss']}
```

标准库提供了反向构造URL所需的所有程序。如果已经有了path和query，Python就能够通过斜杠将路径的不同部分重新组合成完整路径，对查询字符串进行编码，然后将结果传递给urlunsplit()函数。urlunsplit()函数是之前使用过的urlsplit()函数的逆过程。

```
>>> from urllib.parse import quote, urlencode, urlunsplit
>>> urlunsplit(('http', 'example.com',
...           '/'.join(quote(p, safe='') for p in path),
...           urlencode(query), ''))
'http://example.com/Q%26A/TCP%2FIP?q=packet+loss'
```

如果我们非常谨慎地使用这些标准库函数来完成所有URL解析工作，就会发现，这些标准库函数已经将所有HTTP规范都考虑进去了。

上述例子中的代码是完全正确的，有些程序员甚至会觉得这样的代码考虑的东西有点多余了。毕竟，有多少路径的组成部分本身会包含斜杠呢？大多数网站都会精心设计表示路径的元素，因此无需在URL中使用不优雅的转义符。开发者们将这些路径元素称为slug[①]。如果某个网站只允许在URL slug中包含字母、数字、连字符以及下划线，那么显然就不用再担心slug中会包含需要进行转义的斜杠符号。

如果确认要处理的路径的各组件中绝对不会包含用于转义的斜杠符号，那么就可以直接将该路径传递给quote()和unquote()，无需事先对其进行分割。

```
>>> quote('Q&A/TCP IP')
'Q%26A/TCP%20IP'
>>> unquote('Q%26A/TCP%20IP')
'Q&A/TCP IP'
```

事实上，quote()函数认为正常情况下路径组件中不会包含用于转义的斜杠符号，因此它的默认参数是safe='/'，表示会直接将斜杠符号作为字面值。而在之前的版本中，则使用safe=''覆盖了该参数值。

除了上面简要提到的通用方法之外，标准库的urllib.parse模块还提供了一些专用方法，比如urldefrag()，用于根据#符号将片段从URL中分离出来。在某些特殊情况下，这些功能更为专用的函数可以使开发者的工作变得更加方便。读者可以阅读相关文档来了解更多关于这些函数的信息。

11.1.2　相对 URL

文件系统的命令行支持一个用于“更改工作目录”的命令。切换到特定的工作目录后就可以使用相对（relative）路径来搜索文件，相对路径不需要以斜杠符号开头。而如果一个路径以斜杠符号开头的话，就明确表示要从文件系统的根目录开始搜索文件。以斜杠符号开头的路径叫作绝对（absolute）路径，绝对路径始终指向同一位置，与用户所处的工作目录无关。

```
$ wc -l /var/log/dmesg
977 dmesg
$ wc -l dmesg
```

① slug通常用人们较易理解的关键字来表示页面的位置。——译者注

```
wc: dmesg: No such file or directory
$ cd /var/log
$ wc -l dmesg
977 dmesg
```

超文本也有类似的概念。如果一个文档中的所有链接都是绝对URL的话（例如11.1.1节中的URL），那么毫无疑问，这些链接会指向正确的资源。但是，如果文档中包含相对URL的话，我们就需要将文档本身的位置考虑进去了。

Python提供了一个urljoin()函数，用于处理标准中的所有相关细节。假设从一个超文本文档中提取出了一个URL。该URL可能是相对的，也可能是绝对的。此时可以将其传递给urljoin()，由urljoin()负责填充剩余信息。如果该URL是绝对URL，那么不会有任何问题，urljoin()会直接返回该URL。

urljoin()的参数顺序和os.path.join()是一样的。第一个参数是正在阅读的文档的基地址，第二个参数则是从该文档中提取出的URL。如果第二个参数是相对URL，那么有多种方法可以重写基地址的某些部分。

```
>>> from urllib.parse import urljoin
>>> base = 'http://tools.ietf.org/html/rfc3986'
>>> urljoin(base, 'rfc7320')
'http://tools.ietf.org/html/rfc7320'
>>> urljoin(base, '.')
'http://tools.ietf.org/html/'
>>> urljoin(base, '..')
'http://tools.ietf.org/'
>>> urljoin(base, '/dailydose/')
'http://tools.ietf.org/dailydose/'
>>> urljoin(base, '?version=1.0')
'http://tools.ietf.org/html/rfc3986?version=1.0'
>>> urljoin(base, '#section-5.4')
'http://tools.ietf.org/html/rfc3986#section-5.4'
```

当然，向urljoin()传入一个绝对地址是绝对安全的。urljoin()会识别出某个地址是否是绝对地址。如果是的话，urljoin()就会直接将其返回，并且不会对基地址做任何修改。

```
>>> urljoin(base, 'https://www.google.com/search?q=apod&btnI=yes')
'https://www.google.com/search?q=apod&btnI=yes'
```

由于相对URL无需指定使用的协议机制，如果编写网页时并不知道要使用HTTP还是HTTPS的话，那么使用相对URL就十分方便了（即使是用来编写网页的静态部分）。在这种情况下，urljoin()只会将基地址使用的协议复制到第二个参数提供的绝对URL中，组成完整的URL，以此作为返回值。

```
>>> urljoin(base, '//www.google.com/search?q=apod')
'http://www.google.com/search?q=apod'
```

如果准备在网站中使用相对URL的话，有一点是十分重要的：一定要注意页面URL的最后是否包含一个斜杠。这是因为，最后包含斜杠与不包含斜杠的相对URL含义是不同的。

```
>>> urljoin('http://tools.ietf.org/html/rfc3986', 'rfc7320')
'http://tools.ietf.org/html/rfc7320'
>>> urljoin('http://tools.ietf.org/html/rfc3986/', 'rfc7320')
'http://tools.ietf.org/html/rfc3986/rfc7320'
```

乍一看上去，上面的两个基地址只是稍有不同。但是，这对于相对URL的意义却是至关重要的！第一个URL表示该请求是为了显示rfc3986这一文档而访问包含该文档的html目录，此时的“当前工作目录”是html目录。而第二个URL就不同了。在真正的文件系统中，只有目录的结尾会有斜杠，因此它把rfc3986本身看作是正在访问的目录。所以，根据第二个URL构建出来的链接会直接在“rfc3986/”之后添加相对URL参数，而不是直接在html目录下添加。

在设计站点时，一定要确保当用户提供错误的URL时能够马上将其重定向至正确的路径。例如，如果要访问上面例子中的第二个URL，那么IETF的网络服务器会检测到最后多加了一个斜杠，然后它会在响应中声明一个Location头，给出正确的URL。

每个编写过Web客户端的开发者都会经历这一课：相对URL不一定相对于HTTP请求中提供的路径！如果网站选择在响应中包含一个Location头，那么相对URL必须相对于Location头中提供的路径。

11.2　超文本标记语言

现在，介绍推动Web发展的核心文档格式的书籍有很多。此外，还有一些现行的标准也对超文本文档的格式、使用层级样式表（CSS，Cascading Style Sheets）确定超文本文档样式的机制以及JavaScript（JS）等浏览器内嵌语言的API做了描述。其中，JavaScript等浏览器内嵌语言可以在用户与页面交互或浏览器从服务器获取更多信息时对文档进行实时的修改。下面是几个核心标准与资源的链接：

http://www.w3.org/TR/html5/

http://www.w3.org/TR/CSS/

https://developer.mozilla.org/en-US/docs/Web/JavaScript

https://developer.mozilla.org/en-US/docs/Web/API/Document_Object_Model

由于本书是关于网络编程的，我会把注意力着重放在这些技术与网络有关的部分。

超文本标记语言（HTML，Hypertext Markup Language）是一种使用大量尖括号（<...>）来装饰纯文本的机制。每对尖括号都创建了一个*标签*（tag），如果标签开头没有斜杠的话，就表示文档中某个新*元素*（element）的开始，否则就表示元素的结尾。下面的例子展示了一个简单的段落，该段落中包含了一个加粗的单词和一个斜体的单词。

```
<p>This is a paragraph with <b>bold</b> and <i>italic</i> words.</p>
```

某些标签是自包含的，不需要之后再使用对应的结束标记。最有名的例子就是`<br>`标签，它创建了段落中的一个空行。有些更为一丝不苟的开发者会把`<br>`写成`<br/>`，这是从扩展标记语言（XML，Extensible Markup Language）中学习过来的。但是在HTML中，这并不是必需的。

事实上，在HTML中有许多东西都不是必需的。比如，并不一定要为所有开始标签提供对应的结束标签。当一个用`<ul>`表示的无序列表结束的时候，无论`<ul>`内部用`<li>`表示的列表元素是否通过`</li>`标签表示元素结束，HTML解析器都会认为该无序列表包含的所有列表元素都已经结束。

从上面的示例段落中，可以清楚地认识到，HTML的标签是可以层层嵌套的。设计者在构建完整的Web页面时可以不断地在HTML元素内部嵌入其他HTML元素。在构建页面的过程中，设计者大多会不可避免地不断重复使用HTML定义的有限元素集合中的元素。这些元素用于表示页面上不同类型的内容。尽管最新的HTML5标准允许设计者直接在页面中创建新元素，但是设计者们还是会倾向于使用标准元素。

一个大型的页面可能会出于各种不同的原因而使用<div>（最通用的分块形式）或<span>（最通用的标记连续文本的方式）这样的通用标签。那么，如果所有元素都使用了相同的<div>标签，该如何使用CSS来合理地设置各元素的样式呢？又该如何使用JavaScript来设置用户与各元素的不同交互方式呢？

答案就是，为每个元素指定一个class。这样，HTML编写者就可以为各元素提供一个特定的标记，之后就可以通过该标记来访问特定的元素了。要使用class，有两种常见的方法。

第一种方法是，在设计时为所有HTML元素都指定一个唯一的class。

```
<div class="weather">
  <h5 class="city">Provo</h5>
  <p class="temperature">61°F</p>
</div>
```

这样一来，对应的CSS和JavaScript就可以通过.city和.temperature这样的选择器来引用特定的元素了。如果想要更细粒度一点，可以使用h5.city和p.temperature。最简单形式的CSS选择器只需要一个标签的名称，后面加上以句点为前缀的class名称即可。这两者都不是必需的。

有时候，在class为weather的<div>内，设计者认为他们使用<h5>和<p>的目的都是唯一的，因此他们选择只为外层的元素指定class的值。

```
<div class="weather"><h5>Provo</h5><p>61°F</p></div>
```

此时，要在CSS或JavaScript中引用该<div>内部的<h5>和<p>，就需要使用更为复杂的模式了。我们使用空格来连接外层标签的class值与内层标签的名称。

```
.weather h5
.weather p
```

除了上述简单的选项外，如果还想要了解所有可用的选项，可以查阅CSS标准或CSS的入门指南。如果还想了解选择器如何从浏览器中实时运行的代码中选取元素，可以阅读关于JavaScript或是jQuery这样功能强大的文档操作库的介绍。

在Google Chrome或Firefox这样的现代浏览器中，可以通过浏览器的两个功能来审查我们所喜爱的网站的页面组织方式。首先，在当前访问的页面中，使用快捷键Ctrl+U可以查看页面的HTML代码，同时提供了语法的高亮显示。其次，可以右击任意元素，选择“审查元素”，打开调试工具，这样可以查看到与页面特定内容对应的HTML元素，如图11-1所示。

在审查元素界面中，可以切换到网络面板，查看浏览器为了访问页面而下载或显示的所有其他资源。

需要说明的是，图11-2显示的网络面板刚打开时通常是空的。如果要在网络面板中显示与页面相关的完整信息的话，可以重新加载页面。

注意，在审查元素面板里查看到的实时文档与最初载入页面的HTML源代码可能会有所不同，甚至完全不同。这取决于JavaScript是否已经向最初载入的页面添加或删除了元素。如果发现从审查元素面板中找到的某个元素没有出现在最初的页面源代码中，那么可能需要进入网络面板，找到JavaScript还获取并使用了哪些资源来构建这些新增的页面元素。

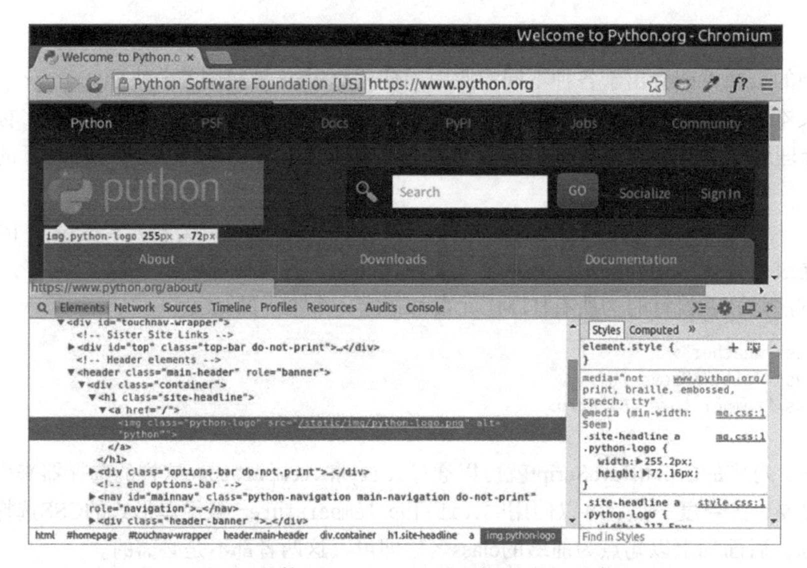

图11-1　使用Google Chrome审查页面元素

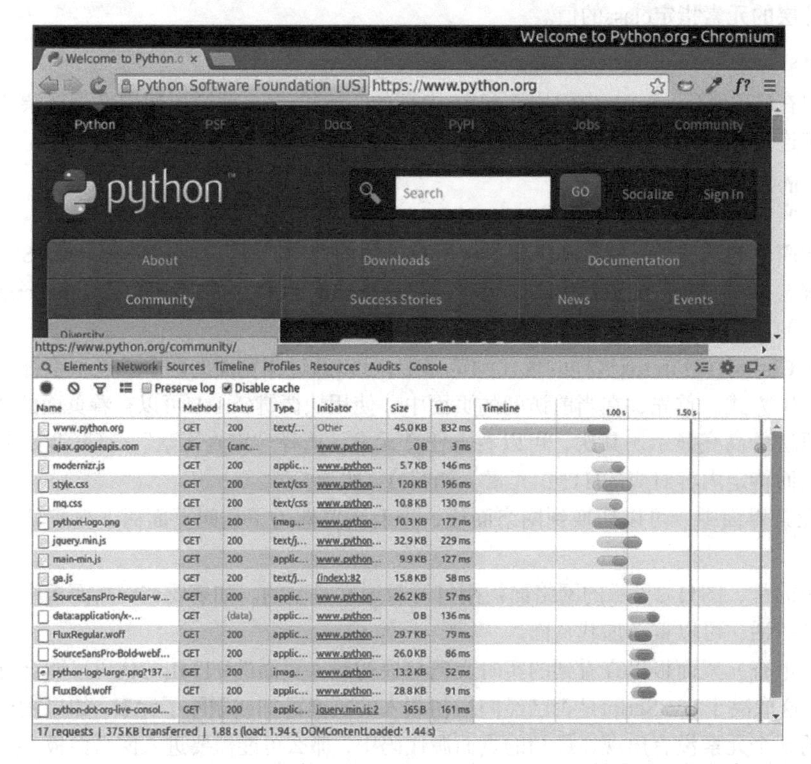

图11-2　Google Chrome的网络面板（显示生成python.org所需要下载的资源）

从接下来的几个代码清单开始，我们将着手对几个小型的Web应用程序进行实验，读者可以随时使用浏览器的审查元素功能来审查应用程序返回的页面。

11.3 读写数据库

假设有一个简单的银行应用程序，想要允许账户持有人使用一个Web应用程序互相发送账单。这个应用程序至少需要一个存储账单的表、插入新账单的功能以及获取并显示与当前登录用户账号有关的所有账单的功能。

代码清单11-1中展示了一个简单的库，提供了实现上述3个功能的示例实现。该例子使用了Python标准库内置的SQLite数据库。因此，下面例子中的代码应该能够在任何安装了Python的机器上正确运行。

代码清单11-1 用于创建数据库并与数据库进行通信的程序

```
#!/usr/bin/env python3
# Foundations of Python Network Programming, Third Edition
# https://github.com/brandon-rhodes/fopnp/blob/m/py3/chapter11/bank.py
# A small library of database routines to power a payments application.

import os, pprint, sqlite3
from collections import namedtuple

def open_database(path='bank.db'):
    new = not os.path.exists(path)
    db = sqlite3.connect(path)
    if new:
        c = db.cursor()
        c.execute('CREATE TABLE payment (id INTEGER PRIMARY KEY,'
                  ' debit TEXT, credit TEXT, dollars INTEGER, memo TEXT)')
        add_payment(db, 'brandon', 'psf', 125, 'Registration for PyCon')
        add_payment(db, 'brandon', 'liz', 200, 'Payment for writing that code')
        add_payment(db, 'sam', 'brandon', 25, 'Gas money-thanks for the ride!')
        db.commit()
    return db

def add_payment(db, debit, credit, dollars, memo):
    db.cursor().execute('INSERT INTO payment (debit, credit, dollars, memo)'
                        ' VALUES (?, ?, ?, ?)', (debit, credit, dollars, memo))

def get_payments_of(db, account):
    c = db.cursor()
    c.execute('SELECT * FROM payment WHERE credit = ? or debit = ?'
              ' ORDER BY id', (account, account))
    Row = namedtuple('Row', [tup[0] for tup in c.description])
    return [Row(*row) for row in c.fetchall()]

if __name__ == '__main__':
    db = open_database()
    pprint.pprint(get_payments_of(db, 'brandon'))
```

SQLite引擎将每个数据库存储为磁盘上的一个独立文件，因此open_database()函数可以通过检查文件是否存在来确认数据库是否已经创建。如果数据库已经存在，那么只需要重新连接该数据库即可。在创建数据库时，open_database()函数创建了一张账单表，并向表中添加了3条示例账单信息，以便应用程序进行展示。

示例中的表模式极其简单，只是用来满足应用程序运行的最低要求。在现实生活中，还需要一个用户表来存储用户名及密码的安全散列值以及一个包含官方银行账号的表。款项最终会从官方银行账号提取，并会支付到官方银行账号中。本例中的应用程序并不是真实的，它允许用户任意创建示例账户。

在这个例子中，有一个很重要的操作值得借鉴：SQL调用的所有参数都进行了适当的转义。程序员在向SQL这样的解释型语言提交一些特殊字符时，有时并没有进行正确的转义。这是现在安全缺陷的主要来源之一。如果Web前端的一个恶意用户故意在Memo字段中包含了一些特殊的SQL代码，就会造成很严重的后果。最好的保护方法就是使用数据库自身提供的功能来正确地引用数据，而不使用自己构建的程序逻辑。

为了正确地完成这一过程，代码清单11-1在代码中所有需要插入参数的地方都向SQLite提供了一个问号（?），而没有自己进行转义或插入参数。

本例中的另一个重要操作就是为原始的数据库行赋予了更丰富的语义。fetchall()方法并不是sqlite3独有的，它是DB-API 2.0的一部分。为了支持互操作性，所有现代Python数据库连接接口都支持DB-API 2.0。除此之外，fetchall()没有为数据库查询返回的每一行结果返回一个对象，甚至没有返回一个字典，而是为每一行返回了一个元组。

```
(1, 'brandon', 'psf', 125, 'Registration for PyCon')
```

直接操作这些原始的元组结果是一种糟糕的做法。在代码中，“欠款账户”或是“已付账款”这样的概念可能会以row[2]或row[3]这样的形式来表示，这大大降低了可读性。因此，bank.py使用了一个简单的namedtuple类，该类同样支持使用row.credit和row.dollars这样的属性名。尽管每次调用SELECT时都要新建一个类，这在效率上并不是最优的，但是却能够只用一两行简单的代码就提供了Web应用程序所需的语义，这使得我们能够更快地把精力集中在Web应用程序代码本身的编写上。

11.4　一个糟糕的 Web 应用程序（使用 Flask）

除了阅读接下来的程序清单之外，读者也可以从下面的链接找到本书的源代码库，下载接下来的代码清单中所展示的示例Web应用程序。

https://github.com/brandon-rhodes/fopnp

读者可以访问下面的链接，浏览本章的代码。

https://github.com/brandon-rhodes/fopnp/tree/m/py3/chapter11

首先应该学习的是app_insecure.py，如代码清单11-2所示。先仔细阅读代码，然后考虑下面的问题：该代码是否是糟糕且不可信的？它会不会导致安全威胁，损害公众的利益？它是不是危险的？

代码清单11-2　一个不安全的Web应用程序（不是Flask的问题！）

```
#!/usr/bin/env python3
# Foundations of Python Network Programming, Third Edition
# https://github.com/brandon-rhodes/fopnp/blob/m/py3/chapter11/app_insecure.py
```

```
# A poorly-written and profoundly insecure payments application.
# (Not the fault of Flask, but of how we are choosing to use it!)

import bank
from flask import Flask, redirect, request, url_for
from jinja2 import Environment, PackageLoader

app = Flask(__name__)
get = Environment(loader=PackageLoader(__name__, 'templates')).get_template

@app.route('/login', methods=['GET', 'POST'])
def login():
    username = request.form.get('username', '')
    password = request.form.get('password', '')
    if request.method == 'POST':
        if (username, password) in [('brandon', 'atigdng'), ('sam', 'xyzzy')]:
            response = redirect(url_for('index'))
            response.set_cookie('username', username)
            return response
    return get('login.html').render(username=username)

@app.route('/logout')
def logout():
    response = redirect(url_for('login'))
    response.set_cookie('username', '')
    return response

@app.route('/')
def index():
    username = request.cookies.get('username')
    if not username:
        return redirect(url_for('login'))
    payments = bank.get_payments_of(bank.open_database(), username)
    return get('index.html').render(payments=payments, username=username,
        flash_messages=request.args.getlist('flash'))

@app.route('/pay', methods=['GET', 'POST'])
def pay():
    username = request.cookies.get('username')
    if not username:
        return redirect(url_for('login'))
    account = request.form.get('account', '').strip()
    dollars = request.form.get('dollars', '').strip()
    memo = request.form.get('memo', '').strip()
    complaint = None
    if request.method == 'POST':
        if account and dollars and dollars.isdigit() and memo:
            db = bank.open_database()
            bank.add_payment(db, username, account, dollars, memo)
            db.commit()
            return redirect(url_for('index', flash='Payment successful'))
        complaint = ('Dollars must be an integer' if not dollars.isdigit()
                     else 'Please fill in all three fields')
    return get('pay.html').render(complaint=complaint, account=account,
```

```
                                        dollars=dollars, memo=memo)

if __name__ == '__main__':
    app.debug = True
    app.run()
```

上述代码是危险的，也无法抵御现代Web上诸多针对向量的重要攻击！我们会在本章接下来的几节中学习上述代码的弱点，并以此来了解一个应用程序要抵御网络攻击所需要采取的最基本的操作。代码中的这些弱点都来自于数据处理过程中发生的错误，与网站是否合理采用了TLS防止网络窃听无关。读者可以假设该网站已经采取了加密保护，比如在前端使用了一个反向代理服务器（见第10章）。我会考虑攻击者在无法获取特定用户与应用程序之间传递的数据时所能进行的恶意行为。

该应用程序使用了Flask框架来处理Python Web应用程序的一些基本操作：在请求应用程序没有定义的页面时返回404、从HTML表单中解析数据（将在11.5节中介绍），以及使用模板生成HTML文本或重定向到另一个URL来简化HTTP响应的生成过程。除了本章介绍的内容之外，如果读者还想了解更多关于Flask的信息，可以访问http://flask.pocoo.org/网站的文档。

假设上面的代码是由并不熟悉Web的程序员编写的。他们听说过使用模板语言可以方便向HTML中加入自定义的文本，因此他们了解加载并运行Jinja2的方法。除此之外，他们发现Flask这一微型框架的流行程度仅次于Django，并且喜欢Flask能够将一个应用程序放在一个单独的文件中这一特性，因此他们决定尝试使用Flask。

从上往下阅读代码，可以依次看到`login()`和`logout()`两个函数及其对应的页面。由于这个应用程序并没有真正的用户数据库，因此`login()`中直接硬编码了两个虚拟的用户账号及密码。我们会在接下来的章节学习更多有关表单逻辑的内容。不过，从`login()`中已经可以看出，登录和登出会导致cookie（见第9章、第10章）的创建和删除。如果后续的请求中提供了cookie，那么服务器会认为cookie标记的用户是授权用户。

另外两个页面都不允许非授权用户查看。`index()`和`pay()`都会先查询cookie，如果没有找到cookie值，就会重定向到登录页面。除了检查用户是否已经登录之外，登录之后的视图只有两行代码（好吧，由于第二行比较长，其实是3行代码）。首先从数据库拉取当前用户的账单信息，然后与其他信息组合起来一起传递给HTML页面模板。我们需要向即将生成的页面提供用户名，这一点是很容易理解的。但是，代码中为什么需要检查名为`'flash'`的URL参数呢（Flask通过`request.args`字典来提供URL参数）？

阅读一下`pay()`函数，答案就很明显了。在支付成功之后，用户会被重定向到index页面，而此时用户可能需要一些提示，以确认自己提交的表单得到了正确的处理。这一功能是通过Web框架的flash消息来完成的。flash消息会显示在页面的顶部。（这里的flash与用来编写小广告的Adobe Flash没有任何关系，只是表示用户下次访问该页面时该信息会像flash广告一样呈现给用户，然后消失。）在该Web应用程序的第一个版本中，只是简单地将flash消息设计为了URL中的一个查询字符串。

```
http://example.com/?flash=Payment+successful
```

对于经常阅读Web应用程序的读者来说，`pay()`函数的剩余部分就再熟悉不过了：检查表单是否成功提交，如果成功，就进行一些操作。用户或浏览器有可能会提供或漏掉一些表单参数，因此很谨慎地在代码中使用`request.form`字典的`get()`方法进行了处理。如果某个键缺失的话，就返回一个默认值（在这里是空字符串`''`）。

如果请求满足条件，pay()函数就会将该账单永久添加到数据库中；否则，就将表单返回给用户。如果用户已经填写了一些信息，那么上面的代码不会直接将用户已经填写的信息丢弃，也不会返回空白的表单以及错误信息，而是将用户已经填写的值传回给模板。这样，在用户看到的页面中就能够重新显示他们已经填写过的值了。

要更好地理解11.4节将要讨论的关于表单和方法的内容，先阅读一下代码清单11-2中提到的3个HTML模板是很重要的。我们把一些通用的HTML设计元素提取到了一个基本模板当中，因此实际上有4个模板。这也是设计者在构建多页面网站时最常使用的一种模式。

代码清单11-3所示的模板定义了一个页面框架，其他模板可以向base.html中的几个地方插入页面标题和页面body。注意标题可以使用两次，一次是在<title>元素中，另一次是在<h1>元素中。这得感谢Armin Ronacher把Jinja2模板语言设计得这么周到，他同时也是Werkzeug（见第10章）和Flask的作者。

代码清单11-3　base.html页面的Jinja2模板

```
<html>
  <head>
    <title>{% block title %}{% endblock %}</title>
    <link rel="stylesheet" type="text/css" href="/static/style.css">
  </head>
  <body>
    <h1>{{ self.title() }}</h1>
    {% block body %}{% endblock %}
  </body>
</html>
```

根据Jinja2模板语言的定义，使用两个大括号在模板中取值，如{{ username }}；使用大括号加上百分号来进行循环，重复生成同样的HTML模式，如{% for %}。要了解更多Jinja2的语法和特性，请访问http://jinja.pocoo.org/查看关于Jinja2的文档。

代码清单11-4展示的登录页面只包含标题和表单两部分。我们在这段代码中第一次看到了一个之后还将遇到很多次的模式——提供了初始value="..."的表单元素。屏幕上第一次显示该页面时，初始value的值就会显示在可编辑文本框中。

代码清单11-4　login.html的Jinja2模板

```
{% extends "base.html" %}
{% block title %}Please log in{% endblock %}
{% block body %}
<form method="post">
  <label>User: <input name="username" value="{{ username }}"></label>
  <label>Password: <input name="password" type="password"></label>
  <button type="submit">Log in</button>
</form>
{% endblock %}
```

如果用户输入了错误的密码，该应用程序会重复显示相同的表单，让用户重新输入。通过将value="..."的值设置为{{ username }}，用户重新输入时可以不用再次输入他们的用户名。

从代码清单11-5中可以看到，URL “/” 会映射到index页面，而index.html的模板也比前面几个模板更为复杂。首先是标题，然后，如果有flash消息，会直接显示在标题下方。接着是一个标题为Your

Payments的无序列表（<ul>），期中包含若干列表项（<li>），每个列表项都描述了支付给登录用户或由登录用户指出的一个账单。最后有两个链接，一个指向新账单页面，另一个指向登出页面。

代码清单11-5　index.html的Jinja2模板

```
{% extends "base.html" %}
{% block title %}Welcome, {{ username }}{% endblock %}
{% block body %}
{% for message in flash_messages %}
  <div class="flash_message">{{ message }}<a href="/">&times;</a></div>
{% endfor %}
<p>Your Payments</p>
<ul>
  {% for p in payments %}
    {% set prep = 'from' if (p.credit == username) else 'to' %}
    {% set acct = p.debit if (p.credit == username) else p.credit %}
    <li class="{{ prep }}">${{ p.dollars }} {{ prep }} <b>{{ acct }}</b>
    for: <i>{{ p.memo }}</i></li>
  {% endfor %}
</ul>
<a href="/pay">Make payment</a> | <a href="/logout">Log out</a>
{% endblock %}
```

需要注意的是，上面的代码并没有在循环显示收入账单和支出账单时不断显示当前用户的账户名。相反，针对每条账单信息，代码都会根据当前用户是credit账户还是debit账户来输出账单另一方的用户名。代码使用了正确的谓词来确认该账单是收入账单还是支出账单。这要感谢Jinja2提供的{% set ... %}命令。有了这条命令，设计者就可以在需要时在模板中进行这种相当简单的计算，来快速、动态地决定要显示的信息。

在很多情况下，用户经常会输入错误的表单信息，因此代码清单11-6会检测是否接收到了complaint字符串。如果有complaint字符串，就将其显示在表单的顶部。除了这一点还比较优雅之外，代码的其他部分冗余度相当高。如果表单信息有误且需要重新显示的话，就需要有3个表单字段，并且要使用用户试图提交时已经填写的值来事先填充这3个字段。

代码清单11-6　pay.html的Jinja2模板

```
{% extends "base.html" %}
{% block title %}Make a Payment{% endblock %}
{% block body %}
<form method="post" action="/pay">
  {% if complaint %}<span class="complaint">{{ complaint }}</span>{% endif %}
  <label>To account: <input name="account" value="{{ account }}"></label>
  <label>Dollars: <input name="dollars" value="{{ dollars }}"></label>
  <label>Memo: <input name="memo" value="{{ memo }}"></label>
  <button type="submit">Send money</button> | <a href="/">Cancel</a>
</form>
{% endblock %}
```

在设计网站时，最好在每个提交按钮边上都提供取消功能。实验证明，如果显示取消功能的元素比默认的表单提交按钮明显会小很多，并且没那么显眼，用户的操作失误会降到最低——不要把显示取消功能的元素设计成一个按钮，这是非常重要的！

因此，pay.html非常谨慎地将“取消”设计为了一个简单的链接，并且使用管道符号（|）将“取消”与提交按钮在视觉上区分开来。管道符号是现在处理这种情况时最为流行的方案之一。

如果想要试着运行这个应用程序的话，读者可以下载源代码，进入chapter11目录（其中包含bank.py、app_insecure.py以及templates/目录）。然后输入下述命令：

```
$ pip install flask
$ python3 app_insecure.py
```

运行结果如下，表示该应用程序已经启动并且运行，运行的URL地址会输出至屏幕。

```
* Running on http://127.0.0.1:5000/
* Restarting with reloader
```

如果打开了调试模式（见代码清单11-2的倒数第二行），那么一旦对运行中的代码进行了修改，Flask就会自动重启并重新载入应用程序，这样就能够在对代码进行微调时快速看到修改的效果。

这里还有一个小细节没有提到。代码清单11-3中的base.html用到了style.css。这个CSS文件在哪呢？该文件在static/目录中，该目录与应用程序的代码在同一个目录下。如果读者除了对网络编程有兴趣之外，还想了解Web设计的思想，那么可以阅读一下style.css。

11.5 表单和 HTTP 方法

HTML表单的默认action是GET，它可以只包括一个输入文本框。

```
<form action="/search">
  <label>Search: <input name="q"></label>
  <button type="submit">Go</button>
</form>
```

由于篇幅有限，本书不会讨论表单设计——这是一个很复杂的问题，设计过程中需要做许多技术上的选择。除了这里使用的文本输入之外，还可以使用许多其他输入类型。即使是文本输入，也会有许多选项可以设置。是否要使用CSS3向输入文本框中添加一些用户开始输入后会自动消失的示例文本呢？是否要在浏览器中使用一些JavaScript代码在用户输入搜索项之前把提交按钮显示成灰色并禁用呢？是否要在输入文本框下方给用户一些提示或示例搜索项呢？提交按钮上的文本应该始终显示“提交”，还是在表单提交给服务器之后显示当前状态呢？如果设计师是一个极简主义者，他会不会为了简化网站而要求省略提交按钮，但会告知用户可以通过回车键来提交他们的搜索内容呢？

关于Web设计的书籍和网站会详细讨论这些问题。本书仅讨论表单对于网络的意义。

进行GET的表单会把输入的字段直接放到URL中，然后将其作为HTTP请求的路径。

```
GET /search?q=python+network+programming HTTP/1.1
Host: example.com
```

想想这意味着什么。GET的参数是浏览历史的一部分，任何人只要站在我们后面看着浏览器的地址栏就能看到我们输入的字段。这意味着，绝对不能使用GET来传输密码或证书这样的敏感信息。当我们填写一个GET表单时，其实就是在指定接下来要访问的地址。最终，浏览器会根据表单信息构造一个URL，该URL指向我们希望服务器生成的页面。填写之前的搜索表单中的3个不同的字段会生成3

个独立的页面、浏览器中的3条浏览历史以及3个URL。后期可以重新访问这3条浏览历史。如果希望好友也能查看同样的页面，我们可以将这些URL与好友分享。

可以使用一个进行GET请求的表单来表示要访问的地址，该表单只用来描述目的地址。

这与另一种HTML表单（方法为POST、PUT和DELETE的表单）大相径庭。对于这些表单来说，URL中绝对不会包含任何表单信息，因此表单信息也不会出现在HTTP请求的路径中。

```
<form method="post" action="/donate">
  <label>Charity: <input name="name"></label>
  <label>Amount: <input name="dollars"></label>
  <button type="submit">Donate</button>
</form>
```

在提交上面这个HTML表单时，浏览器会把所有数据都放入请求消息体中，而请求路径本身是没有变化的。

```
POST /donate HTTP/1.1
Host: example.com
Content-Type: application/x-www-form-urlencoded
Content-Length: 39

name=PyCon%20scholarships&dollars=35
```

在这个例子中，我们并不是因为想要查看一个$35 for PyCon scholarships页面的内容而请求访问该页面的。相反，我们执行了一个动作。如果进行了两次POST操作，就会造成两倍的执行开销，受到该动作影响的内容也会被修改两次。因为$35 for PyCon scholarships不是我们想要访问的地址，所以表单参数不会被放在URL中。一位名为J.L.Austin的哲学家把这种动作称为*言语行为*（speech act），表示会在世界上创建一个新状态的言语。

顺便提一下，浏览器在上传大型负载（如整个文件）时还可以使用一种基于MIME标准（见第12章）的表单编码multipart/forms。不过，无论使用哪种编码，POST表单的语义都是一样的。

Web浏览器知道POST请求是一个会造成状态变化的动作，因此它们在处理POST请求时是非常小心的。如果用户在浏览一个由POST请求返回的页面时重新加载网页，那么浏览器会弹出一个对话框。读者可以运行代码清单11-2的Web应用程序，然后访问/pay表单，不填写任何信息就提交表单。然后，浏览器会停留在支付页面，并输出Dollars must be an integer.的警告。此时，如果在Google Chrome中单击“重新加载此页”，就会弹出一个对话框。

```
Confirm Form Resubmission（确认重新提交表单）

The page that you're looking for used information that you entered. Returning to the page might
cause any action you took to be repeated. Do you want to continue?（此网页需要使用您之前输入的数据
才能正常显示。返回至该网页可能会重新发送这些数据。是否要继续该操作？）
```

读者应该可以在自己的浏览器中看到类似的警告信息。尽管通过人眼可以清楚地判断出表单提交其实没有真正产生作用，但是浏览器没有办法确认POST请求没有成功。浏览器只是发送了一个POST请求，并且接收到了一个页面。如果返回的页面显示的是类似于“感谢您捐助了1000美元”的信息，那么重复提交表单的后果是非常严重的。

为了防止用户在浏览POST返回的页面上进行重新加载，或在前进、后退操作时不断收到浏览器弹出的对话框，有两种技术可供网站采用。

- 使用JavaScript或HTML5表单的输入限制来尝试事先防止用户提交包含非法值的表单。如果在表单数据全部符合要求并可以提交之前禁用提交按钮，或者使用JavaScript在不需要重新加载页面的情况下提交整个表单并获取响应，那么用户就不会因为提交了非法数据而不断停留在POST请求返回的页面内并收到浏览器弹出的警告对话框。
- 当表单正确提交并成功执行了POST请求的动作后，Web应用程序不应该直接返回一个表示动作已完成的200 OK页面，而是应该返回一个303 See Other，并在Location头中指定将要重定向到的URL。这会强制浏览器在成功完成POST请求之后立刻进行一个GET请求，用户浏览器会立刻转到该GET请求要访问的页面。此时，用户就可以进行重新加载他们想要访问的页面，或是在该页面执行前进、后退操作了。这些操作不会重复提交表单，只会对目标页面重复执行GET请求，该操作是安全的。

代码清单11-2中的应用程序是非常简单的，因此用户无法从中了解到包含非法信息的POST表单的具体返回细节，但是代码也会在/login和/pay表单操作成功时返回303 See Other。该功能是由Flask的`redirect()`构造函数提供的。这是所有Web框架中都应提供的最佳实践。

11.5.1 表单使用了错误方法的情况

误用了HTTP方法的Web应用程序会给一些自动化工具和浏览器带来些许问题，执行结果也会与用户的预期有所不同。

记得我有一个朋友，他运营了一个小型的商务网页，并将网站托管在一家本地托管公司自己研发的PHP内容管理系统中。他可以通过管理员界面查看他的网站中所使用图片的链接。为了将托管的图片备份到本地，他访问了管理员界面中所有高亮的图片链接来下载这些图片。几分钟后，他收到了另一个朋友发给他的一条信息：为什么网站上的所有图片都消失了？

结果发现，该管理页面没有在每个图片边上放置一个真正的删除按钮来实现删除图片的功能，而是直接使用了指向一个原始图片URL的链接来实现删除操作。点击该链接就会执行POST操作，并删除对应的图片，而这并不是他的本意！他的浏览器认为GET操作在任何情况下都应该是安全的，因此在使用页面上的所有链接发送GET请求时都不会有任何问题。但是他错信了网站托管公司，结果只能使用备份来修复他的网站。

还有一种与上面的例子相反的情况：在想要进行“读取”操作时错用了POST方法。这种错误造成的后果没有那么严重。它只会影响可用性，不至于删除所有文件。

我在使用一家大公司内部开发的搜索引擎时曾经遇到过一件很不愉快的事情。我先进行了一系列搜索，然后得到了我的导师需要的一些结果，因此我把其中的URL提取出来，准备复制到电子邮件中。

但是，当我看了这些URL后感到大失所望。我甚至不需要知道服务器的工作方式，就很确信我的导师是无法只通过/search.pl这样的URL来访问我搜索到的那些页面的。

因为搜索表单错误地使用了POST方法，所以我无法从浏览器的地址栏中看到真正的查询URL。这使得每个查询的URL看上去都是相同的，因此无法共享这些搜索，也无法将它们存为书签。除此之外，当我想要通过浏览器的前进和后退操作来浏览其他搜索结果时，总是会跳出弹窗，询问我是否真的想要重新提交搜索！这是因为，浏览器知道POST操作是可能有副作用的。

因此，在访问地址时使用GET，而在执行修改状态的动作时使用POST是非常重要的。这除了是协议本身的设计之外，也有利于改进用户体验。

11.5.2 安全的 cookie 与不安全的 cookie

代码清单11-2中的Web应用程序试图保护用户的隐私。用户必须先成功登录，才能通过路径为“/”的GET请求查看账单列表。如果想要通过/pay表单的POST请求来进行支付，用户必须要先成功登录。

然而不幸的是，要利用这个应用程序的漏洞，冒充另一个用户进行支付还是挺容易的！

我们可以想象一下一个可以访问该网站的恶意用户所进行的操作。他们可以先使用自己的账号登录网站，了解网站的工作原理。先打开Firefox或Google Chrome的调试工具，然后登录网站，在网络面板中查看请求头与响应头信息。那么，他们在登录页面提交了用户名和密码后，会从响应信息中得到什么内容呢？

```
HTTP/1.0 302 FOUND
...
Set-Cookie: username=badguy; Path=/
...
```

这可真够有趣的！成功登录后，返回给浏览器的响应信息中会包含一个名为username的cookie，username的值被设置为了badguy。显然，只要后续的请求中包含该cookie，那么网站就一定会认为发送这些请求的用户已经输入了正确的用户名和密码。

然而，发送请求的客户端可以随意设置这个cookie的值吗？

恶意用户可以通过设置浏览器的隐私菜单来尝试伪造cookie，也可以使用Python来尝试访问网站。他们可以使用Requests先看看能否获取到首页。不出所料，没有得到授权的请求会被重定向到/login页面。

```
>>> import requests
>>> r = requests.get('http://localhost:5000/')
>>> print(r.url)
http://localhost:5000/login
```

但是，如果恶意用户将cookie的值设置为brandon，而brandon恰好是一个已经登录的用户，结果会怎样呢？

```
>>> r = requests.get('http://localhost:5000/', cookies={'username': 'brandon'})
>>> print(r.url)
http://localhost:5000/
```

成功了！网站信任它已经设置过的cookie，因此会认为该HTTP请求来自已经登录的用户brandon，进而做出响应，返回请求的页面。恶意用户只需要知道账单系统的另一个已登录用户的用户名，就能够伪造请求，向其他任意用户支付了。

```
>>> r = requests.post('http://localhost:5000/pay',
...     {'account': 'hacker', 'dollars': 100, 'memo': 'Auto-pay'},
```

```
...     cookies={'username': 'brandon'})
>>> print(r.url)
http://localhost:5000/?flash=Payment+successful
```

伪造成功！已经从brandon的账户中支付了100美元到恶意用户控制的账户中。

从这个例子中我们学到了宝贵的一课：在设计cookie时，一定要保证用户不能自己构造cookie。假设用户非常聪明，最终能够了解我们用于混淆用户名的一些手段：Base64编码、交换字母的顺序或是使用常量掩码进行简单的异或操作。此时，要保证cookie无法被伪造，有3种安全的方法。

- 可以仍然保留cookie的可读性，但是使用数字签名对cookie进行签名。这会迫使攻击者对此无能为力。他们可以从cookie中看到用户名，也可以将他们想要伪造的用户名重新写入请求中。但是，由于他们无法伪造数字签名来对请求中的cookie进行签名，因此网站不会信任他们重新构造的cookie。
- 可以对cookie进行完全加密，这样用户甚至都无法读懂cookie的值。加密后的cookie是一个人类无法理解，甚至计算机也无法解析的值。
- 可以使用一个纯随机的字符串作为cookie。该字符串本身没有任何意义，创建该字符串时可以使用一个标准的UUID库。将这些随机字符串存储在自己的数据库中，每个受信任的用户都有一个对应的随机字符串，之后的请求就用该字符串作为cookie，这样就可以通过服务器的认证[①]。如果由同一个用户发送的多个连续的HTTP请求可能被转发至多台不同的服务器，那么所有服务器都要能够访问这一持久化的session存储。有些应用程序会把session存储在核心数据库中，而另一些应用程序则使用Redis实例或其他存储期较短的方式，以防止核心数据库的查询负载过高。

在这个示例应用程序中，我们可以利用Flask的内置功能对cookie进行数字签名，这样就没办法伪造cookie了。在部署了真实生产环境的服务器上，需要将签名密钥和源代码保存在不同的地方。不过，在这个例子中，我们直接在源代码文件的顶部给出了签名密钥。如果直接在生产系统的源代码中包含签名密钥，那么任何能够访问版本控制系统的人都可以得到密钥，而且在开发机上和持续集成过程中都能够获取到证书。

```
app.secret_key = 'saiGeij8AiS2ahleahMo5dahveixuV3J'
```

有了签名密钥后，Flask就会通过session对象来使用该密钥，设置cookie。

```
session['username'] = username
session['csrf_token'] = uuid.uuid4().hex
```

在收到请求并提取出cookie之后，Flask会先检查签名密钥，确认密钥正确后才会信任此次请求。如果cookie的签名不正确，就认为该cookie是伪造的，因此尽管请求中提供了cookie，但是该cookie无效。

```
username = session.get('username')
```

我们将在代码清单11-8中做出上述改进。

关于cookie，还有一点需要注意：不应该使用未加密的HTTP传输cookie，否则的话，处在同一家咖啡店无线网络中的所有人便都能够获取到别人的cookie了。许多网站在登录时都会使用HTTPS来安

① 这其实就是session。——译者注

全地传输cookie。登录成功后，浏览器才会直接使用HTTP从同一主机处获取所有CSS、JavaScript和图片，cookie只在使用HTTP时是暴露出来的。

为了防止暴露出cookie的情况发生，我们需要了解选择的Web框架在将cookie发送至浏览器时是如何设置Secure参数的。正确设置了Secure参数后，就绝对不会在非加密的请求中包含cookie了。这样一来，即使很多人可以查看非加密请求的内容，他们也无法从中得到cookie的内容。

11.5.3　非持久型跨站脚本

如果恶意用户无法窃取或伪造cookie，也就无法通过浏览器（或Python程序）伪装成另一个用户来执行操作。此时他们就要换个思路了。如果他们能够控制另一个已登录用户的浏览器，那么他们甚至不需要查看cookie，只要通过该浏览器来发送请求，请求中就会自动包含正确的cookie。

要进行这一类型的攻击，至少有3个著名的方法可供选择。代码清单11-2中的服务器无法抵御这3种方法发起的攻击。接下来，我会依次介绍这3种方法。

第一种类型是*非持久型*（nonpersistent）的*跨站脚本*（XSS，cross-site scripting）。在进行这种攻击时，攻击者自己编写了一些脚本，网站（如示例账单系统）会把这些脚本看作网站本身的脚本来运行。假设攻击者想要向他们的一个账户支付110美元，那么他们可能会编写代码清单11-7所示的JavaScript脚本。

代码清单11-7　用于支付的attack.js脚本

```
<script>
var x = new XMLHttpRequest();
x.open('POST', 'http://localhost:5000/pay');
x.setRequestHeader('Content-Type', 'application/x-www-form-urlencoded');
x.send('account=hacker&dollars=110&memo=Theft');
</script>
```

用户在成功登录账单应用程序后，如果页面中包含这段代码，那么代码中描述的POST请求就会自动发送，并以受害用户的身份支付账单。因为用户无法在最终生成的网页上看到<script>标记内的代码，所以除非他通过Ctrl+U查看了源代码，否则的话他甚至不知道已经被盗用了身份，支付了账单。就算是查看了源代码，也必须能发现<script>元素的异常，然而通常来说，<script>并不是页面的主要部分。

那么攻击者如何将这段包含JavaScript脚本的HTML植入页面中呢？

由于代码直接将flash参数插入到了/页面的页面模板中，攻击者可以直接通过flash参数来注入这段HTML！因为代码清单11-2的作者没有仔细地阅读文档，所以他并意识不到原始的Jinja2表单没有自动对特殊字符（如<和>）进行转义。原因在于，只要我们不明确说明，Jinja2就没有办法知道我们在使用这些特殊字符来构造HTML。

攻击者在构造URL时，可以在flash参数中包含他们的脚本。

```
>>> with open('/home/brandon/fopnp/py3/chapter11/attack.js') as f:
...     query = {'flash': f.read().strip().replace('\n', ' ')}
>>> print('http://localhost:5000/?' + urlencode(query))
http://localhost:5000/?flash=%3Cscript%3E+var+x+%3D+new+XMLHttpRequest%28%29%3B+x.open%28%27
POST%27%2C+%27http%3A%2F%2Flocalhost%3A5000%2Fpay%27%29%3B+x.setRequestHeader%28%27Content-
```

```
Type%27%2C+%27application%2Fx-www-form-urlencoded%27%29%3B+x.send%28%27account%3Dhacker%26dollars%3D
110%26memo%3DTheft%27%29%3B+%3C%2Fscript%3E
```

最后，攻击者需要编造出一个入口，诱使用户看到并单击指向上述URL的链接。

如果只想攻击一个特定的用户，那么这点还是很有难度的。攻击者可能需要编造一封发自用户的某个好友的电子邮件，然后将链接隐藏在邮件中用户可能想要单击的文本。要完成这一工作，需要进行大量研究，也会经历许多失败的过程。攻击者也可以登录到用户聊天的某个IRC频道，然后声称该链接是一篇与用户刚发表的观点有关的“文章”。在这种情况下，如果用户看到了完整的链接，很可能会对链接产生怀疑，因此攻击者经常会分享一个短链接。只有被用户点击之后，该短链接才会扩展成包含跨站脚本的原始完整链接。

然而，如果并不想攻击某个特定的用户，而且面向的是一个大型的网站（如账单处理系统），该网站有大量用户，那么攻击者就不需要为每个用户专门设计攻击方案了。在成千上万的收到嵌入恶意链接邮件的用户中，可能只有很少一部分登录了支付系统并点击了恶意链接，但是这已经足以为攻击者带来收入了。

读者可以试着用之前给出的Requests代码来生成链接。然后在登录了支付网站和没有登录两种情况下单击链接。

如果已经登录的话，那么每次重新载入首页时，用户都会进行一次支付，这是由访问的链接自动完成的。在Firefox或Google Chrome中使用Ctrl+U查看源代码，可以看到页面的`<script>`标记内包含了完整的JavaScript脚本。

如果发现攻击无法成功的话，可以打开浏览器的JavaScript控制台。我使用的Chrome版本相当智能，可以发现并阻止该攻击，并提示“由于请求中包含XSS源代码，因此XSS作者拒绝执行脚本”。只有关闭了浏览器的保护，或是找到了更邪恶的方法来利用flash消息的漏洞，攻击者才能够通过本例中简单的攻击脚本来绕过优秀的现代浏览器的保护。

即使攻击成功了，但是用于显示flash消息的绿色消息框内没有任何消息，也还是很有可能会引起用户的怀疑。作为一个练习，读者可以试着改进上面URL的这一缺陷，看看能不能在script标记外面提供类似于“欢迎回来”的真实文本，这样可以让绿色的消息框看上去更真实一些。

用户提交了/pay表单后，flash消息会显示在用户访问的下一个页面内，告诉用户表单提交已经完成。为了抵御非持久型XSS攻击，代码清单11-8将从URL中完全删除flash消息。在接收到下一个请求之前，我们可以将flash消息保存在服务器端。和大多数其他Web框架一样，Flask已经通过`flash()`和`get_flashed_messages()`这对函数支持了这一功能。

11.5.4 持久型跨站脚本

如果攻击者无法在一个又长又丑的URL中设置flash消息，那么就必须通过一些别的方法来注入JavaScript脚本。扫视了一遍主页之后，他们可能会注意到用于显示账单信息的Memo字段。可以将什么样的字符输入到Memo字段中去呢？

当然，要在页面上显示精心设计的Memo比直接将Memo嵌入URL中会复杂一些。而且攻击者是可以直接将URL匿名提供给用户的。要在页面上显示Memo，就必须先使用虚假的个人信息注册网站，或是盗用另一个用户的账户向受害者进行一次支付，并且在Memo字段中包含`<script>`元素以及代码清单

11-7中的JavaScript脚本。

读者可以自行注入该代码。可以利用代码清单11-2中提供的密码，以sam的身份登录应用程序，然后试着支付给我一笔账单。可以在Memo字段中输入一段短小精悍的注释，表示你很喜欢本书，并且愿意给我点小费。这样的话，我应该不会对该账单产生什么怀疑。在Memo字段后面加上了script元素之后，先别急着提交表单，可以看到表单中的字段如下所示：

```
To account: brandon
Dollars:    1
Memo:       A small thank-you.<script>...</script>
```

现在，点击提交按钮，然后登出，再以brandon的身份登录，然后重新载入页面。brandon用户每次重新访问首页的时候，都会从自己的账户中支出一笔账单！

这就是持久型（persistent）的跨站脚本攻击。我们可以从上面的脚本中看到，这种攻击的威力是很大的。在非持久型跨站脚本攻击中，只有用户点击了URL才会进行攻击；而持久型跨站脚本攻击中，只要受害者访问了网站，JavaScript脚本就会不断隐式运行，直到服务器上的数据全部被清空为止。当攻击者通过有漏洞的站点上的公共表单消息发起XSS攻击时，成千上万的用户都会受到影响，直到网站漏洞修复为止。

代码清单11-2之所以无法抵御这一类型的攻击，是因为使用了Jinja2的开发者没有真正理解Jinja2的使用方法。Jinja2的文档明确说明：它并不会自动进行任何转义。只有打开了转义功能，Jinja2才会对<和>这些HTML的特殊字符进行保护。

代码清单11-8通过Flask的render_template()函数来调用Jinja2。只要render_template()参数中的模板文件名后缀为html，它就会自动打开HTML转义功能，这样就能抵御所有XSS攻击。因此，请使用Web框架的通用模式，而不要自己重新造轮子，这样就可以避免因为一些粗心的设计失误而影响应用程序的安全性。

11.5.5　跨站请求伪造

现在，我们已经对网站的所有内容进行了合适的转义，因此不用再担心XSS攻击了。但是，攻击者还有一招：既然他们已经没必要从我们的网站提交表单了，那么就可以尝试从另一个完全不同的网站提交表单。他们可以事先弄明白所有表单字段的意义，然后从我们可能访问过的任何网站发送一个/pay表单请求。

他们唯一需要做的就是诱使我们访问一个隐藏了恶意JavaScript脚本的网站。如果他们发现我们使用过的某个网站论坛没有对帖子的评论进行合适的转义，或没有将评论中的script标记删除，那么也可以将JavaScript脚本嵌入到论坛帖子的评论中。

读者可能会认为，攻击者必须构造一个用于支付的表单，然后精心设计，诱使用户单击表单的提交按钮。

```
<form method="post" action="http://localhost:5000/pay">
  <input type="hidden" name="account" value="sam">
  <input type="hidden" name="dollars" value="220">
  <input type="hidden" name="message" value="Someone won big">
  <button type="submit">Reply</button>
</form>
```

然而事实并非如此。由于用户的浏览器可能启用了JavaScript，攻击者可以直接把代码清单11-7的<script>元素插入到用户要载入的页面、论坛帖子或评论中。然后就可以坐等受害者的钱流入他们的账户中了。

这就是经典的跨站请求伪造（CSRF，Cross-Site Request Forgery）攻击。不需要攻击者攻击支付系统本身，他们只需要找到并解析一个易于构造的支付表单，然后将JavaScript脚本嵌入到用户可能访问的任何网站中即可。也就是说，要抵御这种攻击，我们访问的所有网站都必须是安全的。

因此，我们编写的应用程序需要能够抵御CSRF攻击。

那么，应用程序要如何进行防御呢？答案就是，增加构造及提交表单的难度。除了要完成支付必须填写的字段之外，表单中还需要一个额外的字段，其中包含只对表单的合法用户或合法用户的浏览器可见的私钥，用户无法在浏览器中获取该私钥或是使用表单来获取该私钥。这样一来，由于攻击者并不知道/pay表单的隐藏字段信息，因此也就无法伪造出服务器信任的POST请求。

之前提到过，Flask支持在每位用户每次登录时为其分配一个随机字符串作为私钥，并放在cookie中安全地发送给客户端。为了抵御CSRF攻击，代码清单11-8也利用了这一功能。当然，在这个例子中，我们假设支付网站在现实生活中使用了HTTPS，以保证网页或cookie中的私钥在传输过程中无法被窃取。

在决定为每个用户会话分配一个随机私钥后，支付网站就可以把该私钥添加到所有用户都可以访问的/pay表单中，并且将其隐藏。隐藏的表单属性是HTML的一个内置特性，该特性的目的之一就是抵御CSRF攻击。我们将下面的字段添加到pay2.html的表单中，并且在代码清单11-8中使用pay2.html来代替代码清单11-6中的pay.html。

```
<input name="csrf_token" type="hidden" value="{{ csrf_token }}">
```

现在，每次提交表单时，都会先检查表单中的CSRF值是否与合法用户可见的HTML版本的表单中一致。如果两者不一致，网站就会认为有攻击者正在试图伪装成另一个用户，因此会拒绝表单请求，返回403 Forbidden。

代码清单11-8中对CSRF的保护是手动完成的，这样读者就可以比较代码清单11-8与代码清单11-2的不同之处，理解为什么包含随机私钥的隐藏字段可以防止攻击者猜测出构造合法表单的方法。在现实生活中，我们应该使用Web框架内置的功能或标准扩展来提供CSRF保护。Flask社区推荐了若干种方法，其中包括流行的Flask-WTF库（一个用于构建与解析HTML表单的库）内置的CSRF保护功能。

11.5.6　改进的应用程序

代码清单11-8的名称是app_improved.py，而不是app_perfect.py或是app_secure.py。说实话，想要证明一个应用程序完全没有安全漏洞是极其困难的。

代码清单11-8　改进的支付应用程序app_improved.py

```
#!/usr/bin/env python3
# Foundations of Python Network Programming, Third Edition
# https://github.com/brandon-rhodes/fopnp/blob/m/py3/chapter11/app_improved.py
# A payments application with basic security improvements added.

import bank, uuid
```

11

```
from flask import (Flask, abort, flash, get_flashed_messages,
                   redirect, render_template, request, session, url_for)

app = Flask(__name__)
app.secret_key = 'saiGeij8AiS2ahleahMo5dahveixuV3J'
@app.route('/login', methods=['GET', 'POST'])
def login():
    username = request.form.get('username', '')
    password = request.form.get('password', '')
    if request.method == 'POST':
        if (username, password) in [('brandon', 'atigdng'), ('sam', 'xyzzy')]:
            session['username'] = username
            session['csrf_token'] = uuid.uuid4().hex
            return redirect(url_for('index'))
    return render_template('login.html', username=username)

@app.route('/logout')
def logout():
    session.pop('username', None)
    return redirect(url_for('login'))

@app.route('/')
def index():
    username = session.get('username')
    if not username:
        return redirect(url_for('login'))
    payments = bank.get_payments_of(bank.open_database(), username)
    return render_template('index.html', payments=payments, username=username,
                           flash_messages=get_flashed_messages())

@app.route('/pay', methods=['GET', 'POST'])
def pay():
    username = session.get('username')
    if not username:
        return redirect(url_for('login'))
    account = request.form.get('account', '').strip()
    dollars = request.form.get('dollars', '').strip()
    memo = request.form.get('memo', '').strip()
    complaint = None
    if request.method == 'POST':
        if request.form.get('csrf_token') != session['csrf_token']:
            abort(403)
        if account and dollars and dollars.isdigit() and memo:
            db = bank.open_database()
            bank.add_payment(db, username, account, dollars, memo)
            db.commit()
            flash('Payment successful')
            return redirect(url_for('index'))
        complaint = ('Dollars must be an integer' if not dollars.isdigit()
                     else 'Please fill in all three fields')
    return render_template('pay2.html', complaint=complaint, account=account,
                           dollars=dollars, memo=memo,
                           csrf_token=session['csrf_token'])
```

```
if __name__ == '__main__':
    app.debug = True
    app.run()
```

在我编写本书的时候，Bash shell刚爆出了Shellshock漏洞。Bash shell广为流行，但是在过去的22年内，都没有人发现它在导入特殊格式的环境变量时有可能会执行任意代码。这种情况跟以前的CGI机制会根据收到的不可信HTTP请求头来设置环境变量是类似的。既然这样一个主流生产环境的软件在流行了二十多年后都会爆出未知漏洞，那么对于这个专门编写来作为本章示例的支付应用程序，就更加难以保证其绝对安全了。

不过我还是在代码清单11-8中尽量做到安全。首先，在模板中进行合适的转义。然后，使用内部存储来存储flash消息，而没有通过用户的浏览器来发送flash消息。在用户填写的每个表单中都包含一个隐藏的随机UUID，以防止表单被伪造。

需要注意的是，有两个主要的改进都是通过使用Flask内置的标准机制代替自己设计的代码来完成的。第一是使用内部存储来存储flash消息，第二是启用Jinja2对特殊字符的转义功能。

这说明了重要的一点。如果我们仔细阅读有关Web框架的文档，并且尽量使用框架提供的特性，那么不仅可以使得应用程序变得更短小、更精确，编写起来也更方便。而且，由于整个Web框架社区中的专家精益求精地对框架的一些模式进行了改进，通常也能使应用程序变得更加安全。在很多情况下，Web框架提供的这些方便之处都能够不知不觉地解决许多安全问题和性能问题。

现在，这个应用程序在进行网络交互操作时的自动化程度已经很高了。但是，在处理视图和表单时，还是需要进行不少手动操作。

首先，需要在代码中手动检测用户是否登录。其次，需要从请求中将每个表单字段手动复制到HTML中，这样用户就不需要重新输入这些字段了。除此之外，与数据库的交互操作还是相当底层的，我们必须自己打开数据库会话。如果要将账单永久存储在SQLite中的话，需要自己进行提交。

在解决这些通用的问题时，可以从Flask社区内找到很多可以遵循的最佳实践以及可用的第三方工具。不过，为了避免太单调，接下来我们将使用另一个Web框架来编写这个应用程序。相较Flask，接下来要介绍的框架可以为我们完成更多的工作。

11.6　使用 Django 编写的账单应用程序

Django是一个“全栈式”的Web框架，它可能是目前在Python程序员中最流行的框架了。Django几乎提供了一个新手程序员需要的所有功能。它有一套自己的模板系统和URL路由框架，提供了与数据库的交互功能，并且以Python对象的形式来生成数据库查询结果。除此之外，使用Django时不需要使用任何第三方库就能够构造并解析表单。现在，其实很多程序员都没有经过系统的Web编程训练。像Django这样的框架则恰恰提供了易懂而又安全的编程模式。这对于新手程序员来说更有价值。如果使用的是一些更灵活的框架，程序员就需要自己寻找ORM库和表单操作库，而他们可能还不太清楚应该如何将这些库与Web框架结合使用。

读者可以从本书的源代码库中找到完整的用Django编写的账单应用程序。下面是本章代码的URL：

https://github.com/brandon-rhodes/fopnp/tree/m/py3/chapter11

代码中有一些模板文件，在本书中不需要对其进行详细描述。

- manage.py：这是一个在chapter11/目录下的可执行文件，可以通过该文件运行Django命令，在开发模式下设置并启动应用程序，稍后会有所介绍。
- djbank/_init_.py：这是一个空文件，表示djbank是一个Python包，可以从中载入模块。
- djbank/admin.py：该文件包含3行代码，用于在管理员界面显示Payment模型，在11.7节中会有所涉及。
- djbank/settings.py：该文件中包含了应用程序使用的插件，以及关于应用程序加载和运行方式的配置。我只对Django 1.7的默认settings.py做了一处修改：在最后一行中，将Django的静态文件目录设置为chapter11/static/。这样，Django应用程序就能和代码清单11-2及代码清单11-8使用同一个style.css文件了。
- djbank/templates/*.html：代码清单11-3至代码清单11-6都使用了Jinja2作为模板语言，而Django的模板语言使用起来则没有Jinja2那么方便，功能也不如Jinja2强大，因此页面模板的抽象层次要低一些。
- djbank/wgsi.py：该文件中提供了一个WSGI可调用对象，兼容WSGI的Web服务器（Gunicorn或Apache，见第10章），可以调用该对象来启动并运行账单应用程序。

Django已经提供了许多Python代码可以采用的通用模式，程序员无需使用任何其他扩展。要了解Django提供的这些通用模式，剩下的4个文件都是值得关注的。

Django内置了对象关系映射（ORM，Object-Relational Mapper），因此无需在应用程序中自己编写任何SQL查询，也就不再需要担心任何关于如何合理引用SQL值的问题了。代码清单11-9描述了一个数据库表，代码在一个声明式的Python类中列出了数据库表的字段。在进行SQL查询时，Django会使用该类来返回表中的行。除了声明字段的类型之外，还可以在参数中指定更为复杂的验证逻辑，以保证数据符合所设定的限制。

代码清单11-9　Django应用程序的models.py

```
#!/usr/bin/env python3
# Foundations of Python Network Programming, Third Edition
# https://github.com/brandon-rhodes/fopnp/blob/m/py3/chapter11/djbank/models.py
# Model definitions for our Django application.

from django.db import models
from django.forms import ModelForm

class Payment(models.Model):
    debit = models.CharField(max_length=200)
    credit = models.CharField(max_length=200, verbose_name='To account')
    dollars = models.PositiveIntegerField()
    memo = models.CharField(max_length=200)

class PaymentForm(ModelForm):
    class Meta:
        model = Payment
        fields = ['credit', 'dollars', 'memo']
```

下面的类声明表示一个用于创建和编辑数据库行的表单。用户只需要填写列出的3个字段即可，程序会使用当前登录用户的用户名自动填充debit字段。后面将会看到，这个类可以与Web应用程序的用户进行双向交互。它可以根据表单类信息生成HTML的<input>字段，也可以反过来在表单提交后解析出HTTP POST的数据，然后创建或修改Payment数据库行。

如果使用的是Flask这样的微框架，那么就必须自己选择一个外部库来支持这样的操作。例如，SQLAlchemy就是一个很有名的ORM。许多程序员之所以不选择使用Django，就是因为想使用SQLAcademy这个强大而又优雅的ORM。

但是，SQLAlchemy本身并不了解任何关于HTML表单的信息，因此使用微框架的程序员还需要寻找另一个第三方库来完成models.py中PaymentForm的功能。

在Flask中，程序员使用flask风格的装饰器将URL路径添加到视图函数中；而在Django中，应用程序开发者需要创建一个urls.py文件，如代码清单11-10所示。虽然这种做法减少了我们在单独阅读视图函数时所能获得的语义信息，但是这也使得视图和URL分发功能独立，而且能够集中管理URL空间。

代码清单11-10　Django应用程序的urls.py

```
#!/usr/bin/env python3
# Foundations of Python Network Programming, Third Edition
# https://github.com/brandon-rhodes/fopnp/blob/m/py3/chapter11/djbank/urls.py
# URL patterns for our Django application.

from django.conf.urls import patterns, include, url
from django.contrib import admin
from django.contrib.auth.views import login

urlpatterns = patterns('',
    url(r'^admin/', include(admin.site.urls)),
    url(r'^accounts/login/$', login),
    url(r'^$', 'djbank.views.index_view', name='index'),
    url(r'^pay/$', 'djbank.views.pay_view', name='pay'),
    url(r'^logout/$', 'djbank.views.logout_view'),
    )
```

Django使用正则表达式来匹配URL。这一选择相当诡异，因为当URL中包含较多变量时，正则表达式匹配的模式会变得难以阅读。根据我的经验，使用正则表达式表示的URL模式也是难以调试的。

上面这些模式与之前的Flask应用程序中表示的URL空间只有一处不同：登录页面的路径遵循了Django认证模块的约定。使用Django时不需要自己编写登录页面，标准的Django登录页面已经完成了这一功能，因此也不必担心如何正确地去除登录页面的任何安全缺陷。

代码清单11-11展示了这个Django应用程序的视图。比起Flask版本的应用程序，Django版本的视图既简单、又复杂。

代码清单11-11　Django应用程序的views.py

```
#!/usr/bin/env python3
# Foundations of Python Network Programming, Third Edition
# https://github.com/brandon-rhodes/fopnp/blob/m/py3/chapter11/djbank/views.py
# A function for each view in our Django application.

from django.contrib import messages
from django.contrib.auth.decorators import login_required
from django.contrib.auth import logout
```

```
from django.db.models import Q
from django.shortcuts import redirect, render
from django.views.decorators.http import require_http_methods, require_safe
from .models import Payment, PaymentForm

def make_payment_views(payments, username):
    for p in payments:
        yield {'dollars': p.dollars, 'memo': p.memo,
               'prep': 'to' if (p.debit == username) else 'from',
               'account': p.credit if (p.debit == username) else p.debit}

@require_http_methods(['GET'])
@login_required
def index_view(request):
    username = request.user.username
    payments = Payment.objects.filter(Q(credit=username) | Q(debit=username))
    payment_views = make_payment_views(payments, username)
    return render(request, 'index.html', {'payments': payment_views})

@require_http_methods(['GET', 'POST'])
@login_required
def pay_view(request):
    form = PaymentForm(request.POST or None)
    if form.is_valid():
        payment = form.save(commit=False)
        payment.debit = request.user.username
        payment.save()
        messages.add_message(request, messages.INFO, 'Payment successful.')
        return redirect('/')
    return render(request, 'pay.html', {'form': form})

@require_http_methods(['GET'])
def logout_view(request):
    logout(request)
    return redirect('/')
```

读者可能要问一个很严肃的问题：代码中什么地方对跨站脚本攻击做了保护？其实，当我运行manage.py startapp命令来构建这个Django应用程序的框架时，Django就会自动在settings.py中设置跨站脚本攻击保护！

除此之外，我们完全不需要了解CSRF保护，因为如果我们没有在表单模板中添加{% csrf_token %}的话，那么是无法成功提交表单的，Django会在runserver开发模式下输出错误信息，告诉开发者需要在表单中添加{% csrf_token %}。这一功能对于不太了解这些安全问题的新手Web开发者来说真是太有用了：Django在默认配置下就能够防御由常见的表单或字段错误引起的安全威胁，而微框架则很少能提供这一功能。

代码清单11-11利用Django内置的功能完成了几乎所有的工作，因此这个应用程序的视图在概念上要比Flask应用程序的视图简单得多。程序员不需要自己去实现登录和会话操作这样的功能，因为urls.py中直接使用了Django的登录页面，所以视图中甚至不包含登录页面。登出页面可以直接调用logout()函数实现，无需了解具体的工作原理。如果某个视图要求用户事先登录，那么程序员可以直接使用@login_required进行标记。

在Django应用程序的视图中，只有@require_http_methods()装饰器与Flask应用程序使用了相同抽象层次的方法来完成辅助功能。这两者都用于防止视图使用非法或不支持的HTTP方法。

在Django应用程序中与数据库进行交互要简单得多。现在已经完全不需要在bank.py中进行SQL操作了。Django会自动建立一个SQLite数据库（这是settings.py中的默认配置），当代码查询models.py中的模型类时，Django就会打开一个数据库会话。虽然我们没有在代码中要求Django打开数据库事务，但是调用save()来保存一个新账单时，Django也会自动调用COMMIT。

PaymentForm类会负责生成HTML并解析POST参数，因此不需要在pay_view()中将表单字段全部列出。根据要求，pay_view()会使用当前登录的用户名填充debit字段。而Django的表单库则会负责处理所有细节。

不过，有一点看上去挺奇怪的：在主页中显示的账单信息现在是在Python代码中编写的，而这本来应该是在模板中编写的。这是因为，使用Django的模板系统来表达这一逻辑并没有那么容易。不过在Python中处理这一逻辑就要简单多了：index()会试图调用一个生成器，该生成器会为每个账单信息生成一个字典，然后把原始对象转换成模板能够识别的值。

有些程序员对Django的这个功能弱小的模板系统相当不满。另一些程序员则开始学习编写一些"模板标记"，以便在模板中嵌入更复杂的自定义逻辑。不过，也有一些开发者认为，代码清单11-11中的代码从长远来看还是最优的。因为，为make_payment_views()这样的函数编写测试用例要比测试模板内的逻辑简单得多。

要运行Django版本的应用程序，请先从之前给出的链接中下载第11章的源代码，然后在Python 3下安装Django 1.7，并运行下面3条命令：

```
$ python manage.py syncdb
$ python manage.py loaddata start
$ python manage.py runserver
```

成功运行了最后一条命令后，就可以访问http://localhost:8000/。仔细观察，会发现使用Django开发出的应用程序与本章之前使用Flask编写的应用程序几乎是一样的。

11.7 选择 Web 框架

和Python编程语言一样，Python的Web框架也在一个强大而又健康的社区的支持下不断创新发展着。开发者通常都会面临框架选择的问题。虽然几年之后读者在翻看本节内容时可能会觉得有点过时，我还是要在这里简单介绍一下几个当今最流行的框架，以供读者参考。

- Django：对于第一次进行Web编程的程序员来说，这是一个非常优秀的框架。Django内置了CSRF保护、ORM以及模板语言等功能。这不仅可以使业余程序员省去选择第三方库的麻烦，还能在操作HTML和数据库时通过Django第三方库的通用接口与Django进行交互。Django的管理员界面相当著名，读者可以在运行代码清单11-11之后试着访问/admin页面。可以看到，管理员可以通过自动生成的图形界面直接操作数据库，创建、修改并删除表单！
- Tornado：该框架与本节列出的其他框架不同，它是一个异步框架，使用了第9章中提到的异步回调函数模式。在Tornado中，同一个操作系统线程可以支持大量客户端连接。而在其他同步框架中，一个操作系统线程只支持一个客户端连接。另一个不同点是，Tornado并不一定要支持WSGI，它直接支持WebSocket（将在11.8节中介绍）。不过，要应用Tornado的异步特性还是需要付出一定代价的。由于许多库对Tornado回调模式的兼容性都不是很好，程序员们必须要找到支持异步模式的ORM或是数据库连接方式。

- Flask：Flask是最流行的微框架，可以与许多优秀的工具结合使用，并且支持许多现代特性（不过，程序员要自己寻找并要懂得使用这些工具和特性）。Flask通常与SQLAlchemy或非关系数据库结合使用。
- Bottle：Flask的一个替代品。但是只需要一个单独文件bottle.py即可，不需要安装许多独立的包。对于还没有习惯使用pip工具的开发者来说，Bottle是相当有吸引力的。Bottle的模板语言设计得极为出色。
- Pyramid：以前的Zope和Pylons社区成员根据他们的经验设计的一个出色的高性能框架。对于使用流式URL空间的开发者来说，Pyramid是第一选择。如果我们正在编写一个内容管理系统（CMS，Content Management System），允许用户通过点击鼠标来创建子文件夹和Web页面，那么很可能会使用流式URL。Pyramid不仅仅像其他框架那样，支持预先定义的URL结构，它还能在用户遍历对象时，通过URL组件推断出当前URL访问的是容器、内容还是视图。这和文件系统通过路径区分目录与文件是类似的。

人们可能会根据别人对Web框架的评价来选择框架。选择依据可能来源于以前看过的文章、网站的说明或是从社交媒体网站或Stack Overflow上了解到的情况。

不过，建议重点放在另外一个非常重要的方面。如果周围有使用Python的同事或朋友已经是某个框架的铁杆粉丝，并且能够经常通过电子邮件或IRC为我们提供帮助，那么我们就可以选择这个框架，而不要仅仅因为另一个框架的网站列出了更吸引人的特性就选择另一个框架。如果有人已经遇到过一些典型的错误并踩过一些坑，而我们又能得到他们的实时帮助，那就再好不过了。相比之下，框架的某个特性是更好用一些还是用起来更麻烦一些就远没有那么重要了。

11.8　WebSocket

使用了JavaScript的网站通常需要实时更新网页的内容。假设我们在浏览自己的Twitter首页，此时我们关注的某个好友发表了一条新的Twitter，那么我们正在浏览的页面就会实时刷新。在这一过程中，浏览器不会每秒都向服务器进行轮询，检查是否有新Twitter。Websocket协议（RFC 6455）就是用来解决这个“长轮询问题”的最有力的解决方案。

以前也有一些方案可以解决这一问题，比如很有名的基于Comet技术的方案。一种基于Comet的方案就是，客户端先发送一个HTTP请求，然后服务器会阻塞，保持套接字的打开状态。当有真实事件发生的时候（比如新发表了一条Twitter），服务器将会在响应中向客户端发送事件内容。

因为WSGI只支持传统的HTTP，所以无法使用标准的Web框架以及兼容WSGI的Web服务器（如Gunicorn、Apache和nginx）来提供对WebSocket的支持。

WSGI不支持WebSocket，这一点也正是Tornado框架能够流行起来的主要原因之一。

在HTTP中，客户端首先会发送一个请求，然后等待服务器进行响应。只有服务器完成了响应，客户端才能够发送下一个请求。但是，如果将套接字切换到WebSocket模式，就可以同时向两个方向发送消息了。客户端可以在用户与页面交互时向服务器发送实时更新，服务器也可以在从其他地方收到更新时向客户端同步更新消息。

开始时，WebSocket会话看上去和普通的HTTP请求与响应类似，但是WebSocket会话会在头信息和状态码中进行协商，表明套接字不使用HTTP协议。协商完成后，WebSocket会话就会采用一个全新的帧数据系统。RFC文档中对此进行了详细的描述。

在进行WebSocket编程时，一般需要进行大量的前端JavaScript库与服务器代码之间的交互操作。这不属于本书介绍的内容。tornado.websocket模块中包含了一段Python和JavaScript代码，它们通过一对对称的回调函数进行交互。读者可以从该模块开始，学习WebSocket编程的内容。要了解如何应用WebSocket来编写提供实时更新支持的网页，读者可以查看关于异步前端浏览器编程的优秀教程。

11.9　网络抓取

很多程序员都是从抓取别人的网站开始进入Web编程领域的。相比之下，一开始就编写自己网站的程序员就没有这么多了。毕竟，与直接复制网络上已经存在的数据相比，又有多少初学者会去努力获取大量一手数据并将其显示在网站上呢？

关于网络抓取的第一个建议就是：不到迫不得已，不要进行网络抓取！

除了直接进行抓取之外，还有许多可以获取数据的方法。直接使用这些数据源对程序员和网站本身来说都能减少花销。我们可以访问http://www.imdb.com/interfaces，从互联网电影数据库（IMDB，Internet Movie Database）下载电影数据，然后对好莱坞电影进行统计分析。而如果直接进行抓取的话，就需要解析成千上万个页面的HTML！许多网站（比如Google和Yahoo！）都提供了核心服务的API，这样用户就可以不用抓取并解析原始的HTML了。

如果能够通过Google搜索到需要的数据，但是Google却没有提供可供下载的链接或API，那就只能进行网络抓取了。此时需要牢记几条规则。首先，找一下要抓取的网站中是否包含一个“服务条款”页面。然后，找找看有没有一个robots.txt文件，该文件会指出可以通过搜索引擎下载的URL以及禁止通过搜索引擎下载的URL。这样可以帮助我们避免下载到除了广告之外完全相同的内容，也可以帮助网站控制负载。

如果遵循网站的服务条款和robots.txt，那么由于负载过高而导致IP被禁用的可能性也会大大降低。

在最普遍的情况下，抓取网站的过程中需要使用到我们在第9章、第10章以及本章中学习的有关HTTP以及Web浏览器对HTTP的处理方式的内容。

- GET和POST方法，以及如何将HTTP方法、路径和头信息结合起来构造HTTP请求。
- 状态码和HTTP响应的结构，包括请求成功、重定向、暂时失败以及永久失败之间的区别。
- 基本HTTP认证，包括服务器响应与客户端请求中的HTTP认证。
- 基于表单的认证以及如何设置后续请求认证过程需要提供的cookie。
- 基于JavaScript的认证。在这种认证方式中，浏览器本身不需要提交表单，而是可以在登录表单内直接向Web服务器发送POST请求。
- 在HTTP响应中提供隐藏表单字段或者全新的cookie来为网站提供对CSRF攻击的保护。
- 以下两点的不同之处：1）在查询或操作时直接将数据添加至URL，然后对该URL地址进行GET请求；2）在操作时向服务器发送POST请求，将数据放在请求体中传输。
- 比较用于从浏览器表单发送编码数据的POST URL与用于直接在前端JavaScript代码中与服务

器进行交互的URL的异同。对于后者，传输的数据可能会采用JSON或其他对程序员很友好的格式。

抓取复杂网站时常常需要进行大量的实验和代码微调，还需要一直使用浏览器的Web开发者工具了解网站的原理。在开发者工具中，有3个面板是最重要的。元素面板（见图11-1）可以实时展示文档元素之间的层级结构。即使JavaScript已经向原始文档中添加或删除了部分内容，元素面板也能够展示出最新的文档。重新加载页面时，可以在网络面板（见图11-2）中看到在生成完整页面过程中进行的HTTP请求和响应（包括通过JavaScript发送的请求和响应）。可以在控制台面板中看到页面的错误，其中包括用户浏览页面时不会发现的错误。在Firefox或Google Chrome中浏览页面时，右击选择审查元素，就能够使用这3个面板。

程序员需要处理两类需要自动化抓取的问题。

第一类是抓取整个页面。在需要下载大量数据时会这么做。首先，我们可能需要先登录网站，获取到所需的cookie，然后不断进行GET操作。而在使用这些GET操作下载页面时，又可能需要通过另一些GET操作来访问页面中的链接。这与Web搜索引擎在获取网站包含的页面时使用的“爬虫”程序类似。

爬虫（spider）这一术语发明于互联网早期。当时人们一看到*网络*（web）这个词，最先想到的还是蜘蛛网。

另一种类型是针对一到两个页面的特定部分进行抓取，而不是抓取整个网站。我们有时候可能只想要获取某个特定页面上的某部分数据，比如希望在shell命令提示符中输出从某个天气预报页面抓取的温度；有时候可能想要自动化地进行一些本来需要在浏览器中进行的操作，比如通过客户支付或者是列出昨天的信用卡交易记录检查账户是否被盗用。在进行这一类抓取时，需要在点击量、表单和认证的问题上多加小心。因为网站可能会使用网页内的JavaScript来阻止尝试非法访问账户信息的自动化脚本，所以除了Python本身之外，通常还需要一个全功能的浏览器来查看JavaScript。

在使用自动化程序抓取网站之前，一定不要忘了检查服务条款和网站的robots.txt。正常的用户在浏览网站时都会在页面上进行一些点击，然后停下来略读或仔细阅读某些内容。因此，就算是自动化程序因为一些没有考虑到的边界情况而没有成功发送请求，它所造成的负载也会相当大，所以需要做好IP被禁用的准备。

我不准备在这里讨论OAuth以及其他会增加程序员自动抓取网站难度的招数。如果网站可能使用了我们不熟悉的方法或协议，那么应该尽可能地从第三方库中寻求帮助。仔细检查通过自动化程序发送的请求头，尽量使其与通过浏览器提交表单或访问页面时发送的请求头一致。有时候可以通过构造user-agent字段来糊弄一下，但是能否成功就取决于网站的具体设计了。

11.9.1 获取页面

要在Python程序中查看Web页面的内容，可以使用下面3类方法来获取Web页面。

- 使用Python库直接发起GET或POST请求。将Requests库作为首选解决方案，并且使用`Session`对象来维护cookie与连接池。如果问题比较简单，而且想要使用标准库的话，也可以使用`urllib.request`。
- 曾经有一些工具是介于全功能Web浏览器和Python程序之间的，能够提供基本的Web浏览器功能，因此可以用于解析<form>表单元素，这样我们就可以像在全功能浏览器中一样构造并向服务器发送HTTP请求。其中，Mechanize是最流行的工具，但是它似乎已经不再更新了。原因可能是现在的许多网站都非常复杂，浏览器必须启用JavaScript才能够正常访问这些网站。

- 也可以使用一个真正的Web浏览器。在接下来的例子中，我们将使用Selenium的WebDriver库来控制Firefox。不过现在仍然有大量关于如何在不启动完整浏览器窗口的前提下进行浏览器操作的研究。这些工具通常会先创建一个WebKit实例，该实例不会连接至某个真实的浏览器窗口。在JavaScript社区内，PhantomJS是非常流行的一个方法，Ghost.py则是Python社区内正在研究的提供该功能的工具。

在得到了要访问的URL之后，需要使用的算法就相当简单了。根据列出的URL，依次发送HTTP请求，然后保存或查看得到的内容。只有在无法事先获取需要访问的URL时，问题才会变得复杂。此时我们需要在抓取过程中动态获取要访问的URL，而且必须记录曾经访问过的URL，以防重复访问已经访问过的URL或是发生死循环。

代码清单11-12展示了一个并不复杂但有特定目标的抓取程序。该程序用于登录账单应用程序，然后获取用户已经赚取的收入。在运行代码清单11-12的程序前，先要在窗口中运行账单应用程序。

```
$ python app_improved.py
```

代码清单11-12 登录账单系统并计算收入

```
#!/usr/bin/env python3
# Foundations of Python Network Programming, Third Edition
# https://github.com/brandon-rhodes/fopnp/blob/m/py3/chapter11/mscrape.py
# Manual scraping, that navigates to a particular page and grabs data.

import argparse, bs4, lxml.html, requests
from selenium import webdriver
from urllib.parse import urljoin

ROW = '{:>12}  {}'

def download_page_with_requests(base):
    session = requests.Session()
    response = session.post(urljoin(base, '/login'),
                            {'username': 'brandon', 'password': 'atigdng'})
    assert response.url == urljoin(base, '/')
    return response.text

def download_page_with_selenium(base):
    browser = webdriver.Firefox()
    browser.get(base)
    assert browser.current_url == urljoin(base, '/login')
    css = browser.find_element_by_css_selector
    css('input[name="username"]').send_keys('brandon')
    css('input[name="password"]').send_keys('atigdng')
    css('input[name="password"]').submit()
    assert browser.current_url == urljoin(base, '/')
    return browser.page_source
```

```
def scrape_with_soup(text):
    soup = bs4.BeautifulSoup(text)
    total = 0
    for li in soup.find_all('li', 'to'):
        dollars = int(li.get_text().split()[0].lstrip('$'))
        memo = li.find('i').get_text()
        total += dollars
        print(ROW.format(dollars, memo))
    print(ROW.format('-' * 8, '-' * 30))
    print(ROW.format(total, 'Total payments made'))

def scrape_with_lxml(text):
    root = lxml.html.document_fromstring(text)
    total = 0
    for li in root.cssselect('li.to'):
        dollars = int(li.text_content().split()[0].lstrip('$'))
        memo = li.cssselect('i')[0].text_content()
        total += dollars
        print(ROW.format(dollars, memo))
    print(ROW.format('-' * 8, '-' * 30))
    print(ROW.format(total, 'Total payments made'))

def main():
    parser = argparse.ArgumentParser(description='Scrape our payments site.')
    parser.add_argument('url', help='the URL at which to begin')
    parser.add_argument('-l', action='store_true', help='scrape using lxml')
    parser.add_argument('-s', action='store_true', help='get with selenium')
    args = parser.parse_args()
    if args.s:
        text = download_page_with_selenium(args.url)
    else:
        text = download_page_with_requests(args.url)
    if args.l:
        scrape_with_lxml(text)
    else:
        scrape_with_soup(text)

if __name__ == '__main__':
    main()
```

在5000端口运行了Flask版本的账单应用程序后，就可以在另一个终端窗口中运行mscrape.py了。如果没有安装Beautiful Soup和Requests的话，在运行前需要先安装这两个第三方库。

```
$ pip install beautifulsoup4
$ pip install requests
$ python mscrape.py http://127.0.0.1:5000/
         125  Registration for PyCon
         200  Payment for writing that code
    --------  ------------------------------
         325  Total payments made
```

在默认模式下运行后，mscrape.py会先使用Requests库通过表单登录网站。然后，Session对象中就会存储抓取页面所需的cookie。然后，上面的脚本会解析页面，获取所有class为to的列表项，使用print()调用打印出账单信息，并计算账单之和。

如果提供了-s选项，mscrape.py就能完成一些更有意思的工作了。如果脚本能够检测到系统上安装的Firefox，就能运行完整版本的Firefox来访问网站！要使用该模式，必须先安装Selenium包。

```
$ pip install selenium
$ python mscrape.py -s http://127.0.0.1:5000/
          125  Registration for PyCon
          200  Payment for writing that code
------------------------------------------
          325  Total payments made
```

在脚本输出完成后，可以使用Ctrl+W关闭Firefox。尽管我们可以在Selenium脚本中自动关闭Firefox，但我还是推荐大家在编写和调试脚本时打开Firefox，这样可以在浏览器中看到程序的错误信息。

这里需要强调一下两种方法之间的不同之处。使用Requests编写代码时，我们需要自己打开网站，了解登录表单的结构，然后根据了解到的内容填写用于登录的post()方法。一旦这么做了之后，如果网站的登录表单将来有所变化，代码将会一无所知。代码中直接硬编码了'username'和'password'，而这两个输入名将来是有可能会发生变化的。

因此，至少使用这种方式编写的Requests代码是与浏览器不同的。Requests并没有打开登录页面，也没有访问表单。这种方法只是假设已经存在登录页面，但是却绕过了对该页面的访问，直接通过登录页面中的表单来发送POST请求。显然，只要登录表单中使用了一个私钥来防止对用户名密码的大量猜测尝试，这个方法就无法成功了。此时，需要在POST前，先进行一次GET请求，来获取/login页面，并得到私钥，然后将私钥与用户名和密码结合起来发送后续的POST请求。

mscrape.py中基于Selenium的代码则使用了一种截然不同的方法。基于Selenium的方法就像使用浏览器的真实用户一样，先访问表单，然后选择元素开始填写。填写完成后，Selenium也像用户一样点击按钮提交表单。只要Selenium的CSS选择器能够正确识别表单字段，代码就能够成功登录。由于Selenium其实就是通过直接操作Firefox来进行登录，所以即使表单使用了私钥签名或特殊的JavaScript代码发送POST请求，也能够成功登录。

当然，Selenium要比Requests慢得多。而且，因为要启动Firefox，所以使用Selenium的代码在第一次运行时尤其慢。但是，也可以使用Selenium快速地进行一些操作，而此时直接使用Python的话可能会需要花上好几个小时来做实验。还可以采用混合方法来完成一些难度较高的抓取任务，这种方法挺有意思的。为了避免在等待浏览器上浪费太多时间，能否使用Selenium来登录并获取必要的cookie，然后将cookie传输给Requests，使用Requests来进行大量的页面抓取呢？

11.9.2 抓取页面

当网站返回CSV、JSON或其他容易识别的数据格式的数据时，我们当然可以使用标准库模块或第三方库来解析数据，并进行相应的处理。但是，如果返回的信息是原始HTML，该怎么办呢？

在Google Chrome或Firefox中使用Ctrl+U查看到的原始HTML可能会很难阅读，其样式取决于网站选择采用的格式。如果右击选择使用审查元素功能的话，就可以浏览可折叠的文档元素树，这样可读性就高了很多。当然，前提是HTML已经进行了合理的格式化，而且即使某些标记存在错误，仍然不妨碍我们在浏览器中查看需要的数据。之前就已经发现了，使用实时审查元素功能也存在一个问题，即我们看到的文档可能已经被网页内运行的JavaScript修改了，与原始HTML并不相同。

要查看这样的页面，有两招可以使用。第一招是，禁用浏览器的JavaScript，然后重新载入正在阅读的页面。此时在审查元素面板中看到的就是没有经过任何修改的原始HTML，与通过Python代码下载的文档一致。

另一招是，使用某种用于对原始HTML的格式进行整理的程序，比如W3C发布的tidy包，该包在Debian和Ubuntu平台上都可以使用。代码清单11-12中使用的解析库就内置了这样的功能。成功创建了soup对象之后，就可以使用下面的语句打印HTML的元素了。可以看到，其中包含了合适的缩进。

```
print(soup.prettify())
```

如果要显示lxml文档树的话，步骤会稍微复杂一些。

```
from lxml import etree
print(etree.tostring(root, pretty_print=True).decode('ascii'))
```

返回HTML的网站可能会为了方便或降低带宽而没有对文档进行格式化，即没有把不同的元素放在不同的行中，也没有进行缩进。无论是上述哪种情况打印出的结果，阅读起来都会比原始HTML要容易得多。

要获取HTML元素，需要进行以下3个步骤。

(1) 使用所选择的库来解析HTML。由于互联网上的许多HTML都存在错误或是不完整的标记，因此这一步对于库来说相当困难。但是，因为浏览器通常都会试图修复这些问题，仍然能够理解有错误的标记，所以设计者通常不会注意到这些错误。毕竟，如果所有其他浏览器都能正确显示流行的网站，又有哪个浏览器厂商会去返回错误呢？代码清单11-12中使用的库都提供了很健壮的HTML解析器。

(2) 使用选择器（selector）来深入选择文档中的元素。选择器提供了一些文本模式，能够自动选择我们需要的元素。尽管我们可以自己手动选择，花很多时间不停地查看元素的层级结构，寻找感兴趣的标记与属性，但是使用选择器就要快得多了。除此之外，使用选择器编写的Python代码通常来说可读性会更高。

(3) 获取所需元素的文本及属性值。然后就能使用普通的Python字符串及字符串方法来处理数据了。

代码清单11-12中的两个不同的库就分别执行了上述3个步骤。

`scrape_with_soup()`函数使用了广受大众喜爱的Beautiful Soup库。该库是许多程序员的第一选择。作为第一个提供了方便的文档解析功能的Python库，Beautiful Soup库的API有点奇怪，而且并不通用。但是不管怎样，它能够很好地完成文档解析。

soup对象可以表示整个文档，也可以表示单独的元素。所有soup对象都提供了一个`find_all()`方法，该方法根据给定的标签名称寻找当前soup对象的子元素。除此之外，还可以提供HTML的class名作为参数。获取到需要的底层元素后，就可以使用`get_text()`方法来得到元素的内容了。只需要这两个方法，就能从简单的网站中获取需要的数据了。即使要抓取很复杂的网站，需要的步骤通常也并不多。

我们可以从http://www.crummy.com/software/BeautifulSoup/处获取完整的Beautiful Soup文档。

`scrape_with_lxml()`函数使用了现代的lxml库。该库速度较快，它基于libxml2和libxslt。如果读者使用的是没有安装相应编译器的较旧的操作系统，或是没有在系统上安装python-dev或python-devel这些支持已编译Python包功能的包，那么在安装lxml库的过程中就会遇到很多问题。基于Debian的操作系统已经将lxml库编译成了一个Python包，包的名称通常为python-lxml。

像Anaconda这样的现代Python发行版已经编译了lxml，用户可以直接安装，它同时支持Mac OS X和Windows，网址为：http://continuum.io/downloads。

成功安装后，就可以在代码清单11-12中使用该库进行HTML解析了。

```
$ pip install lxml
$ python mscrape.py -l http://127.0.0.1:5000/
          125  Registration for PyCon
          200  Payment for writing that code
     --------  ------------------------------
          325  Total payments made
```

基本的操作步骤与使用Beautiful Soup是一样的。我们从文档顶层开始，使用`cssselect()`方法搜索需要的元素，然后进一步搜索获取这些元素或者元素包含的文本，最后进行解析并显示。

lxml除了比Beautiful Soup速度更快之外，还提供了许多选择元素的方法。

- 在`cssselect()`中支持CSS模式。因为使用class搜索元素时，可以使用`class="x"`的形式来指定元素属于class x，还可以使用`class="x y"`或`class="w x"`，所以这一点在使用class来搜索元素时尤为重要。
- 它的`xpath()`方法支持XPath表达式，这一点深受众多XML爱好者的喜爱。例如，可以使用`'.//p'`来获取所有段落。XPath表达式有一个很有意思的方面：我们可以以`'.../text()'`结尾，来直接获取元素内的文本，而不是获取一个Python对象，因此就不需要再通过Python对象来获取文本了。
- 在`find()`和`findall()`方法中原生支持了部分高效率版本的XPath操作。

需要注意的是，网页在`<i>`元素内包含了描述账单信息的字段，但是每一行开始的美元数并没有包含在元素内。因此，无论使用上述哪个库，都需要进行一些手动操作。这是一个相当典型的问题。我们需要的某些信息就在页面的元素内，因此很容易获取，但是另一些信息却在其他文本内，因此我们需要传统的Python字符串方法（如`split()`和`strip()`）来将它们从上下文中提取出来。

11.9.3 递归抓取

本书的源代码库中包含一个小型的静态网站。我有意做了一些设计，使得网络爬虫难以获取该网站的所有页面。读者可以从下面的链接获取该网站的代码：

https://github.com/brandon-rhodes/fopnp/tree/m/py3/chapter11/tinysite/

下载了源代码后，读者可以在自己的机器上使用Python的内置Web服务器运行该网站。

```
$ cd py3/chapter11/tinysite
$ python -m http.server
Serving HTTP on 0.0.0.0 port 8000 ...
```

查看页面的源代码，然后使用浏览器的Web调试工具，可以发现http://127.0.0.1:8000/处的首页中并没有显示所有链接。其实，页面的原始HTML中只以`href=""`标记的形式显示了两个链接（page1和page2）。

还有两个页面的链接，藏在一个搜索表单后面，只有点击提交按钮之后，才能看到这两个链接。

运行了一小段动态JavaScript代码后，最后两个链接（page5和page6）就会出现在屏幕底部。这模拟了网站的真实行为：先快速向用户展示页面的框架，然后向服务器查询，并返回用户需要的数据。

在这种情况下，需要对整个网站或网站的一部分所包含的URL进行全面的递归搜索。此时可能需要寻找一个网络抓取引擎来帮助我们完成这一任务。就像Web框架为Web应用程序提供了一些通用模式一样（比如，在客户端请求访问不存在的页面时返回404），抓取框架提供了抓取过程的一些通用功能，如记录已经访问过的页面以及仍然需要访问的页面。

目前最流行的网络抓取框架是Scrapy（参见http://scrapy.org/）。如果想使用Scrapy提供的模型来完成抓取任务的话，可以学习有关Scrapy的文档。

在代码清单11-13中，我们会简单学习递归抓取背后的真正原理。该代码中需要使用到lxml，所以尽量根据11.9.2节的介绍安装lxml库。

代码清单11-13　进行GET操作的简单递归网络抓取器

```
#!/usr/bin/env python3
# Foundations of Python Network Programming, Third Edition
# https://github.com/brandon-rhodes/fopnp/blob/m/py3/chapter11/rscrape1.py
# Recursive scraper built using the Requests library.

import argparse, requests
from urllib.parse import urljoin, urlsplit
from lxml import etree

def GET(url):
    response = requests.get(url)
    if response.headers.get('Content-Type', '').split(';')[0] != 'text/html':
        return
    text = response.text
    try:
        html = etree.HTML(text)
    except Exception as e:
        print('    {}: {}'.format(e.__class__.__name__, e))
        return
    links = html.findall('.//a[@href]')
    for link in links:
        yield GET, urljoin(url, link.attrib['href'])

def scrape(start, url_filter):
    further_work = {start}
    already_seen = {start}
    while further_work:
        call_tuple = further_work.pop()
        function, url, *etc = call_tuple
        print(function.__name__, url, *etc)
        for call_tuple in function(url, *etc):
            if call_tuple in already_seen:
                continue
            already_seen.add(call_tuple)
            function, url, *etc = call_tuple
```

```
            if not url_filter(url):
                continue
            further_work.add(call_tuple)

def main(GET):
    parser = argparse.ArgumentParser(description='Scrape a simple site.')
    parser.add_argument('url', help='the URL at which to begin')
    start_url = parser.parse_args().url
    starting_netloc = urlsplit(start_url).netloc
    url_filter = (lambda url: urlsplit(url).netloc == starting_netloc)
    scrape((GET, start_url), url_filter)

if __name__ == '__main__':
    main(GET)
```

除了启动和读取命令行参数之外，代码清单11-13只进行了两个主要的操作。其中，最简单的要属GET()函数，用于下载URL指向的内容。如果下载的内容是HTML，它就尝试进行解析。只有完成了这些步骤之后，GET()函数才会获取<a>标记的href=""属性，来得到当前页面包含的链接所指向的页面。由于这些链接都使用了相对URL，所以GET()函数调用了urljoin()来提供URL的基地址。

对于在当前页面上找到的所有URL，GET()函数都会返回一个元组，表示只要抓取引擎还没有访问过该URL，就访问该URL。

抓取引擎本身只需要记录已经触发过哪些函数和URL的组合，就可以防止重复访问页面中多次出现的URL。抓取引擎维护了一个已经访问过的URL集合和一个尚未访问过的URL集合，然后不断循环，直至后者为空。

可以使用这个抓取器来抓取大型的公共网站，比如httpbin。

```
$ python rscrape1.py http://httpbin.org/
```

也可以用它来抓取之前运行过的小型静态站点。然而这个抓取器还是只能找到直接出现在返回的HTML中的两个链接。

```
$ python rscrape1.py http://127.0.0.1:8000/
GET http://127.0.0.1:8000/
GET http://127.0.0.1:8000/page1.html
GET http://127.0.0.1:8000/page2.html
```

如果要获取到更多的链接，该抓取器还需要做另外两件事。

首先，需要在一个真正的浏览器中载入HTML，这样才能通过运行JavaScript来载入页面的剩余部分。

其次，要能够通过点击搜索表单的提交按钮，来访问隐藏在表单后的链接。除了GET()操作外，还需要进行其他操作（POST操作）。

如果要设计能够抓取公共站点通用内容的自动化抓取器，那么在任何情况下都不应该进行上面的第二种操作。我们已经知道，表单提交是为了表示用户动作而设计的，尤其是POST操作。（在这种情况下，进行GET操作的表单至少会更安全一些。）不过在本例中，我们已经研究了网站，知道点击提交按钮应该是安全的。

需要注意的是，代码清单11-13中的抓取器与其调用的函数之间并没有紧耦合，因此代码清单11-14可以直接重用该抓取器。抓取器可以调用任何传递给它的方法。

代码清单11-14　使用Selenium递归抓取网站

```
#!/usr/bin/env python3
# Foundations of Python Network Programming, Third Edition
# https://github.com/brandon-rhodes/fopnp/blob/m/py3/chapter11/rscrape2.py
# Recursive scraper built using the Selenium Webdriver.

from urllib.parse import urljoin
from rscrape1 import main
from selenium import webdriver

class WebdriverVisitor:
    def __init__(self):
        self.browser = webdriver.Firefox()

    def GET(self, url):
        self.browser.get(url)
        yield from self.parse()
        if self.browser.find_elements_by_xpath('.//form'):
            yield self.submit_form, url

    def parse(self):
        # (Could also parse page.source with lxml yourself, as in scraper1.py)
        url = self.browser.current_url
        links = self.browser.find_elements_by_xpath('.//a[@href]')
        for link in links:
            yield self.GET, urljoin(url, link.get_attribute('href'))

    def submit_form(self, url):
        self.browser.get(url)
        self.browser.find_element_by_xpath('.//form').submit()
        yield from self.parse()

if __name__ == '__main__':
    main(WebdriverVisitor().GET)
```

因为创建Selenium实例的代价是相当昂贵的（毕竟需要启动Firefox），所以我们希望不在每次需要获取URL的时候都调用Firefox()方法。取而代之，我们将GET()作为一个类方法。这样一来，多个GET()调用就可以共用一个self.browser对象，在调用submit_form()时也可以使用该对象。

submit_form()方法是代码清单11-14与代码清单11-13真正的不同之处。当使用GET()方法发现页面上的搜索表单时，它会向抓取引擎返回一个元组。除了为每个发现的链接生成元组之外，还会生成一个元组，用于载入页面并点击搜索表单的提交按钮。正是因为这一点，代码清单11-14能够比代码清单11-13抓取到更深层的内容。

```
$ python rscrape2.py http://127.0.0.1:8000/
GET http://127.0.0.1:8000/
GET http://127.0.0.1:8000/page1.html
GET http://127.0.0.1:8000/page2.html
submit_form http://127.0.0.1:8000/
GET http://127.0.0.1:8000/page5.html
GET http://127.0.0.1:8000/page6.html
GET http://127.0.0.1:8000/page4.html
```

```
GET http://127.0.0.1:8000/page3.html
```

因此，该抓取器能够找到包括JavaScript动态加载和表单提交后才能获取的URL在内的所有链接。通过这些强大的技术，我们可以完全使用Python来实现与网站之间的自动化交互。

11.10 小结

HTTP是专为万维网设计的。万维网通过超链接将海量文档连接起来，每个超链接都用URL来表示其指向的页面或页面中的某个小节。用户可以直接点击超链接来访问它所指向的页面。Python标准库也提供了用于解析及构造URL的方法。此外，还可以使用标准库提供的功能根据页面的基URL地址将相对URL转化为绝对URL。

Web应用程序通常会在对HTTP请求进行响应的服务器程序中连接持久化的数据存储(如数据库)，然后构造作为响应信息的HTML。在这一过程中有一点是十分重要的，即应该使用数据库本身提供的功能来引用由Web外部传递来的不可信信息。也可以在Python中使用DB-API 2.0和任何ORM来正确地引用不可信信息。

Web框架各不相同。有的只提供最简单的功能，有的则提供了全栈式服务。如果使用简单的Web框架，就需要自己选择模板语言、ORM或其他持久层方案。而全栈式的框架则内置了工具来提供这些功能。无论选择哪种框架，都可以在自己的代码中支持静态URL及/person/123/这样包含可变组件的URL。这些框架同样会提供生成与返回模板的方法，以及返回重定向信息或HTTP错误的功能。

每个网站编写者都会遇到一个大麻烦：在像Web这样一个复杂的系统中，组件之间的交互可能会使得用户违背了自己的操作本意，或者允许用户损害他人的利益。在代码中涉及与外部网络的接口时，一定要考虑跨站脚本攻击、跨站请求伪造以及对用户隐私攻击的可能性。在编写会从URL路径、URL查询字符串、POST请求或文件上传等途径接收数据的代码之前，一定要彻底理解这些安全威胁。

我们通常会在全栈式的框架以及轻量级的框架之间进行权衡。像Django这样的全栈式解决方案鼓励用户全部使用它所提供的工具，而且它会为用户提供一个很不错的默认配置（比如自动提供表单的CSRF保护）；而Flask或Bottle这样的轻量级框架则要求我们自己选择其他工具，相互结合，形成最终的解决方案。此时我们就需要理解所有用到的组件。例如，如果选择使用Flask来开发应用程序，但是却不知道要提供CSRF保护，那么最后开发出的应用程序就无法抵御CSRF攻击了。

Tornado框架因其提供的异步方法而与别的框架有所不同。Tornado允许在同一个操作系统级的线程内为多个客户端提供服务。随着Python 3中asyncio的出现，类似于Tornado的方法会渐渐变得越来越通用。这和如今WSGI为多线程Web框架提供的支持是类似的。

要抓取一个Web页面，就需要对网站的工作原理有透彻的理解，这样才能在脚本中模拟正常的用户交互——包括登录、填写以及提交表单这些复杂操作。在Python中，有很多方法可以用来获取和解析页面。目前，Requests和Selenium是最流行的用来获取页面的库，而Beautiful Soup和lxml则是人们解析页面时最喜欢使用的方案。

我们在本章中学习了Web应用程序的编写与抓取。到这里，本书关于HTTP和万维网的介绍也就结束了。从下一章开始，我们将学习电子邮件消息及其构造方法。Python标准库中也支持各种电子邮件协议，只不过这些协议并不像HTTP协议那样有名而已。

第 12 章

电子邮件的构造与解析

12

从本章开始的后面这4章中，我们将讨论一个重要的话题：电子邮件。本章并不讨论网络通信，而是要为接下来的3章内容做准备。

- 本章描述电子邮件消息的格式，尤其关注如何正确地在电子邮件中包含多媒体及提供国际化支持。这为在接下来的3章中介绍的协议使用的数据格式打下了基础。
- 第13章将解释简单邮件传输协议（SMTP，Simple Mail Transport Protocol）。该协议用于将电子邮件消息从编写电子邮件的机器传输到保存该消息的服务器内。特定的邮件接收者可以从保存消息的服务器下载邮件消息。
- 第14章将描述邮局协议（POP，Post Office Protocol）。该协议现在看来已经稍显过时了，而且设计得也不是很好。可以使用POP协议从电子邮件服务器的收件箱中下载电子邮件，查看新消息。
- 第15章将介绍Internet消息访问协议（IMAP，Internet Message Access Protocol）。该协议可用于在本地浏览保存在电子邮件服务器上的电子邮件，而且它设计得比POP协议更好，更具现代化风格。IMAP除了可以用来获取和查看邮件外，还允许将消息标记为已读，或者将邮件存储在服务器的不同文件夹内。

可以看到，这4个章节的顺序是按照电子邮件的自然生命周期来排列的。首先使用各种各样的文本、多媒体和元数据（如发送者和接收者）来编写电子邮件。然后，SMTP协议负责将电子邮件从编写邮件的源地址传输到目标服务器。最后，接收客户端（通常是Mozilla Thunderbird或Microsoft Outlook）使用POP或IMAP这样的协议将服务器中的邮件消息下载到台式机、笔记本电脑或平板电脑进行查看。不过，要知道最后一步现在已经发生得越来越少了。许多人现在会使用网页邮件（webmail）服务来阅读电子邮件。他们直接在Web浏览器中登录，然后查看HTML格式的电子邮件，不需要从电子邮件服务器下载邮件。Hotmail曾经非常流行，但是Gmail可能才是现在最大型的网页邮件服务。

要记住，不管编写完邮件后使用SMTP、POP还是IMAP，电子邮件的格式和表示方式都是相同的。而本章的主题就是介绍这些规则。

12.1 电子邮件消息格式

1982年发布了著名的RFC 822，在将近20年的时间里，它一直作为电子邮件的标准定义。直到2001年，RFC 2822对电子邮件的定义进行了更新。2008年发布的RFC 5322是现行的标准。如果要编写严谨或高标准的代码来处理电子邮件消息，可以查阅这些标准。在这里，我们只需要注意关于电子邮件格式的部分内容即可。

- 电子邮件以原始ASCII文本的形式表示，使用1~127的字符代码。
- 行尾标记由回车加换行（CRLF，carriage-return-plus-linefeed）两个连续的字符组成。以前的电传打字机就是使用CRLF来换行的，现在的互联网协议也以此作为行尾标记的标准。
- 电子邮件包含一个邮件头、一个空行和邮件体。
- 邮件头由不区分大小写的属性名、冒号以及属性值组成。邮件头可以有多行，但是除了第一行外都必须使用空格进行缩进。
- 因为纯文本中不支持Unicode字符和二进制数据，所以其他标准提供的编码方式支持将更丰富的数据格式添加到原始ASCII文本中，并进行传输和存储。本章稍后会对此进行解释。

代码清单12-1中展示了我的收件箱中收到的一封真实的电子邮件消息。

代码清单12-1　传输完成的真实电子邮件消息

```
X-From-Line: rms@gnu.org  Fri Dec  3 04:00:59 1999
Return-Path: <rms@gnu.org>
Delivered-To: brandon@europa.gtri.gatech.edu
Received: from pele.santafe.edu (pele.santafe.edu [192.12.12.119])
        by europa.gtri.gatech.edu (Postfix) with ESMTP id 6C4774809
        for <brandon@rhodesmill.org>; Fri, 3 Dec 1999 04:00:58 -0500 (EST)
Received: from aztec.santafe.edu (aztec [192.12.12.49])
        by pele.santafe.edu (8.9.1/8.9.1) with ESMTP id CAA27250
        for <brandon@rhodesmill.org>; Fri, 3 Dec 1999 02:00:57 -0700 (MST)
Received: (from rms@localhost)
        by aztec.santafe.edu (8.9.1b+Sun/8.9.1) id CAA29939;
        Fri, 3 Dec 1999 02:00:56 -0700 (MST)
Date: Fri, 3 Dec 1999 02:00:56 -0700 (MST)
Message-Id: <199912030900.CAA29939@aztec.santafe.edu>
X-Authentication-Warning: aztec.santafe.edu: rms set sender to rms@gnu.org using -f
From: Richard Stallman <rms@gnu.org>
To: brandon@rhodesmill.org
In-reply-to: <m3k8my7x1k.fsf@europa.gtri.gatech.edu> (message from Brandon
        Craig Rhodes on 02 Dec 1999 00:04:55 -0500)
Subject: Re: Please proofread this license
Reply-To: rms@gnu.org
References: <199911280547.WAA21685@aztec.santafe.edu> <m3k8my7x1k.fsf@europa.gtri.gatech.edu>
Xref: 38-74.clients.speedfactory.net scrapbook:11
Lines: 1

Thanks.
```

可以看到，尽管这个邮件只包含一行文本消息体，但是在互联网上传输该邮件的过程中，会不断累加传输额外的信息。

在编写电子邮件时，就已经完成了从From往下的所有行。但是From行上面的邮件头可能是在传输过程的不同阶段加上去的。每个处理电子邮件消息的客户端或服务器都有权利添加额外的邮件头。这意味着，每个电子邮件消息都会不断记录起在网络上的传输历史。通常可以从最后一个邮件头开始从下往上阅读这些邮件头。

可以看到，上面例子中的电子邮件从Santa Fe的一台叫作aztec的机器发出，邮件作者直接连接了本地主机的内部接口。然后，名为aztec的机器使用SMTP将消息传输给pele。pele可能是一台用来处理发送给某个学院或整个学校的邮件的服务器。最后，pele向名为europa的机器发起一个SMTP连接。europa就在我供职的佐治亚理工学院内，它会将邮件消息存储到磁盘，因此我可以稍后阅读该邮件。

我将在这里暂停一下，先介绍一些特殊的电子邮件头。如果想要了解完整的邮件头列表，可以查阅相关标准。

- From指出了电子邮件消息的作者。和下面的邮件头一样，From既支持真实的人名，也支持包含在尖括号中的作者的电子邮件地址。
- Reply-to指出了未列在From头里的作者的地址。
- To列出了一个或多个主接收者。
- Cc列出了一个或多个应该收到电子邮件“抄送”的接收者。这些接收者并不是邮件的主接收者。
- Bcc列出了应该收到电子邮件“秘密抄送”的接收者，其他接收者都不知道Bcc列出的接收者也会收到邮件。因此，严谨的电子邮件客户端会在真正传输电子邮件前删除Bcc。
- Subject是消息内容的概述，易于理解，由作者编写。
- Date指定了消息发送或接收的时间。通常来说，如果发送者的电子邮件客户端包含了时间，那么接收电子邮件的服务器和阅读器就不会覆盖该日期。但是如果发送者没有在邮件中包含时间，邮件接收时可能会为了完整性添加上时间。
- Message-Id是用于唯一标识电子邮件的字符串。
- In-Reply-To表示整个邮件对话中Message-Id唯一标识的邮件之前的邮件。Message-Id标识的邮件是对In-Reply-To所标识邮件的回复。如果想在电子邮件下面显示之前的回复信息，那么这个邮件头是相当有用的。
- Received会在电子邮件每次到达SMTP传输过程中的一跳（hop）时添加。电子邮件服务器管理员通常可以通过仔细阅读Received路径来确定消息是否正确传输。

可以看到，邮件头和邮件体都必须和代码清单12-1这个简单的例子一样，只包含ASCII纯文本。在后面的章节中，我将介绍允许在邮件头中包含国际化字符的标准以及允许在邮件体中包含国际化字符或二进制字符的标准。

12.2　构造电子邮件消息

EmailMessage类是Python提供的用于构造电子邮件消息的最基本的接口。本章中的所有程序清单都会使用这个类。我要感谢编写Python email模块的大师R. David Murray，他在我准备本章示例脚本的过程中给予了许多指导和建议。代码清单12-2展示了一个简单的例子。

代码清单12-2　生成一个包含简单文本的电子邮件消息

```
#!/usr/bin/env python3
# Foundations of Python Network Programming, Third Edition
# https://github.com/brandon-rhodes/fopnp/blob/m/py3/chapter12/build_basic_email.py

import email.message, email.policy, email.utils, sys
```

```
text = """Hello,
This is a basic message from Chapter 12.
 - Anonymous"""

def main():
    message = email.message.EmailMessage(email.policy.SMTP)
    message['To'] = 'recipient@example.com'
    message['From'] = 'Test Sender <sender@example.com>'
    message['Subject'] = 'Test Message, Chapter 12'
    message['Date'] = email.utils.formatdate(localtime=True)
    message['Message-ID'] = email.utils.make_msgid()
    message.set_content(text)
    sys.stdout.buffer.write(message.as_bytes())

if __name__ == '__main__':
    main()
```

警告　Python 3.4将EmailMessage类引入了以前的电子邮件模块，因此本章中的代码都只支持Python 3.4或更新版本的Python。如果读者要使用较老版本的Python 3，不想进行升级，那么可以学习以前的脚本，网址为：https://github.com/brandon-rhodes/fopnp/tree/m/py3/old-chapter12。

我们也可以省略上面的邮件头，这样就可以生成更简单的电子邮件消息了。不过，如果要在现代互联网上发送电子邮件的话，至少应该包含上述信息。

可以使用EmailMessage的API在代码中直接编写最终会显示在电子邮件中的文本。虽然可以根据需要来决定邮件头设置和文本内容在代码中的顺序，但是为了使代码中的顺序与传输过程及邮件客户端看到的一致，最好还是先设置邮件头，然后设置邮件体。

需要注意的是，有两个邮件头是必须要提供的，但是需要手动设置它们的值。我使用了Python标准库电子邮件工具集中的formatdate()函数来设置电子邮件标准要求的特殊时间格式。构造Message-Id时同样也要小心。为了尽量保证其唯一性，使当前邮件的Message-Id不与之前编写过或将来可能编写的邮件的Message-Id相同，需要借助一些随机函数。

代码清单12-2的运行结果就是将该电子邮件打印到标准输出，这样我们进行实验时就能马上看到修改的效果了。

```
To: recipient@example.com
From: Test Sender <sender@example.com>
Subject: Test Message, Chapter 12
Date: Fri, 28 Mar 2014 16:54:17 -0400
Message-ID: <20140328205417.5927.96806@guinness>
Content-Type: text/plain; charset="utf-8"
Content-Transfer-Encoding: 7bit
MIME-Version: 1.0

Hello,
This is a basic message from Chapter 12.
 - Anonymous
```

如果没有使用EmailMessage类，而是使用以前的Message类来构造电子邮件消息，那么可能无法看到部分邮件头。类似于代码清单12-1中使用的旧式风格的电子邮件消息会直接忽略传输编码、多用途互联网邮件扩展（MIME，Multipurpose Internet Mail Extensions）版本以及内容类型，并且认为电子邮件客户端会使用传统的默认配置。但是，现代风格的EmailMessage类在构造电子邮件时会仔细地指定这些属性值，以保证构造的电子邮件消息能够尽可能兼容其他现代工具。

之前提到过，邮件头的名称是不区分大小写的。因此，符合标准的电子邮件客户端在最终生成的电子邮件中不会区分Message-Id和Message-ID。

如果不想使用当前日期和时间，那么可以使用formatdate()函数，并传入一个Python datetime对象。也可以选择使用格林尼治标准时间（GMT，Greenwich Mean Time）来代替当地时区的时间。可以查看Python文档了解相关细节。

注意，唯一标识Message-ID根据多处信息构造而成，包括调用make_msgid()的具体日期、时间及毫秒数和调用该函数的Python脚本的进程ID。如果没有提供可选的domain=关键字，构造Message-ID的过程中甚至还可能会用到当前主机名。在对安全性要求非常高的情况下，可能不希望暴露这些信息。如果想避免暴露这些信息的话，可以自行实现方法来提供唯一的Message-ID标识［也许可以调用某个工业级别的通用唯一标识（UUID）算法］。

最后要注意，代码清单12-2中为了节省脚本的空间，在使用了3个双引号表示的字符串常量中并没有加入终端行末符。因此字符串中的文本严格意义上来讲并不符合电子邮件的传输标准。但是，代码清单12-2结合使用了set_content()和as_bytes()，这能够保证电子邮件消息进行正确地换行。

12.3　添加 HTML 与多媒体

在电子邮件发展的早期，人们在许多临时解决方案中使用7位的ASCII字符来传输电子邮件中的二进制数据。而MIME标准的出现则为非ASCII数据提供了通用且可扩展的方案。有了MIME标准后，我们就可以在Content-Type邮件头中指定一个*边界*（boundary）字符串，并使用边界字符串将电子邮件消息分为多个部件。边界字符串的开头是两个连字符。每个子部件都可以有自己的邮件头，用来指定自己的内容类型和编码。子部件还能够指定自己的边界字符串并继续进行划分，这样整个电子邮件消息就形成了一个层次结构。

Python的email模块提供了对构造MIME消息的底层支持。可以使用该模块来构造任意部件及子部件。每个email.message.MIMEPart对象都可以指定自己的邮件头和邮件体（接口与EmailMessage相同），父消息可以使用attach()方法添加子部件。

```
my_message.attach(part1)
my_message.attach(part2)
...
```

然而，只有在应用程序或项目需求中明确指出需要特定结构的消息时，才应该手动构造MIME消息的层次结构。在大多数情况下，只要创建一个EmailMessage对象（见代码清单12-2），然后一次调用下述4个方法就能够构造MIME消息了。

- 首先调用set_content()来设置主消息体。
- 然后调用add_related()零次或多次。该方法用于向主要内容中添加生成消息所需的其他资源。

通常情况下，当主要内容为HTML，并且需要图片、CSS以及JavaScript文件才能在电子邮件客户端中正确生成页面时，会使用到该方法。每个相关的资源都应包含一个Content-Id（cid），主HTML文档可以通过包含cid的超链接访问相应资源。

- 接着调用add_alternative()零次或多次。该方法用于提供其他格式的电子邮件消息。比如，如果消息体为HTML的话，可以提供纯文本版本的消息，保证功能较弱的电子邮件客户端也能够成功生成消息。
- 最后调用add_attachment()零次或多次。该方法用于提供附件，如PDF文档、图片以及电子表格等。每个附件通常都会指定一个默认文件名，接收者通过电子邮件客户端保存附件时会使用该文件名。

回顾一下，可以发现代码清单12-2完全遵循了上述4个步骤。首先调用set_content()，然后，很简单，对于其余3个可选方法，都调用了零次。构造出的结果就是最简单的电子邮件结构，其中包含唯一的消息体，不包含任何子部件。

代码清单12-3给出了构造更复杂电子邮件的方法。

代码清单12-3 构造包含HTML、内嵌图片以及附件的MIME格式电子邮件

```
#!/usr/bin/env python3
# Foundations of Python Network Programming, Third Edition
# https://github.com/brandon-rhodes/fopnp/blob/m/py3/chapter12/build_mime_email.py

import argparse, email.message, email.policy, email.utils, mimetypes, sys

plain = """Hello,
This is a MIME message from Chapter 12.
- Anonymous"""

html = """<p>Hello,</p>
<p>This is a <b>test message</b> from Chapter 12.</p>
<p>- <i>Anonymous</i></p>"""

img = """<p>This is the smallest possible blue GIF:</p>
<img src="cid:{}" height="80" width="80">"""

# Tiny example GIF from http://www.perlmonks.org/?node_id=7974
blue_dot = (b'GIF89a1010\x900000\xff000,000010100\x02\x02\x0410;'
            .replace(b'0', b'\x00').replace(b'1', b'\x01'))

def main(args):
    message = email.message.EmailMessage(email.policy.SMTP)
    message['To'] = 'Test Recipient <recipient@example.com>'
    message['From'] = 'Test Sender <sender@example.com>'
    message['Subject'] = 'Foundations of Python Network Programming'
    message['Date'] = email.utils.formatdate(localtime=True)
    message['Message-ID'] = email.utils.make_msgid()

    if not args.i:
        message.set_content(html, subtype='html')
        message.add_alternative(plain)
    else:
```

12

```
            cid = email.utils.make_msgid() # RFC 2392: must be globally unique!
            message.set_content(html + img.format(cid.strip('<>')), subtype='html')
            message.add_related(blue_dot, 'image', 'gif', cid=cid,
                                filename='blue-dot.gif')
            message.add_alternative(plain)

    for filename in args.filename:
        mime_type, encoding = mimetypes.guess_type(filename)
        if encoding or (mime_type is None):
            mime_type = 'application/octet-stream'
        main, sub = mime_type.split('/')
        if main == 'text':
            with open(filename, encoding='utf-8') as f:
                text = f.read()
            message.add_attachment(text, sub, filename=filename)
        else:
            with open(filename, 'rb') as f:
                data = f.read()
            message.add_attachment(data, main, sub, filename=filename)

    sys.stdout.buffer.write(message.as_bytes())

if __name__ == '__main__':
    parser = argparse.ArgumentParser(description='Build, print a MIME email')
    parser.add_argument('-i', action='store_true', help='Include GIF image')
    parser.add_argument('filename', nargs='*', help='Attachment filename')
    main(parser.parse_args())
```

可以通过4种方法来调用代码清单12-3中的脚本。下面按照复杂性由低到高的顺序列出这4种方法，依次为：

- python3 build_mime_email.py
- python3 build_mime_email.py attachment.txt attachment.gz
- python3 build_mime_email.py -i
- python3 build_mime_email.py -i attachment.txt attachment.gz

由于篇幅有限，本书只展示了第一个和最后一个命令的运行结果。不过读者可以下载build_mime_email.py，尝试运行其他两个命令，了解MIME标准根据调用者的需求对不同复杂度级别的支持。除了该脚本之外，本书的源代码库也提供了attachment.txt（纯文本）和attachment.gz（二进制）这两个示例文件，不过读者也可以在命令行中提供任意文件作为参数。读者可以通过该实验了解Python的email模块对二进制数据的不同编码方式。

如果不提供任何命令行选项，也不提供附件，直接调用build_mime_email.py，就会生成最简单的MIME结构。该结构可用于生成两种版本的电子邮件：HTML和纯文本。运行结果如下所示：

```
To: Test Recipient <recipient@example.com>
From: Test Sender <sender@example.com>
Subject: Foundations of Python Network Programming
Date: Tue, 25 Mar 2014 17:14:01 -0400
Message-ID: <20140325232008.15748.50494@guinness>
MIME-Version: 1.0
```

```
Content-Type: multipart/alternative; boundary="===============1627694678=="

--===============1627694678==
Content-Type: text/html; charset="utf-8"
Content-Transfer-Encoding: 7bit

<p>Hello,</p>
<p>This is a <b>test message</b> from Chapter 12.</p>
<p>- <i>Anonymous</i></p>

--===============1627694678==
Content-Type: text/plain; charset="utf-8"
Content-Transfer-Encoding: 7bit
MIME-Version: 1.0

Hello,
This is a MIME message from Chapter 12.
- Anonymous

--===============1627694678==--
```

上面的电子邮件顶部与传统的标准格式相同，包含邮件头、空行以及邮件体。不过邮件体现在变得更有趣了。为了提供纯文本和HTML两种格式的数据，该邮件在邮件头中指定了边界字符串，并使用边界字符串将邮件体分为了两部分。每个子部件本身都采用了传统格式，包括：邮件头、空行以及邮件体。对于子部件的内容只有一个限制（该限制颇为明显）：不能包含自己的边界字符串，也不能包含其任何父消息的边界字符串。

multipart/alternative是所有multipart/*内容类型中的一种。multipart/*内容类型的邮件消息都使用边界字符串对MIME邮件进行分割。multipart/*的作用是传输某条消息的多个版本，客户端可以显示其中任一版本，而且每个版本都包含了完整的消息。在本例中，客户端显示的可能是HTML，也可能是纯文本，但是用户看到的文本内容是相同的。大多数客户端会在支持HTML的时候优先选择显示HTML。尽管多数电子邮件客户端不会告诉用户其实还提供了其他版本的消息，但还是会有一些客户端提供了相应的按钮或是下拉菜单，让用户自主选择希望显示的消息版本。

需要注意的是，MIME-Version邮件头只能在顶层消息中指定。不过，在使用email模块构造邮件时不用考虑这些标准的细节。

关于multipart段的规则如下所述。

- 如果至少调用了一次add_related()，那么就会生成一个multipart/related段，其中包含set_content()指定的邮件体与所有相关内容。
- 如果至少调用了一次add_alternative()，那么就会生成一个multipart/alternative段，其中包含原始邮件体以及添加的其他版本的邮件体。
- 最后，如果至少调用了一次add_attachment()，那么就会在外层生成一个multipart/mixed段，其中包含添加的所有附件。

下面的输出是第4条命令的运行结果，可以从中了解到所有这些规则。该命令使用-i选项指定了一个内嵌在HTML中的图片以及邮件体后面的附件。

```
To: Test Recipient <recipient@example.com>
From: Test Sender <sender@example.com>
Subject: Foundations of Python Network Programming
Date: Tue, 25 Mar 2014 17:14:01 -0400
Message-ID: <20140325232008.15748.50494@guinness>
MIME-Version: 1.0
Content-Type: multipart/mixed; boundary="===============0086939546=="

--===============0086939546==
Content-Type: multipart/alternative; boundary="===============0903170602=="

--===============0903170602==
Content-Type: multipart/related; boundary="===============1911784257=="

--===============1911784257==
Content-Type: text/html; charset="utf-8"
Content-Transfer-Encoding: 7bit

<p>Hello,</p>
<p>This is a <b>test message</b> from Chapter 12.</p>
<p>- <i>Anonymous</i></p><p>This is the smallest possible blue GIF:</p>
<img src="cid:20140325232008.15748.99346@guinness" height="80" width="80">
--===============1911784257==
Content-Type: image/gif
Content-Transfer-Encoding: base64
Content-Disposition: attachment; filename="blue-dot.gif"
Content-ID: <20140325232008.15748.99346@guinness>
MIME-Version: 1.0

R0lGODlhAQABAJAAAAAA/wAAACwAAAAAAQABAAACAgQBADs=

--===============1911784257==--

--===============0903170602==
Content-Type: text/plain; charset="utf-8"
Content-Transfer-Encoding: 7bit
MIME-Version: 1.0

Hello,
This is a MIME message from Chapter 12.
- Anonymous

--===============0903170602==--

--===============0086939546==
Content-Type: text/plain; charset="utf-8"
Content-Transfer-Encoding: 7bit
Content-Disposition: attachment; filename="attachment.txt"
MIME-Version: 1.0

This is a test
```

```
--===============0086939546==
Content-Type: application/octet-stream
Content-Transfer-Encoding: base64
Content-Disposition: attachment; filename="attachment.gz"
MIME-Version: 1.0

H4sIAP3o2D8AAwvJyCxWAKJEhZLU4hIuAIwtwPoPAAAA

--===============0086939546==--
```

这个电子邮件是层层相嵌的，一共包含3层multipart内容。和之前提到的一样，email模块自动为我们处理了所有细节。每层multipart内容都随机生成了自己的边界字符串，并且保证其不会与其他multipart内容的边界字符串相冲突。针对包含的内容类型，email模块会选择合适的multipart类型。

最后，email模块还指定了合适的编码方式。它允许使用字面值来传输邮件体中的纯文本。7位的ASCII码不足以表示图像等二进制数据，因此使用Base64编码来传输这些数据。需要注意的是，无论使用哪种编码方式来生成数据，都会请求电子邮件对象以字节形式来生成消息，而不使用文本形式；否则的话，还需要在保存或传输数据前手动进行编码。

12.4 添加内容

代码清单12-3中使用的4种添加内容的方法都遵循相同的调用规范。读者可以查阅Python文档，了解使用的Python 3版本支持的所有调用方法。下面介绍对set_content()、add_related()、add_alternative()以及add_attachment()都通用的几个调用规范。

- ('string data of type str')方法
  ('string data of type str',subtype='html')方法
  上述方法用于添加不同格式的文本内容，默认内容类型是text/plain。第二个调用中使用subtype将内容类型指定为text/html。
- (b'raw binary payload of type bytes', type='image', subtype='jpeg')方法
  如果提供原始二进制数据，那么Python就能够自动识别其格式。但是仍然需要自己提供MIME类型与子类型。在输出的邮件消息中，会使用斜杠将MIME类型与子类型组合起来。注意到，代码清单12-3中没有使用email模块来猜测命令行指定的附件类型，而是使用了mimetypes模块。
- (..., cte='quoted-printable')方法
  所有内容添加方法都会选择ASCII或Base64中的一种作为默认的内容传输编码方式。如果可以使用7位信息安全地表示电子邮件中的文本，那么就会选择使用原始并且可读的ASCII编码。否则就使用Base64编码。但是，如果需要经常手动检查接收或发送的电子邮件，使用Base64编码就可能会带来不便之处。例如，即使文本中只包含一个Unicode字符，所有文本也都会转换为不可读的Base64。可以使用cte关键字来覆盖编码方式。具体来讲，指定了cte关键字后，ASCII字符仍然可以保留在编码后的电子邮件中，而对于需要使用8位来表示的字节，则使用转义序列。这一功能是相当吸引人的。
- add_related(..., cid='<Content ID>')

通常情况下，会为每个相关的部分提供自定义的内容ID作为标识符，以便在HTML中构造指向该内容的链接。内容ID必须包含在一对尖括号内。但是，在构造HTML中的链接时需要移除cid中的尖括号。众所周知，内容ID必须是唯一的，文档中包含的所有内容ID都不能与世界上任何时间生成的其他内容ID相同！由于email模块没有提供相应的功能，因此代码清单12-3使用make_msgid()来构造唯一的内容ID。

- add_attachment(..., filename='data.csv')

  在添加附件时，大多数电子邮件客户端（以及用户）都希望附件有一个默认文件名。当然，电子邮件接收者可以在保存时根据需要进行重命名。

还有更多复杂的调用方法可以用于一些特殊的情况，读者可以从官方Python文档中了解这些方法。不过，上述几种调用规范已经覆盖了构造MIME电子邮件时最常见的情况。

12.5 解析电子邮件消息

在使用email模块解析完电子邮件消息后，有两种基本的方法可以用来读取邮件消息。第一种方法比较简单，直接使用EmailMessage内置的功能即可。这种方法比较方便，但是使用的前提是邮件消息以标准的常用MIME形式提供了邮件体和附件。另一种方法比较复杂，即用户手动访问邮件消息的所有部分及子部分。此时用户需要自己解析邮件各部分的意义，并决定邮件消息保存或显示的方式。

代码清单12-4展示了简单方法的用法。和保存电子邮件消息一样，在读取邮件时，也一定要以字节形式进行读取，然后使用email模块处理读取的字节。这样可以避免自己再进行解码。这一点是非常重要的。

代码清单12-4　使用EmailMessage读取邮件体及附件

```
#!/usr/bin/env python3
# Foundations of Python Network Programming, Third Edition
# https://github.com/brandon-rhodes/fopnp/blob/m/py3/chapter12/display_email.py

import argparse, email.policy, sys

def main(binary_file):
    policy = email.policy.SMTP
    message = email.message_from_binary_file(binary_file, policy=policy)
    for header in ['From', 'To', 'Date', 'Subject']:
        print(header + ':', message.get(header, '(none)'))
    print()

    try:
        body = message.get_body(preferencelist=('plain', 'html'))
    except KeyError:
        print('<This message lacks a printable text or HTML body>')
    else:
        print(body.get_content())

    for part in message.walk():
        cd = part['Content-Disposition']
        is_attachment = cd and cd.split(';')[0].lower() == 'attachment'
        if not is_attachment:
```

```
            continue
        content = part.get_content()
        print('* {} attachment named {!r}: {} object of length {}'.format(
            part.get_content_type(), part.get_filename(),
            type(content).__name__, len(content)))

if __name__ == '__main__':
    parser = argparse.ArgumentParser(description='Parse and print an email')
    parser.add_argument('filename', nargs='?', help='File containing an email')
    args = parser.parse_args()
    if args.filename is None:
        main(sys.stdin.buffer)
    else:
        with open(args.filename, 'rb') as f:
            main(f)
```

上面的脚本首先会解析命令行参数，然后读取邮件消息，并将其转换为EmailMessage类型。因为要使用email模块从磁盘读取二进制格式的消息，所以需要使用二进制模式'rb'打开文件，或者使用Python标准输入对象的二进制buffer属性，此时会直接返回原始字节。完成上述步骤后，脚本的具体工作便很自然地分为了两部分。

第一个重要步骤就是调用get_body()方法。该方法会在消息的MIME结构中层层深入地进行搜索，寻找最符合要求的邮件体。preferencelist用于指定格式的优先级。把最希望显示的格式排在最前面。在本例中，优先选择HTML类型的邮件体，其次是纯文本版本[①]，不过两者都是可接受的。如果无法找到合适的邮件体，该方法会抛出KeyError。

需要注意的是，preferencelist的默认值包含3个元素[②]，在编写复杂的电子邮件客户端（如网页邮件服务或包含内置WebKit面板的应用程序）时，使用默认值是较为合适的。这些复杂的客户端不仅能够正确显示HTML格式的邮件消息，还能够显示内嵌的图片，并支持CSS。此时get_body()返回的对象就是multipart/related类型的MIME消息。用户需要自己从中搜索获取HTML和需要的所有多媒体。不过，在上面的小例子中，只需要将邮件体打印至标准输出，因此没有使用默认设置。

在显示了最合适的邮件体后，第二步就是搜索用户需要显示或保存的附件。注意到，在代码清单12-4中我们获取了MIME为某附件指定的所有基本信息：内容类型、文件名以及数据。在真实的应用程序中，可能只需要打开某个文件来写入数据并进行保存，而不需要将文件的长度和类型打印到屏幕上。

这里可以注意到Python 3.4的一个bug，即上面的脚本需要自己判断消息部分是否为附件。在未来的Python版本中，可以不用手动遍历这个树形结构并测试每个部分的内容结构，只需要调用消息的iter_attachment()方法即可。

后面的脚本都会操作之前脚本生成的MIME消息（无论是复杂的还是简单的）。读取代码清单12-2生成的消息时，代码清单12-4的脚本会输出之前设置的邮件头和邮件体。

```
$ python3 build_basic_email.py > email.txt
$ python3 display_email.py email.txt
```

---

① 原文与代码不符，最合理的方式是将代码中的plain与html对调。——译者注

② 这3个元素分别为：related、html和plain。——译者注

12

```
From: Test Sender <sender@example.com>
To: recipient@example.com
Date: Tue, 25 Mar 2014 17:14:01 -0400
Subject: Test Message, Chapter 12

Hello,
This is a basic message from Chapter 12.
- Anonymous
```

代码清单12-4同样能够读取极为复杂的消息。get_body()方法中的逻辑能从外层的multipart/mixed深入到中间的multipart/alternative，最后搜索到消息最内层的multipart/related，然后生成HTML格式的邮件体。除此之外，该脚本也能够成功读取邮件中包含的所有附件。

```
$ python3 build_mime_email.py -i attachment.txt attachment.gz > email.txt
$ python3 display_email.py email.txt
From: Test Sender <sender@example.com>
To: Test Recipient <recipient@example.com>
Date: Tue, 25 Mar 2014 17:14:01 -0400
Subject: Foundations of Python Network Programming

Hello,
This is a MIME message from Chapter 12.
- Anonymous

* image/gif attachment named 'blue-dot.gif': bytes object of length 35
* text/plain attachment named 'attachment.txt': str object of length 15
* application/octet-stream attachment named 'attachment.gz': bytes object of length 33
```

12.6　遍历 MIME 部件

有时候，使用代码清单12-4中的方法不足以满足应用程序的需求。它可能无法在项目需要解析的电子邮件中找到邮件体文本，也可能因为格式有误而无法获取客户需要的某些附件。此时，我们就需要自己去遍历电子邮件的所有部件，并且自己实现算法来处理有效信息、显示邮件内容以及保存附件。

在遍历MIME电子邮件时，需要牢记4个基本准则。

- 在读取某个部件时，必须先调用is_multipart()方法来判断该MIME部件是否包含其他MIME子部件。如果想获取通过斜杠连接的包含主类型及子类型的完整类型，可以调用get_content_type()，也可以调用get_content_maintype()或get_content_subtype()，单独获取主类型或子类型。
- 处理multipart类型的部件时，使用iter_parts()方法来获取该部件直接包含的子部件，这样就可以判断这些子部件是否还包含子部件，还是只包含了最内层的内容。
- 处理普通部件时，可以通过Content-Disposition头来判断其是否为附件（判断分号前是否包含单词attachment）。
- 调用get_content()方法获取MIME部件内的数据并进行解码。若主类型为text，则解码为str文本，否则解码为二进制bytes对象。

代码清单12-5中的代码使用一个递归生成器来遍历一个multipart消息的所有部件。生成器的操作与内置的walk()方法很类似，唯一的不同之处在于，生成器维护了每个子部件的索引，以便后续进行引用。

代码清单12-5 手动遍历一个multipart消息的所有部件

```
#!/usr/bin/env python3
# Foundations of Python Network Programming, Third Edition
# https://github.com/brandon-rhodes/fopnp/blob/m/py3/chapter12/display_structure.py

import argparse, email.policy, sys

def walk(part, prefix=''):
    yield prefix, part
    for i, subpart in enumerate(part.iter_parts()):
        yield from walk(subpart, prefix + '.{}'.format(i))

def main(binary_file):
    policy = email.policy.SMTP
    message = email.message_from_binary_file(binary_file, policy=policy)
    for prefix, part in walk(message):
        line = '{} type={}'.format(prefix, part.get_content_type())
        if not part.is_multipart():
            content = part.get_content()
            line += ' {} len={}'.format(type(content).__name__, len(content))
            cd = part['Content-Disposition']
            is_attachment = cd and cd.split(';')[0].lower() == 'attachment'
            if is_attachment:
                line += ' attachment'
            filename = part.get_filename()
            if filename is not None:
                line += ' filename={!r}'.format(filename)
        print(line)

if __name__ == '__main__':
    parser = argparse.ArgumentParser(description='Display MIME structure')
    parser.add_argument('filename', nargs='?', help='File containing an email')
    args = parser.parse_args()
    if args.filename is None:
        main(sys.stdin.buffer)
    else:
        with open(args.filename, 'rb') as f:
            main(f)
```

可以使用这个脚本来处理之前的脚本生成的所有电子邮件消息。（当然，也可以尝试使用它来处理真实生活中的电子邮件。）使用该脚本处理之前生成的最复杂的一个电子邮件消息，运行结果如下。

```
$ python3 build_mime_email.py -i attachment.txt attachment.gz > email.txt
$ python3 display_structure.py email.txt
 type=multipart/mixed
.0 type=multipart/alternative
.0.0 type=multipart/related
```

```
.0.0.0 type=text/html str len=215
.0.0.1 type=image/gif bytes len=35 attachment filename='blue-dot.gif'
.0.1 type=text/plain str len=59
.1 type=text/plain str len=15 attachment filename='attachment.txt'
.2 type=application/octet-stream bytes len=33 attachment filename='attachment.gz'
```

如果想在以后的代码中直接访问消息部件，可以使用get_payload()方法，并传入每行开头的整数索引。例如，如果想从消息中获取blue-dot.gif，可以进行下述调用：

```
part = message.get_payload(0).get_payload(0).get_payload(1)
```

再次注意到，只有multipart类型的部件可以包含其他MIME子部件。内容类型不是multipart的部件都是树形结构中的叶结点，只包含简单的内容，不包含下层结构。

12.7　邮件头编码

上述用于邮件解析的脚本中使用的email模块可以正确处理包含国际化字符的邮件头。这些邮件头能够直接使用RFC 2047的规范来对特殊字符进行编码。代码清单12-6生成了包含国际化字符的邮件，我们可以对其进行测试。需要注意的是，使用Python 3编写的源代码在默认情况下是使用UTF-8进行编码的，因此可以不用在代码顶部声明-*- coding: utf-8 -*-，而这在Python 2中却是必需的。

代码清单12-6　生成提供国际化支持的电子邮件，用于测试代码清单12-5中的解析脚本

```
#!/usr/bin/env python3
# Foundations of Python Network Programming, Third Edition
# https://github.com/brandon-rhodes/fopnp/blob/m/py3/chapter12/build_unicode_email.py

import email.message, email.policy, sys

text = """\
Hwær cwom mearg? Hwær cwom mago?
Hwær cwom maþþumgyfa?
Hwær cwom symbla gesetu?
Hwær sindon seledreamas?"""

def main():
    message = email.message.EmailMessage(email.policy.SMTP)
    message['To'] = 'Böðvarr <recipient@example.com>'
    message['From'] = 'Eardstapa <sender@example.com>'
    message['Subject'] = 'Four lines from The Wanderer'
    message['Date'] = email.utils.formatdate(localtime=True)
    message.set_content(text, cte='quoted-printable')
    sys.stdout.buffer.write(message.as_bytes())

if __name__ == '__main__':
    main()
```

To:邮件头中包含特殊字符，因此输出的电子邮件中使用了二进制数据的一种特殊ASCII编码。除此之外，注意到上述脚本遵照了本章之前给出的建议，为邮件体指定了quoted-printable内容编码，这样就不会产生一大堆Base64编码的数据，而是直接使用ASCII码表示大多数字符，如下所示。

```
To: =?utf-8?b?QsO2w7B2YXJy?= <recipient@example.com>
From: Eardstapa <sender@example.com>
Subject: Four lines from The Wanderer
Date: Fri, 28 Mar 2014 22:11:48 -0400
Content-Type: text/plain; charset="utf-8"
Content-Transfer-Encoding: quoted-printable
MIME-Version: 1.0

Hw=C3=A6r cwom mearg? Hw=C3=A6r cwom mago?
Hw=C3=A6r cwom ma=C3=BE=C3=BEumgyfa?
Hw=C3=A6r cwom symbla gesetu?
Hw=C3=A6r sindon seledreamas?
```

email模块提供了解码功能，因此用于显示的脚本可以成功显示上述邮件消息，用户无需担心具体的处理细节。

```
$ python3 build_unicode_email.py > email.txt
$ python3 display_email.py email.txt
From: Eardstapa <sender@example.com>
To: Böðvarr <recipient@example.com>
Date: Tue, 25 Mar 2014 17:14:01 -0400
Subject: Four lines from The Wanderer

Hwær cwom mearg? Hwær cwom mago?
Hwær cwom maþþumgyfa?
Hwær cwom symbla gesetu?
Hwær sindon seledreamas?
```

如果还想深入学习电子邮件头的编码方式，可以阅读Python文档，了解email.header模块的底层实现，重点关注Header类。

12.8 解析日期

代码清单12-6中的脚本使用email.utils中的formatdate()函数来生成符合标准的日期。默认情况下，该函数会返回当前日期和时间。不过，该函数也接受底层Unix时间戳作为参数。如果只需要进行高层的时间操作，并且已经生成了datetime对象，那么可以直接使用format_datetime()函数来完成相同的功能。

在解析电子邮件时，可以通过email.tuils中的其他3种方法来进行上述操作的逆操作。

- parsedate()和parsedate_tz()都返回一个表示时间的元组，可以通过Python的time模块来实现。这两个函数的实现比较底层，并且遵循了C语言中进行日期计算和表示的旧式风格。
- 现代的parsedate_to_datetime()函数则返回一个完整的datetime对象。在大多数生产代码中，都应该调用该函数。

需要注意的是，许多电子邮件程序并没有在编写Date头时完全遵循相关标准。尽管这些程序能够在多数情况下正确运行，但是有时候它们还是无法返回正确的日期值，而是会返回None。必须在使用前确认得到的返回值是合法的日期。下面是一些示例调用。

```
>>> from email import utils
>>> utils.parsedate('Tue, 25 Mar 2014 17:14:01 -0400')
(2014, 3, 25, 17, 14, 1, 0, 1, -1)
>>> utils.parsedate_tz('Tue, 25 Mar 2014 17:14:01 -0400')
(2014, 3, 25, 17, 14, 1, 0, 1, -1, -14400)
>>> utils.parsedate_to_datetime('Tue, 25 Mar 2014 17:14:01 -0400')
datetime.datetime(2014, 3, 25, 17, 14, 1,
                  tzinfo=datetime.timezone(datetime.timedelta(-1, 72000)))
```

如果想进行一些日期之间的运算，强烈推荐使用第三方的pytz模块，它是Python社区中进行日期操作的最佳实践。

12.9 小结

R.David Murray在Python 3.4中引入了强大的email.message.EmailMessage类，使用该类生成并解析MIME消息要比以前版本的Python方便得多。和很多时候一样，唯一需要注意的就是要关注字节与字符串之间的区别。应该在所有套接字或文件I/O操作中使用字节，让email模块来负责解码，以确保所有步骤都能正确进行。

生成电子邮件时，通常都会先实例化一个EmailMessage对象，然后指定邮件头和邮件内容。设置邮件头时，需要提供一个字典，以不区分大小写的字符串作为字典的键，并且对字典的值进行合适的编码，以同时支持ASCII和非ASCII字符。设置邮件内容时，需要顺序调用4个方法：set_content()、add_related()、add_alternative()和add_attachment()。这4个方法在任何情况下都能正确处理文本数据和字节数据。

可以使用email模块的解析方法（本章的代码清单中使用了message_from_binary_file()方法）从EmailMessage对象读取电子邮件消息。在调用解析方法时，指定policy参数可以启用EmailMessage类的所有现代特性。解析得到的结果可能是包含下一层子部件的multipart部件，也可能是以字符串或字节数据表示的内容。

邮件头在输入和输出时都会自动提供国际化支持。email.utils中的方法支持特殊Date邮件头格式。可以在代码中使用现代的Python datetime对象来读写日期值。

在下一章中，我们会特别学习一下用于电子邮件传输的SMTP协议的使用。

第 13 章 SMTP

13

第12章中已经简要介绍过，电子邮件在系统之间的传输是通过SMTP来完成的。SMTP的全称是简单邮件传输协议（Simple Mail Transport Protocol）。1982年的RFC 821中最早定义了该协议，而RFC 5321则对SMTP进行了最新的定义。SMTP通常有下述两个作用。

(1) 当用户在笔记本电脑或台式机上输入电子邮件消息时，电子邮件客户端会使用SMTP将用户输入的电子邮件提交至服务器，由该服务器负责将电子邮件发送至接收服务器。

(2) 电子邮件服务器使用SMTP来传输消息。每条消息中途都会经过互联网上的多台邮件服务器，直到到达负责接收电子邮件地址域（domain，指电子邮件地址中在@符号后面的部分）的服务器为止。

提交邮件和传输邮件时使用SMTP的方法不同。不过在讨论两者的不同之处前，我会很快地介绍一下使用本地电子邮件客户端检查邮件与使用Web邮件服务之间的不同。

13.1 电子邮件客户端与 Web 邮件服务

当用户点击发送按钮并希望通过互联网发送电子邮件时，SMTP会负责将消息提交至用户的邮件服务器。如果追溯一下长久以来用户使用互联网电子邮件的方式，就会发现SMTP的这一功能是非常容易理解的。

我们需要理解一个关键的概念，那就是，用户从来都不需要等待电子邮件消息真正传输成功。真正将邮件消息发送至目标服务器的过程通常会消耗一定的时间，有时甚至需要进行多次重试。许多因素都会造成延迟。例如，某条消息可能会因为有限的带宽内已经在传输其他消息而不得不进行等待；目标服务器可能会宕机几个小时；可能会发生故障，导致网络不可访问。如果要把电子邮件发送至大型的机构（如大学），那么在邮件到达大学的邮件服务器之后还可能会发生多跳，然后被传输至该大学某个学院中的邮件服务器，最后才被传输至特定科系的邮件服务器。

因此，要理解用户输入的邮件是如何被提交至电子邮件发送队列中，又是如何在满足条件时进行传输的，就必须先搞清楚用户点击发送按钮时，背后具体发生了哪些事件。

13.1.1 最开始使用命令行发送电子邮件

第一代电子邮件用户从公司或大学获取用户名及密码，然后使用公司或大学提供的命令行工具访问大型主机。这些主机上保存了用户文件和一些通用程序，通常也会运行电子邮件守护进程，并维护一个发送队列。用户在同一个窗口中使用小型的命令行电子邮件程序输入电子邮件消息。有好多这样的程序曾经都非常流行：最早是mail，然后是设计更好的mailx，再然后是功能更强大、接口更优雅的

elm和pine，最后是mutt。

SMTP协议

目的：将电子邮件传输至服务器

标准：RFC 2821

底层协议：TCP或TLS

默认端口：53

库：smtplib

但是，这些早期用户在提交电子邮件时甚至都没有涉及网络操作，因为电子邮件客户端和服务器在同一台机器上！电子邮件守护进程会负责提交邮件。该守护进程是由主机提供的服务器软件，它会隐藏在命令行客户端之后，负责客户端与服务器的交互。sendmail是最早流行起来的电子邮件守护进程，包含在一个用于提交电子邮件的程序/usr/lib/wendmail内。

根据第一代电子邮件客户端的设计，用户在读取及编写电子邮件时会与sendmail进行交互。因此，之后出现了大量电子邮件守护进程，如qmail、postfix和exim，它们都提供了自己的sendmail二进制程序（还好，最新的文件系统标准规定将/usr/sbin作为sendmail的官方路径）。用户在电子邮件程序中将根据不同守护进程所特有的操作步骤将消息提交到发送队列中。

电子邮件到达以后，通常会被保存为一个文件，邮件接收者指定的用户拥有访问该文件的权限。用户可以在运行于命令行中的电子邮件客户端里直接打开该文件并进行解析，然后阅读邮件内容。本书的重点是电子邮件涉及的网络操作，因此不会介绍这些邮箱格式（mailbox format）。不过，如果读者有兴趣的话，可以了解一下Python标准库的mailbox包。该包支持各种古老的电子邮件程序从磁盘读取或向磁盘写入电子邮件的所有奇葩方法。

13.1.2　客户端的兴起

在下一代的互联网用户中，许多都不熟悉命令行。他们能够熟练操作苹果Macintosh的图形界面以及后来的Windows操作系统。这一代用户很多都希望能够使用提供图形界面的程序，并通过点击图标来完成各种工作。因此，人们编写了大量不同的桌面电子邮件客户端。Mozilla Thunderbird和Microsoft Outlook是其中最流行的两个，并且一直沿用至今。

这一方法的问题也显而易见。首先，使用第一代的命令行电子邮件程序读取收到的邮件是非常简单的，只要打开并读取一个本地文件即可。而现在，这一操作必须进行网络连接。当用户打开电子邮件程序的图形界面时，必须通过互联网连接到一个已经保存了接收到的邮件的服务器，然后从该服务器将电子邮件下载到本地机器上。

其次，用户常常会忘记对台式机以及笔记本电脑的操作系统进行合适的备份，因此，当台式机或笔记本电脑的硬盘出现故障时，电子邮件客户端下载并保存在本地的邮件就会丢失。而上一代的命令行虽然不够方便，但是大学或公司机构中通常会有专员对邮件服务器中的数据进行归档、备份，并保证其安全。

再次，台式机和笔记本电脑环境通常并不适合用作电子邮件服务器并运行其消息发送队列，毕竟用户经常会在使用完机器后关机、断网，或是在离开咖啡店的无线网络后丢失无线信号。而要发送消息的话，通常就需要保持联网一段时间，来完成重试以及最后的发送。因此，需要使用某种方法将编写完成的电子邮件提交至提供不间断服务的邮件服务器，在该服务器的发送队列中排队，并最后发送。

不过，程序员们很聪明，想出了很多方案来解决上面的问题。他们发明了一些新的协议。首先是将在第14章中讨论的邮局协议（POP，Post Office Protocol），然后是将在第15章中介绍的Internet邮件访问协议（IMAP，Internet Message Access Protocol）。这两个协议允许用户在电子邮件客户端中使用密码来通过邮件服务器的认证，然后从服务器下载电子邮件。下载时必须提供密码，这样就可以防止其他用户非法连接并读取邮件。这解决了第一个问题。

那么，该如何解决第二个问题（即持久化问题）呢？应该如何在台式机和笔记本电脑硬盘出现故障时避免电子邮件丢失呢？这一问题推动了两项改进。首先，使用POP的用户发现，邮件服务器在默认模式下会在邮件被下载后将其删除，因此他们关闭了默认模式，并且在服务器上保留了重要的电子邮件，这样他们就能在以后重装系统时从服务器重新获取这些邮件。其次，他们尽量在电子邮件服务器支持IMAP的时候转而使用IMAP这个更先进的协议。使用IMAP时，用户不仅可以在服务器上保存已经收到的邮件，以提供安全备份，还可以直接在服务器上使用文件夹，来对邮件进行分类整理！这使得用户可以仅将电子邮件客户端程序作为浏览邮件的窗口，而将邮件本身存储在服务器上，用户不需要在自己的台式机或笔记本电脑上管理邮件的存储。

最后，当用户编写完电子邮件消息并点击“发送”按钮后，应该如何将电子邮件传输回邮件服务器呢？这一任务的官方叫法是电子邮件提交，这也把我们带回了本章的主题——电子邮件提交是SMTP协议的两个用途之一。SMTP的另一个用途是，在互联网上的不同服务器之间传输电子邮件。SMTP在发挥这两个用途时的使用方法通常有两个不同之处。两者都出于一个颇为现代化的原因：防止垃圾邮件。首先，大多数ISP都会禁止向笔记本电脑和台式机的25端口发起TCP连接。这可以防止这些小型机器被病毒劫持，也可以防止它们被用作电子邮件服务器。电子邮件的提交通常都会发送至587端口。其次，为了防止垃圾邮件发送者连接到用户的ISP并伪装成用户发送信息，电子邮件客户端会使用认证的SMTP（authenticated SMTP），并在其中包含用户的用户名和密码。

通过上述这些机制，无论是在大型机构中，还是在大学及公司中，抑或是在面向家庭用户的ISP中，用户就都能够在桌面操作电子邮件。不过，通常还是需要向用户提供桌面电子邮件客户端的使用说明。

- 安装Thunderbird或Outlook这样的电子邮件客户端。
- 输入想要获取的电子邮件的主机名以及想要使用的协议。
- 配置邮件服务器的名称以及SMTP端口号。
- 分配一个用户名和密码用于认证。

尽管电子邮件客户端配置起来有点麻烦，维护邮件服务器也比较困难，但是它为用户提供了获取邮件的唯一入口。大量新用户可以在熟悉的图形界面中看到丰富的显示内容。现在，用户有了很大的自由选择空间。ISP只决定是支持POP还是IMAP，或是全部支持，而对于所使用的电子邮件客户端，则可以由用户自由选择（至少非企业用户可以自由选择）。

13.1.3 转移到 Web 邮件

最后一次电子邮件使用方式的转变发生在互联网时代。以前，用户需要下载并安装一大堆客户端来体验互联网提供的各种功能。许多资深用户应该都记得他们在Windows或Mac机器上安装的各种协议客户端，比如Telnet、FTP、Gopher目录服务、Usenet新闻组以及万维网。（Unix用户在登录了配置正确的机器后，一般会发现，系统上几乎已经安装了所有基本协议的客户端。不过，他们也可以选择安装一些更先进的客户端来代替默认客户端，比如用ncftp来代替过时的默认FTP客户端。）

但是，现在再也不需要安装这么多客户端了！在如今的互联网时代，普通用户只需要一个客户端——Web浏览器。现在的网页可以使用JavaScript对用户的点击和输入做出响应，并重新绘制页面。因此，Web代替了所有传统的互联网协议。用户可以在Web页面上浏览并获取文件，而不是通过FTP来实现这些行为；用户还可以在Web页面上浏览消息通知，而不需要连接到Usenet。除此之外，Web的出现还使得用户不需要再安装那么多传统的桌面客户端。既然可以通过一个交互式的Web页面来完成任务，用户为什么还要下载安装新的电子邮件客户端，在表示软件可能会损害电脑的警告对话框中不断点击“下一步”呢？

事实上，Web浏览器现在实在是太流行了，许多互联网用户甚至都没有意识到Web浏览器的存在。因此，他们会交替使用Internet和Web这两个词，他们认为这两个术语都表示“所有能在网上获取的文档和链接，如Facebook、Youtube和Wikipedia”。他们没有意识到其实是通过一个特定的客户端程序来获取到Web上的大量宝贵资源，这个客户端程序有名称，也有标识，比如IE浏览器。这对于推广Firefox、Google Chrome和Opera这些浏览器的人来说有点令人气馁，因为要说服用户从一个他们都没有意识到的客户端软件转移到使用一个新的浏览器是困难至极的！

显然，如果这些用户要使用电子邮件功能的话，最好的方式就是让他们在Web页面上阅读收到的邮件，分门别类，并且编写发送回复。因此，许多网站都提供了可以通过浏览器访问的电子邮件服务，其中最流行的就是Gmail和Yahoo!邮箱。除此之外，还出现了SquirrelMail这样的服务器软件。系统管理员可以通过安装这些服务器软件来向所在学校或公司的用户提供Web邮件服务。

那么，这一转变对于电子邮件协议和网络来说意味着什么呢？非常有趣的是，Web邮件服务的流行本质上把我们带回到了过去。当时电子邮件提交和电子邮件读取都只是私人事务，在同一台主机服务器上进行，而且通常完全不涉及任何公共协议的使用。当然，这些现代服务（尤其是Google和Yahoo!这些大型ISP运行的服务）肯定都涉及全球各地的大量服务器，所以在电子邮件存储和获取过程的方方面面都毫无疑问地使用到了许多网络协议。

但是，问题的关键在于，现在这些都是运行Web邮件服务的机构的内部事务了，我们只需要在Web浏览器里浏览电子邮件，以及在Web浏览器里编写电子邮件。谁会关心Google或Yahoo!内部使用了哪个协议来将新消息传递给接收HTTP POST请求并维护邮件发送队列的Web服务器呢？它们可能使用了SMTP，也可能使用了内部的RPC协议，甚至可能使用了Web和电子邮件服务器共同连接的共享文件系统上的某个操作。

本书要告诉读者很重要的一点：除非是在这些大型机构中工作的工程师，否则很少需要我们去了解用来操作邮件消息的Web邮件接口内部到底采用了POP、IMAP，还是其他协议。

因此，电子邮件的浏览和提交变成了一个黑盒：浏览器与某个Web API进行交互，而在另一端，大型机构通过原始的SMTP连接接收或发送电子邮件。在Web邮件服务中，不再需要客户端协议，而是跟以前一样，使用无需认证的SMTP在服务器之间传输邮件。

13.2　SMTP的使用方法

希望读者能够通过前面的表述对互联网电子邮件协议的整体概念有一个系统的认识。也希望读者能够从中了解用户在接收及发送消息的整个过程中涉及的各种协议及其作用。

不过，本章的主题仅仅是SMTP。我们会先使用本书第一部分（第1章至第8章）中学到的术语来阐述一些SMTP的基本知识。

- SMTP是基于TCP/IP的协议。
- 可以对连接进行认证，也可以不认证。
- 可以对连接进行加密，也可以不加密。

现在，互联网上的大多数电子邮件连接都没有进行过任何加密。这意味着，任何互联网骨干路由器的拥有者理论上都能阅读大量其他用户的电子邮件。13.1节所说的SMTP的两种使用方法究竟是怎样的呢？

首先，SMTP可以用于电子邮件客户端（如Thunderbird或Outlook）和提供电子邮件地址的机构服务器之间的电子邮件*提交*（submission）。这一过程中的连接通常都需要进行认证，这样就可以防止垃圾邮件发送者在不需要提供密码的情况下就轻松盗用其他用户的账号发送大量垃圾消息。服务器接收到消息之后，会将消息放到发送队列中，因此电子邮件客户端此时就不需要再管这条消息了，服务器会负责该消息的发送。

其次，SMTP可以用于在多个互联网电子邮件服务器之间传输邮件，并最终将邮件从起始服务器传输到目标服务器。这一过程中通常都不会进行认证，毕竟Google、Yahoo!和Microsoft这些大型机构都不知道彼此用户的密码。因此，当接收到一封@gmail.com用户从Google发来的邮件时，Yahoo!只能相信这是一封合法的邮件（如果从另一服务器接收到的垃圾邮件太多，那么有时候也会将该服务器拉入黑名单）。我有个朋友就遇到过这样的事。当时他的Hotmail电子邮件服务器把来自GoDaddy服务器的电子邮件当作垃圾邮件，拒绝接收。

因此，在服务器之间使用SMTP进行通信时，一般不会进行认证，甚至很少会针对窃听路由器进行加密。

也正是因为垃圾邮件发送者可以在连接到电子邮件服务器后伪装成另一个合法用户来发送邮件，人们会试图指定能够为特定机构代发电子邮件的特定服务器。有些电子邮件服务器使用RFC 4408中定义的发送方策略框架（SPF，Sender Policy Framework）来判断正在通信的服务器是否拥有合法发送特定电子邮件的权限，不过这一做法也是颇有争议的。

现在，让我们从技术角度来介绍在Python程序中真正使用SMTP的方法。图13-1提供了一个使用Python进行SMTP会话的例子。

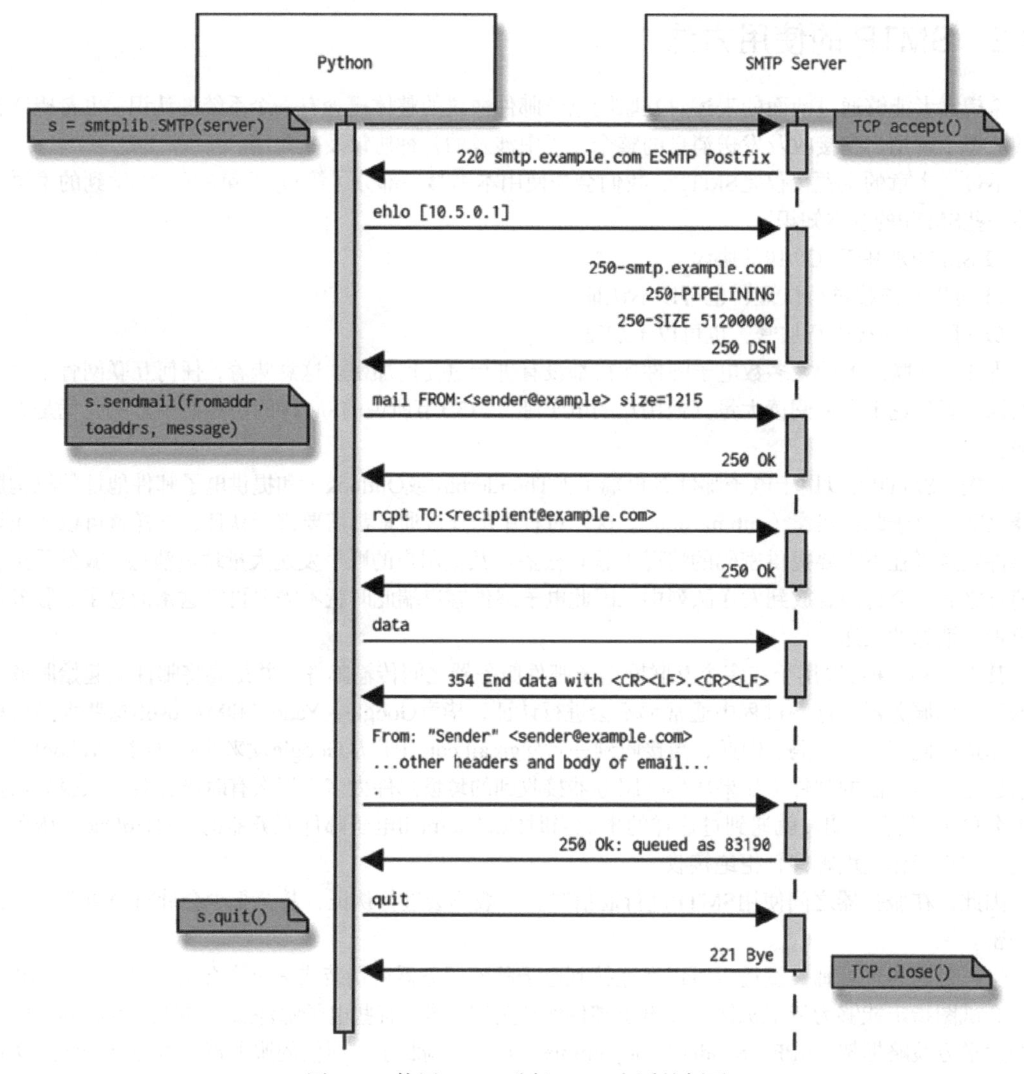

图13-1　使用Python进行SMTP会话的例子

13.2.1　发送电子邮件

在介绍SMTP协议的具体细节之前，有一点必须先提醒读者：如果正在编写需要发送电子邮件的交互式程序、守护进程或网站，那么网站或系统管理员（而不是程序编写者本人）有可能已经配置了程序发送电子邮件的方法，这可以为我们节省大量的工作！

之前提到过，电子邮件消息在成功发送至目标地址之前，会先在发送队列中等待几秒钟、几分钟甚至好几天的时间。因此，通常不会直接在前端程序中使用Python的smtplib向目标地址发送电子邮件消息。由于开始的发送尝试有可能失败，我们可能需要编写完整的邮件传输代理（MTA，Mail Transfer

Agent，在RFC中，使用MTA来表示电子邮件服务器），并且为其实现完全与标准兼容的重试队列。我们很容易在这一过程中卡住。编写MTA是一个浩大的工程，而且现在已经有很多优秀的MTA了，比如postfix、exim和qmail。在考虑自己编写MTA之前，应该先尽量重用现有的MTA。

我们很少会在Python中向外界发起SMTP连接。更多时候，系统管理员会告诉我们下述两点。

- 应该向机构中已经存在的某台电子邮件服务器发起一次认证的SMTP连接。在认证的过程中需要使用应用程序的用户名和密码。
- 应该在系统上运行一个本地的二进制程序（如sendmail程序）。系统程序已经对该二进制程序进行了合适的配置，使之能够发送电子邮件。

在Python库的FAQ中有一些关于如何使用兼容sendmail的程序的示例代码。读者可以查看http://docs.python.org/faq/library.html页面的“How do I send mail from a Python script”一节。

因为本书是关于网络编程的，所以我不准备对此进行具体介绍。不过要记住一点：如果机器上存在更简单的方法来发送电子邮件，那么一定不要直接进行SMTP连接。

13.2.2 邮件头与信封接收者

在SMTP中，有一个关键的概念一直让初学者很困惑：SMTP协议并不通过Cc（抄送）和Bcc（密送）这些我们熟悉的地址头来决定电子邮件的目标地址！这一点让许多用户大为惊讶。毕竟，几乎所有电子邮件程序都需要用户在点击发送按钮之前填写这些地址字段，而这些消息最终也都会发送到目标邮箱中。不过，这其实是电子邮件客户端本身的特点，并不是SMTP协议的特点。协议只知道消息装在一个“信封”中，信封上写着发送者和一些接收者的名字。协议本身并不关注消息头信息中发送者和接收者的名字。这其实与真实生活中的邮件传输很类似。

想想Bcc密送头的机制，就不难理解为什么要以这种方式来发送电子邮件了。To和Cc头所指定的电子邮件接收者彼此之间能够相互看到，而Bcc头所指定的接收者则不同，其他接收者并不知道Bcc指定的接收者也能够接收到邮件。通过Bcc密送，可以悄悄将邮件发送给某个接收者，此时其他接收者并不知道此事。

在编写邮件消息时，可能会指定Bcc头这样的头信息，但是在真正发送出去的邮件中，这些头信息会被删去。这说明了两点。

- 电子邮件客户端在发送邮件之前会对消息头进行编辑。为了防止其他电子邮件接收者接收到Bcc头中的信息，客户端会将Bcc头删除。除此之外，客户端通常还会添加一些头，比如消息的唯一ID，或电子邮件客户端本身的名称（例如，我在桌面电脑上刚收到了一封邮件，该邮件通过X-Mailer发送，但是我的客户端却将发送它的客户端识别为了YahooMailClassic）。
- 电子邮件可以通过SMTP传输至目标地址。目标地址并不一定要出现在电子邮件的头信息或内容中，而且这一点有着非常合理的理由。

这一机制也提供了对电子邮件列表的支持，这样就可以将邮件头To为advocacy@python.org的电子邮件实际发送给成千上万订阅了该邮件列表的使用者，而且无需重写邮件头，也能够使订阅者相互之间无法看到他人的电子邮件地址。

因此，在阅读下面对SMTP的描述时，一定要记住，由邮件头和邮件体组成的电子邮件消息和协议描述中的“信封发送者”以及“信封接收者”是完全独立的。是的，电子邮件客户端（无论是

/usr/sbin/sendmail，还是Thunderbird，或是Google Mail）可能确实只要求我们填写一次接收者的电子邮件地址，但是之后它实际上会在两个不同的地方使用该地址：一次是在消息顶部的To邮件头中，另一次是在使用SMTP向外界发送电子邮件消息的信封中。

13.2.3 多跳

以前，电子邮件通常只需要经过一次SMTP“跳”（hop）就可以从源机器传输到存储接收者收件箱的目标机器了。但是现在，邮件消息在从源地址发送到目标地址的过程中通常会经过多个服务器。这意味着，13.2.2节描述的SMTP信封接收者在邮件的传输过程中是不断变化的。

现在，我们通过一个例子来说明这一点。下面提到的某些例子中的细节是虚构的，但这并不影响我们通过该例子来了解电子邮件消息在互联网上的真实传输过程。

假设佐治亚理工学院的中心IT机构有一名员工，他把他的电子邮件地址brandon@gatech.edu告诉了他的朋友。之后他的朋友向他发送消息时，电子邮件提供商就会从域名服务（DNS，Domain Name Service，见第4章）中查找gatech.edu域，得到一系列MX纪录，然后连接到其中一个IP地址并发送消息。这够简单吧？

但是，gatech.edu的服务器是为整个校园服务的！为了找到brandon的具体地址，服务器需要从一个表中查找到brandon所在的具体部门，然后得到他真正的官方电子邮件地址：

```
brandon.rhodes@oit.gatech.edu
```

因此，gatech.edu服务器会反过来查找oit.gatech.edu的DNS地址，然后使用SMTP将消息发送到OIT（Office of Information Technology）的电子邮件服务器。可以发现，这是消息发送过程中的第二个SMTP跳。

不过，OIT早就已经不再将所有电子邮件保存在同一台Unix服务器上了，它们现在使用的电子邮件解决方案相当复杂，用户可以通过Web邮件、POP以及IMAP来获取邮件服务。oit.gatech.edu接收到电子邮件后会先将邮件随机发送到某一台垃圾邮件过滤服务器（第3个SMTP跳），比如名为spam3.oit.gatech.edu的服务器。然后，如果该邮件通过了垃圾邮件的过滤，就会被随机发送到8台冗余的电子邮件服务器中的一台（第4个SMTP跳）。最后，该邮件消息就到达了mail7.oit.gatech. edu的接收队列中。

接着，像mail7这样的路由服务器就可以向中央目录查询获得连接到大型磁盘阵列（LDAP）的后端邮件存储器与用户邮箱之间的对应关系。因此，mail7进行了一次LDAP查询，得知brandon.rhodes的电子邮件存储在anvil.oit.gatech.edu服务器上，然后进行第5个也是最后一个SMTP跳，将电子邮件传输到anvil，并写入该服务器的磁盘冗余阵列中。

这就是电子邮件在互联网上传输时通常要花费好几秒钟的原因。在规模庞大的机构和大型的ISP中，真正将电子邮件消息发送至目标机器之前都要先经过好几层的服务器。

那么，如何查看一封电子邮件的路由信息呢？之前已经强调过，SMTP并不读取电子邮件头，但是却知道应该将消息发送往何处。就像刚刚介绍过的那样，邮件消息可以改变每一跳的目标地址。不过，对于电子邮件服务器来说，推荐的做法还是添加新的邮件头，以此来精确地记录消息从源地址到目标地址的迂回的传输路线。

这些邮件头就是Received头。对于想要对电子邮件系统的问题进行调试的系统管理员来说，它们是非常有用的。管理员可以通过这些头获悉消息发往目标地址的过程中所经过的所有服务器。（垃圾邮件发送者通常会编写一些伪造的Received头放到消息的顶部，希望以此将消息的发送者伪造成某个合法机构。）最后，当最后一台服务器能够将消息成功写入某用户邮箱的物理存储时，还会在消息顶部加上一个Delivered-to头。

每个服务器通常都会在电子邮件消息的顶部加上自己的Received头，因此服务器不需要在添加Received头时不断向下搜索，找出已经添加的所有邮件头。这节省了很多时间。而在阅读的时候则应该反过来，最早添加的Received头在最下面。因此，当我们从屏幕下方往上读时，其实就是在读取电子邮件从源地址传输至目标地址的全过程。读者可以试着做个实验：找到一封最近收到的电子邮件消息，选择查看所有消息头或查看原始邮件选项，然后在邮件顶部找到Received头。可以观察一下该消息到达收件箱的过程中途经的服务器是否和我们想象的一致。

13.3 SMTP 库简介

Python内置的SMTP实现是Python标准库的smtplib模块。我们可以使用smtplib方便地进行一些简单的SMTP操作。

下面例子中的程序会接受几个命令行参数：SMTP服务器的名称、发送者的地址以及一个或多个接收者的地址。在使用这几个参数时，一定要多加小心，只使用自己运行的SMTP服务器或者确认能够接收测试消息的SMTP服务器，以免我们的程序被服务器认作垃圾邮件发送者而屏蔽我们的IP地址！

如果找不到用于实验的SMTP服务器，可以试着在本地运行一个电子邮件守护进程（如postfix或exim），然后把下面示例程序中的电子邮件发送到localhost。某些Unix、Linux和Mac OS X系统上默认已经运行了某个电子邮件守护进程，并且会监听来自本机的连接。

如果机器上还没有运行的守护进程在监听，那么可以向网络管理员或互联网提供商请求获取一个主机名以及端口。需要注意的是，因为许多电子邮件服务器只会存储或转发特定授权客户端发送来的电子邮件，所以通常不能随机选择一个电子邮件服务器。

了解了上面的注意事项之后，就可以开始阅读代码清单13-1了。该代码清单展示了一个非常简单的SMTP程序。

代码清单13-1　使用smtplib.sendmail()发送电子邮件

```
#!/usr/bin/env python3
# Foundations of Python Network Programming, Third Edition
# https://github.com/brandon-rhodes/fopnp/blob/m/py3/chapter13/simple.py

import sys, smtplib

message_template = """To: {}
From: {}
Subject: Test Message from simple.py

Hello,

This is a test message sent to you from the simple.py program
in Foundations of Python Network Programming.
```

```
"""

def main():
    if len(sys.argv) < 4:
        name = sys.argv[0]
        print("usage: {} server fromaddr toaddr [toaddr...]".format(name))
        sys.exit(2)

    server, fromaddr, toaddrs = sys.argv[1], sys.argv[2], sys.argv[3:]
    message = message_template.format(', '.join(toaddrs), fromaddr)
    connection = smtplib.SMTP(server)
    connection.sendmail(fromaddr, toaddrs, message)
    connection.quit()

    s = '' if len(toaddrs) == 1 else 's'
    print("Message sent to {} recipient{}".format(len(toaddrs), s))

if __name__ == '__main__':
    main()
```

Python标准库smtplib内置的通用函数功能强大，因此上面的程序非常简单。程序首先通过用户的命令行参数生成了一条简单的消息（如果想生成不仅仅包含简单纯文本的更复杂的消息，请参见第12章，了解相关细节），然后创建了一个smtplib.SMTP对象，并将其连接到特定的服务器。最后，只需要调用sendmail()即可。如果该调用成功返回，就能够确认电子邮件服务器已经成功地接收了该消息。

本章之前提到过，消息的真正接收者（“信封接收者”）与消息的真实文本内容是没有关系的。在本例的程序中，To头的内容正巧与信封接收者相同，不过To头只是一段文本，可以是任何内容。（至于To头的内容是会被接收者的电子邮件客户端正常显示，还是会在传输过程中被某个服务器当作垃圾邮件发送者而丢弃，就是另一回事了！）

如果使用本书的网络实验环境运行该程序的话，应该能够成功连接并发送，如下所示：

```
$ python3 simple.py mail.example.com sender@example.com recipient@example.com
Message successfully sent to 1 recipient
```

真的要好好感谢一下Python标准库的作者将sendmail()方法引入了标准库，这可能是我们需要的唯一一个SMTP调用！不过，为了了解消息发送背后的具体步骤，我们接下来将介绍更多关于SMTP的具体工作原理。

13.4　错误处理与会话调试

在使用smtplib进行编程的过程中，有可能会抛出多个不同的异常，如下所示。

- 如果查询地址信息时发生错误，那么会抛出socket.gaierror。
- 如果发生一般的网络及通信问题，那么会抛出socket.error。
- 如果发生其他地址异常错误，那么会抛出socket.herror。
- 如果发生SMTP会话问题，那么会抛出smtplib.SMTPException或它的一个子类。

第3章中介绍了前3个错误的具体细节，这些错误都是由操作系统的TCP栈抛出的，Python的网络操作代码负责检测这些错误并将其作为异常抛出，然后直接通过smtplib模块将异常传递给程序。除此之外，只要底层的TCP套接字还在运行，所有涉及SMTP电子邮件会话的问题都会导致smtplib.SMTPException异常。

smtplib模块还提供了一个方法，用来帮助用户获取电子邮件发送过程中经历的所有步骤的具体信息。要获取这个粒度的调试信息，需要进行如下设置：

```
connection.set_debuglevel(1)
```

完成上述设置后，应该就能够追踪所有问题了。阅读代码清单13-2，该示例程序提供了基本的错误处理和调试方法。

代码清单13-2　一个更谨慎的SMTP客户端

```
#!/usr/bin/env python3
# Foundations of Python Network Programming, Third Edition
# https://github.com/brandon-rhodes/fopnp/blob/m/py3/chapter13/debug.py

import sys, smtplib, socket

message_template = """To: {}
From: {}
Subject: Test Message from simple.py

Hello,

This is a test message sent to you from the debug.py program
in Foundations of Python Network Programming.
"""

def main():
    if len(sys.argv) < 4:
        name = sys.argv[0]
        print("usage: {} server fromaddr toaddr [toaddr...]".format(name))
        sys.exit(2)

    server, fromaddr, toaddrs = sys.argv[1], sys.argv[2], sys.argv[3:]
    message = message_template.format(', '.join(toaddrs), fromaddr)

    try:
        connection = smtplib.SMTP(server)
        connection.set_debuglevel(1)
        connection.sendmail(fromaddr, toaddrs, message)
    except (socket.gaierror, socket.error, socket.herror,
            smtplib.SMTPException) as e:
        print("Your message may not have been sent!")
        print(e)
        sys.exit(1)
    else:
        s = '' if len(toaddrs) == 1 else 's'
        print("Message sent to {} recipient{}".format(len(toaddrs), s))
        connection.quit()
```

```
if __name__ == '__main__':
    main()
```

该程序和之前的程序看上去很类似，但是两者的输出却大不相同。代码清单13-3展示了一个示例输出。

代码清单13-3　通过smtplib输出调试信息

```
$ python3 debug.py mail.example.com sender@example.com recipient@example.com
send: 'ehlo [127.0.1.1]\r\n'
reply: b'250-guinness\r\n'
reply: b'250-SIZE 33554432\r\n'
reply: b'250 HELP\r\n'
reply: retcode (250); Msg: b'guinness\nSIZE 33554432\nHELP'
send: 'mail FROM:<sender@example.com> size=212\r\n'
reply: b'250 OK\r\n'
reply: retcode (250); Msg: b'OK'
send: 'rcpt TO:<recipient@example.com>\r\n'
reply: b'250 OK\r\n'
reply: retcode (250); Msg: b'OK'
send: 'data\r\n'
reply: b'354 End data with <CR><LF>.<CR><LF>\r\n'
reply: retcode (354); Msg: b'End data with <CR><LF>.<CR><LF>'
data: (354, b'End data with <CR><LF>.<CR><LF>')
send: b'To: recipient@example.com\r\nFrom: sender@example.com\r\nSubject: Test Message from
simple.py\r\n\r\nHello,\r\n\r\nThis is a test message sent to you from the debug.py program\r\nin
Foundations of Python Network Programming.\r\n.\r\n'
reply: b'250 OK\r\n'
reply: retcode (250); Msg: b'OK'
data: (250, b'OK')
send: 'quit\r\n'
reply: b'221 Bye\r\n'
reply: retcode (221); Msg: b'Bye'
Message sent to 1 recipient
```

通过这个例子，我们可以看到smtplib与SMTP服务器在网络上进行的会话。在代码实现时使用的高级SMTP特性越多，输出的调试细节就越重要。接下来就来看一下会话中究竟发生了什么。

首先，客户端（smtplib库）发送了一个EHLO命令（EHLO命令是HELO命令的扩展版本，从以前的HELO命令的名字中比较容易猜测出该命令的用途），并在EHLO命令中包含了客户端的主机名。远程服务器会返回主机名作为响应，并列出所有支持的可选SMTP特性。

然后，客户端发送mail from命令，声明“信封发送者”的电子邮件地址以及消息的大小。此时，服务器可以拒绝消息（比如，它认为发送者是垃圾邮件发送者）。不过在上面的例子中，服务器返回了250 OK。（注意，在这个例子中，返回码250才是真正起作用的部分，后面的文本只是易于用户阅读的描述，不同服务器返回的描述各不相同。）

接着，客户端发送一个rcpt to命令，并在命令中包含本章之前讨论过的“信封接收者”。最终可以看到，信封接收者与消息文本本身确实是使用SMTP协议分开独立传输的。如果要将消息发送给多个接收者的话，rcpt to行中会将所有接收者都列出。

最后，客户端发送一个data命令，来发送真正的消息文本（可以发现，发送的文本遵循互联网电子邮件标准，使用回车加换行来标识每行的结尾），并结束会话。

在本例中，smtplib模块会自动进行上述所有操作。在本章的剩余部分，将解释如何对这一过程进行更多的控制，以便更好地利用一些更高级的特性。

警告 即使在第一跳中没有发生错误，也不要过于自信，认为消息已经保证正确传输了。在很多情况下，电子邮件服务器都会先接收一条消息，并在过一段时间后才传输失败。重新阅读13.2.3节的内容，想象一下在示例消息传输至目标地址之前存在多少导致传输失败的可能性！

13.5 从 EHLO 获取信息

有时候，事先了解远程SMTP服务器所能接收的消息类型是很有帮助的。例如，大多数SMTP服务器对其允许接收的消息大小都有所限制。如果没有事先检查消息大小是否符合服务器的限制，就有可能发送一个超大的消息，从而导致该消息传输完成后被服务器拒绝接收。

在最初的SMTP版本中，客户端会向服务器发送一个HELO命令作为表示会话开始的hello命令。SMTP的扩展集ESMTP已经可以支持功能更强大的会话了。支持ESMTP的客户端会用EHLO命令来作为会话的hello命令，通知支持ESMTP的服务器可以返回包含扩展信息的响应。扩展信息中包含最大的消息大小以及服务器支持的所有可选SMTP特性。

不过，一定要小心地检查返回码。有些服务器是不支持ESMTP的。如果使用的是此类服务器，那么EHLO命令会返回一个错误。在这种情况下，必须发送HELO命令作为会话的起始命令。

在前面的例子中，我在创建了SMTP对象后便立即使用了sendmail()，因此smtplib会自动向服务器发送它自己的hello消息并启动会话。不过，如果smtplib检测到我们自己已经发送了EHLO或HELO命令的话，Python的sendmail()方法就不会重复发送hello命令了。

代码清单13-4中展示的程序用于从服务器获取消息大小的最大值，并且在发送的消息太大时返回错误。

代码清单13-4 检查消息大小的限制

```
#!/usr/bin/env python3
# Foundations of Python Network Programming, Third Edition
# https://github.com/brandon-rhodes/fopnp/blob/m/py3/chapter13/ehlo.py

import smtplib, socket, sys

message_template = """To: {}
From: {}
Subject: Test Message from simple.py

Hello,

This is a test message sent to you from the ehlo.py program
in Foundations of Python Network Programming.
"""
```

```
def main():
    if len(sys.argv) < 4:
        name = sys.argv[0]
        print("usage: {} server fromaddr toaddr [toaddr...]".format(name))
        sys.exit(2)

    server, fromaddr, toaddrs = sys.argv[1], sys.argv[2], sys.argv[3:]
    message = message_template.format(', '.join(toaddrs), fromaddr)

    try:
        connection = smtplib.SMTP(server)
        report_on_message_size(connection, fromaddr, toaddrs, message)
    except (socket.gaierror, socket.error, socket.herror,
            smtplib.SMTPException) as e:
        print("Your message may not have been sent!")
        print(e)
        sys.exit(1)
    else:
        s = '' if len(toaddrs) == 1 else 's'
        print("Message sent to {} recipient{}".format(len(toaddrs), s))
        connection.quit()

def report_on_message_size(connection, fromaddr, toaddrs, message):
    code = connection.ehlo()[0]
    uses_esmtp = (200 <= code <= 299)
    if not uses_esmtp:
        code = connection.helo()[0]
        if not (200 <= code <= 299):
            print("Remote server refused HELO; code:", code)
            sys.exit(1)

    if uses_esmtp and connection.has_extn('size'):
        print("Maximum message size is", connection.esmtp_features['size'])
        if len(message) > int(connection.esmtp_features['size']):
            print("Message too large; aborting.")
            sys.exit(1)

    connection.sendmail(fromaddr, toaddrs, message)

if __name__ == '__main__':
    main()
```

运行这个程序，如果远程服务器提供了消息大小的最大值，那么程序就会在屏幕上显示该最大值，并且在发送消息之前验证消息的大小是否超过最大值。（对于本例中这种规模极小的消息来说，这一检测似乎很弱智。但是，如果要处理规模大很多的消息，就要用上代码清单13-4中使用的模式了。）

程序的运行结果如下所示：

```
$ python3 ehlo.py mail.example.com sender@example.com recipient@example.com
Maximum message size is 33554432
Message successfully sent to 1 recipient
```

留意一下用于验证ehlo()调用或helo()调用返回值的代码。这两个函数都会返回一个列表，列表中的第一项是由远程SMTP服务器返回的由一个数字表示的结果代码。200~299之间的代码（包含200和299）表示成功，其他所有代码都表示失败。因此，如果结果码在200~299之间的话，就可以确定服务器已经成功处理了hello消息。

警告 和之前提到的注意事项一样，第一个SMTP服务器接收了消息但并不表示消息一定能够被成功传输，传输过程中后面的服务器可能会对消息的大小有更严格的限制。

除了消息大小的最大值之外，支持ESMTP的服务器还可以返回其他ESMTP信息。例如，如果提供了8BITMIME功能的话，有些服务器就可以接收原始的8位模式的数据。还有些服务器提供了加密功能（将在第14章中介绍）。不同服务器能够支持的ESMTP功能可能互不相同。要了解更多关于ESMTP及其功能的信息，可以查阅RFC 1869或自己的服务器文档。

13.6 使用安全套接层和传输层安全协议

前面讨论过，如果通过SMTP传输的电子邮件是以纯文本形式传输的话，那么任何人只要能够访问网络包经过的互联网网关或路由器（包括电子邮件客户端发送消息时连接的咖啡店无线网络），就都能够读取电子邮件的内容。这个问题的最佳解决方案就是使用公钥对每封电子邮件进行加密，并确保私钥仅由邮件接收者拥有。GNU Privacy Guard等免费系统可以提供上述功能。然而，正如第6章中介绍的一样，可以使用SSL/TLS对进行通信的机器之间的SMTP会话进行单独加密，而不用管消息本身是否进行了加密。在本节中，我们将学习如何使用SSL/TLS来对SMTP会话进行加密。

一定要牢记，TLS只保护选择使用TLS的SMTP“跳”。即使我们很小心地使用TLS向服务器发送电子邮件，也无法确保服务器在向最终目标地址转发该电子邮件的SMTP跳中也使用TLS。

在SMTP中使用TLS的一般步骤如下所示。

(1) 像往常一样创建SMTP对象。

(2) 发送EHLO命令。如果远程服务器不支持EHLO的话，那么它也不支持TLS。

(3) 检查s.has_extn()，查看是否存在starttls。如果不存在的话，就表示远程服务器不支持TLS，而只能使用明文发送消息。

(4) 构造一个SSL上下文对象，验证服务器身份。

(5) 调用starttls()，初始化加密信道。

(6) 再次调用ehlo()，此时它已经经过了加密。

(7) 最后，发送消息。

使用TLS时需要关注的第一个问题就是，在TLS不可用时是否应该返回一个错误。根据应用程序的不同，可能希望在下述几个情况下抛出错误。

- 远程服务器不支持TLS。
- 远程服务器没有成功建立TLS会话。
- 远程服务器提供的证书无法被验证。

让我们一步一步研究一下上面的几种场景，看看什么时候应该返回错误信息。

首先，有时可以把所有无法支持TLS的情况看作同一种错误。如果正在编写的应用程序只会和数量有限的电子邮件服务器进行交互的话（例如自己的公司或某个机构运行的电子邮件服务器，它们应该能够支持TLS），就可以使用这种做法。

但是现在互联网上只有少数电子邮件服务器支持TLS，因此电子邮件程序一般来说不应该把不支持TLS视作错误。许多提供TLS功能的SMTP客户端会在服务器也支持TLS的时候使用TLS，否则就会采用标准的非安全传输。这就是*选择性加密*（opportunistic encryption）。比起强制要求所有通信都经过加密的方法，这种方法安全性稍低，但是在能够使用TLS的情况下，它也能够对消息进行保护。

其次，有时候远程服务器声称能够提供TLS支持，但是并没有能够成功地建立TLS连接。这通常是由服务器端的错误配置导致的。为了提高应用程序的健壮性，可以在这种情况下使用一个未加密的新连接来代替失败的加密连接，尝试重新连接服务器。

再次，有时候我们无法完全验证远程服务器的身份（要了解关于双向验证的讨论，同样可以参见第6章）。如果我们制定的安全策略要求应用程序只能与可信的服务器交换电子邮件，那么在认证失败时显然就应该返回错误信息。

代码清单13-5展示了一个支持TLS的通用客户端。该客户端会连接一台服务器，并且尽可能地使用TLS。如果无法使用TLS，该客户端就会使用普通方式来发送消息。如果在与一台表面上支持TLS的服务器进行通信时无法成功开始TLS通信的话，该客户端就会发生错误。

代码清单13-5　选择性地使用TLS

```
#!/usr/bin/env python3
# Foundations of Python Network Programming, Third Edition
# https://github.com/brandon-rhodes/fopnp/blob/m/py3/chapter13/tls.py

import sys, smtplib, socket, ssl

message_template = """To: {}
From: {}
Subject: Test Message from simple.py

Hello,

This is a test message sent to you from the tls.py program
in Foundations of Python Network Programming.
"""

def main():
    if len(sys.argv) < 4:
        name = sys.argv[0]
        print("Syntax: {} server fromaddr toaddr [toaddr...]".format(name))
        sys.exit(2)

    server, fromaddr, toaddrs = sys.argv[1], sys.argv[2], sys.argv[3:]
    message = message_template.format(', '.join(toaddrs), fromaddr)

    try:
        connection = smtplib.SMTP(server)
        send_message_securely(connection, fromaddr, toaddrs, message)
```

```
    except (socket.gaierror, socket.error, socket.herror,
            smtplib.SMTPException) as e:
        print("Your message may not have been sent!")
        print(e)
        sys.exit(1)
    else:
        s = '' if len(toaddrs) == 1 else 's'
        print("Message sent to {} recipient{}".format(len(toaddrs), s))
        connection.quit()

def send_message_securely(connection, fromaddr, toaddrs, message):
    code = connection.ehlo()[0]
    uses_esmtp = (200 <= code <= 299)
    if not uses_esmtp:
        code = connection.helo()[0]
        if not (200 <= code <= 299):
            print("Remove server refused HELO; code:", code)
            sys.exit(1)

    if uses_esmtp and connection.has_extn('starttls'):
        print("Negotiating TLS....")
        context = ssl.SSLContext(ssl.PROTOCOL_SSLv23)
        context.set_default_verify_paths()
        context.verify_mode = ssl.CERT_REQUIRED
        connection.starttls(context=context)
        code = connection.ehlo()[0]
        if not (200 <= code <= 299):
            print("Couldn't EHLO after STARTTLS")
            sys.exit(5)
        print("Using TLS connection.")
    else:
        print("Server does not support TLS; using normal connection.")

    connection.sendmail(fromaddr, toaddrs, message)

if __name__ == '__main__':
    main()
```

需要注意的是，无论是否使用TLS，所有代码清单中的sendmail()调用都是一样的。一旦成功开始了TLS通信，系统就会隐藏TLS的复杂性，我们无需关注其中具体的细节。

13.7 认证的 SMTP

最后，我们来讨论一下认证的SMTP。有时候，ISP、大学或公司的电子邮件服务器需要我们提供用户名和密码进行登录来证明我们并非垃圾邮件发送者，否则就不允许我们发送电子邮件。此时就需要使用认证的SMTP。

为了提供最可靠的安全性，需要将TLS与认证结合使用；否则的话，任何监视该连接的人都能够获取我们的密码（以及用户名）。要做到这一点，正确的做法就是，先建立TLS连接，然后通过加密的通信信道发送认证信息。

认证本身是相当简单的。smtplib提供了一个login()函数，该函数以用户名和密码作为参数。代码清单13-6展示了这样一个例子。为了避免重复编写前面的代码清单中已经展示过的代码，代码清单13-6没有遵循上一段提出的建议，它直接通过未加密的连接，使用明文发送用户名和密码。

代码清单13-6　SMTP认证

```
#!/usr/bin/env python3
# Foundations of Python Network Programming, Third Edition
# https://github.com/brandon-rhodes/fopnp/blob/m/py3/chapter13/login.py

import sys, smtplib, socket
from getpass import getpass

message_template = """To: {}
From: {}
Subject: Test Message from simple.py

Hello,
This is a test message sent to you from the login.py program
in Foundations of Python Network Programming.
"""

def main():
    if len(sys.argv) < 4:
        name = sys.argv[0]
        print("Syntax: {} server fromaddr toaddr [toaddr...]".format(name))
        sys.exit(2)

    server, fromaddr, toaddrs = sys.argv[1], sys.argv[2], sys.argv[3:]
    message = message_template.format(', '.join(toaddrs), fromaddr)

    username = input("Enter username: ")
    password = getpass("Enter password: ")

    try:
        connection = smtplib.SMTP(server)
        try:
            connection.login(username, password)
        except smtplib.SMTPException as e:
            print("Authentication failed:", e)
            sys.exit(1)
        connection.sendmail(fromaddr, toaddrs, message)
    except (socket.gaierror, socket.error, socket.herror,
            smtplib.SMTPException) as e:
        print("Your message may not have been sent!")
        print(e)
        sys.exit(1)
    else:
        s = '' if len(toaddrs) == 1 else 's'
        print("Message sent to {} recipient{}".format(len(toaddrs), s))
        connection.quit()

if __name__ == '__main__':
    main()
```

互联网上大多数用于发送电子邮件的服务器都不支持认证。如果所使用的服务器不支持认证，那么在调用`login()`后就会收到authentication failed错误信息。如果不想接收到该错误信息的话，可以在调用`connection.ehlo()`后检查`connection.has_extn('auth')`（前提是远程服务器支持ESMTP）。

可以像运行之前的例子一样运行这个程序。如果提供的服务器支持认证，那么需要提供用户名和密码。一旦用户名和密码被服务器接受，程序就可以传输消息了。

13.8 关于 SMTP 的小贴士

下面是有助于实现SMTP客户端的一些小贴士。

- 没有任何办法可以确保消息的正确传输。有时候我们能够在传输失败时立刻得到通知，但是即使没有发生任何错误，也不能认为消息已经安全无误地发送给了接收者。
- `sendmail()`函数会在任一接收者接收失败时抛出异常，而此时消息可能已经成功发送给了其他接收者。此时要仔细检查返回的异常，了解具体的异常信息。有一点是相当重要的：一定要了解到底是哪几个地址没有成功接收。这是因为，我们通常希望将消息重新发送给没有成功接收的接收者，而不希望已经接收到消息的接收者重复接收消息。因此，可能需要单独调用`sendmail()`，将消息发送给没有成功接收的接收者。不过，需要注意的是，这个颇为简单的方法会导致消息体多次传输。对于每个接收者，都会单独传输消息体。
- 如果没有通过证书验证，则SSL/TLS是不安全的。只有完成了验证，才能放心地与曾经由普通服务器IP地址控制的服务器进行通信。为了支持证书验证，要记得先创建SSL上下文对象（如前面的TLS例子所示），然后把该对象作为唯一的参数提供给`starttls()`。
- Python的smtplib并不是用来将电子邮件不断转发到目标地址的通用库，而是用来将消息发送到一台距离较近的SMTP服务器，然后由该SMTP服务器负责真正进行传输电子邮件。

13.9 小结

SMTP用于将电子邮件消息发送至电子邮件服务器。Python的smtplib模块提供了SMTP客户端供开发者使用。可以通过调用SMTP对象的`sendmail()`方法来传输消息。指定消息真正接收者的唯一方法就是将接收者作为参数提供给`sendmail()`，To、Cc和Bcc这些消息文本中的消息头与真正的接收者是无关的。

在SMTP会话中可能会抛出多个不同的异常。交互式的程序应该正确地检查并处理这些异常。

ESMTP是SMTP的扩展。通过ESMTP，可以在传输消息前获取远程服务器所能支持的消息大小的最大值。在使用ESMTP时，也可以通过TLS来加密与远程服务器的会话。第6章中介绍了TLS的基础知识。

有些SMTP服务器要求进行认证。可以使用`login()`方法来进行认证。SMTP并没有提供能够将收件箱中的消息下载到本地的函数。若要进行下载，则需要使用接下来两章中将要讨论的协议。第14章中讨论的POP是一种下载消息的简单方法，而第15章中讨论的IMAP则是一种功能更为强大的协议。

第 14 章

POP

14

POP（Post Office Protocol，邮局协议）是一个用于从服务器下载电子邮件的简单协议。Thunderbird或Outlook等电子邮件客户端通常会使用POP。如果想要了解电子邮件客户端和POP这样的协议在整个互联网电子邮件体系中扮演的角色，可以重新阅读第13章的开始几节。

如果读者原本准备使用POP的话，那么应该考虑用IMAP来代替POP。第15章将介绍IMAP的一些特性。比起POP所支持的基础操作，IMAP提供的这些特性能够使其在获取远程电子邮件时要更加可靠。

最常用的POP实现是版本3，通常称作POP3。几乎所有POP都使用版本3，因此现在通常会交换使用POP和POP3这两个术语。

POP最大的优点就在于它的简单，而这同样也是它最大的缺点。如果只需要从一个远程邮箱中读取并下载电子邮件，然后在下载完成后选择性地删除电子邮件，那么POP就是最佳选择。我们可以使用POP快速地解决这个问题，而无需编写复杂的代码。

然而，能够用POP解决的问题差不多也就只有下载和删除电子邮件了。POP不支持在同一远程地址维护多个邮箱，也无法对消息进行可靠的持久化身份认证。这意味着，我们无法将POP用于电子邮件同步。电子邮件同步指的是将原始的电子邮件消息保留在服务器上，并在本地存储一份消息副本用于阅读。但是，如果使用的是POP，就无法在阅读完邮件之后判断出服务器上的哪些邮件已经被下载了。如果需要提供这一功能，就应该考虑使用IMAP。本书将在第15章中介绍IMAP。

Python标准库的poplib模块提供了一个使用起来很方便的POP接口。本章将解释如何使用poplib来连接POP服务器、收集邮箱的摘要信息、下载消息，并从服务器上删除原始消息。一旦学会了如何完成这4项任务，我们也就学会了标准POP的所有特性！

需要注意的是，Python标准库并没有提供对POP服务器的支持，只提供了对POP客户端的支持。如果要实现对POP服务器的支持，就需要寻找一个支持POP服务器功能的第三方Python包。

14.1 POP 服务器的兼容性

POP服务器在遵循标准方面一直做得一塌糊涂。而对于某些POP特性，也同样没有相应的标准，此时只能由服务器软件的作者来决定一些设计细节。因此，尽管不同服务器的基本操作都能够通用，但是对于一些特定的特性，不同服务器之间就各不相同了。

例如，有些服务器会在用户连接至服务器时将所有消息标记为已读，而不管用户是否已经下载过这些消息！还有一些服务器则只会在消息被下载之后才将其标记为已读。而另一些服务器则永远不会将消息标记为已读。关于这方面的标准似乎更倾向于最后一种做法，但是也没有给出明确的说明。在阅读本章时，请读者务必牢记这些不同之处。

图14-1展示了一个使用Python发起的非常简单的POP会话。

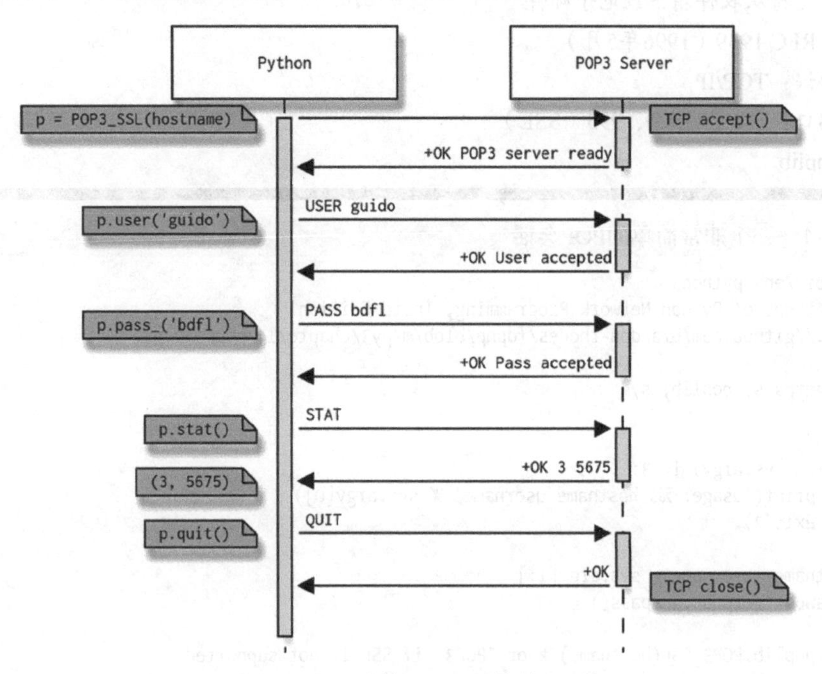

图14-1　一个使用POP的简单会话

14.2　连接与认证

POP支持多种认证方法。其中最常用的两种分别是：基本的用户名密码认证和APOP。APOP是POP的一个可选的扩展，用于在不支持SSL的古老的POP服务器上明文发送密码时对密码进行保护。

使用Python连接远程服务器并进行认证的过程如下所示。

(1) 创建一个POP3_SSL对象或原始的POP3对象，然后将远程主机名和端口传递给所创建的对象。

(2) 调用user()和pass_()，发送用户名和密码。一定要注意pass_()中的下划线！之所以加上下划线，是因为pass是Python中的一个关键字，因此不可以直接使用pass作为方法名。

(3) 如果抛出了poplib.error_proto异常，就意味着登录失败了，异常字符串中包含服务器发送的关于错误的解释。

至于要选择使用POP3还是POP3_SSL对象，这取决于电子邮件提供商是否支持客户端使用加密连接（如今，许多电子邮件提供商甚至会要求必须使用加密连接）。如果要了解更多关于SSL的信息，可以查阅第6章。推荐的做法就是，在任何时候都尽可能优先使用POP3_SSL。

代码清单14-1将使用上述步骤来登录至一台远程POP服务器。在连接成功之后，代码立刻调用stat()。该方法会返回一个简单的元组，其中包含邮箱中的消息数量和消息的总大小。最后，程序调用quit()来关闭POP连接。

POP-3协议

目的：支持从收件箱下载电子邮件

标准：RFC 1939（1996年5月）

底层协议：TCP/IP

默认端口：110（明文）、995（SSL）

库：poplib

代码清单14-1　一个非常简单的POP会话

```
#!/usr/bin/env python3
# Foundations of Python Network Programming, Third Edition
# https://github.com/brandon-rhodes/fopnp/blob/m/py3/chapter14/popconn.py

import getpass, poplib, sys

def main():
    if len(sys.argv) != 3:
        print('usage: %s hostname username' % sys.argv[0])
        exit(2)

    hostname, username = sys.argv[1:]
    passwd = getpass.getpass()

    p = poplib.POP3_SSL(hostname) # or "POP3" if SSL is not supported
    try:
        p.user(username)
        p.pass_(passwd)
    except poplib.error_proto as e:
        print("Login failed:", e)
    else:
        status = p.stat()
        print("You have %d messages totaling %d bytes" % status)
    finally:
        p.quit()

if __name__ == '__main__':
    main()
```

注意　尽管该程序没有修改任何消息，但是有些POP服务器还是会因为客户端进行了连接而修改邮箱的标记。因此，在使用本章中的例子连接真实使用的邮箱时有可能会丢失关于消息已读或未读的信息。然而，不同的服务器在这一点上的做法各不相同，POP客户端无法控制具体的行为。强烈建议使用这些例子来连接用于测试的邮箱，而不要连接真实使用的邮箱！

该程序接受两个命令行参数：POP服务器的主机名和用户的用户名。如果不知道这两个信息，可以联系互联网提供商或网络管理员。需要注意的是，在某些服务中，用户名可能是纯文本（如guido），而在另一些服务中，用户名可能是用户的完整电子邮箱地址（guido@example.com）。

接着，程序会要求用户输入密码。程序最后会显示邮箱状态，并且不会获取或修改任何邮件。

可以从本书的源代码库（见第1章）中下载Mininet网络实验环境。在该环境下运行本例程序的方法及结果如下所示：

```
$ python3 popconn.py mail.example.com brandon
Password: abc123
You have 3 messages totaling 5675 bytes
```

如果看到了上面的输出结果，就说明已经成功进行了第一个POP对话！

有时POP服务器并不支持通过SSL来保护连接不被窃听，但是这些服务器有时至少会支持一个叫作APOP的认证协议。该协议使用挑战-响应的机制来确保不使用明文发送密码。（不过，任何第三方只要监控了网络数据包，还是可以看到电子邮件的所有内容的！）通过Python标准库来使用APOP协议非常简单，只要调用apop()方法即可。如果正在进行通信的POP服务器并不支持APOP协议，就会直接使用基本认证方式。

如果想使用APOP，并且在服务器不支持APOP时使用基本认证方式，那么可以在POP程序（比如代码清单14-1）里使用代码清单14-2中的代码块。

代码清单14-2　尝试使用APOP，并且在服务器不支持时使用基本认证方式

```
print("Attempting APOP authentication...")
try:
    p.apop(user, passwd)
except poplib.error_proto:
    print("Attempting standard authentication...")
    try:
        p.user(user)
        p.pass_(passwd)
    except poplib.error_proto as e:
        print("Login failed:", e)
        sys.exit(1)
```

注意　无论使用哪种方法，一旦登录成功，有些旧式的POP服务器就会对邮箱上锁。上了锁之后就意味着无法再对邮箱进行更改了，在解锁之前甚至无法传输任何邮件。问题在于，有些POP服务器没有正确地检测错误，这样一来，只要我们没有调用quit()来结束连接，邮箱就会被永远锁死。世界上最流行的POP服务器也曾经存在这个问题！因此，在Python程序中结束一个POP会话时，要记得调用quit()，这是非常重要的。读者可以注意到，本章列出的所有程序清单都小心地在finally块中调用了quit()，这保证了Python程序最后始终会调用quit()。

14.3 获取邮箱信息

代码清单14-1向读者展示了stat()，该函数用于返回邮箱中消息的数量及总大小。list()是另一个很有用的POP命令，它可以返回关于每条消息的更详细的信息。

使用list()获得的消息编号相当有意思，之后获取消息时也需要用到该消息编号。需要注意的是，消息编号并不一定是连续的。例如，在某一时刻，某个邮箱中可能只包含消息编号为1、2、5、6和9的消息。除此之外，在与同一POP服务器的多次不同连接中，同一消息的消息编号也可能不同。

代码清单14-3展示了使用list()命令来显示每条消息信息的方法。

代码清单14-3　使用POP的list()命令

```
#!/usr/bin/env python3
# Foundations of Python Network Programming, Third Edition
# https://github.com/brandon-rhodes/fopnp/blob/m/py3/chapter14/mailbox.py

import getpass, poplib, sys

def main():
    if len(sys.argv) != 3:
        print('usage: %s hostname username' % sys.argv[0])
        exit(2)

    hostname, username = sys.argv[1:]
    passwd = getpass.getpass()

    p = poplib.POP3_SSL(hostname)
    try:
        p.user(username)
        p.pass_(passwd)
    except poplib.error_proto as e:
        print("Login failed:", e)
    else:
        response, listings, octet_count = p.list()
        if not listings:
            print("No messages")
        for listing in listings:
            number, size = listing.decode('ascii').split()
            print("Message %s has %s bytes" % (number, size))
    finally:
        p.quit()

if __name__ == '__main__':
    main()
```

list()函数返回一个包含3个元素的元组。通常情况下，只需要注意第二个元素即可。下面给出现在连接我的某个POP邮箱后调用list()的原始输出结果。可以看到，该邮箱中现在有3条消息。

```
('+OK 3 messages (5675 bytes)', ['1 2395', '2 1626', '3 1654'], 24)
```

第二个元素中的3个字符串给出了我的邮箱中每条消息的消息编号及消息大小。代码清单14-3中使用了简单的解析方法来显示更优雅的输出格式。使用本例代码显示本书网络实验环境（见第1章）中部署的POP服务器中的邮箱信息如下所示：

```
$ python3 mailbox.py mail.example.com brandon
Password: abc123
Message 1 has 354 bytes
Message 2 has 442 bytes
Message 3 has 1173 bytes
```

14.4 消息的下载与删除

现在读者应该已经熟悉了POP的基本知识，即在使用poplib时，调用原子命令返回元组，元组中包含了表示结果的字符串。接下来就介绍如何对这些消息进行操作！下面列出了3个相关的方法，这3个方法都使用list()返回的消息编号作为整数标识符来标识消息。

- retr(num)：该方法下载一条消息，并返回一个元组。元组中包含一个结果码和消息本身。消息以列表的形式表示，包含若干行。调用该方法后，大多数POP服务器都会将消息的seen标记设置为true，以防止再次从POP读取该消息（除非使用其他方法登录邮箱，将消息的seen标记重新设置为Unread）。
- top(num, body_lines)：该方法的返回值格式与retr()相同的，但是不会设置seen标记。该方法不会返回整个消息内容，而是只返回消息头以及由body_lines指定的行的消息。如果用户想要先预览一下消息再决定是否下载，那么该功能将是非常有用的。
- dele(num)：使用该方法对消息进行标记，表示将其从POP服务器删除，并且在当前POP会话结束时生效。通常来说，只有在用户直接请求将消息永久删除或者已经将消息存储至冗余存储（比如已经进行了备份），或者使用了类似于fsync()的函数确保已经写入数据时，才会调用dele(num)。因为一旦调用了该函数，就再也无法从服务器获取被删除的消息了。

代码清单14-4将上述方法结合起来，实现了一个具有不少功能的使用POP协议的电子邮件客户端。该客户端首先检查收件箱，获取收件箱中的消息数量以及消息编号，然后使用top()获取消息的预览，最后由用户选择是否要获取完整的消息内容以及是否将其从邮箱删除。

代码清单14-4 简单的POP电子邮件读取工具

```
#!/usr/bin/env python3
# Foundations of Python Network Programming, Third Edition
# https://github.com/brandon-rhodes/fopnp/blob/m/py3/chapter14/download-and-delete.py

import email, getpass, poplib, sys

def main():
    if len(sys.argv) != 3:
        print('usage: %s hostname username' % sys.argv[0])
        exit(2)

    hostname, username = sys.argv[1:]
    passwd = getpass.getpass()

    p = poplib.POP3_SSL(hostname)
    try:
```

14

```
            p.user(username)
            p.pass_(passwd)
        except poplib.error_proto as e:
            print("Login failed:", e)
        else:
            visit_all_listings(p)
        finally:
            p.quit()

def visit_all_listings(p):
    response, listings, octets = p.list()
    for listing in listings:
        visit_listing(p, listing)

def visit_listing(p, listing):
    number, size = listing.decode('ascii').split()
    print('Message', number, '(size is', size, 'bytes):')
    print()
    response, lines, octets = p.top(number, 0)
    document = '\n'.join( line.decode('ascii') for line in lines )
    message = email.message_from_string(document)
    for header in 'From', 'To', 'Subject', 'Date':
        if header in message:
            print(header + ':', message[header])
    print()
    print('Read this message [ny]?')
    answer = input()
    if answer.lower().startswith('y'):
        response, lines, octets = p.retr(number)
        document = '\n'.join( line.decode('ascii') for line in lines )
        message = email.message_from_string(document)
        print('-' * 72)
        for part in message.walk():
            if part.get_content_type() == 'text/plain':
                print(part.get_payload())
                print('-' * 72)
    print()
    print('Delete this message [ny]?')
    answer = input()
    if answer.lower().startswith('y'):
        p.dele(number)
        print('Deleted.')

if __name__ == '__main__':
    main()
```

注意，上面的代码清单中使用了第12章中介绍过的email模块。原因在于现代的MIME电子邮件在包含HTML及图片的同时通常也会包含text/plain部分的内容，而email模块能够帮助本例的简单程序将抽取出的信息中的text/plain部分打印至屏幕。

如果在本书的网络实验环境（见第1章）中运行本例的程序，应该可以看到类似下面这样的输出：

```
$ python3 download-and-delete.py mail.example.com brandon
password: abc123
Message 1 (size is 354 bytes):

From: Administrator <admin@mail.example.com>
To: Brandon <brandon@mail.example.com>
Subject: Welcome to example.com!

Read this message [ny]? y
----------------------------------------------------------------------
We are happy that you have chosen to use example.com's industry-leading
Internet e-mail service and we hope that you experience is a pleasant
one. If you ever need your password reset, simply contact our staff!

- example.com
----------------------------------------------------------------------

Delete this message [ny]? y
Deleted.
```

14.5 小结

POP提供了一种将存储在远程服务器上的电子邮件消息下载下来的简单方法。可以通过Python的poplib库来获取邮箱中的消息编号及大小，并可以通过消息编号来获取或删除消息。

连接POP服务器可能会锁死邮箱。因此，一定要让POP会话尽量简短，并且始终在POP会话结束时调用quit()。

在使用POP时，要尽量使用SSL来保护密码和电子邮件消息的内容。如果不使用SSL的话，至少要使用APOP。只有在特别需要使用POP而又不需要使用高级选项时，才可以使用明文发送密码。

尽管POP是一种简单而又广为流行的协议，但是它存在着很多缺点，这使得其对于某些应用程序来说显得并不适用。例如，POP只支持访问一个文件夹，并且不提供对单个消息的持久跟踪功能。

下一章将讨论IMAP。IMAP协议既提供了POP所具有的功能，同时又提供了许多POP并不具备的新功能。

第 15 章 IMAP

乍一看，Internet消息访问协议（IMAP）和第14章描述的POP协议很类似。如果阅读了第13章的前面几节，了解了电子邮件在互联网上的完整传输过程，那么读者应该已经知道，这两个协议其实有着很类似的作用。POP和IMAP是笔记本电脑或台式机连接远程互联网服务器，以读取并操作用户电子邮件的两种方式。

不过，两者的相似之处仅限于此。POP的功能相当简单：用户可以使用POP将新消息下载到个人电脑中；而IMAP协议则提供了更丰富的功能，用户可以使用IMAP对服务器上的电子邮件进行永久的分类和归档，以防止笔记本电脑或台式机硬盘故障造成的邮件丢失。下面列出了IMAP相对于POP的一些优势。

- 可以对邮件进行分类，并将其存入多个文件夹中，而无需将所有邮件都置于单个收件箱中。
- 支持对每条消息进行标记，如“已读”“已回复”和“已删除”。
- 可以直接在服务器上对消息进行文本字符串搜索，无需事先下载消息。
- 可以直接将存储在本地的消息上传至某一远程文件夹。
- 维护了持久化的唯一消息编号，为本地与服务器之间的可靠消息同步提供了支持。
- 可以将文件夹与其他用户共享，也可以将文件夹标记为只读。
- 有些IMAP服务器可以在电子邮件文件夹中显示非邮件源，比如Usenet新闻组。
- IMAP客户端可以选择性地下载消息的某一部分，比如可以抽取特定的某个附件或是只下载消息头，而无需等待消息剩余部分下载完成。

与只支持下载-删除这一简单模式的POP协议相比，IMAP能够通过上述功能支持更多的操作。许多电子邮件阅读器（如Thunderbird和Outlook）都能够显示IMAP文件夹，这使得IMAP文件夹与本地文件夹在功能上极为类似。当用户点击某条消息的时候，电子邮件阅读器就会从IMAP服务器上下载该消息并显示出来，而无需事先下载所有消息。阅读器也可以在显示消息的同时设置消息的“已读”标记。

IMAP协议

目的：从电子邮件文件夹中读取、排列以及删除电子邮件

标准：RFC 3501（2003）

底层协议：TCP/IP

默认端口：143（明文）、993（SSL）

库：imaplib、IMAPClient

异常：socket.error、socket.gaierror、IMAP4.error、IMAP4.abort、IMAP4.readonly

IMAP客户端也可以主动向IMAP服务器发起同步。例如，我们在出差之前可能会将一个IMAP文件夹下载到笔记本电脑上，这样就可以在路上阅读、删除或回复电子邮件了。

客户端电子邮件程序会记录所有这些操作。当笔记本电脑重新连接到网络时，电子邮件客户端就可以将本地进行过的操作同步到服务器。比如，将本地设置的“已读”或“已回复”标记同步至服务器，或者从服务器上将已经在本地删除的邮件删除，以确保不会在服务器上再次看见已经在本地删除的邮件。

正是因为有了同步功能，IMAP才拥有了相较于POP的最大优势之一，即用户从所有终端（包括笔记本电脑以及台式机）上看到的邮件都处于相同状态。而使用POP的用户则只有两种选择：要么通过电子邮件客户端选择将邮件留在服务器上，但是这样就会重复看到同一封邮件很多次；要么就在客户端选择删除邮件，将邮件下载到阅读该邮件的客户端后从服务器上删除。因此，电子邮件分布在所有从服务器下载邮件的客户端上，各客户端与服务器之间没有同步。而使用IMAP的用户就不会遇到这么纠结的问题。

当然了，如果不想或不需要使用IMAP的高级特性，我们也可以像使用POP一样来使用IMAP：先下载邮件，然后将邮件存储于本地，并且立即将邮件从服务器删除。

目前，有很多个IMAP协议的版本可用。最新的也是最流行的版本是IMAP4rev1。实际上，现在的IMAP一词基本上已经等同于IMAP4rev1了。本章假设所有的IMAP服务器都是IMAP4rev1服务器。一些不太常见的非常旧式的IMAP服务器可能无法支持本章讨论的所有特性。

读者也可以访问下述链接，了解如何很好地编写一个IMAP客户端。

http://www.dovecot.org/imap-client-coding-howto.html

http://www.imapwiki.org/ClientImplementation

如果不止想编写一个小型的、目的单一的客户端用于从收件箱获取消息摘要或是自动下载附件，那么就应该详细了解上面提到的内容，以保证能够正确处理不同服务器的IMAP实现带来的各种问题。如果想要进行更系统的学习，也可以阅读一本关于IMAP的书籍。本章只会讲述一些基础知识，并且会将重点放在如何有效地在Python中使用IMAP上。

15.1 在Python中使用IMAP

Python标准库中包含一个名为imaplib的IMAP客户端接口，它提供了一些使用IMAP协议的非常简单的方法。然而imaplib具有一定的局限性：使用imaplib时，用户需要在自己的代码中处理请求的发送和响应的传输，而且它没有实现任何IMAP协议说明中关于返回数据解析的具体规则。读者可以阅读代码清单15-1。能够从中体会到，imaplib的返回值通常都太原始了，无法在程序中起到相应的作用。代码清单15-1中的简单脚本使用imaplib连接了一个IMAP账号，列出了服务器公布的所有capabilities，并显示LIST命令返回的状态码和数据。

代码清单15-1　连接IMAP并列出文件夹

```
#!/usr/bin/env python3
# Foundations of Python Network Programming, Third Edition
# https://github.com/brandon-rhodes/fopnp/blob/m/py3/chapter15/open_imaplib.py
# Opening an IMAP connection with the pitiful Python Standard Library

import getpass, imaplib, sys

def main():
    if len(sys.argv) != 3:
        print('usage: %s hostname username' % sys.argv[0])
        sys.exit(2)

    hostname, username = sys.argv[1:]
    m = imaplib.IMAP4_SSL(hostname)
    m.login(username, getpass.getpass())
    try:
        print('Capabilities:', m.capabilities)
        print('Listing mailboxes ')
        status, data = m.list()
        print('Status:', repr(status))
        print('Data:')
        for datum in data:
            print(repr(datum))
    finally:
        m.logout()

if __name__ == '__main__':
    main()
```

如果运行该脚本并为其提供合适的参数，那么它会要求输入密码。IMAP的认证几乎都是通过用户名和密码来完成的。

```
$ python open_imaplib.py imap.example.com brandon@example.com
Password:
```

如果密码正确的话，该程序就会显示响应结果，如代码清单15-2所示。和预想的一样，可以在结果中看到capabilities，其中列出了该服务器支持的IMAP特性。不得不承认，这个以列表形式给出的结果非常符合Python规范：列表中的所有项都被转换成了一个优雅的字符串元组。

代码清单15-2　代码清单15-1的输出示例

```
Capabilities: ('IMAP4REV1', 'UNSELECT', 'IDLE', 'NAMESPACE', 'QUOTA',
 'XLIST', 'CHILDREN', 'XYZZY', 'SASL-IR', 'AUTH=XOAUTH')
Listing mailboxes
Status: 'OK'
Data:
b'(\\HasNoChildren) "/" "INBOX"'
b'(\\HasNoChildren) "/" "Personal"'
b'(\\HasNoChildren) "/" "Receipts"'
b'(\\HasNoChildren) "/" "Travel"'
b'(\\HasNoChildren) "/" "Work"'
b'(\\Noselect \\HasChildren) "/" "[Gmail]"'
```

```
b'(\\HasChildren \\HasNoChildren) "/" "[Gmail]/All Mail"'
b'(\\HasNoChildren) "/" "[Gmail]/Drafts"'
b'(\\HasChildren \\HasNoChildren) "/" "[Gmail]/Sent Mail"'
b'(\\HasNoChildren) "/" "[Gmail]/Spam"'
b'(\\HasNoChildren) "/" "[Gmail]/Starred"'
b'(\\HasChildren \\HasNoChildren) "/" "[Gmail]/Trash"'
```

然而list()方法返回的结果就有不少缺点了。首先，该方法会返回以纯文本形式表示的状态码'OK'，因此使用imaplib的代码必须不断检查状态码是否'OK'，还是另一个表示错误的状态码。这是完全不符合Python规范，因为Python程序通常不需要进行错误检查就可以安全运行，如果发生错误，就会抛出异常。

其次，imaplib并不能够对结果进行解析。列出的IMAP账户中的电子邮件文件夹使用了多种特定于协议的引用方式。每一项都首先列出了所设置的文件夹标记，然后使用特殊字符来分隔文件夹与子文件夹（本例中使用的是斜杠），最后给出了包含在引号中的文件夹名称。然而，所有这些信息都是以原始数据的形式返回的，因此需要对下面这样的字符串进行解析：

```
(\HasChildren \HasNoChildren) "/" "[Gmail]/Sent Mail"
```

最后，输出的结果中包含了不同的编码形式：标记是未经解析的字节字符串，而分隔符以及文件夹名称则已经解码为Unicode字符串。

因此，除非我们想要自己实现一些协议细节，否则就应该选择使用更强大的IMAP客户端库。

15.1.1 IMAPClient

幸运的是，我们可以通过easy installation从Python包索引安装IMAPClient包。这个库非常流行，并且久经考验，由一个非常友好的Python程序员Menno Smits编写，其底层其实就使用了标准库的imaplib。

如果想尝试使用IMAPClient的话，可以试着将其安装到virtualenv中（如第1章所述）。一旦安装完毕，就可以在虚拟环境中使用python解释器运行代码清单15-3所示的程序了。

代码清单15-3 使用IMAPClient列出IMAP文件夹

```
#!/usr/bin/env python3
# Foundations of Python Network Programming, Third Edition
# https://github.com/brandon-rhodes/fopnp/blob/m/py3/chapter15/open_imap.py
# Opening an IMAP connection with the powerful IMAPClient

import getpass, sys
from imapclient import IMAPClient

def main():
    if len(sys.argv) != 3:
        print('usage: %s hostname username' % sys.argv[0])
        sys.exit(2)
        hostname, username = sys.argv[1:]
        c = IMAPClient(hostname, ssl=True)
        try:
            c.login(username, getpass.getpass())
        except c.Error as e:
```

```
        print('Could not log in:', e)
    else:
        print('Capabilities:', c.capabilities())
        print('Listing mailboxes:')
        data = c.list_folders()
        for flags, delimiter, folder_name in data:
            print(' %-30s%s %s' % (' '.join(flags), delimiter, folder_name))
    finally:
        c.logout()

if __name__ == '__main__':
    main()
```

很容易从上面的代码中看出，IMAPClient能够帮助我们处理更多协议交换的细节。例如，我们不再需要获取返回的状态码并在每次运行命令前检查状态码，IMAPClient库会进行这一操作，并且在出现问题时抛出异常。图15-1给出了一个Python与IMAP服务器之间进行会话的例子。

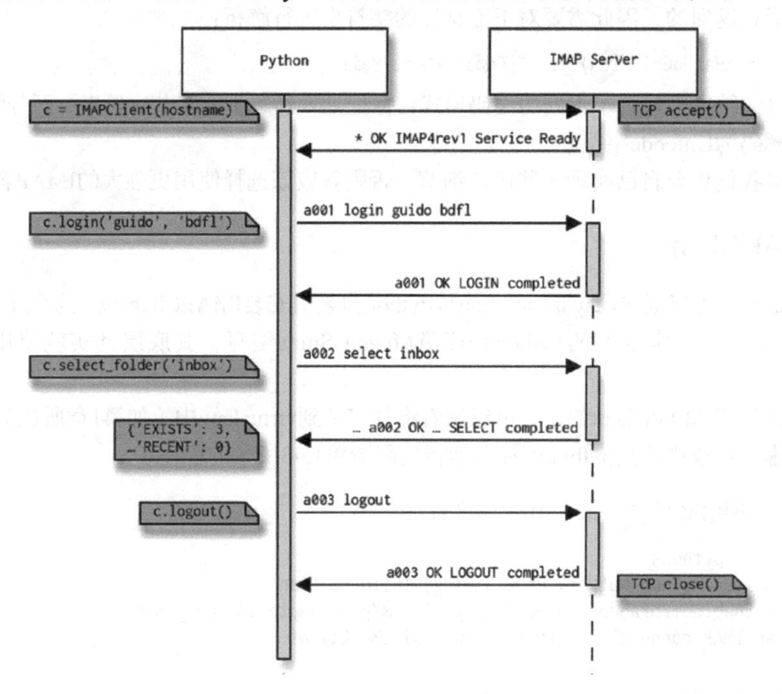

图15-1　Python与IMAP服务器之间的一个会话示例

其次，IMAPClient没有直接使用imaplib的list()方法来实现LIST命令，而是通过list_folders()方法来提供这一功能。而且可以发现，LIST命令的结果已经被转换为了Python的数据类型。返回的每一行数据都是一个元组，其中包含了文件夹标记、文件夹名称分隔符以及文件夹名称，而且文件夹标记也以字符串序列的形式返回。

代码清单15-4给出了代码清单15-3的一个输出样例。

代码清单15-4 经过正确解析的标记和文件夹名称

```
Capabilities: ('IMAP4REV1', 'UNSELECT', 'IDLE', 'NAMESPACE', 'QUOTA', 'XLIST', 'CHILDREN', 'XYZZY',
'SASL-IR', 'AUTH=XOAUTH')
Listing mailboxes:
  \HasNoChildren                / INBOX
  \HasNoChildren                / Personal
  \HasNoChildren                / Receipts
  \HasNoChildren                / Travel
  \HasNoChildren                / Work
  \Noselect \HasChildren        / [Gmail]
  \HasChildren \HasNoChildren   / [Gmail]/All Mail
  \HasNoChildren                / [Gmail]/Drafts
  \HasChildren \HasNoChildren   / [Gmail]/Sent Mail
  \HasNoChildren                / [Gmail]/Spam
  \HasNoChildren                / [Gmail]/Starred
  \HasChildren \HasNoChildren   / [Gmail]/Trash
```

每个文件夹都可能会列出零个或多个标准标记。标准标记如下所示。

- \Noinferiors：表示文件夹目前不包含任何子文件夹，未来也不可能包含子文件夹。如果尝试通过IMAP客户端在此类文件夹内部新建一个子文件夹，那么IMAP客户端会收到错误提示。
- \Noselect：表示无法在该文件夹上运行select_folder()，换句话说，该文件夹不可能包括任何消息。（例如，该文件夹可能只包含若干子文件夹。）
- \Marked：表示服务器认为该收件箱有某种特点。一般来说，该标记表示自从上一次该文件夹被选择后，文件夹又收到了新消息。但是，即使文件夹没有\Marked标记，也不能够保证其不包含新消息。有些服务器压根就没有实现\Marked。
- \Unmarked：表示该文件夹不包含新消息。

有些服务器会返回另一些不包含在上述标准中的标记。我们的代码必须能够正确地接受或忽略这些额外的标记。

15.1.2 查看文件夹

在真正进行消息的下载、搜索或修改前，必须先选择一个特定的文件夹。这意味着IMAP协议是有状态的，它能够记录哪个文件夹正在被查看，并且将命令应用于当前正被查看的文件夹上，而无需用户反复输入文件夹的名称。只有在连接被关闭并且重新连接时，才会彻底重新开始。这一特性使得用户与服务器的交互更加方便，但是也意味着我们在开发程序时必须更加小心，一定要清楚当前选择的是哪个文件夹，否则就可能会对错误的文件夹进行操作。

因此，当选择好一个文件夹后，所有发送给IMAP服务器的命令便都将应用于此文件夹，直到更改文件夹或退出当前的文件夹为止。

在选择文件夹时，可以提供readonly=True参数，将所选的文件夹设置为“只读”，而不使用完整的读/写模式。这样一来，在尝试对该文件夹内的消息进行删除或修改操作时都将返回错误消息。除了防止误删或误改消息之外，这一做法还能帮助服务器在事先知道客户端只会进行读操作时优化文件夹的读取性能。（例如，在对存储所选择文件夹的磁盘进行操作时，只对读操作上锁，而不对写操作上锁。）

15.1.3　消息号与 UID

IMAP提供了两种方法来引用文件夹中的某条特定消息：第一种方法是使用临时的消息号（通常为1、2、3，等等），第二种方法是使用一个唯一标识符（UID）。两者之间的不同在于持久性。消息号是于用户在某个特定连接上选择文件夹之时分配的。这意味着，消息号的可读性较高，而且可以是顺序排列的。但是，随后再次访问同一文件夹时，同一条消息的消息号可能会有所不同。对于实时电子邮件阅读器或者简单的脚本下载程序来说，这一特点（与POP相同）不会带来什么问题，不需要在意下次连接时同一消息的消息号是否相同。

而UID则恰恰相反，同一消息的UID会始终保持不变。即便是将连接关闭并且不再重新连接，该UID也不会被分配给其他消息。如果某消息今天的UID是1053，那么它明天的UID也一定是1053，该文件夹中的任何其他消息的UID都不可能是1053。这一特性在编写同步工具时是非常有用的。该特性可以使我们百分之百地确定所操作的消息一定是正确的。这也是IMAP相较POP更强大的地方之一。

需要注意的是，如果用户在访问过某个IMAP账户后删除了一个文件夹，并且随后又创建了一个同名文件夹，却又没有告知客户端程序，那么再次访问该IMAP账户时，就会发现尽管文件夹的名称没有变，但是两个文件夹的UID却不同了。因此，若未加留意，则即使只是重命名了文件夹，也可能会丢失IMAP账户中的消息与已下载消息之间的对应关系。不过，IMAP是能够防止这一问题发生的。它提供了一个被称为`UIDVALIDITY`的文件夹属性（将在之后进行解释），可以利用该属性将相邻两个会话中同一文件夹中的消息UID进行比对，以确认同一消息的UID实际上是否与上次连接时的UID匹配。

大多数作用于特定消息的IMAP命令既会以消息号作为参数，也会以UID作为参数。一般来讲，IMAPClient总是使用UID，而并不使用IMAP分配的临时消息号。不过，如果想要使用临时的消息号，那么可以直接在实例化IMAPClient的时候提供一个`use_id=False`参数，也可以在IMAP会话中动态设置`use_uid`的值为`False`或`True`。

15.1.4　消息范围

大多数作用于消息的IMAP命令都能够接收一条或多条消息，这大大提高了处理大量消息时的速度。这样就可以一次性地处理一组消息，而不需要为每条消息单独执行命令并接收单独的响应。由于避免了单独执行命令时频繁的网络往返，这种做法的速度通常会更快。

在任何可以提供单个消息号作为参数的地方，都可以提供一个消息号列表作为参数，消息号之间用逗号分隔。如果想要操作某个特定范围内的消息号，但是又不想将所有消息号全部列出（或者压根就不知道某些消息号，比如想对所有消息号大于1的消息进行操作，而不想事先获取消息号），那么也可以给出起始消息号和终止消息号，中间使用冒号来分隔。可以使用星号来表示“剩下的所有消息”。下面是一个示例：

```
2,4:6,20:*
```

上面的例子表示：消息2、消息4至消息6、消息20以及文件夹中所有消息号大于20的邮件。

15.1.5　摘要信息

第一次选择一个文件夹时，IMAP服务器会提供一些关于该文件夹的摘要信息（包括关于文件夹本身的信息以及关于文件夹中消息的信息）。

IMAPClient返回的摘要信息是一个Python字典。下面给出了运行select_folders()时大多数IMAP服务器会返回的键。

- EXISTS：表示文件夹中消息数量的整数。
- FLAGS：可以为文件夹中的消息设置的标记列表。
- RECENTS：给出了IMAP客户端上一次运行select_folder()之后该文件夹中出现的消息数（服务器估测的消息数）。
- PERMANENTFLAGS：给出了可以为消息设置的自定义标记列表，通常为空。
- UIDNEXT：服务器所猜测的将会分配给下一条收到的（或上传的）消息的UID。
- UIDVALIDITY：一个字符串，客户端使用该字符串来确认消息的UID号是否已经改变。当我们重新访问某个文件夹时，如果该字符串的值与上次连接时不同，那就说明UID号已经进行了重新分配，之前存储的所有UID值就都失效了。
- UNSEEN：给出了文件夹中第一条未读消息（没有\Seen标记的消息）的消息号。

在这些标记中，服务器必须返回的只有FLAGS、EXISTS和RECENT，不过大多数服务器也会返回UIDVALIDITY。代码清单15-5中展示的程序会读取并显示我的INBOX电子邮件文件夹的摘要信息。

代码清单15-5　显示文件夹的摘要信息

```
#!/usr/bin/env python3
# Foundations of Python Network Programming, Third Edition
# https://github.com/brandon-rhodes/fopnp/blob/m/py3/chapter15/folder_info.py
# Opening an IMAP connection with IMAPClient and listing folder information.

import getpass, sys
from imapclient import IMAPClient

def main():
    if len(sys.argv) != 4:
        print('usage: %s hostname username foldername' % sys.argv[0])
        sys.exit(2)

    hostname, username, foldername = sys.argv[1:]
    c = IMAPClient(hostname, ssl=True)
    try:
        c.login(username, getpass.getpass())
    except c.Error as e:
        print('Could not log in:', e)
    else:
        select_dict = c.select_folder(foldername, readonly=True)
        for k, v in sorted(select_dict.items()):
            print('%s: %r' % (k, v))
    finally:
        c.logout()

if __name__ == '__main__':
    main()
```

运行上述程序，会显示如下信息：

```
$ ./folder_info.py imap.example.com brandon@example.com
Password:
EXISTS: 3
PERMANENTFLAGS: ('\\Answered', '\\Flagged', '\\Draft', '\\Deleted',
                 '\\Seen', '\\*')
READ-WRITE: True
UIDNEXT: 2626
FLAGS: ('\\Answered', '\\Flagged', '\\Draft', '\\Deleted', '\\Seen')
UIDVALIDITY: 1
RECENT: 0
```

从上面的结果中可以看出，我的INBOX文件夹中包含了3条消息，这3条消息都不是在我上一次检查邮件之后收到的。如果想要在程序中使用先前会话中存储的UID，那么一定要记得将这里的UIDVALIDITY和先前会话中存储的值进行比较。

15.1.6　下载整个邮箱

在使用IMAP时，可以通过FETCH命令来下载邮件，IMAPClient会将其封装成fetch()方法。

获取消息最简单的方法就是一次性下载所有消息。尽管这种方法是最简单的，所需要的网络流量也最少（因为无需发送重复的命令并接收太多响应），但是很多时候并不需要程序将所有返回的消息都同时放到内存中。有些邮箱中的消息包含很多附件，因此占用的空间很大，此时使用这种方法明显是不现实的！

代码清单15-6将INBOX文件夹中的所有消息都下载到了计算机的内存中，并将其存储在一个Python数据结构中，然后显示出每个消息的一些摘要信息。

代码清单15-6　下载文件夹中的所有消息

```
#!/usr/bin/env python3
# Foundations of Python Network Programming, Third Edition
# https://github.com/brandon-rhodes/fopnp/blob/m/py3/chapter15/folder_summary.py
# Opening an IMAP connection with IMAPClient and retrieving mailbox messages.

import email, getpass, sys
from imapclient import IMAPClient

def main():
    if len(sys.argv) != 4:
        print('usage: %s hostname username foldername' % sys.argv[0])
        sys.exit(2)

    hostname, username, foldername = sys.argv[1:]
    c = IMAPClient(hostname, ssl=True)
    try:
        c.login(username, getpass.getpass())
    except c.Error as e:
        print('Could not log in:', e)
    else:
        print_summary(c, foldername)
```

```
    finally:
        c.logout()

def print_summary(c, foldername):
    c.select_folder(foldername, readonly=True)
    msgdict = c.fetch('1:*', ['BODY.PEEK[]'])
    for message_id, message in list(msgdict.items()):
        e = email.message_from_string(message['BODY[]'])
        print(message_id, e['From'])
        payload = e.get_payload()
        if isinstance(payload, list):
            part_content_types = [ part.get_content_type() for part in payload ]
            print('  Parts:', ' '.join(part_content_types))
        else:
            print('  ', ' '.join(payload[:60].split()), '...')

if __name__ == '__main__':
    main()
```

一定要牢记，IMAP是有状态的。首先使用select_folder()定位到特定的文件夹，然后运行fetch()来请求消息内容。（之后还可以运行close_folder()离开文件夹，这样就不会定位到任何文件夹。）消息ID（无论是临时消息号还是UID）始终为正整数，因此范围'1:*'就表示“从第一条消息到文件夹中的最后一条消息”，也就是邮箱中的所有消息。

在使用IMAP时，通过'BODY.PEEK[]'来请求消息的整个消息体。这个字符串看起来可能有点奇怪，字符串'BODY[]'表示“整个消息”。我们将在后面的例子中看到，可以在中括号中给出参数，指定要请求的特定消息部分。

PEEK表示只查询消息内容来构建摘要信息，而不希望服务器自动设置这些消息的\Seen标记，以防破坏掉服务器所记录的消息是否已读的信息。（在上面的例子中，脚本的运行对象是真实的邮件服务器，因此我可不想把所有的消息都标记成已读，所以这个特性对我来说是相当有用的。）

返回的字典会将每条消息的UID映射到表示消息具体信息的字典中。在遍历该消息字典的键值对时，应重点关注'BODY[]'键，IMAP已经将消息的完整文本内容以大型字符串的形式填入了'BODY[]'中，而这正是我们所请求的内容。

本例的脚本使用了第12章中讨论过的email模块来获取From:行以及部分消息内容，并且将其作为摘要信息打印到了屏幕上。如果想要对该脚本进行扩展，将消息保存到一个文件或数据库中，那么当然也可以跳过email的解析步骤，直接把消息体看作单个字符串存储起来，以后再进行解析。

运行该脚本的结果如下：

```
$ ./mailbox_summary.py imap.example.com brandon INBOX
Password:
2590 "Amazon.com" <order-update@amazon.com>
  Dear Brandon, Portable Power Systems, Inc. shipped the follo ...
2469 Meetup Reminder <info@meetup.com>
  Parts: text/plain text/html
2470 billing@linode.com
  Thank you. Please note that charges will appear as "Linode.c ...
```

当然，如果消息中包含很大的附件，那么肯定不可能只为了生成摘要信息而下载整个消息。不过下载整个消息是所有消息获取操作中最简单的一个操作，因此我觉得首先介绍它还是很合理的。

15.1.7　单独下载消息

有的电子邮件消息可能会很大，而许多电子邮件系统都允许用户在同一个电子邮件文件夹中包含几百甚至几千个消息，每个消息都可能达到10MB甚至更大，因此电子邮件文件夹占用的空间可能会非常大。如果像前面的例子一样，一次性下载这一类型的邮箱的所有内容，那么很容易会超过客户端机器的RAM限制。

为了解决这一问题，IMAP还支持除了15.1.6节讨论的下载整个消息以外的一些其他操作，使得一些基于网络的电子邮件客户端可以不用在本地保存所有消息副本。

- 可以以文本块的形式单独下载邮件头。
- 可以单独请求并获取消息的特定消息头，而不需要一次性下载所有消息头。
- 可以递归搜索服务器，请求获取MIME结构的消息摘要。
- 可以单独获取特定部分的消息文本。

这些操作可以使IMAP客户端只下载需要为用户显示的信息，执行的查询效率较高，因此减小了IMAP服务器和网络的负载，进而也就能够更快地将结果显示给用户。

代码清单15-7将许多关于浏览一个IMAP账号的概念结合了起来，可以通过阅读代码清单15-7来了解一个简单的IMAP客户端的工作方式。比起多个分散独立的小程序，代码清单15-7能够提供更多的上下文。可以看到，这个客户端包含了三重循环，首先是获取包含所有电子邮件文件夹的列表，然后是获取特定文件夹中的消息列表，最后是获取特定消息中的不同部分。在每个循环中，都将用户输入作为参数。

代码清单15-7　一个简单的IMAP客户端

```
#!/usr/bin/env python3
# Foundations of Python Network Programming, Third Edition
# https://github.com/brandon-rhodes/fopnp/blob/m/py3/chapter15/simple_client.py
# Letting a user browse folders, messages, and message parts.

import getpass, sys
from imapclient import IMAPClient

banner = '-' * 72

def main():
    if len(sys.argv) != 3:
        print('usage: %s hostname username' % sys.argv[0])
        sys.exit(2)

    hostname, username = sys.argv[1:]
    c = IMAPClient(hostname, ssl=True)
    try:
        c.login(username, getpass.getpass())
    except c.Error as e:
        print('Could not log in:', e)
```

```
    else:
        explore_account(c)
    finally:
        c.logout()

def explore_account(c):
    """Display the folders in this IMAP account and let the user choose one."""

    while True:

        print()
        folderflags = {}
        data = c.list_folders()
        for flags, delimiter, name in data:
            folderflags[name] = flags
        for name in sorted(folderflags.keys()):
            print('%-30s %s' % (name, ' '.join(folderflags[name])))
        print()

        reply = input('Type a folder name, or "q" to quit: ').strip()
        if reply.lower().startswith('q'):
            break
        if reply in folderflags:
            explore_folder(c, reply)
        else:
            print('Error: no folder named', repr(reply))

def explore_folder(c, name):
    """List the messages in folder `name` and let the user choose one."""

    while True:
        c.select_folder(name, readonly=True)
        msgdict = c.fetch('1:*', ['BODY.PEEK[HEADER.FIELDS (FROM SUBJECT)]',
                                  'FLAGS', 'INTERNALDATE', 'RFC822.SIZE'])
        print()
        for uid in sorted(msgdict):
            items = msgdict[uid]
            print('%6d %20s %6d bytes %s' % (
                uid, items['INTERNALDATE'], items['RFC822.SIZE'],
                ' '.join(items['FLAGS'])))
            for i in items['BODY[HEADER.FIELDS (FROM SUBJECT)]'].splitlines():
                print(' ' * 6, i.strip())

        reply = input('Folder %s - type a message UID, or "q" to quit: '
                      % name).strip()
        if reply.lower().startswith('q'):
            break
        try:
            reply = int(reply)
        except ValueError:
            print('Please type an integer or "q" to quit')
        else:
            if reply in msgdict:
                explore_message(c, reply)
```

```
    c.close_folder()

def explore_message(c, uid):
    """Let the user view various parts of a given message."""

    msgdict = c.fetch(uid, ['BODYSTRUCTURE', 'FLAGS'])

    while True:
        print()
        print('Flags:', end=' ')
        flaglist = msgdict[uid]['FLAGS']
        if flaglist:
            print(' '.join(flaglist))
        else:
            print('none')
        print('Structure:')
        display_structure(msgdict[uid]['BODYSTRUCTURE'])
        print()
        reply = input('Message %s - type a part name, or "q" to quit: '
                      % uid).strip()
        print()
        if reply.lower().startswith('q'):
            break
        key = 'BODY[%s]' % reply
        try:
            msgdict2 = c.fetch(uid, [key])
        except c._imap.error:
            print('Error - cannot fetch section %r' % reply)
        else:
            content = msgdict2[uid][key]
            if content:
                print(banner)
                print(content.strip())
                print(banner)
            else:
                print('(No such section)')

def display_structure(structure, parentparts=[]):
    """Attractively display a given message structure."""

    # The whole body of the message is named 'TEXT'.

    if parentparts:
        name = '.'.join(parentparts)
    else:
        print(' HEADER')
        name = 'TEXT'

    # Print a simple, non-multipart MIME part. Include its disposition, if available.

    is_multipart = not isinstance(structure[0], str)

    if not is_multipart:
        parttype = ('%s/%s' % structure[:2]).lower()
        print(' %-9s' % name, parttype, end=' ')
```

```
            if structure[6]:
                print('size=%s' % structure[6], end=' ')
            if structure[9]:
                print('disposition=%s' % structure[9][0],
                      ' '.join('{}={}'.format(k, v) for k, v in structure[9][1:]),
                      end=' ')
            print()
            return

        # For a multipart part, print all of its subordinate parts.

        parttype = 'multipart/%s' % structure[1].lower()
        print(' %-9s' % name, parttype, end=' ')
        print()
        subparts = structure[0]
        for i in range(len(subparts)):
            display_structure(subparts[i], parentparts + [ str(i + 1) ])

    if __name__ == '__main__':
        main()
```

可以看到，最外层的函数explore_account(c)和之前讨论过的代码清单一样，使用了简单的list_folders()调用来获取电子邮件文件夹列表。该调用同样会列出每个文件夹的IMAP标记。这使得用户能够在多个文件夹中进行选择。

```
INBOX                              \HasNoChildren
Receipts                           \HasNoChildren
Travel                             \HasNoChildren
Work                               \HasNoChildren
Type a folder name, or "q" to quit:
```

一旦用户选择了一个文件夹，事情就变得更有意思了：客户端需要为每条消息打印出摘要信息。不同的电子邮件客户端在打印文件夹中每条消息的摘要信息时选择打印的具体信息不同。代码清单15-7中的程序选择将一些头字段以及消息的日期与大小作为摘要信息。需要注意的是，一定要使用BODY.PEEK而不是BODY来获取这些信息。原因在于，如果使用BODY的话，IMAP服务器会因为已经在摘要中显示了消息而将其标记为\Seen。

选择了一个文件夹并且执行fetch()调用后，打印到屏幕的结果如下：

```
2703  2010-09-28 21:32:13    19129 bytes \Seen
    From: Brandon Craig Rhodes
    Subject: Digested Articles

2704  2010-09-28 23:03:45    15354 bytes
    Subject: Re: [venv] Building a virtual environment for offline testing
    From: "W. Craig Trader"

2705  2010-09-29 08:11:38     10694 bytes
    Subject: Re: [venv] Building a virtual environment for offline testing
    From: Hugo Lopes Tavares

Folder INBOX - type a message UID, or "q" to quit:
```

15

可以看到，我们能够给IMAP的fetch()命令提供多个参数，这样就能在只需要一次服务器往返的前提下构造相当复杂的消息摘要了。

一旦用户选择了一条特定的消息，就表明该程序使用了一种之前从没讨论过的技术：使用fetch()来请求返回消息的BODYSTRUCTURE，这是在不下载全部文本的条件下就获取MIME消息内容的关键。通过使用这种技术，就可以不必为了列出很大的消息附件而在网络上传输好几兆的字节了，BODYSTRUCTURE将以一种递归数据结构的形式只列出MIME部分的内容。

返回的MIME部分内容以元组的形式给出：

```
('TEXT', 'PLAIN', ('CHARSET', 'US-ASCII'), None, None, '7BIT', 2279, 48)
```

元组中的各元素在RFC 3501的7.4.2节中有详细描述，其意义如下所示（当然，下标从0开始）：

(1) MIME类型

(2) MIME子类型

(3) 以元组（name, value, name, value, ...）形式列出的消息体参数，每个参数名后跟着参数值

(4) 内容ID

(5) 内容描述

(6) 内容编码

(7) 内容所占字节数

(8) 对于以文本表示的MIME类型，给出了内容的行数

当IMAP服务器发现某条消息包含多个部分或消息的某个部分发现其自己也包含多个部分（参见第12章，了解更多关于MIME消息内嵌其他MIME消息的内容）时，返回的元组会以一个子结构列表开始。每个子结构同样也是一个元组，其格式与外层结构相同。在子结构列表之后会有一些关于多部分容器的信息，所有这些信息组成了返回的元组。

```
([(...), (...)], "MIXED", ('BOUNDARY', '=-=-='), None, None)
```

"MIXED"值精确表示了多部分容器的类型。在上面这个例子中，完整的类型是multipart/mixed。除了"MIXED"以外，其他常见的多部分子类型还有"ALTERNATIVE"、"DIGEST"和"PARALLEL"。多部分类型后面的项是可选的，但是可以通过名称-值的形式给出这些项来作为参数（本例中指定了MIME多部分的边界字符串），还可以指定多部分消息的配置、使用的语言以及位置（通常以URL的形式给出）。

有了这些规则之后，我们就能够理解代码清单15-7中的display_structure()这样的递归方法如何展开并显示消息各部分的层级结构了。当IMAP服务器返回一个BODYSTRUCTURE时，该方法将打印出如下信息供用户查看：

```
Folder INBOX - type a message UID, or "q" to quit: 2701
Flags: \Seen
HEADER
TEXT        multipart/mixed
1           multipart/alternative
1.1         text/plain size=253
```

```
1.2     text/html size=508
2       application/octet-stream size=5448 ATTACHMENT FILENAME='test.py'
Message 2701 - type a part name, or "q" to quit:
```

可以看到，结构如上所示的这条消息是一条相当现代的电子邮件消息，它包含了两个版本：第一个版本是包含了富文本的HTML版本，针对于使用浏览器或现代电子邮件客户端的用户；第二个版本是纯文本版本，针对于使用传统设备和应用程序的用户。两者的消息内容是完全相同的。该消息还包含一个文件附件，消息最后给出了用户将其下载至本地文件系统时的默认文件名。出于简洁性和安全性的考虑，示例程序没有将任何内容保存到硬盘，用户可以选择将任意部分的消息内容（比如特定的HEADER和TEXT段，或是某个特殊的部分，比如1.1）打印到屏幕上。

如果仔细观察代码的话，就会发现，上面提到的操作都是通过调用IMAP的fetch()方法来完成的，非常简单。像HEADER和1.1这些部分的名称都只是调用fetch()方法时的可选参数，用于指定更具体的部分，它们也可以和BODY.PEEK及FLAGS等其他值一起使用。唯一的区别在于，BODY.PEEK和FLAGS适用于所有消息，而2.1.3这样的部分名称则只适用于结构中包含该部分的多部分消息。

读者可能会发现有一点相当奇怪：IMAP协议实际上并没有提供特定消息所支持的任何多部分名称！相反，我们需要从1开始进行计数，从列出的BODYSTRUCTURE中数出要请求的部分的编号。可以看到，display_structure()方法使用了一个简单的循环来完成这一计数的过程。

关于fetch()命令，还有最后一点需要注意：该命令不仅仅可以让我们在任意时刻获取消息各部分的内容，而且还能够提供消息截断的功能。如果消息很长，而我们只想截取最开始的一段消息提供给用户，那么就可以使用该功能。要使用该功能，只要在任何部分名称的后面加上一个尖括号，并且在尖括号中给出想要截取的字符范围即可。这一方法和Python的分片操作很类似：

```
BODY[]<0.100>
```

这样就会返回消息体的前100B，偏移量从0到100。这样一来，用户就能够在看到消息的文本内容以及附件的简介后，再决定是否要选择或下载该消息了。

15.1.8 标记并删除消息

在运行代码清单15-7或者阅读示例输出时，读者可能已经注意到，IMAP会对消息进行标记。这些标记通常是以反斜杠开头的单词，比如\Seen，表示已经阅读过该消息。RFC 3501中定义了一些标准标记，所有IMAP服务器均可使用这些标准标记。下面是其中最重要的一些标记及其意义。

- \Answered：表示用户已经回复该消息。
- \Draft：表示用户还没有完成该消息的写作。
- \Flagged：表示该消息由于某种原因被单独列出。在不同的电子邮件阅读器中，这个标记的目的和意义不同。
- \Recent：表示没有任何IMAP客户端曾经读取过该消息。该标记有一个特殊之处，即无法使用普通命令来添加或删除该标记，该标记会在邮箱被选择后自动删除。
- \Seen：表示消息已经被读取。

可以发现，这些标记与我们在许多电子邮件阅读器中看到的关于每条消息的信息大致对应。尽管不同的阅读器所使用的具体术语可能有所不同（有的客户端使用“新消息”，而有的客户端则使用“未读消息”)，但是几乎所有电子邮件阅读器都会显示这些标记。某些特定的服务器还可能支持其他标记，这些标记并不一定要以反斜杠开始。同样地，并不是所有的服务器都支持\Recent标记，因此通用的IMAP客户端最好不要依赖于\Recent标记。

IMAPClient库提供了多种方法来操作标记。最简单的获取标记的方法和之前介绍的使用fetch()获取'FLAGS'的方法类似，但是它在获取了标记之后会将其从表示消息信息的字典中删除。

```
>>> c.get_flags(2703)
{2703: ('\\Seen',)}
```

除此之外，还有一些调用可以用于向消息添加标记和从消息中删除标记。

```
c.remove_flags(2703, ['\\Seen'])
c.add_flags(2703, ['\\Answered'])
```

有时我们想要彻底修改某个特定消息的标记，但又不想进行一系列的添加和删除操作，此时可以使用set_flags()，来将整个消息标记列表替换成要设置的标记集合。

```
c.set_flags(2703, ['\\Seen', '\\Answered'])
```

在上面的例子中，所有使用单个UID作为参数的地方都可以使用消息的UID列表来代替。

15.1.9　删除消息

关于标记的使用，还有最后一点很有趣的地方，那就是IMAP对消息删除的支持。安全起见，将这一过程分为两个步骤。首先，客户端将一条或多条消息标记为\Delete；然后调用expunge()，在同一个操作中执行所请求的删除。

不过，在使用IMAPClient库时，不需要手动进行这一操作（尽管也可以手动进行），IMAPClient封装了一个简单的delete_messages()方法，可以将消息标记为\Delete，而向用户隐藏标记操作。不过，如果要真正执行删除操作的话，还是需要在调用了delete_messages()后再调用expunge()。

```
c.delete_messages([2703, 2704])
c.expunge()
```

要注意，expunge()方法会对邮箱中消息的临时ID进行重新排序，这也是另一个选择使用UID的理由。

15.1.10　搜索

对于一个允许用户将所有电子邮件保存在服务器上的协议来说，搜索是另外一个非常重要的特性。如果没有搜索，而电子邮件客户端又需要进行全文搜索来找到某条特定的消息，那么客户端就必须在第一次进行全文搜索之前下载用户的所有邮件。

搜索的本质是非常简单的：在某个IMAP客户端实例上调用search()方法，返回值为所有符合搜索条件的消息的UID（当然，我们假设使用IMAPClient的默认参数use_uid=True）。

```
>>> c.select_folder('INBOX')
>>> c.search('SINCE 13-Jul-2013 TEXT Apress')
[2590L, 2652L, 2653L, 2654L, 2655L, 2699L]
```

可以对这些UID表示的对象执行fetch()命令，获取消息信息，并且为用户生成搜索结果的摘要。

上面例子中的搜索结合了两个搜索条件：第一个条件表示搜索从2013年7月13日直到现在的所有消息，第二个条件搜索请求文本中包含Apress的消息。搜索结果中只会包含同时满足这两个条件的消息。这里表示与关系的方法是，使用空格连接两个条件，来形成单个的字符串。如果只想搜索至少满足其中一个条件的消息，那么可以使用OR操作符来表示或关系。

```
OR (SINCE 20-Aug-2010) (TEXT Apress)
```

在构造请求时，可以结合许多搜索条件。和其他IMAP特性一样，RFC 3501中也对此进行了具体说明。有些搜索条件相当简单，用类似于标记的二值属性来表示。

```
ALL: Every message in the mailbox
UID (id, ...): Messages with the given UIDs
LARGER n: Messages more than n octets in length
SMALLER m: Messages less than m octets in length
ANSWERED: Have the flag \Answered
DELETED: Have the flag \Deleted
DRAFT: Have the flag \Draft
FLAGGED: Have the flag \Flagged
KEYWORD flag: Have the given keyword flag set
NEW: Have the flag \Recent
OLD: Lack the flag \Recent
UNANSWERED: Lack the flag \Answered
UNDELETED: Lack the flag \Deleted
UNDRAFT: Lack the flag \Draft
UNFLAGGED: Lack the flag \Flagged
UNKEYWORD flag: Lack the given keyword flag
UNSEEN: Lack the flag \Seen
```

还有相当多的标记可以用于匹配消息头中的项。除了匹配Date头的“send”测试外，这些搜索标记都可以在消息头中搜索名称相同的字符串。

```
BCC string
CC string
FROM string
HEADER name string
SUBJECT string
TO string
```

一条IMAP消息有两个日期：第一个是由发送者指定的内部Date头，叫作*发送日期*；第二个是IMAP服务器真正收到消息的日期。（很显然，第一个日期是可以伪造的，而第二个消息的可靠性则完全取决于IMAP服务器及其时钟。）因此，根据想要查询的日期类型的不同，有两套不同的日期查询条件。

```
BEFORE 01-Jan-1970
ON 01-Jan-1970
SINCE 01-Jan-1970
SENTBEFORE 01-Jan-1970
SENTON 01-Jan-1970
SENTSINCE 01-Jan-1970
```

最后，对于消息文本本身，有两个搜索操作可供使用。这两个操作也是支持全文搜索的主要操作。用户在电子邮件客户端的搜索框中输入搜索词时希望看到的效果也是由这两个操作来支持的。

```
BODY string: The message body must contain the string.
TEXT string: The entire message, either body or header, must contain the string somewhere.
```

查询正在使用的特定IMAP服务器的文档，了解该服务器是会像现代搜索引擎一样返回近似的匹配结果，还是只会返回完全匹配于搜索条件的消息。

如果搜索字符串中包含任何可能会被IMAP识别为特殊字符的字符，那么试着在它们周围加上双引号，而如果要在搜索字符串中也包含双引号的话，那么就在双引号前加上反斜杠。

```
>>> c.search(r'TEXT "Quoth the raven, \"Nevermore.\""')
[2652L]
```

注意，我在这里使用了Python的原始字符串r'...'。这样一来，在搜索字符串中包含反斜杠时就不需要在前面再加一个反斜杠了。

15.1.11　操作文件夹与消息

在使用IMAP时，只要提供文件夹的名称就能够相当简单地进行文件夹的创建和删除操作。

```
c.create_folder('Personal')
c.delete_folder('Work')
```

某些IMAP服务器或配置可能不允许进行这两个操作，或者会对提供的名称有所限制。因此，一定要在调用这两个操作的地方进行错误检查。

除了需要等待用户发送的普通方法之外，还有两个操作可以用于在IMAP账户中新建电子邮件消息。

第一个操作支持将主文件夹中的消息复制到另一个文件夹中。首先使用select_foler()访问消息所在的文件夹，然后运行copy方法如下：

```
c.select_folder('INBOX')
c.copy([2653L, 2654L], 'TODO')
```

第二个操作支持使用IMAP向邮箱中添加一条消息。不需要先通过SMTP发送消息，只需要使用IMAP即可。添加消息的过程相当简单，但是有一些需要注意的地方。

首先需要注意的是行尾标识。许多Unix机器使用一个ASCII换行符（0x0a或是Python中的'\n'）来表示某行文本的结束。而Windows机器则使用两个字符来表示行的终结：CR-LF以及一个手动的回车（0x0D或是Python中的'\r'）后面加上一个换行符。而较老的Mac机器则只使用手动回车。

和许多互联网协议（最容易想到的就是HTTP）一样，IMAP内部使用CR-LF（Python中的'\r\n'）来表示行尾。某些IMAP服务器会在用户上传了使用其他符号作为行尾的消息时出错。因此，在解析上传的消息时，一定要确保消息的行尾使用了正确的符号。由于许多本地邮箱格式只使用'\n'作为行尾，因此这个问题可能比我们想象的更为常见。

不过，在修改行尾时一定要谨慎。有些消息可能会在某些地方使用'\r\n'表示行尾，但是在一开始几行却使用'\n'。如果消息中使用了多种不同的行尾符号，IMAP客户端就会出错。由于Python提供了一个强大的字符串方法splitlines()，它可以识别所有这3种行尾符号，因此这个问题的解决方法相当简单：只要为消息调用该函数，将消息按行分割，然后用一种标准的行尾符号将消息重新连接起来即可。

```
>>> 'one\rtwo\nthree\r\nfour'.splitlines()
['one', 'two', 'three', 'four']
>>> '\r\n'.join('one\rtwo\nthree\r\nfour'.splitlines())
```

```
'one\r\ntwo\r\nthree\r\nfour'
```

一旦确认了行尾符号的正确性，就可以为IMAP客户端调用append()方法，将消息添加到邮箱中。

```
c.append('INBOX', my_message)
```

此外，还可以提供一个标记列表作为关键字参数，也可以提供一个普通的Python datetime对象，指定msg_time，来表示接收时间。

15.1.12 异步性

本章中已经介绍了多个IMAP方法，最后还有很重要的一点需要说明。根据之前的描述，IMAP似乎是同步的，但是实际上，它支持客户端通过套接字向服务器发送大量请求，然后由服务器尽可能高效地从硬盘存储获取电子邮件并做出响应，而并不需要保证返回响应的顺序。

IMAPClient库隐藏了IMAP协议的这一灵活性。它只会依次进行请求，然后等待响应，最后接收响应。不过，其他的库则提供了异步功能（特别是Twisted Python内置的IMAP功能）。

对于大多数需要通过脚本来操作邮箱交互的Python程序员来说，本章采用的同步方法就已经足够了。如果转而使用一个异步库的话，我们至少也已经通过本章的描述了解了所有的IMAP命令，只要再学习通过异步库的API发送这些命令的方法即可。

15.2 小结

IMAP是一个很健壮的协议，用于获取存储在远程服务器上的电子邮件消息。Python社区内有许多IMAP库可供使用。其中，imaplib是Python标准库内置的一个模块，但是使用imaplib时需要自己执行大量底层的结果解析操作。Menno Smits的IMAPClient是个更好的选择，可以通过Python包索引来安装IMAPClient。

在IMAP服务器上，电子邮件消息被分组存入多个不同的文件夹。其中，有些文件夹是IMAP提供商预先定义的，有些则是用户自定义的。IMAP客户端可以创建文件夹、删除文件夹、向文件夹中插入新消息，或者在文件夹之间相互移动消息。

选择文件夹的操作其实类似于文件系统上的“改变目录”命令。一旦选择了一个文件夹，文件夹中的消息就会被列出，此时可以非常灵活地获取消息。客户端不需要完整地下载所有消息（当然也可以全部下载），而是可以只请求消息的一些特定信息（比如一些消息头以及消息结构），然后将其显示给用户，或是生成摘要信息。用户可以点击有兴趣的部分及附件，将它们从服务器下载到本地。

客户端还可以为每条消息设置标记（其中有些标记可以在服务器设置）。若要删除消息，客户端可以先设置\Delete标记，然后调用expunge()方法。

最后，IMAP提供了复杂的搜索功能，因此不需要用户将电子邮件数据下载到本地就能进行许多常用的操作。

在下一章中，我们将把电子邮件的话题放一放，讨论一个极为不同的通信类型——把shell命令发送到远程服务器，并接收执行结果作为响应。

第 16 章

Telnet和SSH

16

如果读者还没有读过Neal Stephenson的文章“In the Beginning...Was the Command Line”（William Morrow Paperbacks，1999），那么应该坐下来喝杯最爱的咖啡，然后好好地读一下这篇文章。读者也可以从作者的网站上下载纯文本格式的文章：http://www.cryptonomicon.com/beginning.html。

本章的主题就是命令行。介绍的内容包括如何通过网络访问命令行，以及命令行操作都有哪些典型表现，以帮助读者解决在通过网络访问命令行时可能会遇到的一些棘手的问题。

有一种传统的做法，那就是在计算机之间发送简单的文本命令。非常幸运的是，本书中的许多内容都与此相关。SSH（Secure Shell）是讨论得最多的网络协议之一，被广泛应用于机器的配置与维护之中。

当用户从网站托管商获取了一个新账号，并且使用其提供的酷炫的控制面板完成了域名以及一系列Web应用程序的设置后，就应该优先使用命令行来安装并运行网站后端的代码。

Rackspace和Linode等公司提供的虚拟服务器或物理服务器基本上都是通过SSH连接来管理的。

如果使用基于API的虚拟托管服务（如Amazon AWS）来构建动态分配的云服务器，就会发现，Amazon会在用户访问新主机时会要求其提供一个SSH密钥并进行安装，之后用户就可以快速登录服务器的新实例而无需输入密码了。

要是以前的计算机也能够接收文本命令，然后以返回文本输出作为响应，那么它们从某种意义上来说就和发展了多年的现代电脑一样强大了。语言是人类表达思想最强大的工具。无论是鼠标指示、点击还是拖曳，都无法表达出键盘输入（即使是UNIX shell小窗口中的输入）所能表达的意思。

16.1 命令行自动化

在详细介绍命令行以及通过网络访问远程命令行的原理之前，首先介绍几个专用工具。如果只需要进行远程系统管理的话，可能需要使用这几个工具。下面由简单到复杂，来依次介绍Python社区中关于远程命令行自动化的3款工具。

(1) Fabric提供了在脚本中通过SSH连接服务器的功能。它能够帮助用户免于直接操作底层命令，不过目前还只支持Python 2（参见http://www.fabfile.org/）。

(2) Ansible是一个强大的系统，可用于对大量远程机器的配置方式的管理。它可以通过SSH连接到任意一台远程机器，并进行必要的检查或升级。Ansible速度很快，且设计精良，因此不仅在Python社区内引起了广泛关注，还在系统管理领域颇具知名度（参见http://docs.ansible.com/index.html）。

(3) SaltStack可以在每台客户端机器上安装自己的代理，而不只是借助SSH来运行。这样一来，主机器就可以更快地将新消息推送至其他机器。相较于同时使用大量SSH连接来发送新消息，SaltStack的速度要快得多。就算要在大型集群上进行大量安装，SaltStack的速度仍然非常快（参见http://www.saltstack.com/）。

最后要提一下pexpect。尽管从技术角度来说，pexpect并不直接涉及网络操作，但是当Python程序员想要对某些远程命令行提示符的交互进行自动化时，经常会使用pexpect来控制系统的ssh和telnet命令。有一个典型的应用场景：设备没有任何可用的API，因此每次命令行提示符出现时，用户都需要输入命令。在配置简单的网络硬件时经常需要这样一步一步地操作，比较麻烦。读者可以访问http://pypi.python.org/pypi/pexpect，深入了解pexpect。

当然，对于我们的项目来说，可能没有任何自动化解决方案可以一劳永逸地解决所有问题，还是需要我们自己动手，学习直接操作远程shell协议的方法。本章后面的内容正是要对此进行介绍。请继续往下阅读！

16.1.1 命令行扩展与引用

如果读者曾经在UNIX命令行提示符中输入过命令的话，一定知道，有些字符并不会被按照字面意思进行解析。例如下面的命令。（要注意，在本例以及本章后面的所有例子中，都会使用美元符号$来表示当前处于shell命令提示符中，将轮到用户进行输入。）

```
$ echo *
sftp.py shell.py ssh_commands.py ssh_simple.py ssh_simple.txt ssh_threads.py telnet_codes.py
telnet_login.py
```

这条命令中的星号（*）并不解释为“将一个星号符号打印到屏幕”。shell会认为输入的是一个模式，用于匹配当前目录下的所有文件名。如果要打印一个真正的星号，那么必须使用另一个特殊符号——转义符号。转义符号告诉shell按照字面直接解释输入的星号。

```
$ echo Here is a lone asterisk: \*
Here is a lone asterisk: *

$ echo And here are '*' two "*" more asterisks
And here are * two * more asterisks
```

shell可以运行子进程，而子进程的输出又可以作为其他命令的输入，现在的shell甚至可以进行数学运算。例如，要得到Neal Stephenson的文章“In the Beginning...Was the Command Line”的纯文本版本中每一行的单词总数，可以在通用的bash（Bourne-again shell的缩写，是目前大多数Linux系统上的标准shell）中，用文章中的总单词数除以总行数，并生成结果。

```
$ echo $(( $(wc -w < command.txt) / $(wc -l < command.txt) )) words per line
44 words per line
```

从这个例子中可以看到，现代shell解释命令行中特殊字符的规则已经变得相当复杂。现在，bash shell的帮助手册页面多达5375行。如果把手册中的文字放入80 × 24的终端窗口中，那么将填满223个屏幕！显然，就算只是详细介绍shell处理命令行输入的具体规则的一小部分内容，也远远超出了本章的范围。

因此，为了帮助读者高效地使用命令行，接下来的章节主要介绍如下两点。

- 我们使用的shell（如bash）在解析命令行输入时会对特殊字符进行特别解析，但是这些特殊字符对于操作系统本身来说并没有任何特殊之处。
- 将命令传递给本地或远程的shell时（在本章中，会更多地通过网络来传递命令），需要对特殊字符进行转义，以防止在远程系统上将这些字符解释为其他值。

我会用两节的篇幅来分别讲述以上两点。要记住，这里讨论的内容是针对Linux和OS X这样的通用服务器操作系统，不包括Windows。我会用单独的一节来讨论Windows下的情况。

16.1.2　UNIX 命令行参数几乎可以包含任意字符

纯底层UNIX命令行并没有任何特殊字符或保留字符。这是读者需要掌握的很重要的一点。如果读者曾经使用过类似于bash的shell，那么可能会觉得系统命令行实在是问题多多。一方面，由于没有特殊字符，可以轻松地将当前目录下的所有文件名作为命令的参数。而另一方面，如果某消息中混合使用了单引号和双引号，那么要将该消息重新输出到屏幕就变得不那么容易了，而且还很难分辨出哪些字符是安全的，哪些字符会被shell看作特殊字符。

这一节旨在让读者明白一件事：所有考虑到shell特殊字符的会话都与操作系统没有任何关系，它们只是bash shell或其他任何流行或小众的shell的一种行为。这一切都与对特殊字符解析规则的熟悉程度毫无关系。无论对特殊字符的解析规则有多么熟悉，或是觉得不支持特殊字符的类UNIX系统是多么不可思议，一旦没有了shell，与特殊字符有关的现象就会随之消失。

直接启动一个进程，然后将一些特殊字符作为参数提供给一个熟悉的命令，就能够观察到上述现象。

```
>>> import subprocess
>>> args = ['echo', 'Sometimes', '*', 'is just an asterisk']
>>> subprocess.call(args)
Sometimes * is just an asterisk
```

在这个例子中，启动了一个新进程，并为之提供了参数。整个过程中没有涉及shell。启动的进程（本例中的echo命令）直接按字面意义解释了参数中的字符，而没有将星号解释为一个文件名列表。

尽管星号通配符使用得非常频繁，但是shell中最常见的特殊符号却是另一个我们一直在使用的符号——空格符号。每个空格都会被翻译成参数的分隔符号。因此，如果UNIX文件名中包含空格，而我们又要移动该文件的话，那可就麻烦了。

```
$ mv Smith Contract.txt ~/Documents
mv: cannot stat `Smith': No such file or directory
mv: cannot stat `Contract.txt': No such file or directory
```

要让shell正确解释包含空格的文件名，而不将其错误解释成两个文件，需要使用下述命令行中的任意一个命令。

```
$ mv Smith\ Contract.txt ~/Documents
$ mv "Smith Contract.txt" ~/Documents
$ mv Smith*Contract.txt ~/Documents
```

显然，最后一个命令和前两个命令的意义有所不同。该命令会匹配所有以Smith开头并且以Contract.txt结尾的文件名。因此，即使Smith和Contract.txt中间不是空格，而是更长的一段文本，也会匹配成功。我经常看见一些还在学习shell规范并且还没有记住如何键入字面空格符号的用户，他们在没办法的时候常常会使用通配符来解决问题。

代码清单16-1展示了一个用Python编写的简单shell。这里只将空格符号看作特殊符号，对于命令中的其他所有符号，都直接按照其字面意义来解释。通过这个例子可以更确信，所谓的特殊字符，本身并无任何特殊之处，其特殊意义都由bash shell来定义。

代码清单16-1　支持以空格来分隔参数的shell

```
#!/usr/bin/env python3
# Foundations of Python Network Programming, Third Edition
# https://github.com/brandon-rhodes/fopnp/blob/m/py3/chapter16/shell.py
# A simple shell, so you can try running commands at a prompt where no
# characters are special (except that whitespace separates arguments).

import subprocess

def main():
    while True:
        args = input('] ').strip().split()
        if not args:
            pass
        elif args == ['exit']:
            break
        elif args[0] == 'show':
            print("Arguments:", args[1:])
        else:
            try:
                subprocess.call(args)
            except Exception as e:
                print(e)

if __name__ == '__main__':
    main()
```

当然，这个简单的shell并不支持特殊引用字符，因此无法使用该shell来处理文件名中包含空格的文件。该shell会将所有空格都看作参数之间的分隔符。

运行该shell，尝试使用各种平时不太敢使用的特殊字符。可以发现，如果将这些字符作为参数直接传递给常见的命令，那么它们并没有任何特殊之处。（代码清单16-2中的shell使用一个]提示符来和我们自己编写的shell进行区分。）

```
$ python shell.py
] echo Hi there!
Hi there!
] echo An asterisk * is not special.
An asterisk * is not special.
] echo The string $HOST is not special, nor are "double quotes".
The string $HOST is not special, nor are "double quotes".
] echo What? No *<>!$ special characters?
What? No *<>!$ special characters?
] show "The 'show' built-in lists its arguments."
Arguments: ['"The', "'show'", 'built-in', 'lists', 'its', 'arguments."']
] exit
```

从这个例子中可以清楚地看到，我们反复调用的UNIX命令（本例中即/bin/echo命令）并没有对参数中的特殊字符做任何特殊处理。echo命令接受包含双引号、美元符号以及星号的参数，并且直接按照字面意义解释这些参数。根据刚刚提到的show命令可以知道，Python会直接将所有参数看作一个字符串列表，以供操作系统创建新进程时使用。

那么，要是没有将命令分割为多个单独的参数，而是将命令名和参数作为一个字符串传递给操作系统，会怎样呢？

```
>>> import subprocess
>>> subprocess.call(['echo hello'])
Traceback (most recent call last):
  ...
FileNotFoundError: [Errno 2] No such file or directory: 'echo hello'
```

可以看到，操作系统并不知道要将空格符看作特殊符号。因此，系统认为要运行的命令是echo[space]hello。除非已经在当前目录下创建了名为echo hello的文件，否则该命令是无法成功运行的，它会抛出一个异常。

实际上，有一个字符会被操作系统看作特殊字符——空字符（Unicode和ASCII码为零的字符）。类UNIX系统使用空字符来标记内存中每个命令行参数的终止位置。因此，如果参数中包含空字符的话，UNIX就会认为该参数已经终止，并且将忽略空字符后面余下的文本。为了防止发生此类错误，Python会在命令行参数中出现空字符时抛出错误。

```
>>> subprocess.call(['echo', 'Sentences can end\0 abruptly.'])
Traceback (most recent call last):
  ...
TypeError: embedded NUL character
```

幸运的是，系统的所有命令在设计时都符合这一规则。因此，一般来说，没有任何理由会在命令行参数中使用空字符。（在这里特别提一下，就跟空字符不能出现在命令行列表中一样，空字符也不能出现在文件名中，因为操作系统文件名的终止也是由空字符来标记的。）

16.1.3 对字符进行引用

在前面的小节中，使用Python subprocess模块中的方法来直接调用命令。该方法特别好用，并且允许命令中包含普通交互式shell中的特殊字符。如果要操作的文件名中包含空格及其他特殊字符，那么使用subprocess来调用会非常方便。可以直接将文件名传递至subprocess调用，接受文件名的命令能够正确地对其进行解析。

但是，当在网络上使用远程sell协议时，通常不会像使用subprocess模块那样直接调用命令，而是要和bash这样的shell进行交互。这说明使用远程shell协议的过程更像os模块的system()方法。该方法会调用一个shell来解释命令，因此用户需要处理UNIX命令行的所有复杂问题。

```
>>> import os
>>> os.system('echo *')
sftp.py shell.py ssh_commands.py ssh_simple.py ssh_simple.txt ssh_threads.py telnet_codes.py
telnet_login.py
```

网络程序可能连接到各种不同的系统或同一系统内置的不同shell，它们各自的引用和通配符规则也各不相同，有些规则甚至很难理解。尽管如此，如果网络连接另一端使用的是sh族的标准UNIX shell（如bash或zsh），那就幸运了。Python有一个很复杂的模块pipes，一般用于构造复杂的shell命令行，其中包含一个帮助函数，它可以对参数中的特殊字符进行转义。该函数叫作quote，它只需接受一个字符串作为参数即可。

```
>>> from pipes import quote
>>> print(quote("filename"))
filename
>>> print(quote("file with spaces"))
'file with spaces'
>>> print(quote("file 'single quoted' inside!"))
'file '"'"'single quoted'"'"' inside!'
>>> print(quote("danger!; rm -r *"))
'danger!; rm -r *'
```

因此，远程执行命令行就变得非常简单了：只要对每个参数都运行一次quote()，然后将所有结果用空格连接起来即可。

需要注意的是，如果读者曾经试过自己构造包含复杂引用的远程SSH命令行，那么可能遇到过shell的二级引用。然而，通过Python向远程shell发送命令则通常不会遇到这个问题。在编写能够向远程shell传递参数的shell命令时，可能会有下面的实验结果。

```
$ echo $HOST
guinness
$ ssh asaph echo $HOST
guinness
$ ssh asaph echo \$HOST
asaph
$ ssh asaph echo \\$HOST
guinness
$ ssh asaph echo \\\$HOST
$HOST
$ ssh asaph echo \\\\$HOST
\guinness
```

可以通过实验验证，上面的所有响应都是合理的。首先通过echo查看每条命令在本地shell中的引用结果，然后将表示结果的文本复制到远程SSH命令行中，查看远程SSH命令行中处理的文本。但是，编写这些命令时是很容易出错的。即使是很熟练的UNIX shell脚本程序员也很容易猜错上面这些命令的输出结果。

16.1.4 糟糕的 Windows 命令行

前面的小节介绍了UNIX shell以及将参数传递给一个进程的方法，读者可能已经在阅读过程中理解并掌握了相关内容。但是，如果要使用远程shell协议连接一台Windows机器的话，前面讲述过的所有内容就都不适用了。Windows在这方面的处理方式相当原始。它在将命令行参数传递到新进程时没有将参数作为相互独立的字符串，而是直接将命令行的所有文本全部传递给了新启动的进程，由进程本身来判断用户是否对包含空格的文件名进行了引用。

当然，使用Windows的用户为了解决这个问题，或多或少都采用了一些命令行解析参数的习惯用法。例如，可以为包含多个单词的文件名加上双引号，以期大多数程序都能够识别出该名称表示一个文件的文件名，而不是多个文件的名称。大多数命令也都会将文件名中的星号解释为通配符。不过这些都是所运行的程序自身的选择，并不由命令行提示符决定。

后面将会看到，有一个相当原始的网络协议，它也会像Windows一样直接发送命令行文本，那就是古老的Telnet协议。因此，如果要在程序中使用该协议发送包含空格或特殊字符的参数，就必须进行转义。不过，如果使用支持以字符串列表形式来发送参数的现代远程协议（如SSH），那么一定要牢记，SSH在Windows系统上能够做的只不过是将我们精心构造的命令行重新组成文本串，然后寄希望于Windows系统来解析出正确的命令。

在向Windows发送命令时，可能会用到Python subprocess模块提供的list2cmdline()方法。该方法接受的参数和UNIX命令的参数相同。它接受一个参数列表，然后使用双引号以及必要的反斜杠，将参数列表重新组合成文本串。这样一来，符合习惯的Windows程序就可以从命令行中正确地解析出所有参数了。

```
>>> from subprocess import list2cmdline
>>> args = ['rename', 'salary "Smith".xls', 'salary-smith.xls']
>>> print(list2cmdline(args))
rename "salary \"Smith\".xls" salary-smith.xls
```

可以用所选的网络库以及远程shell协议做一些简单的小实验，来了解Windows系统的具体需求。在本章的剩余部分，将简单地假设我们连接到的服务器使用的是现代的类UNIX操作系统，能够支持互相独立的参数，而不需要进行额外的引用。

16.1.5　终端的特别之处

在使用Python进行远程连接时，可能会和除了shell以外的其他程序进行交互。对于接收到的数据流，往往需要进行观察，以获取所运行的命令生成的数据或错误信息。有时候还需要返回数据，用作远程程序的输入或是远程程序提出问题的响应。

进行上面这些操作时，有时可能会发现程序被无限期地挂起了，始终无法收到需要的内容。同样地，发送的数据也可能无法被成功传输。为了帮助读者解决此类问题，这里将简要地介绍一下UNIX终端。

*终端*是这样一台设备：用户可以通过终端来输入文本，而计算机的响应也会显示在终端的屏幕上。如果UNIX机器拥有能够支持物理终端的物理序列端口，那么该设备的目录中就会包含类似/dev/ttyS1的项。程序可以用它来向终端发送字符串或者从终端接收字符串。不过，现在的大多数终端其实都是其他程序：xterm终端、Gnome或KDE终端程序、Mac OS X 终端或iTerm，甚至是使用本章讨论的远程shell协议进行连接的Windows机器上的PuTTY客户端。

在计算机终端中运行的程序，常常会自动检测正在与其交互的是否是人类用户。只有连接到终端设备时，这些程序才会对其输入进行格式化，使之易于人类用户理解。因此，UNIX操作系统提供了一系列“伪终端”设备（更容易理解的名称应该是“虚拟”终端），其名称类似于/dev/tty42。如果希望程序认定其在与人类用户进行交互的话，也可以将运行程序的进程连接到这些“伪终端”设备。当启动一个xterm或者通过SSH进行连接时，xterm或SSH进程会新建一个伪终端，并对其进行配置，然后运行绑定到xterm或SSH的shell。该shell会检查标准输入。若发现输入来自一个终端，则认为与其交互的是人类用户，并显示命令提示符。

注意 TeleType机器（该机器噪声很大）是最早的计算机终端，因此UNIX常常使用TTY作为终端设备的缩写。这也是检查输入是否来自终端的调用称为isatty()的原因。

这是需要理解的很重要的一点：shell会显示命令提示符的唯一原因就是，它认为它连接到了一个终端。如果启动了一个shell，并且将标准输入而非终端作为其输入（例如来自另一个命令的管道），那么就不会显示提示符，不过仍然会对命令做出响应。

```
$ cat | bash
echo Here we are inside of bash, with no prompt
Here we are inside of bash, with no prompt
python3
print('Python has not printed a prompt, either.')
import sys
print('Is this a terminal?', sys.stdin.isatty())
```

不仅bash不会显示命令提示符，Python也同样不会。实际上，Python表现得异常安静。bash至少还能对echo命令做出响应，打印出一行文本，而在我们向Python中输入了3行内容之后，Python却没有做出任何响应。到底怎么了呢？

答案就是：由于输入并非来自终端，导致Python认为它只需要无条件地从标准输入读取整个Python脚本即可。毕竟输入是一个文件，而文件中包含了整个脚本，Python可能会进行无限的读取操作，直到其读到文件的结尾。可以按下Ctrl+D，给cat发送文件结尾标志，结束cat自身的输出，并完成整个操作。

关闭了Python的输入之后，它就会解释并运行例子中的3行脚本（上述会话中python3后面的所有内容）。然后，就能够在终端中看到输出结果，后面跟着刚刚启动的shell提示符。

```
Python has not printed a prompt, either.
Is this a terminal? False
```

有些程序会根据它们是否在与终端进行交互来自动调整输出的格式。例如ps命令，它在与终端进行交互时会对输出行进行截断，使其符合终端的宽度。如果输出是管道或文件，那么就会生成任意宽度的输出。ls命令与之类似，在与终端进行交互时它会在每行输出多列文件；而当输出为管道时就只会在每行输出一个文件名（必须承认，每行一个文件名的输出格式更易于其他程序读取）。

```
$ ls
sftp.py  ssh_commands.py  ssh_simple.txt  telnet_codes.py
shell.py ssh_simple.py    ssh_threads.py  telnet_login.py
$ ls | cat
sftp.py
shell.py
ssh_commands.py
ssh_simple.py
ssh_simple.txt
ssh_threads.py
telnet_codes.py
telnet_login.py
```

上面讨论了两种不同的现象：程序在连接到终端时会显示命令提示符，而在直接读取文件或另一条命令的输出时则不会显示命令提示符。那么，这些和网络编程又有什么关系呢？其实，当使用本章讨论的shell协议进行远程连接时，连接的远程机器上也有着同样的两种行为。

例如，使用Telnet运行的程序，始终认为其正在与终端进行交互。因此，在编写脚本或程序时，必须假设shell每次接收输入时都显示命令提示符。但是，当通过更复杂的SSH协议进行连接时，程序到底会认为其输入是终端还是普通的管道或文件，这完全可以由程序员自己进行选择。只要有另一台可以连接的计算机，就可以轻松地使用命令行对此进行测试。

```
$ ssh -t asaph
asaph$ echo "Here we are, at a prompt."
Here we are, at a prompt.
asaph$ exit
$ ssh -T asaph
echo "The shell here on asaph sees no terminal; so, no prompt."
The shell here on asaph sees no terminal; so, no prompt.
exit
$
```

因此，当通过SSH这样的现代协议运行命令时，需要考虑，到底是希望远程端的程序认为是人类用户在终端输入，还是希望远程端的程序认为它在直接读取文件或管道中的原始数据。

其实，程序在和终端进行交互的时候并不一定有什么特别之处。之所以要在程序与终端交互时进行特殊处理，只是为了方便而已。在Python中，通过调用前面提到过的`isatty()`（“是不是一个终端？”）来检查程序是否在与终端进行交互。然后，根据该调用的返回值来设计程序的具体行为。下面介绍几种常见的行为。

- 交互式程序在与终端进行交互时会显示易于人类用户理解的命令行提示符。而当程序认为其输入来自文件时，就不会显示命令行提示符。这是因为，要是在这种情况下仍然显示命令行提示符的话，一旦要运行较长的shell脚本或Python程序，屏幕中就会充斥大量无用的命令行提示符。
- 现在，复杂的交互式程序通常都会在输入为TTY时打开命令行编辑功能。这样一来，许多控制字符就变成了特殊字符（例如用于获取命令行历史或其他命令编辑功能的字符）。当这些程序不由终端控制时，会关闭命令行编辑功能，并且将控制字符也当作输入流中的普通字符。
- 人类用户往往希望在键入每条命令后马上得到响应，因此许多程序在读取终端的输入时会每次只读取一行输入。但是，在从管道或文件读取输入时，这些程序会一次性读取大量字符，然后再对读取的输入进行解释。前面可以看到，即使输入为文件，bash每次仍然只读取一行输入，而Python则会先一次性读取整个Python脚本，然后再从输入的第一行开始执行。
- 多数程序会根据是否在与终端进行通信来对输出进行调整。如果在与终端用户进行交互，那么程序会在读取每行甚至每个字符的输入时立刻做出响应。而如果与程序交互的只是文件或管道，那么程序会等待整块输入都读取完毕后再一次性发送整块输入的响应，这样效率更高。

上述最后两点都涉及了缓冲。这导致了各种各样的问题，而这些问题也正是我们在试图将许多手动工作自动化的过程中会遇到的。因为在自动化的过程中，经常需要将输入来源从终端修改为文件或管道，所以会发现程序的行为突然发生了很大的变化，甚至可能会发现程序突然挂起。原因在于，`print`语句没有立刻将输出打印到屏幕上，而是先将输出结果存入了缓冲区中，等缓冲区满了以后再一次性输出。

正是由于上面提到的问题，使用Python以及其他语言编写的程序都会经常调用flush()来清空输出缓冲区，以保证无论输出是否为终端，缓冲区中的所有数据都能够正常输出。

这就是关于终端以及缓冲的基本问题：程序在与终端进行交互的时候常常会使用一些独特的方法来进行特殊处理，如果它们认为要将输出写入文件或管道的话，就会进行大量的缓冲，而不是立刻将输出显示给用户。

16.1.6 终端的缓冲行为

除了前面提到的特定于程序的行为之外，终端设备还存在一类问题。UNIX终端设备会对键盘输入进行缓冲，每次读取一行输入。如果希望程序每次只从输入中读取一个字符，该如何处理呢？这个问题相当常见。这是因为UNIX终端默认使用的是标准输入处理模式，允许用户输入一整行，并且可以通过退格键或重新输入对已经输入的命令进行编辑，最后通过按回车键将整行输入发送给程序。

如果想要关闭标准处理模式，令每个字符在输入后都能立刻被程序读取，可以使用stty（“设置当前的TTY”）命令来禁用标准处理模式。

```
$ stty -icanon
```

还有另外一个问题：UNIX终端一般都支持一对用于暂停/继续输出的组合键，这样可以防止当前屏幕的输出在还没有被阅读之前就被后面的输出覆盖掉。Ctrl+S通常用于“暂停输出”，Ctrl+Q通常用于“继续输出”。但是，如果Telnet连接中涉及二进制数据，那么UNIX终端的这一特性就会带来麻烦：连接中传输的第一个Ctrl+S会将终端暂停，甚至可能破坏整个会话。

同样，也可以使用stty来关闭这一特性。

```
$ stty -ixon -ixoff
```

上面就是使用终端时会遇到的与缓冲相关的两个最大的问题。不过，还有大量不那么知名的设置也可能会给我们带来麻烦。这些设置数量众多，而且随UNIX具体实现的不同而不同。因此，stty命令实际上支持两种模式：一种是cooked，另一种是raw。可以通过设置这两种模式来一次性禁用或启用多个类似于icanon和ixon的设置。

```
$ stty raw
$ stty cooked
```

在进行了一些实验之后，为了防止将终端设置搞得太乱，多数UNIX系统都提供了用于将终端设置恢复默认设置的命令。（需要注意的是，如果已经使用stty进行了大量设置，那么可能需要通过Ctrl+J来提交恢复默认设置的命令。原因在于，表示回车键的Ctrl+M其实是可以通过终端设置icrnl来设置的，而我们却可能已经使用stty将其进行了重新设置。）

```
$ reset
```

如果并不需要通过Telnet或SSH会话来操作终端，而是通过自己的Python脚本来与终端进行交互的话，可以尝试使用标准库内置的termios模块。只要阅读一遍该模块的示例代码并且回忆一下布尔运算的相关内容，应该就能够掌握使用上面提到的stty命令进行大量设置操作的方法。

篇幅所限，本书将不再深入介绍终端（本来可以在这里再插入一到两个章节来介绍一些更有趣的技术和案例）。不过，还有许多关于终端的优秀资源可供参考，比如W.Richard Stevens的经典之作《UNIX

环境高级编程》中的第19章。

16.2 Telnet

本节将简要地介绍一下古老的Telnet协议，这也是本书中唯一介绍Telnet协议的章节。为什么呢？因为Telnet协议安全性很差：任何在网络上监听Telnet包的人都可以看到我们的用户名、密码以及在远程系统上的任何操作。Telnet已经过时，大多数系统管理员已经彻底抛弃Telnet协议了。

Telnet协议

目的：访问远程shell

标准：RFC 854（1989）

底层协议：TCP/IP

默认端口：23

库：telnetlib

异常：socket.error、socket.gaierror、EORError、select.error

只有在与小型嵌入式系统（如Linksys路由器、DSL调制解调器或是由防火墙保护的公司网络内部的网络交换机）通信时才需要使用Telnet。可以通过Python的telnetlib库在Python程序中使用Telnet协议。下面介绍使用该库时的几个注意事项。

首先，必须清楚，Telnet的作用只是建立一个信道（实际上只是一个普通的TCP套接字，见第3章），然后将通信双方发向两个方向的信息复制到该信道中。用户输入的所有内容都会通过网络发送出去，而Telnet会将接收到的所有内容都打印到屏幕上。这意味着，Telnet并不提供远程shell协议能够支持的那些功能。

例如，当使用Telnet来连接一台UNIX机器时，经常会收到一个`login:`提示符，要求输入用户名。然后会收到`password:`提示符，要求输入密码。现在还在使用Telnet的小型嵌入式系统遵循的机制可能稍微简单一些，但是它们也会频繁请求密码或其他认证信息。无论在哪种情况下，Telnet本身对于这种信息交换的模式都一无所知。对于Telnet客户端来说，`password:`只不过是通过TCP传输而来并且需要打印到屏幕上的9个普通字符。Telnet并不知道用户处于命令提示符下并且需要进行输入来做出响应；它也不知道远程系统会通过用户输入的用户名和密码来进行身份验证。

也就是说，Telnet本身无法识别认证信息。这带来了一个严重的后果：我们无法事先为Telnet命令提供用于认证的参数，以提前通过远程系统的验证，因此在第一次连接远程系统时，会不可避免地弹出要求用户输入用户名和密码的提示符。因此，如果要使用原始Telnet协议，就必须等到接收到这两个提示符（不同的远程系统可能会返回不同数量的提示符）之后，再输入正确的用户名和密码。

显然，如果不同的系统显示的用户名和密码提示符各不相同的话，那么密码错误时这些系统提供的错误消息或响应也不太可能相同。这也是为什么使用Python这样的语言很难编写支持Telnet的脚本和程序的原因。除非我们知道远程系统在接收到用户输入的用户名和密码时可能返回的所有错误消息，否则在编写脚本时就有可能会遇到很大的麻烦。错误消息可能是“密码错误”，也可能是“无法连接shell，内存溢出”“未启动根目录”或是“超出限额：正在连接受限的shell”。我们的程序需要等待的可能是命令提示符，也可能是某个特定的错误消息。如果程序无法识别接收到的错误消息，那么就可能永远等待下去。

因此，使用Telnet的情况就有点像在玩一个纯文字游戏。我们阅读接收到的文本，然后做出回复，而远程系统会对我们的回复进行解析。Python的telnetlib旨在帮助用户完成这一过程。telnetlib不仅提供了用于发送和接收数据的基本方法，还提供了一些用于监听并等待从远程系统接收特定字符串的方法。从这个角度来看，telnetlib有点像之前提到过的第三方Python库pexpect，也有点像古老的UNIX命令expect。实际上，telnetlib中有一个方法就是基于名为expect()的方法实现的。

代码清单16-2可以连接到一台主机，它对整个登录会话的交互过程进行了自动化，然后通过运行一个简单的命令来显示输出。这就是自动化一个Telnet会话的最基本方法。

代码清单16-2　使用Telnet登录远程主机

```
#!/usr/bin/env python3
# Foundations of Python Network Programming, Third Edition
# https://github.com/brandon-rhodes/fopnp/blob/m/py3/chapter16/telnet_login.py
# Connect to localhost, watch for a login prompt, and try logging in

import argparse, getpass, telnetlib

def main(hostname, username, password):
    t = telnetlib.Telnet(hostname)
    # t.set_debuglevel(1)        # uncomment to get debug messages
    t.read_until(b'login:')
    t.write(username.encode('utf-8'))
    t.write(b'\r')
    t.read_until(b'assword:')   # first letter might be 'p' or 'P'
    t.write(password.encode('utf-8'))
    t.write(b'\r')
    n, match, previous_text = t.expect([br'Login incorrect', br'\$'], 10)
    if n == 0:
        print('Username and password failed - giving up')
    else:
        t.write(b'exec uptime\r')
        print(t.read_all().decode('utf-8'))   # read until socket closes

if __name__ == '__main__':
    parser = argparse.ArgumentParser(description='Use Telnet to log in')
    parser.add_argument('hostname', help='Remote host to telnet to')
    parser.add_argument('username', help='Remote username')
    args = parser.parse_args()
    password = getpass.getpass('Password: ')
    main(args.hostname, args.username, password)
```

如果上面的脚本运行成功的话，就会显示uptime命令在远程系统上的输出结果。

```
$ python telnet_login.py example.com brandon
Password: abc123
10:24:43 up 5 days, 12:13, 14 users, load average: 1.44, 0.91, 0.73
```

代码清单16-2展示了使用telnetlib建立会话的基本结构。首先，实例化一个Python的Telnet类，建立连接。在本例中只指定了主机名，不过也可以提供端口号，用于连接除了标准Telnet以外的其他服务端口。

如果希望Telnet对象打印出会话过程中发送与接收到的所有字符串，可以调用set_debuglevel(1)。事实证明，即使是对于代码清单16-2这样简单的程序，这一设置也是十分重要的。该脚本在运行过程中出现了两次问题。（其中一次我没有正确地匹配返回的文本，还有一次我忘了在uptime命令后加上'\r'。）启用调试信息之后重新运行脚本，通过观察打印出的调试信息修复脚本中的bug。我一般会在确认程序正确无误以后关闭调试信息，然后在需要修改脚本时再开启调试信息。

需要注意的是，Telnet的服务是基于TCP套接字的，而Telnet也不会隐藏这一事实，它会将抛出的任意socket.error或socket.gaierror异常传递给程序。

一旦建立了Telnet会话后，通信双方通常会进入接收/发送的模式。程序等待命令提示符或远程端返回的响应，然后再次发送信息。代码清单16-2展示了两个等待文本的方法。

- 第一个是简单的read_until()方法。该方法会等待某个特定的字符串，然后返回一个字符串。返回的字符串中包含从开始等待到接收到目标字符串的过程中接收到的所有文本。
- 第二个是更强大也更复杂的expect()方法。该方法接受一个Python正则表达式列表作为参数。一旦从远程端接收到的文本累积起来与某一个正则表达式匹配，expect()就会返回3个项：匹配成功的模式在列表中的索引、表示正则表达式的SRE_Match对象本身以及接收到的导致匹配成功的文本。如果想要了解SRE_Match的更多功能（如寻找匹配模式中任意子表达式的值），可以阅读标准库re模块的文档。

在编写正则表达式时，一定要一如既往地小心。我第一次编写上面的脚本时，用'$'作为expect()的模式来匹配shell提示符，而$在正则表达式中是一个特殊符号！因此，正确的做法是对$进行转义，这样expect()才会真正等待从远程端接收到的美元符号。

如果由于密码错误或者超时未收到正确的用户名或密码提示符，那么脚本就会退出。

```
$ python telnet_login.py example.com brandon
Password: wrongpass
Username and password failed - giving up
```

如果读者必须在Python脚本中使用Telnet，那么最终编写的脚本一般与本例展示的脚本结构相似，但是代码量会更大，也更为复杂。

read_until()和expect()都有第二个可选参数timeout，用于指定等待的最长时间，其单位为秒。一旦超过该时间上限却没有收到符合要求的文本，Python脚本就会停止等待，重新获取控制权。超时并不会抛出错误，而是会返回退出之前接收到的所有文本，由用户来判断文本中是否包含所需的模式。这一点相当不便。

关于Telnet对象，还有一些零星的知识点，这里不需要对其多做介绍，读者可以在telnetlib标准库文档中找到相关的内容。比如interact()方法，该方法允许用户直接使用终端在Telnet连接上进行通信。这种调用方式以前相当流行，可以用于登录过程的自动化，用户可以在登录后重新获取控制权并发送普通的命令。

Telnet协议对控制信息的嵌入格式进行了规定，而telnetlib则严格地遵循了这些协议规则，对数据与控制码进行了区分。因此，可以使用Telnet对象来发送或接收任意二进制数据，而不需要对可能接收到的控制码做特殊处理。不过，如果读者正在做的是一个复杂的基于Telnet的项目，那么很可能还需要进行选项协商。

一般来说，当Telnet服务器请求发送一个选项时，telnetlib会直接拒绝发送或接收该选项。但是，可以给Telnet对象提供我们自己的回调函数，用来处理该选项。代码清单16-3展示了一个真实的例子。对于大多数选项，该程序直接重新实现了telnetlib的默认行为，拒绝处理任何选项。（一定要牢记，必须对每个选项都提供响应方法；否则，由于服务器一直在等待响应，可能会造成Telnet会话的中断。）如果服务器表明要使用“终端类型”选项，那么客户端可以在响应中发送mypython，则在登录之后发送shell命令时，$TERM环境变量的值就会被设置为mypython。

代码清单16-3 处理Telnet选项码的方法

```
#!/usr/bin/env python3
# Foundations of Python Network Programming, Third Edition
# https://github.com/brandon-rhodes/fopnp/blob/m/py3/chapter16/telnet_codes.py
# How your code might look if you intercept Telnet options yourself

import argparse, getpass
from telnetlib import Telnet, IAC, DO, DONT, WILL, WONT, SB, SE, TTYPE

def process_option(tsocket, command, option):
    if command == DO and option == TTYPE:
        tsocket.sendall(IAC + WILL + TTYPE)
        print('Sending terminal type "mypython"')
        tsocket.sendall(IAC + SB + TTYPE + b'\0' + b'mypython' + IAC + SE)
    elif command in (DO, DONT):
        print('Will not', ord(option))
        tsocket.sendall(IAC + WONT + option)
    elif command in (WILL, WONT):
        print('Do not', ord(option))
        tsocket.sendall(IAC + DONT + option)

def main(hostname, username, password):
    t = Telnet(hostname)
    # t.set_debuglevel(1)        # uncomment to get debug messages
    t.set_option_negotiation_callback(process_option)
    t.read_until(b'login:', 10)
    t.write(username.encode('utf-8') + b'\r')
    t.read_until(b'password:', 10)    # first letter might be 'p' or 'P'
    t.write(password.encode('utf-8') + b'\r')
    n, match, previous_text = t.expect([br'Login incorrect', br'\$'], 10)
    if n == 0:
        print("Username and password failed - giving up")
    else:
        t.write(b'exec echo My terminal type is $TERM\n')
        print(t.read_all().decode('ascii'))

if __name__ == '__main__':
    parser = argparse.ArgumentParser(description='Use Telnet to log in')
    parser.add_argument('hostname', help='Remote host to telnet to')
    parser.add_argument('username', help='Remote username')
    args = parser.parse_args()
    password = getpass.getpass('Password: ')
    main(args.hostname, args.username, password)
```

如果读者想深入了解Telnet选项的工作原理，可以查询相关的RFC。在16.3节中，将不再讨论古老且不安全的Telnet协议，而将介绍一种流行又安全的运行远程命令的方法。

16.3 SSH：安全shell

SSH协议是广为人知的安全并且应用了加密技术的协议之一（要说最有名的，可能是HTTPS）。

SSH协议

目的：支持安全的远程shell、文件传输以及端口转发

标准：RFC 4250-4256（2006）

底层协议：TCP/IP

默认端口：22

库：paramiko

异常：socket.error、socket.gaierror、paramiko.SSHException

SSH是由早期的协议发展而来的。早期的协议支持用于远程登录、远程shell以及远程文件复制的命令rlogin、rsh以及rcp。在那个时候，这些命令在支持它们的网站上要比Telnet流行得多。只使用Telnet在多台计算机之间传输二进制文件时，需要在脚本中给出密码。一旦文件中的某个字节与Telnet或远程终端的特殊字符相同，就可能导致会话中断。必须进行转义处理才能解决这一问题（或者找到禁用Telnet转义符以及远程终端对转义符的解释方案）。因此，使用Telnet来传输二进制文件可能会花费大量的时间，而rcp的出现则给人们带来很大的便利，从而引起了不小的轰动。

上面3个命令其实都有一个非常棒的特性：它们能够理解并参与到认证过程中，而不仅仅是显示用户名和密码提示符。甚至可以在主目录下创建一个配置文件，在文件中指明“当名为brandon的用户使用这几个命令从名为asaph的机器上进行连接时，可以无需提供密码”。于是，系统管理员和UNIX用户会发现，由于不需要输入密码，最终可以节省大量时间。除此之外，通过使用rcp，还能使远程复制大量文件的情况变得和本地复制一样方便。

SSH保留了早期远程协议拥有的所有优良特性，同时又引入了普遍公认的对重要服务器进行管理时所需的安全性以及加密功能。本章将主要介绍第三方Python库paramiko，该库对SSH协议提供了很好的支持。Java程序员也希望像使用Python一样方便地使用SSH，因此将paramiko移植到了Java中。

16.3.1 SSH概述

本书前面几个章节对多路复用做了很多介绍，例如UDP（第2章）和TCP（第3章）如何在底层IP协议的基础上添加UDP端口和TCP端口的概念，这使得同一对IP地址之间可以同时进行多个不同的对话（IP协议本身并不支持同一机器上的多个用户或应用程序同时进行通信）。

不过，前面在介绍多路复用时只是浅尝辄止。尽管在之后的几个章节中，我们还学习了一些基于UDP或TCP的协议，并且将这些协议应用于某一个特定的任务（下载网页或发送电子邮件），但是还没有试着在同一个套接字上同时进行不同的操作。

现在我们要讨论SSH协议。SSH协议非常复杂，它自己便实现了多路复用。多个不同的信息“信道”可以共享相同的SSH套接字。为了支持套接字的共享，通过SSH发送的每个信息块都会被标记上一个“信道”标识符。

之所以能够在同一个套接字上支持多个“信道”并达到很好的效果，其中有两个原因。首先，尽管在发送每个信息块的时候，信道ID都占用了一定的带宽，但是和SSH进行加密协商与维护时需要发送的额外信息相比，信道ID占用的数据量非常小。其次，SSH连接最耗时的步骤是连接的建立过程。主机密钥协商和认证的过程总共会耗费好几秒的时间。连接建立之后，就可以使用该连接去做尽可能多的操作。有了SSH信道的概念之后，可以在关闭连接之前进行多次操作，以便降低每次操作的均摊成本。

连接建立之后，可以创建多种不同的信道：

- 交互式shell会话（类似Telnet支持的shell会话）；
- 单独执行的一条命令；
- 文件传输会话（支持远程文件系统的浏览）；
- 可以拦截TCP连接的端口转发。

在接下来的章节中，将介绍所有这些信道类型。

16.3.2 SSH主机密钥

当一个SSH客户端第一次连接到远程主机时，通信双方会交换临时公钥，用来对之后的会话进行加密，而任何监控该会话的第三方都无法获得会话当中的任何信息。在这之后，如果客户端要发送可能泄露信息的内容，就会要求远程服务器提供身份认证。在初次连接时进行这一操作是很有用的。如果我们真的在和某个已经暂时控制了远程服务器的黑客软件进行通信，那么我们甚至不希望SSH暴露出我们的用户名，更不要说密码了。

在第6章中曾经介绍过，对互联网上的机器进行身份验证的一种方案就是建立公钥基础设施。首先，指定一些被称为证书机构的组织，这些证书机构可以发布证书。然后，在所有Web浏览器和其他SSL客户端上安装这些证书机构提供的公钥。假设我们的网站是http://google.com（或者任何其他网站），那么我们需要向证书机构缴纳费用。然后，证书机构将对我们的身份进行验证，并且对http://google.com的SSL证书进行签名。最后，我们就可以将证书安装在Web服务器上，其他用户就会信任我们的身份。

从SSH的角度来看，这个系统有着许多问题。尽管可以在机构内部构建公钥基础设施，将自己签名过的机构证书颁布给Web浏览器或者其他应用程序，然后对服务器证书进行签名，并且不需要向第三方交费，但是对于SSH这样的协议来说，使用公钥基础设施进行加密的过程还是太麻烦了。服务器管理员可不希望在每次启动、使用以及关闭服务器时都与中心机构进行通信。

因此，如果使用SSH的话，每台服务器在安装SSH时都会创建自己的一对随机公钥和私钥，不需要任何第三方进行签名。可以使用下述两种方法来发布密钥。

- 由系统管理员编写一个脚本，用于收集机构内所有主机的公钥，并创建一个名为ssh_known_hosts的文件，在该文件中列出收集到的公钥，然后将该文件放到机构中所有系统的etc/sshd目录下。管理员也可以赋予任何桌面客户端访问该文件的权限，比如，通过Windows下的PuTTY命令来访问。这样一来，任何SSH客户端在第一次连接之前就都可以确定所有SSH

主机密钥了。

- 管理员也可以换一种思路，即不需要客户端在连接前就知道主机的密钥，而是让每个SSH客户端在第一次连接时就记住所连接的主机的密钥。使用SSH命令行的用户应该对此非常熟悉：客户端显示无法识别的正在连接的主机，然后键入yes，将主机密钥存储到~/.ssh/known_hosts文件中。实际上，使用这种做法时并没有保证确实在与正确的主机进行通信，但是至少可以保证之后的连接都是与该主机进行的，而不会与同一IP地址下的其他服务器进行连接（当然，除非有人窃取了该主机的密钥）。

读者可能已经很熟悉了：SSH命令行遇到未知主机时，显示的命令行提示符如下。

```
$ ssh asaph.rhodesmill.org
The authenticity of host 'asaph.rhodesmill.org (74.207.234.78)' can't be established.
RSA key fingerprint is 85:8f:32:4e:ac:1f:e9:bc:35:58:c1:d4:25:e3:c7:8c.
Are you sure you want to continue connecting (yes/no)? yes
Warning: Permanently added 'asaph.rhodesmill.org,74.207.234.78' (RSA) to the list of known hosts.
```

在倒数第二行的最后键入yes，告诉SSH继续连接，并且记住密钥，在下次登录时直接连接。如果SSH曾经连接到该主机而且上次的密钥与本次不同，那么就会显示很严重的报错信息。

```
$ ssh asaph.rhodesmill.org
@@@@@@@@@@@@@@@@@@@@@@@@@@@@@@@@@@@@@@@@@@@@@@@@@@@@@@@@@@@
@ WARNING: REMOTE HOST IDENTIFICATION HAS CHANGED! @
@@@@@@@@@@@@@@@@@@@@@@@@@@@@@@@@@@@@@@@@@@@@@@@@@@@@@@@@@@@
IT IS POSSIBLE THAT SOMEONE IS DOING SOMETHING NASTY!
Someone could be eavesdropping on you right now (man-in-the-middle attack)!
```

如果读者曾经重新构建过服务器，并且忘记保存以前的SSH密钥，那么可能对上面的消息并不陌生。没有以前的SSH密钥，新构建的主机就会使用重新安装过程中新生成的密钥。若必须遍历所有SSH客户端，并且删除所有有冲突的旧密码，使得所有客户端都能够使用新密钥顺利重新连接，那可就相当麻烦了。

paramiko库完全支持所有关于主机密钥的常用SSH技术细节。它的默认配置相当简单。在默认情况下，paramiko不会载入任何主机密钥文件。在连接第一台主机时，因为需要验证该主机的密钥，所示一定会抛出异常。

```
>>> import paramiko
>>> client = paramiko.SSHClient()
>>> client.connect('example.com', username='test')
Traceback (most recent call last):
  ...
paramiko.ssh_exception.SSHException: Server 'example.com' not found in known_hosts
```

要令该程序得到普通SSH命令的运行效果，需要在连接之前载入系统以及当前用户的已知主机密钥。

```
>>> client.load_system_host_keys()
>>> client.load_host_keys('/home/brandon/.ssh/known_hosts')
>>> client.connect('example.com', username='test')
```

paramiko库允许用户选择未知主机的处理方法。一旦创建了一个client对象，就可以给该对象提供一个决策类作为参数，并且在该类中指定无法识别的主机密钥的处理方法。可以通过继承

MissingHostKeyPolicy类来实现这些决策类。

```
>>> class AllowAnythingPolicy(paramiko.MissingHostKeyPolicy):
...     def missing_host_key(self, client, hostname, key):
...         return
...
>>> client.set_missing_host_key_policy(AllowAnythingPolicy())
>>> client.connect('example.com', username='test')
```

需要注意的是，我们的决策基于missing_host_key()方法的几个参数。例如，可以允许在向处于服务器子网中的机器发起连接时不提供主机密钥，但是禁止其他不提供主机密钥的连接。

在paramiko内部已经实现了几个决策类，它们分别定义了一些基本的主机密钥选项配置。

- paramiko.AutoAddPolicy：首次遇到主机密钥时自动将其添加到用户的主机密钥存储文件中（UNIX系统上的~/.ssh/known_hosts文件），但是任何对文件中主机密钥的修改都会抛出严重异常。
- paramiko.RejectPolicy：连接拥有未知密钥的主机时直接抛出异常。
- paramiko.WarningPolicy：连接未知主机时会给出警告并存入日志，但是仍然允许进行连接。

需要在脚本中进行SSH操作时，我通常会先使用普通的ssh命令行工具来手动连接远程主机，并且在命令行提示符中键入yes来获取远程主机的密钥，并将其存储到我的主机密钥文件中。这样一来，就不用担心之后的连接中会缺少密钥，或是遇到未知密钥导而致程序出错了。

不过，如果读者不希望像我一样进行手动连接的话，那么AutoAddPolicy可能就是最好的选择了。使用AutoAddPolicy不需要进行任何手工交互，但它却可以保证在连接成功后都与同一台主机进行交互。因此，即使连接的主机中了特洛伊木马，会记录下所有的交互信息，并且偷偷记录下用户密码（如果用户设置了密码），它也必须向发起连接的一方证明它与首次连接的主机拥有相同的密钥。

16.3.3 SSH认证

可以在网上找到大量关于SSH认证的优秀文档、文章以及博文。同时还有很多资料，它们对如何配置普通的SSH客户端、如何在UNIX或Windows上设置SSH服务器以及如何使用公钥进行认证以免用户一直输入密码做了相关介绍。本章主要介绍的是如何使用Python进行SSH操作，因此在这里只简单地概述一下认证的原理。

在使用SSH连接远程服务器时，一般来说有3种方法可以用来向远程服务器证明客户端的身份。

- 可以提供用户名和密码。
- 可以提供用户名，然后由客户端成功地进行公钥挑战响应。这一过程相当巧妙。客户端得以证明其拥有密钥，而又无须将密钥的内容告知远程系统。
- 可以进行Kerberos认证。如果远程系统的设置允许使用Kerberos（如今似乎已经非常罕见），而我们也已经运行了kinit命令行工具，向SSH服务器认证域中的某一主Kerberos服务器证明了身份，那么就可以在不提供密码的情况下成功通过认证。

第3种方法很少使用，因此主要介绍前两种方法。

在使用paramiko库时，要提供用户名和密码是非常方便的。只要在调用connect()方法时将用户名和密码作为参数传入即可。

```
>>> client.connect('example.com', username='brandon', password=mypass)
```

在进行公钥认证时使用ssh-keygen来创建一个身份密钥对（通常存储在~/.ssh目录下），可以在不提供密码的情况下完成认证。这使得编写的Python代码更为简单。

```
>>> client.connect('my.example.com')
```

如果身份密钥文件没有存储在~/.ssh/id_rsa文件中，那么可以手动向connect()方法提供文件名或者包含多个文件名的Python列表作为参数。

```
>>> client.connect('my.example.com', key_filename='/home/brandon/.ssh/id_sysadmin')
```

当然，根据正常的SSH规则，只有在远程端的“授权主机”文件中添加了id_sysadmin.pub文件中的公钥，才能使用上面的方法来提供公钥身份。“授权主机”文件的名称通常如下：

```
/home/brandon/.ssh/authorized_keys
```

如果无法成功进行公钥认证，请检查远程.ssh目录以及该目录下文件的文件权限。某些版本的SSH服务器在遇到文件权限为组可读（group-readble）或组可写（group-writable）的文件时会出现问题。此时，可以用0700模式来访问.ssh目录，并用0600模式来访问该目录下的文件。实际上，最新版本的SSH都提供了一个简单的命令，用来将SSH密钥自动复制到其他账号，并且保证文件权限的正确性。

```
ssh-copy-id -i ~/.ssh/id_rsa.pub myaccount@example.com
```

一旦connect()方法运行成功，就可以进行远程操作了。而且，所有远程操作都通过同一个物理套接字发送，不需要再为了保护SSH套接字而进行主机密钥、身份以及密码协商。

16.3.4 shell会话与独立命令

SSH客户端成功连接之后，就可以进行任何SSH操作了。可以请求访问远程shell会话，运行独立的命令，开始文件传输会话，以及设置端口转发。接下来，将依次介绍这些操作。

首先，SSH可以设置一个原始的shell会话，并且在远程端的伪终端内运行该会话。这样的话，该会话内运行的程序效果就会和真正与用户交互的终端中的程序运行效果相同。此类连接和Telnet连接很相似。代码清单16-4中的例子首先会在远程shell内执行一条简单的echo命令，然后请求退出。

代码清单16-4 在SSH下运行交互式shell

```
#!/usr/bin/env python3
# Foundations of Python Network Programming, Third Edition
# https://github.com/brandon-rhodes/fopnp/blob/m/py3/chapter16/ssh_simple.py
# Using SSH like Telnet: connecting and running two commands

import argparse, paramiko, sys

class AllowAnythingPolicy(paramiko.MissingHostKeyPolicy):
    def missing_host_key(self, client, hostname, key):
        return

def main(hostname, username):
    client = paramiko.SSHClient()
    client.set_missing_host_key_policy(AllowAnythingPolicy())
    client.connect(hostname, username=username) # password='')
```

```
    channel = client.invoke_shell()
    stdin = channel.makefile('wb')
    stdout = channel.makefile('rb')

    stdin.write(b'echo Hello, world\rexit\r')
    output = stdout.read()
    client.close()

    sys.stdout.buffer.write(output)

if __name__ == '__main__':
    parser = argparse.ArgumentParser(description='Connect over SSH')
    parser.add_argument('hostname', help='Remote machine name')
    parser.add_argument('username', help='Username on the remote machine')
    args = parser.parse_args()
    main(args.hostname, args.username)
```

可以看到，上面的脚本无法避免一个通过终端运行的程序所遇到的麻烦之处。它没有对使用到的两个命令进行很好的封装，也没有将参数分离出来，而是必须使用空格和回车来分割两个命令，并且认为远程shell能够正确地对命令进行解析。需要注意的是，我在编写该脚本时假设运行脚本的机器已经有了身份文件以及远程授权密钥文件，因此无需输入密码。不过，如果想要将其改为需要用户输入密码的话，可以在主函数第三行中使用现在注释掉的password参数。为了避免在Python文件中输入密码，可以像Telnet例子中那样，调用getpass()。

如果运行这条命令的话，可以发现，这条echo命令其实输出了两次，而且没有什么简单的方法可以将这两次echo命令的输出和真实的命令输出分开来。

```
Welcome to Ubuntu 13.10 (GNU/Linux 3.11.0-19-generic x86_64)
Last login: Wed Apr 23 15:06:03 2014 from localhost

echo Hello, world
exit
test@guinness:~$ echo Hello, world
Hello, world
test@guinness:~$ exit
logout
```

读者能猜到发生了什么吗？

因为我们没有停下来耐心等待shell输出命令提示符就发送了echo和exit命令（本来会有一个循环不断调用read()），所以当远程主机还没有完成欢迎消息的输出时，命令文本就已经被发送到了远程主机。在默认状态下，UNIX终端会echo用户的键盘输入，于是就在Last login的下面输出了这两条命令。

在这之后，真正的bash shell启动，将终端设置为raw模式，并提供其自己的命令行编辑接口，然后开始逐字读入命令。由于这种模式下的终端预设用户希望看到输入的内容（即使用户已经完成了输入，它也会从缓冲区中读入几毫秒之前输入的数据），因此shell会将每条命令都再次输出到屏幕。

当然，如果命令行解析不够智能的话，在编写Python程序的时候就麻烦多了。要从通过SSH连接接收到的输出中抽取出真正的命令行输出（Hello, world）是要花费很大一番功夫的。

正是由于会出现这些奇怪的特定于终端的行为，所以一般来说应该避免使用invoke_shell()，除非确实需要编写交互式终端程序，让真实用户来键入命令。

exec_command()是运行远程命令时的一个更好的选择。使用exec_command()时，无需启动一个完整的shell会话，只需要运行一条单独的命令即可。这样一来，就能够像使用标准库的subprocess模块运行本地命令一样，控制这条命令的标准输入、标准输出以及标准错误流。代码清单16-5所示的脚本展示了其用法。除了命令运行在远程机器上之外，使用exec_command()运行远程命令和使用subprocess运行本地命令还有一个区别，那就是使用exec_command()时无法以单独字符串的形式向远程服务器传递命令行参数，而只能将整个命令行传入，交由远程服务器的shell来进行命令行解析。

代码清单16-5　运行独立的SSH命令

```
#!/usr/bin/env python3
# Foundations of Python Network Programming, Third Edition
# https://github.com/brandon-rhodes/fopnp/blob/m/py3/chapter16/ssh_commands.py
# Running three separate commands, and reading three separate outputs

import argparse, paramiko

class AllowAnythingPolicy(paramiko.MissingHostKeyPolicy):
    def missing_host_key(self, client, hostname, key):
        return

def main(hostname, username):
    client = paramiko.SSHClient()
    client.set_missing_host_key_policy(AllowAnythingPolicy())
    client.connect(hostname, username=username) # password='')
    for command in 'echo "Hello, world!"', 'uname', 'uptime':
        stdin, stdout, stderr = client.exec_command(command)
        stdin.close()
        print(repr(stdout.read()))
        stdout.close()
        stderr.close()

    client.close()

if __name__ == '__main__':
    parser = argparse.ArgumentParser(description='Connect over SSH')
    parser.add_argument('hostname', help='Remote machine name')
    parser.add_argument('username', help='Username on the remote machine')
    args = parser.parse_args()
    main(args.hostname, args.username)
```

与之前所有Telnet和SSH会话不同的是，上面的脚本会以完全独立的数据流的形式接收3条命令的输出。因此，这3条命令的输出是绝不可能被搞混的。

```
$ python3 ssh_commands.py localhost brandon
'Hello, world!\n'
'Linux\n'
'15:29:17 up 5 days, 22:55,  5 users,  load average: 0.78, 0.83, 0.71\n'
```

这就是SSH能够提供的除了安全性以外的另一优势：能够在同一连接内在远程机器上单独执行不

同语义的任务，而无须向远程机器发起多个单独的连接。

在16.2节中提到过，如果在为exec_command()函数构造命令行作为参数时需要对命令行参数进行引用，那么Python的pipes模块中的quotes()函数是相当有用的。它可以促使远程shell正确解析包含空格以及特殊字符的文件名。

每当使用invoke_shell()新建一个SSH shell会话或是使用exec_command()执行一条命令时，都会隐式地新建一条SSH“信道”，用来提供类似文件的Python对象。可以通过这些Python对象来控制远程命令的标准输入流、输出流和错误流。这些信道并行运行。SSH会合理地在单个SSH连接内插入数据，使得所有会话同时进行，而又互不干扰。

代码清单16-6是一个简单的例子。在这个例子中，远程运行两行命令，每行命令都是一个简单的shell脚本，依次执行echo和sleep命令。可以把这一命令行和真实的文件系统命令进行类比，就好像在文件系统中请求数据一样，又或者是在进行CPU密集型的操作，需要花费一定的时间才能生成返回结果。SSH并不在乎到底进行的是什么操作。SSH关注的是信道在空闲了几秒之后会因接收到更多数据而被再次激活。

代码清单16-6　并行运行的SSH信道

```
#!/usr/bin/env python3
# Foundations of Python Network Programming, Third Edition
# https://github.com/brandon-rhodes/fopnp/blob/m/py3/chapter16/ssh_threads.py
# Running two remote commands simultaneously in different channels

import argparse, paramiko, threading

class AllowAnythingPolicy(paramiko.MissingHostKeyPolicy):
    def missing_host_key(self, client, hostname, key):
        return

def main(hostname, username):
    client = paramiko.SSHClient()
    client.set_missing_host_key_policy(AllowAnythingPolicy())
    client.connect(hostname, username=username) # password='')

    def read_until_EOF(fileobj):
        s = fileobj.readline()
        while s:
            print(s.strip())
            s = fileobj.readline()

    ioe1 = client.exec_command('echo One;sleep 2;echo Two;sleep 1;echo Three')
    ioe2 = client.exec_command('echo A;sleep 1;echo B;sleep 2;echo C')
    thread1 = threading.Thread(target=read_until_EOF, args=(ioe1[1],))
    thread2 = threading.Thread(target=read_until_EOF, args=(ioe2[1],))
    thread1.start()
    thread2.start()
    thread1.join()
    thread2.join()

    client.close()
```

```
if __name__ == '__main__':
    parser = argparse.ArgumentParser(description='Connect over SSH')
    parser.add_argument('hostname', help='Remote machine name')
    parser.add_argument('username', help='Username on the remote machine')
    args = parser.parse_args()
    main(args.hostname, args.username)
```

要同时处理这两条数据流，必须建立两个线程，分别从两个信道读取数据。每个线程都在接收到新信息后输出，并且在readline()命令接收到EOF并返回空字符串时退出。运行该脚本，返回结果如下。

```
$ python3 ssh_threads.py localhost brandon
One
A
B
Two
Three
C
```

可以看到，同一TCP连接上的SSH信道是完全独立的。每个信道都可以独立接收（以及发送）数据，并且可以在接收到特定的命令时独立关闭。接下来要介绍的文件传输以及端口转发同样具有这样的特点。

16.3.5　SFTP：通过SSH进行文件传输

第2版的SSH协议中包含一个被称为SSH文件传输协议（SFTP）的子协议。该协议支持用户遍历远程目录树，创建或删除目录及文件，以及在本地和远程机器之间复制文件。其实，SFTP支持的功能很多，也非常复杂。它不仅支持简单的文件复制操作，也支持图形化文件浏览，甚至可以在本地装载远程文件系统。（可以参见谷歌的sshfs系统，了解详细信息。）

如果读者曾经编写过一些用于文件复制的临时脚本，在通过Telnet来传输数据时，一定受到过二进制数据转义的折磨，而SFTP协议则是解决这一问题的一大利器。每当需要移动文件时，不必直接使用sftp命令行，SSH和RSH一样，提供了一个scp命令行工具。其用法和传统的cp命令类似，但是允许用户在任何文件名之前加上hostname:，表示该文件存储在远程机器上。这样一来，就能够在命令行历史中查询到远程复制命令。这一点和其他shell命令没有任何区别。而如果先启动再退出独立的命令行提示符的话，远程复制命令的历史信息就会存储在独立的缓冲区中（这也是传统FTP客户端的一大不足之处）。

除此之外，SFTP及其sftp和scp命令还有一个超赞的优点：它不仅支持密码验证，还支持使用相同的公钥机制复制文件，避免用户在运行远程ssh命令时一遍又一遍地输入密码。

第17章介绍了传统的FTP系统。如果读者快速略读一下第17章的话，就会对SFTP支持的各种操作有一定的了解了。实际上，大多数SFTP命令的名字和UNIX shell中使用的本地命令的名字相同，比如chmod和mkdir，又或者与UNIX系统调用的名字相同（读者可能已经在学习Python os模块的过程中对这些系统调用有了一定了解），比如lstat和unlink。读者应该对这些操作已经相当熟悉了，因此这里不再具体介绍SFTP命令的编写方法，请直接参考Python SFTP客户端的paramiko文档（http://docs.paramiko.

org/en/1.15/api/sftp.html）[1]。

在使用SFTP时，主要有以下几点需要注意。

- 和FTP以及普通的shell账户相同，SFTP协议是有状态的。因此，既能够以绝对路径的形式传递文件系统根目录下的所有文件和目录名，也可以使用getcwd()和chdir()进入到文件系统中的相应目录下，然后使用相对路径。
- 可以使用file()或open()方法来获取连接到某一SSH信道的文件对象（Python也提供了相同名字的内置方法），而该SSH信道是独立于SFTP信道运行的。也就是说，可以在发送SFTP命令的同时访问文件系统、复制或打开文件，而原来的信道也仍然与其文件保持连接，随时可以进行读写。
- 因为每一个打开的远程文件都有独立的信道，所以文件传输可以异步进行。用户可以一次性打开许多个远程文件并将它们全部下载到磁盘上，也可以反过来将磁盘上的多个文件发送到远程服务器。不过，一定要注意，如果一次性打开太多信道的话，可能会导致每个信道的传输速度都比较缓慢。
- 最后，一定要牢记一点：在使用SFTP进行传输时，是没有对文件名进行任何shell扩展的。如果在文件名中使用*、空格或是特殊字符，它们会被直接解释为文件名的一部分。使用SFTP的过程中是没有涉及任何shell的，用户与远程系统之间交互的正确性是由SSH服务器本身来支持的。这意味着，如果想要为用户提供任何形式的模式匹配功能的话，就必须自己获取目录内容，然后逐一检查文件名与模式是否匹配（可以使用Python标准库的fnmatch中的一个方法来实现）。

代码清单16-7展示了一个并不复杂的SFTP会话的例子。这个例子中实现了一些系统管理员可能经常需要做的简单操作（当然，这些操作都可以通过一条scp命令来轻松完成）。首先连接到远程系统，然后从/var/log目录复制消息日志文件（该文件可能用于在本地机器上进行扫描或分析）。

代码清单16-7 使用SFTP列出目录内容并获取文件

```
#!/usr/bin/env python3
# Foundations of Python Network Programming, Third Edition
# https://github.com/brandon-rhodes/fopnp/blob/m/py3/chapter16/sftp_get.py
# Fetching files with SFTP

import argparse, functools, paramiko

class AllowAnythingPolicy(paramiko.MissingHostKeyPolicy):
    def missing_host_key(self, client, hostname, key):
        return

def main(hostname, username, filenames):
    client = paramiko.SSHClient()
    client.set_missing_host_key_policy(AllowAnythingPolicy())
    client.connect(hostname, username=username) # password='')

    def print_status(filename, bytes_so_far, bytes_total):
```

[1] 原文链接无法打开，此为最新链接。——译者注

16

```
            percent = 100. * bytes_so_far / bytes_total
            print('Transfer of %r is at %d/%d bytes (%.1f%%)' % (
                filename, bytes_so_far, bytes_total, percent))

        sftp = client.open_sftp()
        for filename in filenames:
            if filename.endswith('.copy'):
                continue
            callback = functools.partial(print_status, filename)
            sftp.get(filename, filename + '.copy', callback=callback)
        client.close()

    if __name__ == '__main__':
        parser = argparse.ArgumentParser(description='Copy files over SSH')
        parser.add_argument('hostname', help='Remote machine name')
        parser.add_argument('username', help='Username on the remote machine')
        parser.add_argument('filename', nargs='+', help='Filenames to fetch')
        args = parser.parse_args()
        main(args.hostname, args.username, args.filename)
```

需要注意的是，尽管我着重强调了使用SFTP打开的每个文件都具有独立的信道，但是paramiko提供的简单的get()和put()方法其实只对open()进行了轻量级的封装，然后在一个循环中进行读写，并没有提供任何异步支持，而是直接阻塞并等待，直至整个文件传输完成。这意味着，前面的脚本每次只传输一个文件，输出结果如下所示。

```
$ python sftp.py guinness brandon W-2.pdf miles.png
Transfer of 'W-2.pdf' is at 32768/115065 bytes (28.5%)
Transfer of 'W-2.pdf' is at 65536/115065 bytes (57.0%)
Transfer of 'W-2.pdf' is at 98304/115065 bytes (85.4%)
Transfer of 'W-2.pdf' is at 115065/115065 bytes (100.0%)
Transfer of 'W-2.pdf' is at 115065/115065 bytes (100.0%)
Transfer of 'miles.png' is at 15577/15577 bytes (100.0%)
Transfer of 'miles.png' is at 15577/15577 bytes (100.0%)
```

前面已经给出了paramiko文档的URL。再次强调，paramiko文档非常优秀，读者可以通过查询该文档来了解SFTP支持的简单而又完整的文件操作集合。

16.3.6 其他特性

在前面章节中提到过，所有SSH操作都是由基本SSHClient对象中的方法来提供支持的。读者可能对另一些更为复杂的特性也有一定的了解，比如远程X11会话以及端口转发。如果要应用这些特性的话，仅仅通过paramiko提供的接口就不够了，还需要更底层一点，直接与客户端的transport对象进行交互。

transport是一个类，该类中提供的底层操作组合起来才能真正实现SSH连接。可以很轻松地向客户端请求其transport对象。

```
>>> transport = client.get_transport()
```

由于篇幅有限，在这里无法介绍更多的SSH特性，但是读者只要结合本章介绍的内容与paramiko文档及示例代码，应该能够对SSH有更深的理解。读者可以从paramiko项目的demos目录、博客、Stack

Overflow以及其他可以在网上找到的资料中，找到许多使用paramiko的例子。

*端口转发*是一个必须要提一下的特性。端口转发指的是SSH在本地或远程打开一个端口时（至少令该端口接收发自本地甚至是互联网上其他机器的连接），通过其连接的SSH信道将这些连接“转发”到远程端的其他主机及端口，并来回传输数据。

端口转发是相当有用的。例如，我在开发Web应用程序的时候，有时候会发现必须要访问服务器群上的数据库或其他资源。此时，直接在自己的笔记本电脑上运行该程序并不容易。但是，如果设置一个公共端口来运行这个程序的话，可能需要修改防火墙的规则以打开该端口，然后使用HTTPS来防止第三方访问仍然处于开发状态中的项目。这么做相当麻烦。

有一个很简单的解决方案，可以让我如同在本机上一样在远程开发机上运行仍然处于开发状态的Web应用程序。仍然监听localhost:8080，这样就能防止其他人访问这台机器，然后告诉SSH将所有从我的笔记本电脑发出的连接到本地8080端口的请求转发到远程开发机的8080端口上。

```
$ ssh -L 8080:localhost:8080 devel.example.com
```

如果读者想要使用paramiko在运行SSH连接时创建端口转发的话，那么我这里有坏消息也有好消息。坏消息是，顶层的SSHClient支持的是shell会话等更常见的操作，并没有提供简单的创建端口转发的方法，因此需要直接和`transport`对象进行交互，然后编写出用于转发的实现双向数据复制的循环。

好消息则是，paramiko提供了示例脚本，来展示编写端口转发循环的方法。读者可以从paramiko的主trunk中找到下面的两个脚本，并从这两个脚本开始学习如何编写转发循环。

http://github.com/paramiko/paramiko/blob/master/demos/forward.py

http://github.com/paramiko/paramiko/blob/master/demos/rforward.py

当然，端口转发的数据是在SSH连接的信道内来回传输的，因此不需要担心端口转发的数据会像原始的未经保护的HTTP连接中的数据以及其他第三方可见的数据一样被窃听。端口转发本身就是SSH内嵌的功能，能够受到SSH提供的加密保护。

16.4 小结

可以使用远程shell协议连接远程机器，并且像在本地终端窗口中运行命令一样运行远程shell命令并查看运行输出结果。有时候可以使用这些协议来连接真正的UNIX shell，有时候则使用它们来连接路由器或是其他需要配置的网络硬件中的嵌入式shell。

一如既往，在使用UNIX命令时，需要注意输出缓冲区、特殊shell字符以及非终端输入缓冲区等问题。这些问题可能会造成数据损坏，甚至中断shell连接，从而带来很大的麻烦。

Python标准库通过其telnetlib模块提供了对Telnet协议的原生支持。尽管Telnet已经很古老了，并且不安全，而且编写使用Telnet的脚本并不容易，但是很多时候我们想要连接的一些简单设备只支持Telnet协议。

SSH协议是目前最为流行的协议，它不只被用于连接远程主机的命令行，也被用于文件复制以及TCP/IP端口的转发。Python的第三方paramiko包对SSH提供了很好的支持。在发起SSH连接时，需要牢记以下3点。

- paramiko需要验证（或是显式忽略）远程机器的身份，在连接完成时该身份会以主机密钥的形式提供。

- 身份验证一般通过密码或是公私密钥对来完成。公私密钥对中的公钥部分被置于远程服务器的authorized_keys文件中。
- 验证成功后，就可以启动各种SSH服务（如远程shell、单独的命令或是文件传输会话），并且可以一次性运行所有服务，而无须打开新的SSH连接。这是因为，在一次主SSH连接中，每个服务都拥有其自己的信道。

下一章将介绍一个更古老、功能更弱一些的协议——互联网早期就出现的文件传输协议（FTP）。FTP协议也是SFTP协议的基础。

第17章 FTP

文件传输协议（FTP）曾经是互联网上使用最广泛的协议之一。每当用户想要在通过网络连接的计算机之间传输文件时就会用到FTP。不过，FTP已经今非昔比。如今，对于FTP能够提供的任何一个功能，都已经有其他更好的选择了。

FTP曾经有4个主要的用途。第一个也是最主要的一个用途是用于文件下载。用户可以连接一系列允许公共访问的"匿名"FTP服务器，然后获取文档、程序源代码以及图像或电影等多媒体。（首先使用anonymous或ftp作为用户名登录服务器，然后出于礼貌，键入电子邮件地址作为密码。这样服务器就能知道是谁在使用它们的带宽。）如果需要在不同的计算机账户之间移动文件，那么就应该选择FTP协议。因为Telnet客户端在传输大型文件时通常不太靠谱。

第二，FTP也经常作为一个临时解决方案来提供匿名上传的功能。许多机构希望外部用户能够上传文档或文件，他们的解决方案是配置一些FTP服务器，允许将文件写入到某个目录，但是不允许读取该目录中的内容。这样一来，用户就不可能在站点管理员之前看到其他用户所上传文件的文件名（甚至无法猜测）或是访问这些文件了。

第三，FTP协议经常用于支持计算机账户之间整个文件树的同步。用户可以使用提供递归FTP操作的客户端将某一账号上的整个文件树push到另一个账号上，而服务器管理员则可以复制或安装新的服务，无须从头开始重建这些服务。以这种方式使用FTP时，用户通常都不会意识到FTP协议真正的工作原理，也不用理会传输这么多文件的过程中需要用到的大量独立的命令。他们只需要点击一个按钮，就可以运行大量操作，并完成整个过程。

FTP的第四个也是最后一个用途其实是它最初的设计目的：用于全功能的交互式文件管理。早期的FTP客户端提供了一个类似UNIX shell账户的命令行提示符（后面也会提到）。FTP协议其实就是从shell账户借鉴了"当前工作目录"的概念，并使用cd命令在不同目录之间进行切换。后来的客户端模仿了类似Mac系统接口的概念，在计算机屏幕上绘制出了文件夹以及文件。不过，无论基于上述哪种情况，FTP最终还是提供了浏览文件系统过程中所需要的所有功能。它不仅支持列出目录以及上传和下载文件的操作，还支持目录的创建和删除、文件权限的修改以及文件重命名操作。

17.1 何时不使用 FTP

如今，在做很多事情的时候，都有比FTP协议更好的选择了。虽然有时候还是会看到以ftp://为前缀的URL，但是这已经越来越罕见了。如果读者需要维护早期的系统而需要在Python程序中使用FTP，或是想要将FTP作为一个很好的切入点来学习更多关于通用文件传输协议的知识，那么本章将会有所帮助。

FTP协议最大的问题就是安全性。除了文件之外，连用户名和密码都是完全通过明文来传输的，因此任何可以嗅探网络数据的人都可以查看到传输的内容。

第二个问题是，FTP用户常常在同一个网络连接中完成包括建立连接、选择工作目录等在内的所有操作。而现代的互联网服务通常都有着成千上万的用户，这样的服务更喜欢使用类似HTTP（参见第9章）的协议。HTTP协议由完整且自解释的短连接组成，而FTP使用的是长连接，因此服务器需要对当前工作目录等信息进行记录。

最后一个大问题是文件系统的安全性。早期的FTP服务器常常直接将整个文件系统暴露给用户，而不是只将希望提供给用户的文件系统的一部分提供给他们。因此用户可以使用`cd`进入\根目录查看系统的配置。当然，可以通过一个独立的`ftp`用户来运行服务器，以此来尽可能地限制用户对文件的访问权限。但是，UNIX文件系统的很多地方都需要公共可读，否则的话普通用户将无法使用这些程序。

那么，都有哪些FTP的替代方案呢？

- 对于文件下载来说，HTTP（参见第9章）是如今互联网上的标准协议，在有安全需求的时候可以通过SSL来保护安全。HTTP并不像FTP一样会将特定于系统的文件命名规范暴露给用户，而是支持独立于系统的URL。
- 匿名上传并不是标准的做法，比较通用的做法是在网页上使用一个表单，使得浏览器能够通过一个HTTP POST操作来传输用户选择的文件。
- 以前，以递归的方式进行FTP文件复制是唯一的将文件复制到另一计算机的常用做法。之后，文件的同步方式得到了大大改进。`rsync`和`rdist`等现代命令可以高效地比较连接两端的文件，并且只复制新建或修改过的文件，而无须浪费时间复制所有文件。（本书中并没有介绍这些命令，读者可以通过Google检索来了解更多。）非程序员很可能会使用基于Python的Dropbox服务或是任何其他类似的云盘服务。现在很多大型提供商会提供这样的云盘服务。
- 不过，在如今的互联网上，还有一个领域会经常使用FTP，那就是完整的文件系统访问。尽管FTP存在安全性的问题，但是仍然有许多ISP继续支持使用FTP作为用户向他们的Web账户复制多媒体以及PHP源代码的方式。现在，这些服务提供商有了一个更好的解决方案——使用SFTP（参见第16章）。

注意　*FTP标准是RFC 959，请参见http://www.faqs.org/rfcs/rfc959.html。*

17.1.1　通信信道

FTP有一个特殊之处：默认情况下，它实际上会在操作过程中使用两个TCP连接。其中一个是控制信道，用于传输命令以及结果确认或错误码。另一个是数据信道，专门用来传输文件数据或目录列表等其他信息块。从技术角度来说，数据信道是全双工的。这意味着数据信道允许同时在两个方向上传输文件。不过，在实际应用中很少使用这一功能。

从FTP服务器下载文件的传统操作过程如下。

(1) 首先，FTP客户端发起一条连接命令，连接至服务器上的一个FTP端口。

(2) 客户端通过认证（通常通过用户名和密码来认证）。

(3) 客户端通过改变服务器上的目录来上传或者获取想要的文件。

(4) 客户端在一个新的用于数据连接的端口上开始监听，并将端口号告知服务器。

(5) 服务器连接到客户端打开的这个端口。

(6) 传输文件。

(7) 关闭数据连接。

这一过程中需要服务器反过来连接客户端。这一做法在互联网早期很是行得通，因为那时候几乎所有能够运行FTP客户端的机器都有公共IP地址，却几乎很少有防火墙。但是，现在情况就复杂多了。许多台式机和笔记本电脑都装有屏蔽外部连接的防火墙，而很多无线网络、DSL以及公司内部网络甚至都不向客户机提供公共IP地址。

为了解决这一问题，FTP同时提供了所谓的*被动模式*。在开启被动模式时，数据连接的方向是反过来的：服务器开启另一个端口，并且将端口号告知客户端，由客户端发起第二个连接。除此之外，其他地方都与传统方法一致。

如今，被动模式已经是大多数FTP客户端的默认模式了。本章将要介绍的Python模块ftplib也使用被动模式作为其默认设置。

17.1.2 在 Python 中使用 FTP

Python的ftplib模块是Python程序操作FTP的主要接口。ftplib对建立各种连接的细节进行了封装，并且提供了很方便的方法来对常用命令进行自动化。

提示 如果读者只需要下载文件的话，那么第1章介绍的urllib2模块也是支持FTP的，而且在用于简单的下载任务时使用起来更加简单，只要提供ftp://URL运行就行了。之所以在本章中介绍ftplib，是因为它提供了一些FTP特有的特性，而urllib2并不支持这些功能。

代码清单17-1展示了一个非常基本的ftplib的例子。该程序首先连接远程服务器，然后显示欢迎消息，接着打印出当前的工作目录。

代码清单17-1 建立简单的FTP连接

```
#!/usr/bin/env python3
# Foundations of Python Network Programming, Third Edition
# https://github.com/brandon-rhodes/fopnp/blob/m/py3/chapter17/connect.py

from ftplib import FTP

def main():
    ftp = FTP('ftp.ibiblio.org')
    print("Welcome:", ftp.getwelcome())
    ftp.login()
    print("Current working directory:", ftp.pwd())
    ftp.quit()
```

```
if __name__ == '__main__':
    main()
```

一般来说，欢迎消息中并不会包含程序可以解析的有用的信息，但是在用户交互式地使用客户端时，很可能需要显示欢迎消息。login()函数可以接受多个参数，包括用户名、密码以及一个很少使用的认证token（FTP称之为“账号”）。在上面的例子中，没有传入任何参数，这表示用户使用匿名登录。

前面提到过，可以在同一个FTP会话中访问多个不同的目录。这一点和在shell命令提示符中使用cd来访问不同的内容类似。例子中的pwd()函数会返回远程连接端的当前工作目录。最后，quit()函数用于退出登录，并关闭连接。

程序的运行时输出如下所示。

```
$ ./connect.py
Welcome: 220 ProFTPD Server (Bring it on...)
Current working directory: /
```

17.1.3　ASCII 和二进制文件

在进行FTP传输时，需要确定是以一整块二进制数据块的方式来传输文件，还是将其作为文本文件来传输。如果以文本文件传输的话，本地机器接收到FTP文件后就可以使用任何本地操作系统支持的行末符号进行解析，从而得到所有的文本行并组合成原始文件。

不出所料，当选择使用文本模式传输时，Python 3会返回普通文本字符串；而如果处理的是二进制文件数据的话，则会返回二进制字符串。

当以所谓的ASCII模式传输一个文件时，每次只会传输一行。不过有一点相当奇葩：程序接收到的文件是不包含行末符号的。因此，需要手动添加行末符号。代码清单17-2中的Python程序下载了一个很有名的文本文件，然后将其保存在本地目录中。

代码清单17-2　下载ASCII文件

```
#!/usr/bin/env python3
# Foundations of Python Network Programming, Third Edition
# https://github.com/brandon-rhodes/fopnp/blob/m/py3/chapter17/asciidl.py
# Downloads README from remote and writes it to disk.

import os
from ftplib import FTP

def main():
    if os.path.exists('README'):
        raise IOError('refusing to overwrite your README file')

    ftp = FTP('ftp.kernel.org')
    ftp.login()
    ftp.cwd('/pub/linux/kernel')
```

```
    with open('README', 'w') as f:
        def writeline(data):
            f.write(data)
            f.write(os.linesep)
        ftp.retrlines('RETR README', writeline)

    ftp.quit()

if __name__ == '__main__':
    main()
```

在上面的代码中，cwd()函数会在远程系统上选择一个新的工作目录。接着，retrlines()函数会开始文件的传输。retrlines()的第一个参数指定了要在远程系统上执行的命令，通常是在RETR后面加上文件名。第二个参数是要调用的函数，接收到文本文件的每一行时，该函数都会被调用。如果没有提供第二个参数的话，接收到的数据就会被直接打印到标准输出。由于传输文本行的过程中行末符号被删除了，因此需要在输出时手动地使用writeline()函数将系统的标准行末符号添加到接收到的文本行末尾。

试着运行这个程序。如果运行成功的话，当前目录下应该会有一个名为README的文件。

基本二进制文件的传输原理和文本文件的传输原理类似。代码清单17-3展示了一个传输二进制文件的例子。

代码清单17-3　下载二进制文件

```
#!/usr/bin/env python3
# Foundations of Python Network Programming, Third Edition
# https://github.com/brandon-rhodes/fopnp/blob/m/py3/chapter17/binarydl.py

import os
from ftplib import FTP

def main():
    if os.path.exists('patch8.gz'):
        raise IOError('refusing to overwrite your patch8.gz file')

    ftp = FTP('ftp.kernel.org')
    ftp.login()
    ftp.cwd('/pub/linux/kernel/v1.0')

    with open('patch8.gz', 'wb') as f:
        ftp.retrbinary('RETR patch8.gz', f.write)

    ftp.quit()

if __name__ == '__main__':
    main()
```

该程序运行之后会将一个名为patch8.gz的文件存储到当前工作目录中。retrbinary()函数负责直接将数据块传给特定的函数。文件对象的write()函数能够直接接受数据块作为参数，因此在这种情况下不需要再自定义函数，相当方便。

17.1.4　二进制下载进阶功能介绍

ftplib模块还提供了一个可用于二进制下载的函数——ntransfercmd()。这个函数提供了一个更为底层的接口。不过，如果想要了解更多下载过程的原理，那么这个函数也是很有用的。具体来说，这个更高级的命令能够记录传输的字节数。可以利用这一信息来为用户显示传输状态的更新情况。代码清单17-4展示了一个使用ntransfercmd()的示例程序。

代码清单17-4　提供状态更新的二进制下载

```
#!/usr/bin/env python3
# Foundations of Python Network Programming, Third Edition
# https://github.com/brandon-rhodes/fopnp/blob/m/py3/chapter17/advbinarydl.py

import os, sys
from ftplib import FTP

def main():
    if os.path.exists('linux-1.0.tar.gz'):
        raise IOError('refusing to overwrite your linux-1.0.tar.gz file')

    ftp = FTP('ftp.kernel.org')
    ftp.login()
    ftp.cwd('/pub/linux/kernel/v1.0')
    ftp.voidcmd("TYPE I")

    socket, size = ftp.ntransfercmd("RETR linux-1.0.tar.gz")
    nbytes = 0

    f = open('linux-1.0.tar.gz', 'wb')

    while True:
        data = socket.recv(2048)
        if not data:
            break
        f.write(data)
        nbytes += len(data)
        print("\rReceived", nbytes, end=' ')
        if size:
            print("of %d total bytes (%.1f%%)"
                  % (size, 100 * nbytes / float(size)), end=' ')
        else:
            print("bytes", end=' ')
        sys.stdout.flush()

    print()
    f.close()
    socket.close()
    ftp.voidresp()
    ftp.quit()

if __name__ == '__main__':
    main()
```

上面的代码中出现了一些之前没有提及过的内容。首先是voidcmd()函数。该函数直接向服务器传递一个FTP命令，并检查是否出错，但是它并没有返回值。在本例中，传递的命令是TYPE I。该命令将传输模式设置为图像模式（FTP内部将图像作为二进制文件处理）。在代码清单17-3中，retrbinary()函数其实会自动调用运行voidcmd()函数。但是，这里的ntransfercmd()函数更为底层，并不会自动调用voidcmd()。

另一点需要注意的就是ntransfercmd()会返回一个包含数据套接字以及数据量估计值的元组。一定要记住，这个数据量只是估计值，千万别将它当作精确值。真正接收到的文件大小可能比它小，也可能远远超过这个值。如果FTP服务器并不提供数据量估计值，那么所返回元组中的数据量估计值就会被设为None。

datasock对象其实是一个普通的TCP套接字。该对象的特性和第3章中讨论过的TCP套接字的特性完全相同。在上面的例子中，会在一个简单的循环内不断调用recv()，直到从套接字中读取完所有的数据为止。然后，会将数据写入磁盘，并将状态更新输出至屏幕。

提示 代码清单17-4中的程序将状态更新信息打印到了屏幕上。关于状态更新，有两点需要注意。首先，如果以滚动列表的形式把所有行输出的话，当文本行填满终端后，终端顶部的行就会消失。因此该程序没有以滚动列表的形式输出文本行，而是在每一行的开头添加了回车符'\r'。这样就可以将光标移到终端的左上角，而每次输出状态更新信息时就会将之前输出的信息覆盖，从而模拟出传输完成的百分比一直在动态增加的样子。

在接收数据完成之后，一定要关闭数据套接字并调用voidresp()。这一点至关重要。voidresp()会从服务器读取命令响应码，并且在传输过程中出现错误时抛出异常。即使不需要进行错误检测，也应该调用voidresp()，否则服务器的输出套接字可能会因为等待客户端读取响应而阻塞，从而影响后续命令的运行。

下面是这个程序运行输出结果的示例。

```
$ ./advbinarydl.py
Received 1259161 of 1259161 bytes (100.0%)
```

17.1.5 上传数据

FTP也支持文件数据上传的功能。和文件下载相类似，ftplib也提供了两个用于上传的基本函数——storbinary()和storlines()。这两个函数都接受两个参数，第一个是要运行的命令，第二个则是要传输的类文件对象。storbinary()函数会不断调用类文件对象的read()方法，直到所有内容读取完毕。而storlines()函数则不同，它会调用类文件对象的readline()方法。

与相应的下载函数不同，这两个用于上传的函数并不需要用户自己传入一个可供调用的函数作为参数。（当然，也可以传入一个自己构造的类文件对象，并自己实现该对象的read()或readline()方法，用于得到进行传输时需要的数据。）

代码清单17-5展示了一个以二进制模式来上传文件的例子。

代码清单17-5　以二进制模式上传文件

```
#!/usr/bin/env python3
# Foundations of Python Network Programming, Third Edition
# https://github.com/brandon-rhodes/fopnp/blob/m/py3/chapter17/binaryul.py

from ftplib import FTP
import sys, getpass, os.path

def main():
    if len(sys.argv) != 5:
        print("usage:", sys.argv[0],
              "<host> <username> <localfile> <remotedir>")
        exit(2)

    host, username, localfile, remotedir = sys.argv[1:]
    prompt = "Enter password for {} on {}: ".format(username, host)
    password = getpass.getpass(prompt)

    ftp = FTP(host)
    ftp.login(username, password)
    ftp.cwd(remotedir)
    with open(localfile, 'rb') as f:
        ftp.storbinary('STOR %s' % os.path.basename(localfile), f)
    ftp.quit()

if __name__ == '__main__':
    main()
```

这个程序和之前的用于下载的程序看上去相当类似。大多数匿名FTP站点并不允许文件上传，因此读者需要找一个FTP服务器来测试上面的程序。为了测试，我花了几分钟时间，直接在笔记本电脑上安装了古老的ftpd，并运行了下面的测试程序。

```
$ python binaryul.py localhost brandon test.txt /tmp
```

我在命令行提示符中输入了密码（我机器上的用户名是brandon）。程序运行完成后，我检查了一下，并且不出所料地在/tmp目录下找到了test.txt文件的一份副本。不过要牢记，千万别尝试用这种方法向网络上的另外一台机器上传文件，因为FTP并不会对密码进行加密保护。

简单地修改一下上面的程序，将storbinary()改成storlines()，就能够以ASCII模式来上传文件。

17.1.6　二进制上传进阶功能介绍

ftplib提供了一个更为复杂、更为底层的ntransfercmd()函数用于下载。类似地，也可以手动使用这个函数来上传文件，如代码清单17-6所示。

代码清单17-6　一次性上传整个文件块

```
#!/usr/bin/env python3
# Foundations of Python Network Programming, Third Edition
# https://github.com/brandon-rhodes/fopnp/blob/m/py3/chapter17/advbinaryul.py

from ftplib import FTP
import sys, getpass, os.path
```

```
BLOCKSIZE = 8192  # chunk size to read and transmit: 8 kB

def main():
    if len(sys.argv) != 5:
        print("usage:", sys.argv[0],
              "<host> <username> <localfile> <remotedir>")
        exit(2)

    host, username, localfile, remotedir = sys.argv[1:]
    prompt = "Enter password for {} on {}: ".format(username, host)
    password = getpass.getpass(prompt)
    ftp = FTP(host)
    ftp.login(username, password)

    ftp.cwd(remotedir)
    ftp.voidcmd("TYPE I")
    datasock, esize = ftp.ntransfercmd('STOR %s' % os.path.basename(localfile))
    size = os.stat(localfile)[6]
    nbytes = 0

    f = open(localfile, 'rb')
    while 1:
        data = f.read(BLOCKSIZE)
        if not data:
            break
        datasock.sendall(data)
        nbytes += len(data)
        print("\rSent", nbytes, "of", size, "bytes",
              "(%.1f%%)\r" % (100 * nbytes / float(size)))
        sys.stdout.flush()

    print()
    datasock.close()
    f.close()
    ftp.voidresp()
    ftp.quit()

if __name__ == '__main__':
    main()
```

需要注意的是，一旦完成了数据传输，就要立刻调用datasock.close()。在上传数据时，关闭套接字会向服务器发送一个信号，表示上传已经完成。因此，如果没有在上传完所有数据后关闭数据套接字的话，服务器就会一直保持等待接收来自客户端的数据的状态。

现在，可以运行上面的程序来上传文件，并且可以在上传过程中看到不断更新的状态。

```
$ python binaryul.py localhost brandon patch8.gz /tmp
Enter password for brandon on localhost:
Sent 6408 of 6408 bytes (100.0%)
```


17.1.7 错误处理

和大多数Python模块类似，ftplib也会在出现错误时抛出异常。它自己定义了一些异常，同时也可以抛出socket.error和IOError。方便起见，ftplib提供了一个名为ftplib.all_errors的元组，元组内列出了所有可能抛出的异常。在编写try...except从句时，ftplib.all_errors这一简便写法通常是非常有用的。

在使用基本的retrbinary()函数时有一个问题：为了使用方便，通常需要先在本地打开文件，然后再在远程端发起传输。如果运行在远程端的命令发现要下载的文件不存在，或者RETR命令运行失败，那么必须关闭并删除刚刚在本地新建的文件（否则的话文件系统中就会留下大小为0的无用文件）。

而使用ntransfercmd()时则不同，可以先进行错误检查，然后再打开本地文件。代码清单17-6其实已经遵循了这一原则。如果ntransfercmd()运行失败的话，抛出的异常会终止程序的运行，而此时本地文件尚未打开。

17.1.8　目录扫描

FTP提供了两种方法，来获取服务器文件及目录的信息。ftplilb在nlst()和dir()这两个函数中实现了这两种方法。

nlst()方法返回给定的目录中所包含的所有文件及目录列表。但是，nlst()只返回文件和目录的名字，并没有给出其他信息。因此，并不能从返回值中得知哪些是文件，哪些是目录，也无法得到包括文件大小在内的任何其他信息。

dir()函数也会返回远程端的文件及目录列表，但是功能更为强大。其返回的列表使用了系统定义的格式，通常会包含文件名、大小、修改时间以及文件类型。在UNIX服务器上，dir()函数的返回值一般就是下面两个shell命令中某一个的输出。

```
$ ls -l
$ ls -la
```

Windows服务器可能会使用dir命令的输出。尽管输出内容对于终端用户来说可能会有用，但是由于输出格式各异，很难通过程序来解析输出内容。某些需要这些数据的客户端自己实现了解析器，来解析ls和dir命令在各种不同机器及操作系统版本上生成的不同格式的输出信息。不过，也有一些客户端只实现了专门用于某种特殊格式的解析器。

代码清单17-7展示了一个使用nlst()来获取目录信息的例子。

代码清单17-7　获取简单的目录列表

```
#!/usr/bin/env python3
# Foundations of Python Network Programming, Third Edition
# https://github.com/brandon-rhodes/fopnp/blob/m/py3/chapter17/nlst.py

from ftplib import FTP

def main():
    ftp = FTP('ftp.ibiblio.org')
    ftp.login()
    ftp.cwd('/pub/academic/astronomy/')
    entries = ftp.nlst()
    ftp.quit()

    print(len(entries), "entries:")
```

```
    for entry in sorted(entries):
        print(entry)

if __name__ == '__main__':
    main()
```

运行此程序后的输出结果如下所示。

```
$ python nlst.py

13 entries:

INDEX

README

ephem_4.28.tar.Z

hawaii_scope

incoming

jupitor-moons.shar.Z

lunar.c.Z

lunisolar.shar.Z

moon.shar.Z

planetary

sat-track.tar.Z

stars.tar.Z

xephem.tar.Z
```

如果用户使用某个FTP客户端来手动登录服务器的话，会看到和上面的输出相同的文件列表。如果使用dir()函数，输出结果会有所不同，如代码清单17-8所示。

代码清单17-8　获取信息更完善的目录列表

```
#!/usr/bin/env python3
# Foundations of Python Network Programming, Third Edition
# https://github.com/brandon-rhodes/fopnp/blob/m/py3/chapter17/dir.py

from ftplib import FTP

def main():
    ftp = FTP('ftp.ibiblio.org')
    ftp.login()
    ftp.cwd('/pub/academic/astronomy/')
```

```
    entries = []
    ftp.dir(entries.append)
    ftp.quit()

    print(len(entries), "entries:")
    for entry in entries:
        print(entry)

if __name__ == '__main__':
    main()
```

注意到nlst()输出的文件名使用的格式很便于进行自动处理，但是没有输出额外的信息。而代码清单17-8中使用dir()输出的信息则提供了更多的信息。

```
$ python dir.py

13 entries:

-rw-r--r--   1 (?) »   (?) »   »    750 Feb  14  1994  INDEX

-rw-r--r--   1 root »  bin »   »    135 Feb  11  1999  README

-rw-r--r--   1 (?) »   (?) »     341303 Oct   2  1992  ephem_4.28.tar.Z

drwxr-xr-x   2 (?) »   (?) »   »   4096 Feb  11  1999  hawaii_scope

drwxr-xr-x   2 (?) »   (?) »   »   4096 Feb  11  1999  incoming

-rw-r--r--   1 (?) »   (?) »   »   5983 Oct   2  1992  jupitor-moons.shar.Z

-rw-r--r--   1 (?) »   (?) »   »   1751 Oct   2  1992  lunar.c.Z

-rw-r--r--   1 (?) »   (?) »   »   8078 Oct   2  1992  lunisolar.shar.Z

-rw-r--r--   1 (?) »   (?) »   »  64209 Oct   2  1992  moon.shar.Z

drwxr-xr-x   2 (?) »   (?) »   »   4096 Jan   6  1993  planetary

-rw-r--r--   1 (?) »   (?) »     129969 Oct   2  1992  sat-track.tar.Z

-rw-r--r--   1 (?) »   (?) »   »  16504 Oct   2  1992  stars.tar.Z

-rw-r--r--   1 (?) »   (?) »     410650 Oct   2  1992  xephem.tar.Z
```

dir()函数接受一个函数作为参数。针对目录中的每一个文件或目录，该函数都会被调用。这一处理方法和使用retrlines()处理特定文件内容的方法类似。在上面的例子中，直接传入了普通Python entries的append()方法。

17.1.9　目录检测以及递归下载

如果无法确定FTP服务器会返回什么信息作为dir()命令的返回值，那么在从服务器下载整个文件树时必须要搞明白如何区分目录和普通的文件。

代码清单17-9中的程序给出了唯一的确定方案，即针对nlst()返回的每一项，都尝试直接调用其cwd()方法。如果执行成功，就认为该项为目录。这个示例程序没有进行任何真正的下载，简单起见（也为了避免将大量示例数据下载到磁盘上），该程序只是将它访问的目录输出到了屏幕上。

代码清单17-9 尝试递归访问目录

```
#!/usr/bin/env python3
# Foundations of Python Network Programming, Third Edition
# https://github.com/brandon-rhodes/fopnp/blob/m/py3/chapter17/recursedl.py

from ftplib import FTP, error_perm

def walk_dir(ftp, dirpath):
    original_dir = ftp.pwd()
    try:
        ftp.cwd(dirpath)
    except error_perm:
        return  # ignore non-directores and ones we cannot enter
    print(dirpath)
    names = sorted(ftp.nlst())
    for name in names:
        walk_dir(ftp, dirpath + '/' + name)
    ftp.cwd(original_dir)  # return to cwd of our caller

def main():
    ftp = FTP('ftp.kernel.org')
    ftp.login()
    walk_dir(ftp, '/pub/linux/kernel/Historic/old-versions')
    ftp.quit()

if __name__ == '__main__':
    main()
```

这个示例程序运行起来有点慢。可以从输出结果中找到原因，那就是访问的文件在老版本的Linux内核归档目录内。不过，过一段时间后，就能在屏幕上看到输出的目录树。

```
$ python recursedl.py
/pub/linux/kernel/Historic/old-versions
/pub/linux/kernel/Historic/old-versions/impure
/pub/linux/kernel/Historic/old-versions/old
/pub/linux/kernel/Historic/old-versions/old/corrupt
/pub/linux/kernel/Historic/old-versions/tytso
```

添加一些print语句后，就可以显示出递归处理的所有文件（可能会很慢）。如果再加几行代码的话，就能够将这些文件都下载到相应的本地目录中。不过，代码清单17-9中已经包含了用于递归下载所需的真正的核心逻辑。但是，要区分目录和普通文件，只有一个傻瓜式的方法，那就是尝试调用其cwd()方法。

17.1.10　目录的创建以及文件和目录的删除

最后要说明，FTP也支持文件删除以及目录的创建和删除。ftplib文档中详细描述了下面这些更为复杂的函数。

- delete(filename)用于从服务器删除一个文件。
- mkd(dirname)用于尝试新建一个目录。
- rmd(dirname)会删除一个目录。需要注意的是，大多数系统都要求目录在删除前不包含任何内容。
- rename(oldname, newname)的基本工作原理和UNIX命令mv类似。如果两个参数表示的文件名在同一目录下的话，该文件会被重命名；但是如果两个参数表示的文件名不在同一目录下，那么文件会被移动。

需要注意的是，这些命令和所有其他FTP操作类似，在操作时其实就相当于用户真正登录到了远程服务器的命令行，而使用的用户名就是登录FTP客户端时所需要的用户名。正是有了上面的这几个命令，才使得FTP能够支持用于图形化文件浏览的应用程序，令用户可以通过拖曳操作在本地系统和远程主机之间无缝地移动文件。

17.1.11　安全地操作 FTP

本章开始时曾经提到，几乎对于可以用FTP完成的所有事情来说，其实都可以选择更好的协议来代替FTP。例如，SSH的扩展SFTP就比FTP更为健壮，也更为安全。尽管如此，还是要提一下，某些FTP服务器也是支持TLS加密的（参见第6章），而Python的ftplib就提供了相应的支持。

如果要使用TLS的话，只要在建立FTP连接时使用FTP_TLS类代替普通的FTP即可。只要使用了FTP_TLS，包括用户名和密码在内的整个FTP命令信道就都会被TLS加密保护。只要再运行该类的prot_p()方法（不传入任何参数），FTP数据连接便也会被保护。如果出于某些原因，想要在同一会话中改回去使用非加密数据连接的话，可以调用prot_c()方法，这会将数据流改回普通数据流。不过，只要仍然在使用FTP_TLS类，传输的命令就仍然会被保护。

如果读者需要使用FTP的这一扩展，请查阅Python标准库的文档，以了解更多细节（文档中包含了一些小例子）。网址为：http://docs.python.org/3/library/ftplib.html。

17.2　小结

可以使用FTP在本地客户端和远程FTP服务器之间传输文件。尽管FTP协议和SFTP这样更好的协议比起来并不安全，并且也已经过时了，但是仍然有一些服务和机器需要使用FTP。ftplib就是用来和FTP服务器进行交互的Python库。

FTP支持二进制传输以及ASCII传输。ASCII传输主要用于文本文件的传输。可以在传输文件后调整行末符号。二进制传输用于其他所有文件的传输。retrlines()函数用于在ASCII模式下下载文件，retrbinary()则用于在二进制模式下下载文件。

也可以将文件上传到远程服务器。storlines()函数用于在ASCII模式下上传文件，storbinary()则用于在二进制模式下上传文件。

ntransfercmd()函数也可以用于二进制文件的上传和下载。使用该函数进行上传和下载时，可以对传输过程有更多的控制。常用它来为用户提供上传和下载的进度条。

ftplib模块在出现错误时会抛出异常。特殊元组ftplib.all_errors可以用来捕捉所有可能抛出的异常。

可以使用cwd()来改变远程端的当前工作目录。nlst()命令会返回一个简单的列表（包含特定目录下的文件和目录）。dir()命令会返回一个更详细的列表，并且使用服务器定义的特殊格式。如果只是使用nlst()的话，可以通过尝试调用某一项的cwd()方法来判断该项是文件还是目录。如果能够正确执行cwd()，就说明该项是目录；如果调用出错，就说明该项是文件。

在下一章中，会把关注点从简单的文件传输操作转向更通用的远程过程调用操作。在远程服务器上进行过程调用时，返回的并不是原始字符串，而是包含类型信息的数据。

第 18 章

RPC

远程过程调用（RPC，Remote Procedure Call）系统允许使用调用本地API或本地库的语法来调用另一个进程内或远程服务器上的函数。远程过程调用在以下两种情况下是非常有用的。

- 程序的任务量很大，因此我们希望将任务分配给网络上的不同机器来完成（这些机器之间可以通过远程方法调用来进行交互），但是又不修改原来进行本地调用的代码。
- 必须访问远程的硬盘或网络才能够获取某些需要的数据或信息，此时可以通过RPC接口向远程系统发送查询并获取结果，十分方便。

第一个远程过程系统是用C这样的底层语言编写的。每当一个C函数远程调用另一函数时，就会将相应的字节传输至网络，形式看上去和本地调用时将字节传入处理器栈类似。要在C程序中安全地调用库函数，就必须提供头文件，这样才能知道函数参数在内存中是如何分布的（发生的任何错误通常都会造成程序崩溃）。RPC调用也类似，一定要事先知道数据的序列化方式，才能正确地进行RPC调用。实际上，每个RPC负载看上去都和遵循Python struct模块结构的二进制数据块（参见第5章）非常类似。

现在的机器和网络速度都已经相当快了，因此我们常常愿意牺牲一定的内存和速度，来应用更健壮的协议，这样也能使互相交互的代码块之间的独立性变得更强。以前的RPC协议可能会发送类似于下面这样的字节流。

```
0, 0, 0, 1, 64, 36, 0, 0, 0, 0, 0, 0
```

接收者必须知道该函数的参数是一个32位整数和一个64位的浮点数，然后要将接收到的这12B解码成整数1和浮点数10.0。而更现代的RPC协议则使用XML这样具备自描述功能的格式，这样就只可能将这两个参数解析为整型和浮点型了。

```
<params>
  <param><value><i4>41</i4></value></param>
  <param><value><double>10.</double></value></param>
</params>
```

不过，使用上面的XML协议来传输12B的实际二进制数据时，发送方其实会生成108B的数据，而接收方也需要解析这108B，这可能会消耗好几百个CPU周期。上一代的程序员可能会觉得使用这样的协议是不可思议的。但是，通过这样的协议来消除歧义通常都是值得的。当然，也可以使用比XML更现代的协议来更简洁地表示上面例子中包含两个参数值的数据负载，比如JSON（JavaScript Object Notation）。

```
[1, 10.0]
```

无论是选用XML还是JSON，都可以发现，使用一种没有歧义的文本表达方式已经成为如今人们在选择数据传输格式时最关注的事。以前直接发送二进制数据时，接收方必须事先知道数据的含义，而选用XML或JSON这样的协议后就不需要了，因此这也成为了现在的主流做法。

当然，到目前为止，读者可能还不清楚RPC协议到底有什么特别之处。毕竟，上面讨论的所有关于数据格式的选择、请求的发送以及响应的接收都不是特定于过程调用的，这些是任何网络协议都需要考虑的问题。举两个前面章节中提到过的例子，HTTP和SMTP都必须序列化数据，也必须定义消息格式。因此，读者肯定会疑惑：RPC的特殊之处到底在哪？RPC协议有以下3个特点。

首先，RPC协议并没有为每个调用定义很强的语义。比如，HTTP用于获取文档，SMTP用于支持消息传递。但是，RPC协议并没有给所传输的数据赋予任何意义，它只是简单地支持整型、浮点型、字符串以及列表这些基本数据类型，而每个调用的意义则是由使用RPC协议时具体使用的特定API来定义的。

其次，RPC的本质是方法调用，但它并不负责对方法进行定义。阅读HTTP或SMTP这些用途更单一的协议手册时，可以发现它们都定义了一定数量的基本操作，比如HTTP定义了`GET`和`PUT`，SMTP定义了`EHLO`和`MAIL`。但是，RPC则使用不同的机制，它让用户来定义服务器支持的*动词*（verbs）或函数调用，协议本身并不定义任何基本操作。

再次，使用RPC时，无论是客户端代码，还是服务器代码，看上去都和普通的函数调用没什么分别。除非我们知道某个对象表示远程服务器，否则在代码中能够发现的唯一特殊之处可能就是传递的对象有所限制。所传递的参数可能是数字、字符串或列表，但一般不会是处于*活动状态*的对象（比如打开的文件）。不过，尽管对于可传递的参数类型可能有所限制，但是函数调用本身看上去并无特殊之处，而且不需要对这些对象做任何处理就可以直接在网络上传输。

18.1 RPC的特性

除了能够让我们像调用本地函数或方法一样调用远程服务器上的函数或方法之外，RPC协议还有一些重要的特性。在选择并部署RPC客户端或服务器时，需要将这些特殊之处考虑在内。

第一，任何的RPC机制对于可以传输的数据类型都有限制。实际上，最通用的RPC机制需要支持许多不同的编程语言，因此只能够支持几乎所有这些语言都共有的特点，从而对数据类型的限制是最大的。

所以最流行的RPC协议只支持一些数字类型和字符串、一种序列或列表数据类型以及类似结构体或关联数组的类型。除此之外，由于大多数语言当时都不支持关键字参数，尽管Python支持关键字参数，但是通用协议通常还是只支持位置参数。这一点恐怕要令Python程序员失望了。

不过，如果RPC机制只需要支持某一特定的编程语言的话，那就可以支持更多的数据类型了。只要协议能够支持远程端解析并重新构造出对象，甚至可以直接传递对象。在这种情况下，除了实时资源的对象（如打开的文件、打开的套接字或是共享内存区域）需要由操作系统提供之外，其他对象都能通过网络来传输。

RPC的第二个共同特点就是只要服务器在运行远程函数时发生异常，就能够发出异常通知。此时，客户端的RPC库通常会直接抛出一个异常，告知调用方发生了错误。当然，在Python中一般无法将异常处理函数能够获得的实时栈帧传回（毕竟，每个栈帧都可能会引用不在该客户端程序中的模块）。但是，当服务器进行RPC调用失败时，客户端至少还是应该抛出一些包含正确错误信息的异常。

第三，许多RPC机制都提供自省功能，允许客户端列出特定RPC服务所支持的所有调用，还可能会列出每个调用接受的参数。某些重量级的RPC协议其实会要求客户端和服务器互相交换大量用于描述所支持的库或API的文件，其他一些RPC协议则允许客户端从服务器获取支持的函数名以及参数类型，而另一些RPC实现则完全不支持自省。Python并不是静态类型的语言，因此无法确定函数编写者所使用的参数类型，致使Python对自省的支持较弱。

第四，任何RPC机制都需要提供某种寻址方法，以支持用户连接并使用特定的远程API。有些寻址机制相当复杂，它们甚至不需要用户提供远程服务器的名称，就能够自动连接到正确的远程服务器。另一些寻址机制则较为简单，需要用户提供要访问服务的IP地址、端口或URL。这些简单的寻址机制暴露了底层的网络寻址机制，而并没有对底层机制进行封装。

第五，有些RPC机制支持认证及访问控制，甚至可以通过多个不同的客户端程序使用不同的证书来完全模拟特定的用户账户进行RPC调用。不过，并非所有RPC机制都支持这些特性，实际上很多简单但是很流行的RPC机制完全不支持这些特性。简单的RPC机制在底层使用HTTP这种本身已经提供认证支持的协议，如果用户希望对RPC服务进行保护以防止其被非法访问的话，可以自行配置密码、公钥或防火墙规则，以此提供安全保护。

18.1.1　XML-RPC

本章将简要介绍各种RPC机制。首先要介绍的是Python内置支持的XML-RPC。它似乎并不太适合作为第一个例子，毕竟XML可是出了名的啰嗦，而且近年来XML-RPC在人们编写新服务时的受欢迎程度也越来越低。

不过，XML-RPC是互联网发展历程中最早的RPC协议之一，因此Python标准库对其提供了完整的原生支持。XML-RPC基于HTTP，并没有使用自己的特有协议。这意味着本章中展示的例子甚至不需要使用第三方模块。比起使用第三方库的服务器，直接使用XML-RPC的服务器功能并没有那么强大，但是恰恰能够让这些例子简单一些，更适合作为RPC的入门学习材料。

XML-RPC协议

目的：远程过程调用

标准：http://www.xmlrpc.com/spec

底层协议：HTTP

数据类型：int；float；unicode；list；以unicode作为键的dict；datetime以及None，可使用非标准扩展

库：xmlrpclib、SimpleXMLRPCServer、DocXMLRPCServer

如果读者曾经使用过原始XML，那么一定知道，XML并没有提供数据类型的语义。例如，XML只能表示包含其他子节点的节点、文本字符串以及文本字符串的属性，但是无法表示数字。因此，必须在XML-RPC的说明中添加额外的信息，以丰富原始XML格式文档的语义，这样才能够正确地使用包含标记的文本来表示数字等原始XML格式并不支持的内容。

Python标准库提供了十分便捷的功能来帮助程序员编写XML-RPC客户端及服务器。代码清单18-1

展示了一个基本的Web服务器。该服务器将通过7001端口监听网络连接。

代码清单18-1 XML-RPC服务器

```
#!/usr/bin/env python3
# Foundations of Python Network Programming, Third Edition
# https://github.com/brandon-rhodes/fopnp/blob/m/py3/chapter18/xmlrpc_server.py
# XML-RPC server

import operator, math
from xmlrpc.server import SimpleXMLRPCServer
from functools import reduce

def main():
    server = SimpleXMLRPCServer(('127.0.0.1', 7001))
    server.register_introspection_functions()
    server.register_multicall_functions()
    server.register_function(addtogether)
    server.register_function(quadratic)
    server.register_function(remote_repr)
    print("Server ready")
    server.serve_forever()
def addtogether(*things):
    """Add together everything in the list `things`."""
    return reduce(operator.add, things)

def quadratic(a, b, c):
    """Determine `x` values satisfying: `a` * x*x + `b` * x + c == 0"""
    b24ac = math.sqrt(b*b - 4.0*a*c)
    return list(set([ (-b-b24ac) / 2.0*a,
                      (-b+b24ac) / 2.0*a ]))

def remote_repr(arg):
    """Return the `repr()` rendering of the supplied `arg`."""
    return arg

if __name__ == '__main__':
    main()
```

可以通过一个网站的URL来访问XML-RPC服务，因此实际上没有必要像代码清单18-1那样专门为其分配一个单独的端口。相反，可以将XML-RPC服务集成到普通的Web应用程序中去。这个应用程序中可以提供各种各样的页面，甚至能够通过其他URL访问到RPC服务。不过，如果可以为其分配一个单独的端口，那么就可以很简单地启动一个Python XML-RPC服务器。该服务器除了提供XML-RPC服务外，不提供其他功能。

可以看到，服务器通过XML-RPC提供的三个实例函数（通过register_function()调用添加到RPC服务中的三个函数）都是很典型的Python函数。这就是XML-RPC的重点所在：不需要用户对程序中的普通函数做任何改动，就可以通过网络对这些函数进行远程调用。

顾名思义，Python标准库提供的SimpleXMLRPCServer是相当简单的，它并不支持其他Web页面的访问，也不支持任何形式的HTTP认证，而且，如果希望它提供TLS安全支持的话，就必须自己编写子类继承SimpleXMLRPCServer，并编写更多代码进行具体实现。尽管如此，它还是足以很好地阐释RPC的基本特性和局限性。而且，读者只需要用它编写很少代码就可以运行一个XML-RPC服务器。

需要注意的是，除了三个用于注册服务的函数之外，代码清单18-1还调用了两个用于配置的函数。这两个函数各启动了一个额外的服务。这两个服务并不是必需的，但是XML-RPC服务器通常都会提供。register_introspection_functions()会启动一个用于自省的服务，客户端可以通过该服务来查询服务器支持的RPC调用。register_multicall_functions()启动的服务则允许将多个独立的函数调用打包在同一个网络往返中。

在运行下面三个代码清单的程序之前，必须先运行代码清单18-1中的服务器。可以打开一个命令行窗口，然后启动该服务器。

```
$ python xmlrpc_server.py
Server ready
```

现在，该服务器会在本地7001端口等待连接。第2章和第3章中介绍的所有寻址规则对该服务器都适用，因此只要不将绑定的接口改为localhost以外的接口，就需要通过同一系统上的另一个命令行提示符来发起连接。在介绍下面三个代码清单的同时，读者可以打开另一个命令行窗口，准备好运行这三个代码清单。

首先，试着用一下已经打开的自省功能。需要注意的是，这个功能并不是必需的，因此网上使用的或自己部署的许多XML-RPC服务都不提供该功能。代码清单18-2从客户端的角度展示了自省功能的使用方法。

代码清单18-2 请求获取某XML-RPC服务器支持的函数

```
#!/usr/bin/env python3
# Foundations of Python Network Programming, Third Edition
# github.com/brandon-rhodes/fopnp/blob/m/py3/chapter18/xmlrpc_introspect.py
# XML-RPC client

import xmlrpc.client

def main():
    proxy = xmlrpc.client.ServerProxy('http://127.0.0.1:7001')

    print('Here are the functions supported by this server:')
    for method_name in proxy.system.listMethods():

        if method_name.startswith('system.'):
            continue

        signatures = proxy.system.methodSignature(method_name)
        if isinstance(signatures, list) and signatures:
            for signature in signatures:
                print('%s(%s)' % (method_name, signature))
        else:
            print('%s(...)' % (method_name,))

        method_help = proxy.system.methodHelp(method_name)
        if method_help:
```

```
        print(' ', method_help)

if __name__ == '__main__':
    main()
```

自省机制并不单纯是一个可选的扩展，实际上XML-RPC规范中并没有对其进行定义。通过自省机制，客户端可以调用一系列以system字符串开头的特殊方法（以此与普通方法进行区分）。这些特殊方法提供了服务器支持的其他方法的信息。首先调用listMethods()。如果服务器支持自省功能，listMethods()就会返回一个列表。列表中包含了其他方法的名字。在代码清单18-2中，忽略以system开头的方法，只打印出其他方法的信息。尝试获取每个方法的签名，以得到其接受的参数类型。由于这个服务器是用Python编写的，而Python语言中是不需要进行类型声明的，导致无法获得每个函数接受的数据类型。

```
$ python xmlrpc_introspect.py
Here are the functions supported by this server:
concatenate(...)
   Add together everything in the list `things`.
quadratic(...)
   Determine `x` values satisfying: `a` * x*x + `b` * x + c == 0
remote_repr(...)
   Return the `repr()` rendering of the supplied `arg`.
```

然而，尽管在这种情况下无法得到参数类型，还是可以获取到表示函数文档信息的字符串的。SimpleXMLRPCServer实际上会获取函数的文档字符串，并将其返回。在真实的客户端中，自省有两个主要的用途。首先，如果编写的程序使用了某个特定的XML-RPC服务，那么就可以通过该服务的在线文档来提供易于用户理解的帮助信息。其次，如果编写的客户端会使用一系列很相似的XML-RPC服务，而这些服务提供的方法又各不相同，那么可以通过listMethods()调用来获悉这些服务各自提供的命令。

前面提到过，RPC服务的最重要之处就是要使得在利用目标语言进行函数调用时尽可能地自然。除此之外，标准库的xmlrpclib提供了一个proxy对象，用户可以使用该对象向服务器发起函数调用请求。代码清单18-3展示了该对象的使用方法。这些方法调用的形式和本地方法调用完全相同。

代码清单18-3　进行XML-RPC调用

```
#!/usr/bin/env python3
# -*- coding: utf-8 -*-
# Foundations of Python Network Programming, Third Edition
# https://github.com/brandon-rhodes/fopnp/blob/m/py3/chapter18/xmlrpc_client.py
# XML-RPC client

import xmlrpc.client

def main():
    proxy = xmlrpc.client.ServerProxy('http://127.0.0.1:7001')
    print(proxy.addtogether('x', 'ÿ', 'z'))
    print(proxy.addtogether(20, 30, 4, 1))
    print(proxy.quadratic(2, -4, 0))
```

```
    print(proxy.quadratic(1, 2, 1))
    print(proxy.remote_repr((1, 2.0, 'three')))
    print(proxy.remote_repr([1, 2.0, 'three']))
    print(proxy.remote_repr({'name': 'Arthur',
                             'data': {'age': 42, 'sex': 'M'}}))
    print(proxy.quadratic(1, 0, 1))

if __name__ == '__main__':
    main()
```

运行代码清单18-3中的客户端向服务器发起请求，可以得到如下输出。从输出中可以了解到XML-RPC以及对所有RPC机制都适用的一些特性。可以看到，所有调用都能正确运行。而且，无论是代码清单18-3中的调用，还是代码清单18-1中的函数定义，看上去都只是普通的Python代码，并没有任何地方需要对网络操作进行定制。

```
$ python xmlrpc_client.py
xÿz
55
[0.0, 8.0]
[-1.0]
[1, 2.0, 'three']
[1, 2.0, 'three']
{'data': {'age': [42], 'sex': 'M'}, 'name': 'Arthur'}
Traceback (most recent call last):
  ...
xmlrpclib.Fault: <Fault 1: "<type 'exceptions.ValueError'>:math domain error">
```

但是，还有一些细节需要注意。第一，要注意XML-RPC并没有对可提供的参数类型做任何限制。在调用addtogether()时，既可以提供字符串，也可以提供数字作为参数，而且可以提供任意数量的参数。协议本身对于函数接受的参数数量以及类型并不做任何限制。当然，如果被调用的目标函数所使用的语言对此有限制（或是用Python编写的目标函数不支持可变长度的参数列表），那么被远程调用的语言就可能抛出异常。但是，这只是语言层面的问题，和XML-RPC本身并没有关系。

第二，要注意XML-RPC的函数调用和Python以及许多其他同类型的语言一样，都可以接受多个参数，但是只能有一个返回值。这个返回值可能是一个很复杂的数据结构，但它必须以单个值的形式返回。而且，协议本身对返回值的结构和大小并不做任何限制。多次调用quadratic()（我不想再用add()和subtract()这两个已经被用烂的简单数学函数作为XML-RPC的例子了！）返回的列表中包含的元素数量可能各不相同，而这并不会影响网络操作的逻辑。

第三，要注意Python本身提供的数据类型是相当丰富的，但是XML-RPC只支持其中的一小部分。具体来说，XML-RPC只支持一种简单的顺序类型——列表。所以，当向remote_repr()提供一个包含三个元素的元组作为参数时，服务器接收到的其实是一个包含三个元素的列表。这是所有具体语言实现RPC机制时的一个共有的特性。对于不直接支持的类型，必须将其映射到一个不同的数据结构（比如将元组转换成列表），或者抛出一个异常，表示无法传输某个特定的参数类型。

第四，XML-RPC中的复杂数据结构可能是递归的。可以提供多层的复杂数据类型作为参数。比如，可以传递一个字典，而该字典中的某个值也是一个字典，这是没有任何问题的。

第五，之前提到过，服务器端函数抛出的异常是可以成功地通过网络传输的，客户端接收到的异常信息以xmlrpclib.Fault实例的形式表示。这个实例提供了远程端抛出异常的名称以及相应的错误信息。无论服务器程序是用哪种语言实现的，客户端接收到的XML-RPC异常始终会是这种格式。尽管错误追踪信息并不是特别多，但是从中可以发现是代码中的哪个调用触发了异常。最内层的栈调用就是xmlrpclib本身的代码。

到目前为止，已经介绍了XML-RPC的通用特性以及一些限制功能。如果想了解它的更多特性，可以查阅Python标准库客户端或是服务器模块的文档。特别要提一下，如果想要更深入地学习TLS的使用以及认证的方法，可以向ServerProxy类提供更多参数。不过这里还要介绍一个非常重要的特性：如果服务器支持的话，XML-RPC能够在同一个网络往返中进行多个调用（这是服务器的可选扩展之一），如代码清单18-4所示。

代码清单18-4　使用XML-RPC的Multicall功能

```
#!/usr/bin/env python3
# Foundations of Python Network Programming, Third Edition
# github.com/brandon-rhodes/fopnp/blob/m/py3/chapter18/xmlrpc_multicall.py
# XML-RPC client performing a multicall

import xmlrpc.client

def main():
    proxy = xmlrpc.client.ServerProxy('http://127.0.0.1:7001')
    multicall = xmlrpc.client.MultiCall(proxy)
    multicall.addtogether('a', 'b', 'c')
    multicall.quadratic(2, -4, 0)
    multicall.remote_repr([1, 2.0, 'three'])
    for answer in multicall():
        print(answer)

if __name__ == '__main__':
    main()
```

运行上面的脚本时，可以通过服务器命令行窗口确认，进行上述三个函数调用时确实只发送了一个HTTP请求。

```
localhost - - [04/Oct/2010 00:16:19] "POST /RPC2 HTTP/1.0" 200 -
```

当然，也可以通过设置SimpleXMLRPCServer的一个选项来把上面这种记录消息日志的功能关闭。需要注意的是，无论是服务器还是客户端，使用的默认URL都是/RPC2的路径。当然，也可以查阅一下文档，对客户端和服务器进行不同的配置。

在介绍下一个RPC机制之前，还有三点需要提一下。

- 还有两个数据类型是不可或缺的：日期以及Python中的None值（其他语言中也叫作null或nil）。许多XML-RPC机制都支持这两种数据类型。Python的客户端和服务器都提供了相应的选项，可以通过这些选项来启用对这两种非标准类型数值的传输和接收。
- 部分语言支持关键字参数的机制非常复杂，因此XML-RPC并不支持关键字参数。为了提供这一支持，某些服务允许传入一个字典作为函数的不可变参数，或是只允许使用一个字典作为所有函数的参数，并且在字典中指定所有参数的名称和值。

- 最后，必须要牢记一点：如果想传递字典，那么所有键都必须是字符串（可以是普通字符串，也可以是Unicode字符串）。18.1.3节中对这一限制有更详细的介绍。

XML-RPC这样的RPC协议的核心思想就是，要使得用户可以不必关注网络传输的细节，而专注于普通的编程上。尽管如此，我们至少还是需要看一下最终传输的函数调用到底是什么样子。下面是示例客户端程序进行的第一个quadratic()调用。

```
<?xml version='1.0'?>
<methodCall>
<methodName>quadratic</methodName>

<params>
<param>
<value><int>2</int></value>
</param>
<param>
<value><int>-4</int></value>
</param>
<param>
<value><int>0</int></value>
</param>
</params>
</methodCall>
```

该调用的响应如下。

```
<?xml version='1.0'?>
<methodResponse>
<params>
<param>
<value><array><data>
<value><double>0.0</double></value>
<value><double>8.0</double></value>
</data></array></value>
</param>
</params>
</methodResponse>
```

如果读者觉得这个响应看起来太啰嗦（相对于它实际传输的数据量），那么接下来要介绍的RPC机制JSON-RPC应该会让你感到满意。

18.1.2 JSON-RPC

JSON的设计亮点就是可以将数据结构序列化为符合JavaScript语法的字符串。这意味着，理论上可以直接使用eval()函数将JSON字符串转换回能够被Web浏览器识别的数据。（不过，直接使用这种方法获取不受信任的数据通常来说可不是个好主意，因此大多数程序员会使用正式的JSON解析器，而不是利用它与JavaScript的兼容性来解析数据。）JSON-RPC这一远程过程调用机制使用的是专门为数据而设计的语法，而没有使用XML这样比较啰嗦的文档标记语言。这使得表示的数据更为紧凑，同时也简化了解析器和库的代码。

JSON-RPC协议

目的：远程过程调用

标准：http://json-rpc.org/wiki/specification

底层协议：HTTP

数据类型：int、float、unicode、list、以unicode作为键的dict、None

库：包括jsonrpclib在内的许多第三方库

Python标准库并不支持JSON-RPC，因此必须选用一个第三方库。可以在Python包索引上找到这些第三方库。jsonrpclib-pelix是Python 3最早官方支持的库之一。只要将其安装在虚拟环境内（见第1章），就可以试着运行代码清单18-5、代码清单18-6中的服务器和客户端。

代码清单18-5　一个JSON-RPC服务器

```
#!/usr/bin/env python3
# Foundations of Python Network Programming, Third Edition
# github.com/brandon-rhodes/fopnp/blob/m/py3/chapter18/jsonrpc_server.py
# JSON-RPC server needing "pip install jsonrpclib-pelix"

from jsonrpclib.SimpleJSONRPCServer import SimpleJSONRPCServer

def lengths(*args):
    """Measure the length of each input argument.

    Given N arguments, this function returns a list of N smaller
    lists of the form [len(arg), arg] that each state the length of
    an input argument and also echo back the argument itself.

    """
    results = []
    for arg in args:
        try:
            arglen = len(arg)
        except TypeError:
            arglen = None
        results.append((arglen, arg))
    return results

def main():
    server = SimpleJSONRPCServer(('localhost', 7002))
    server.register_function(lengths)
    print("Starting server")
    server.serve_forever()

if __name__ == '__main__':
    main()
```

RPC机制本身就比较简单，代码清单18-5所示的服务器的代码也相当简单。和使用XML-RPC时一样，只要给出想要通过网络调用的函数名称就可以了。(也可以传入一个对象，该对象的所有方法会一次性在服务器注册。)

代码清单18-6 JSON-RPC客户端

```
#!/usr/bin/env python3
# Foundations of Python Network Programming, Third Edition
# github.com/brandon-rhodes/fopnp/blob/m/py3/chapter18/jsonrpc_client.py
# JSON-RPC client needing "pip install jsonrpclib-pelix"

from jsonrpclib import Server

def main():
    proxy = Server('http://localhost:7002')
    print(proxy.lengths((1,2,3), 27, {'Sirius': -1.46, 'Rigel': 0.12}))

if __name__ == '__main__':
    main()
```

客户端代码编写起来也同样简单。如果想得到某些对象的长度，那么只要将这些对象发送给服务器，然后把服务器返回的数据结构打印出来，就能够看到一些关于JSON-RPC协议的细节。

首先，要注意尽管JSON-RPC无法从函数中自动解析出静态的方法签名，但是它允许用户发送任意数量的参数。这和XML-RPC是类似的。但是，JSON-RPC机制和XML-RPC那种专门为传统的静态类型语言设计的机制是截然不同的。

其次，要注意服务器是可以直接返回None值的。这是因为，JSON-RPC原生支持None值，不需要额外添加任何非标准扩展。

```
$ python jsonrpc_server.py
Starting server

[In another command window:]
$ python jsonrpc_client.py
[[3, [1, 2, 3]], [None, 27], [2, {'Rigel': 0.12, 'Sirius': -1.46}]]
```

再次，要注意JSON-RPC只支持列表这一种类型的顺序结构。因此，如果想要通过客户端发送元组，就必须先将其转换为列表。

当然，上面例子中的数据负载是一个很小且很清晰的JSON消息，JSON消息本身就能够解析其包含的各种数据类型，因此这个例子其实没有表现出JSON-RPC和XML-RPC的最主要区别。这是因为，这两种机制都能够很好地在代码中隐藏底层网络操作的细节。我在本地接口运行Wireshark捕获代码清单18-5、代码清单18-6中的客户端和服务器的网络数据时，得到的实际传输的消息如下所示。

```
{"version": "1.1",
 "params": [[1, 2, 3], 27, {"Rigel": 0.12, "Sirius": -1.46}],
 "method": "lengths"}
{"result": [[3, [1, 2, 3]], [null, 27],
            [2, {"Rigel": 0.12, "Sirius": -1.46}]]}
```

需要注意的是，第一版的JSON-RPC广为流行后出现了一些协议的扩展和补充，这些协议扩展和补充提供了一些额外的特性。如果读者对协议标准的现状以及相关讨论有兴趣，可以自行在网上搜索。对于大多数基本任务来说，只要直接使用一个不错的第三方Python实现就可以了，不必太担心那些关于标准扩展的讨论。

在结束这个话题之前，一定要提一下很重要的一点。在前面的例子中，代码都是同步的。客户端发送请求之后都要等收到对应的响应后才能发送后续的请求。在等待过程中是不能做任何操作的。尽管如此，JSON-RPC协议还是支持给每个请求提供一个id值的。这就意味着，可以同时发送多个请求，而不必等收到具有相同id值的响应后才继续发送其他请求。在这里就不深入介绍这个问题了，因为异步功能严格说来已经不是RPC机制所提供的传统基本功能了。毕竟，传统过程式语言的函数调用都是严格的同步事件。但是，如果读者对这个话题很有兴趣的话，可以阅读JSON-RPC的协议标准，然后寻找能够满足响应异步需求的Python JSON-RPC库。

18.1.3 自文档的数据

从18.1.1节和18.1.2节中可以了解到，XML-RPC和JSON-RPC支持的数据结构都和Python的字典非常类似，但是又有一个很恼人的限制。XML-RPC中的数据结构被称为struct，JSON-RPC中的数据结构被称为object。对于Python程序员来说，这个数据结构看上去和字典很类似，但是一开始很可能会让人觉得有一点麻烦，因为它不支持将整型、浮点型以及元组作为键。

来看一个具体的例子。假设有一个字典，键是元素周期号，值是元素符号。

```
{1: 'H', 2: 'He', 3: 'Li', 4: 'Be', 5: 'B', 6: 'C', 7: 'N', 8: 'O'}
```

如果需要通过RPC机制来传输上面的字典，直觉上可能会将键先转换为字符串，这样就可以将这个字典作为struct或object来传输。但是，在很多情况下这个直觉实际上是错误的。

简单来说，无论是struct还是object，这两种RPC数据结构都不是设计来传输包含任意数量键值对的容器的。相反，它们用来传输某个特定的对象。该对象包含一些属性名，每个属性名又对应一个属性值。属性名是事先定义好的，而且数量不多。如果尝试用一个struct来传输任意数量的键值对，那么使用静态类型语言的用户在使用该RPC服务时就会非常困难，而且很难进行优化。

取而代之，应该像传输Python对象一样通过RPC来传输上面的字典。Python对象一般会有数量不多的属性名，而代码可以根据属性名解析出相应的属性值。在传输字典时，也类似地在字典中包含有数量不多的属性名以及对应的属性值。

这意味着，如果希望传输的数据能够兼容通用的RPC机制，就应该把上面的字典转换成一个列表，该列表中包含若干个字典。

```
[{'number': 1, 'symbol': 'H'},
 {'number': 2, 'symbol': 'He'},
 {'number': 3, 'symbol': 'Li'},
 {'number': 4, 'symbol': 'Be'},
 {'number': 5, 'symbol': 'B'},
 {'number': 6, 'symbol': 'C'},
 {'number': 7, 'symbol': 'N'},
 {'number': 8, 'symbol': 'O'}]
```

需要注意的是，上面的例子展示的是在RPC调用时应该传入的Python字典列表，而不是真正传输过程中的数据格式。

本例所使用的方法最主要的不同之处（除了传入的字典列表比传入单个字典长很多之外）在于，它为数据赋予了语义。如果使用之前的数据结构，那么必须要事先知道所有键值对的具体意义才能够解析数据。而本节介绍的方法中，每个属性值都对应一个属性名，因此该数据结构是自描述的。这样的数据结构在传输过程或是程序中的可读性都要好很多。

这就是XML-RPC和JSON-RPC对于键值对类型的推荐用法，也是struct和object这两个名字的由来。它们分别是C语言和JavaScript中用来描述包含属性的实体的术语。这也使得它们看起来更像Python对象，而不是Python字典。

如果读者要传输一个和上面的例子差不多的Python字典，那么可以将其转换成某个RPC数据结构，然后再使用下面的代码进行解析。

```
>>>elements = {1: 'H', 2: 'He'}
>>>t = [{'number': key, 'symbol': value} for key, value in elements.items()]
>>>t
[{'symbol': 'H', 'number': 1}, {'symbol': 'He', 'number': 2}]
>>> {obj['number']: obj['symbol']) for obj in t}
{1: 'H', 2: 'He'}
```

如果觉得在这一转换过程中创建并销毁的字典数量太多，那么使用命名元组将是在发送数据前组织数据的更好方法（最新版本的Python支持该特性）。

18.1.4　关于对象：Pyro 和 RPyC

如果说RPC的主要目标是让用户像调用本地函数一样调用远程函数的话，那么前面介绍的两种基本RPC机制完全没有实现这个目标。如果调用的函数正好只使用了基本数据类型作为参数和返回值的类型，那么XML-RPC和JSON-RPC是可以支持的。但是，如果函数使用了更复杂的参数或返回值类型呢？如果直接传入了对象又会怎么样呢？一般来说，这是一个非常困难的问题。原因有两个。

首先，在不同的编程语言中，对象有着不同的特性和语义。因此，支持直接传递对象的机制要么就是特定于某种语言的，要么就需要给出该对象特性的具体描述，而且只具有它想要支持的所有语言共同拥有的特性。

其次，一般很难确定需要遍历对象的多少个状态后，才能在另外一台计算机上使用该对象。RPC机制的确可以从该对象的某个属性开始递归，一步一步得到其所有属性值，然后发送该对象。但是，即使在中等复杂度的系统中，如果只是简单地递归遍历属性值，最终也可能会访问到内存中的大多数对象。最终发送的数据量可能会有好几兆，但是远程端很可能只需要其中的一小部分数据。

另一种方法则不发送每个作为参数或返回值的对象的所有内容，而只发送对象名。远程端可以在需要的时候利用这个对象名来查询对象的属性值。这意味着，只需要传输对象连接图中的一个值，因此传输速度很快，而且，只有远程端真正需要的内容最终才会被传输。但是，无论使用哪种方法，最终构建出的服务通常花销都很大，而且运行缓慢，很难追踪某个对象对网络上其他服务的响应结果有何影响。

实际上，XML-RPC和JSON-RPC迫使我们做的事（比如，将想要向远程服务查询的内容分割成多个只使用简单数据类型就能够表示的查询）最终常常会直接变成软件架构的问题。对于参数和返回值类型的限制迫使我们仔细思考远程服务到底需要接收什么样的数据，为什么需要接收这些数据。因此，建议读者不要直接去设计远程服务，而是使用一个更对象化的RPC服务。这样就不需要去弄明白远程服务到底需要什么样的数据了。

关于对象传输，有一个很重要的问题：如何支持通过客户端发送RPC消息，将保存在某台服务器上的对象发送到另一台服务器上，而RPC消息也可能保存在另一台不同的服务器上。SOAP和CORBA等著名的RPC协议在不同程度上解决了该问题。一般来说，除非合同或任务特别要求使用这些协议来和现有的系统进行交互，Python程序员绝对会避免使用这些RPC机制。这一内容超出了本书讨论的范畴。如果读者需要使用这些协议，那么就要做好心理准备，对于每项技术至少要买一本书来学习，因为这些技术真的非常复杂。

然而，如果只需要在Python程序之间进行交互，还是有理由去使用一个支持Python对象的RPC服务的。Python提供的数据类型非常强大，所以真的没有理由放弃这么多强大的数据类型，而只使用XML-RPC和JSON-RPC支持的少量基本数据格式。尤其在Python字典、集合以及datetime对象能够很好地表示数据的情况下，我们更不希望把它们转换成基本数据类型来处理。

在这里介绍两个使用原生Python开发的RPC系统——Pyro和RPyC。Pyro项目的网址是http://pythonhosted.org/Pyro4/。这个RPC库基于Python的pickle模块，它开发得很完善，可以将任何支持pickle的类型作为参数或返回值发送。简单来说，只要待发送的对象及其属性可以用基本类型表示，那么就可以直接发送这些对象。但是，如果pickle模块并不支持待发送或待接收的对象，Pyro也就不支持直接发送该对象了。（不过，还是可以在Python标准库中查阅pickle的文档。其中介绍了如何使用pickle来序列化并没有原生pickle支持的Python类。）

18.1.5 RPyC例子

RPyC项目的网址是http://rpyc.readthedocs.org/en/latest/。该项目用了一种更复杂的方法来解决对象传输的问题。它使用的方法其实和CORBA中的一种方法很类似，即在网络中传输的其实只是对象的引用，之后接收方可以在需要时通过该引用来调用该对象的更多方法。最新版本的RPyC也考虑了很多安全方面的问题。如果希望其他机构使用我们的RPC机制的话，安全是很重要的一个问题。毕竟，如果要反序列化别人发送来的数据，本质上其实将允许别人在我们的计算机上运行任意代码！

读者可以阅读代码清单18-7和代码清单18-8中的示例客户端和服务器。如果仔细学习这两段代码的话，可以发现，使用RPyC的系统支持发送大量不同的对象类型。

代码清单18-7 RPyC客户端

```
#!/usr/bin/env python3
# Foundations of Python Network Programming, Third Edition
# https://github.com/brandon-rhodes/fopnp/blob/m/py3/chapter18/rpyc_client.py
# RPyC client

import rpyc

def main():
    config = {'allow_public_attrs': True}
    proxy = rpyc.connect('localhost', 18861, config=config)
    fileobj = open('testfile.txt')
    linecount = proxy.root.line_counter(fileobj, noisy)
```

```
    print('The number of lines in the file was', linecount)

def noisy(string):
    print('Noisy:', repr(string))

if __name__ == '__main__':
    main()
```

代码清单18-8　RPyC服务器

```
#!/usr/bin/env python3
# Foundations of Python Network Programming, Third Edition
# https://github.com/brandon-rhodes/fopnp/blob/m/py3/chapter18/rpyc_server.py
# RPyC server

import rpyc

def main():
    from rpyc.utils.server import ThreadedServer
    t = ThreadedServer(MyService, port = 18861)
    t.start()

class MyService(rpyc.Service):
    def exposed_line_counter(self, fileobj, function):
        print('Client has invoked exposed_line_counter()')
        for linenum, line in enumerate(fileobj.readlines()):
            function(line)
        return linenum + 1

if __name__ == '__main__':
    main()
```

客户端的前几行代码看上去和普通的使用RPC服务的程序没什么两样。它调用了一个很常见的connect()函数，传入了网络地址，然后通过返回的代理对象，像调用本地方法一样调用远程方法。但是，仔细观察后可以发现很明显的不同！这里所调用的RPC函数的第一个参数其实是一个服务器上完全不存在的实时文件对象！另一个参数是一个函数，也是实时对象，而不是RPC机制通常支持的静态数据结构。

服务器只提供了一个方法，它接受一个文件对象和一个可被调用的函数作为参数。服务器上的这个函数处理参数的方式和运行在单进程中的普通Python程序处理参数的方式没有任何区别。它首先调用文件对象的readlines()，返回值为一个迭代器。然后，使用for循环遍历迭代器指向的内容。最后，调用传入的函数对象，而完全不用理会该函数是在哪里定义的（本例中在客户端定义）。需要注意的是，RPyC的最新安全模型要求客户端只调用前缀为exposed_的方法，除非客户端有特殊的权限。

客户端在运行时生成的输出中包含很多有用的信息。假设当前目录下有一个很小的文件testfile.txt，其中包含一些“至理名言”，如下所示。

```
$ python rpyc_client.py
Noisy: 'Simple\n'
Noisy: 'is\n'
Noisy: 'better\n'
```

```
Noisy: 'than\n'
Noisy: 'complex.\n'
The number of lines in the file was 5
```

这里有两点是挺令人吃惊的。首先，服务器能够遍历readlines()返回的多个结果，即使这需要反复调用客户端上的文件对象的处理逻辑。其次，服务器并没有将noisy()函数的代码从客户端复制过来，因此不是在服务器本地直接运行该函数的，而是不断地提供正确的参数，然后从客户端调用该函数的。

这是怎么做到的呢？相当简单，RPyC采用的方法和之前介绍的其他RPC机制采用的方法截然相反。其他机制都试图将尽可能多的信息序列化并通过网络发送给远程端，然后由远程端自己运行，不管运行成功还是失败，客户端都不会再予以关注。而RPyC机制则只序列化不可变的数据，比如Python的整型、浮点型、字符串以及元组。对于所有其他数据，RPyC都只传递一个远程对象标识符。远程端通过该标识符从客户端获取这些实时对象的属性并调用对象的方法。

这个方法需要在网络上传输更多的数据。如果某个操作需要在客户端和服务器之间来回传输许多对象操作的话，可能会造成很大的网络延迟。如何建立合适的安全机制也同样是个问题。为了让服务器具有在客户端对象上调用readlines()这样的方法的权限，我开启了客户端连接的allow_public_attrs，对所有连接的服务器都不加区分。但是，如果不想把完整的控制权交给服务器代码，那么可能需要给每个操作都定义相应的权限，从而避免把太多有潜在危险的功能暴露出来。

所以，这项技术的花销可能会比较大。而且，如果客户端和服务器互不信任的话，安全方面也是个问题。不过，如果真的需要直接传递Python对象，协调使用网络上不同位置的Python对象的话，RPyC确实是最好的选择，此时甚至可以操作两个以上进程内的对象。请查阅RPyC文档，来了解更多细节。

在使用RPyC的系统中，可以像操作普通的Python函数和对象一样调用和访问远程函数和对象，而不需要继承或引入任何特殊的网络功能。这充分证实了Python的强大功能，它能够截取对于对象的操作，然后用我们自己的方式处理这些事件（甚至是在网络上发送请求）。

18.1.6 RPC、Web 框架和消息队列

除了上面介绍的机制外，我们也要乐于去寻找其他用于开发RPC服务的传输机制。例如，在需要使用XML-RPC协议时，许多Python程序员甚至很少使用Python标准库提供的XML-RPC类库。毕竟，RPC服务通常都部署为大型网站的一部分，要专门为其分配单独的服务器和端口，那是相当烦人的。

如果只看过于简单的示例代码，那么看起来可能有必要为所提供的每个RPC服务都启动一个新的Web服务器。有三种有用的途径可以帮助我们更深入地了解这个问题。

首先，如果正在部署一个大型的Web项目，可以看能否利用WSGI的可插拔性来安装已经整合到该Web项目中的RPC服务。可以把普通的Web应用以及RPC服务都实现成WSGI服务器，并在前端加一个过滤机制来过滤收到的URL，这样就可以在相同的主机名和端口号下运行两个以上的服务。这样做还有一个好处：WSGI Web服务器可能已经提供了RPC服务本身没有提供的强大的线程支持和可扩展性。

如果RPC服务本身没有提供认证机制，那么把RPC服务放在一个大型WSGI栈的底部还可以提供一种添加认证的方法。请查阅第11章，来了解更多关于WSGI的信息。

其次，也可以不使用专用的RPC库，因为所选择的Web框架可能支持XML-RPC、JSON-RPC或其他类型的RPC调用。这意味着，可以像在Web框架中定义视图或RESTful资源一样声明RPC终端。请查

阅Web框架的文档，并且在网上搜索一下支持RPC的第三方插件。

再次，可以使用功能更强大的传输机制来发送RPC消息，而不去使用协议原生提供的向服务器传输调用消息的机制。如果希望多个服务器共同处理请求负载，以提高处理请求的效率，那么第8章中讨论的消息队列通常是一个非常优秀的用于RPC调用的传输机制。

18.1.7　从网络错误中恢复

当然，网络中有一点是RPC服务无法避免的，那就是网络是有可能出故障的。无论是初始化调用，还是在某个RPC调用进行到一半时，网络都有可能出现故障。

可以发现，如果调用中断并且调用没有完成，大多数RPC机制会直接抛出一个异常。不幸的是，返回错误并不能够保证远程端没有对请求做出处理。也许远程端已经完成了对请求的处理，只是在发送回响应的最后一个包时网络出现了故障。在这种情况下，从技术上来说，调用其实已经发生了（比如，已经成功地将数据添加到了数据库或是写入了文件，或是已经完成了任何其他RPC调用定义的操作）。但是，我们可能会认为该调用失败了，然后会进行重试，这样就可能将同样的数据重复存储了两次。幸运的是，在编写代码时可以使用一些手段，来为在网络上进行的函数调用设置委托。

首先，试着编写提供幂等操作的服务，这样一来就可以安全地进行重试了。尽管像“从我的银行账户中减去10美元”这样的操作本质上是不安全的（因为重新进行该操作可能会再从银行账户中减去10美元），不过像“执行交易583812，从我的账号中减去10美元”这样的操作则绝对是安全的。因为服务器可以存储交易号码，以此判断发送的请求是否是重复操作，并且在没有重复减去账户金额的情况下返回成功信息。

其次，请采用第5章给出的建议：不要在每个进行RPC调用的地方都使用`try...except`，而是用`try`和`except`包装内容更多、语义更清晰的代码块（这些代码块在发生错误重试时语义更为清晰）。如果要为每个调用都提供异常处理函数，那就会丧失RPC提供的大多数好处。因为编写这些代码本来应该是很方便的，而不应该在编写每个调用时都要时时牢记这些调用会被远程执行！如果决定在程序调用失败时进行重试的话，可能要试着使用类似第3章中讨论UDP时提到的指数退避算法。这样的算法能够防止对已经超负荷运转的服务反复发送请求，避免情况变得越来越糟。

最后，一定要注意异常信息的细节在网络传输过程中可能会丢失。除非使用的是支持Python的RPC机制，否则很可能会发现本来很熟悉的`KeyError`或`ValueError`这样可读性非常高的错误信息在远程端会被转换成一些特定于RPC的错误。只有通过查看这些错误信息的文本或数字错误码，才有可能搞清楚错误的具体原因。

18.2　小结

通过RPC，可以编写类似于普通Python函数调用的代码来远程调用位于网络另一服务器上的函数。RPC机制通过对参数的序列化来传输参数。对于要传回的返回值，RPC机制的处理方法也相同。

所有RPC机制的工作原理都大同小异，即首先建立网络连接，然后通过一个代理对象来调用远程端的代码。Python标准库原生支持的是较为古老的XML-RPC协议，不过有一些很优秀的第三方库则支持更为现代的JSON-RPC协议。

XML-RPC和JSON-RPC这两种机制都只支持在客户端和服务器之间传输一小部分的数据类型。如果希望使用更多的Python数据类型，应该考虑一下Pyro。使用Pyro的Python程序在网络上进行交互时，可以使用更多的Python原生类型。RPyC系统提供更强大的功能，它支持直接在系统之间传输对象。实现方法是，将对这些对象的方法调用转发到对象的实际存储位置来执行。

回顾一下本书涉及的内容，读者可能会开始觉得每一章都和RPC有关。其实，它们都是关于客户端程序和服务器之间的信息交换的，中间会通过一个协议来声明请求中包含的内容以及响应的格式。既然已经学习了RPC，知道了这种信息交换的最通用的形式（这种形式并不是为某一种特定的操作专门设计的，而是被设计成支持任意形式的通信），那么在实现新的服务时（尤其是想要使用RPC的时候），就必须好好地考虑一下，我们的程序是否真的需要RPC提供的这种灵活性，或者我们的程序可能只需要使用本书之前提到的某一种更简单的用途更为专一的协议。如果为每个编写的程序都选择了正确的协议，避免了不必要的复杂性，那么最后搭建的网络系统将会变得简单、可靠而又易于维护。

延展阅读

16 种基本设计模式，轻松解决软件设计常见问题
借力高效的 Python 语言，用现实例子展示各模式关键特性

书号：978-7-115-42803-5
定价：45.00 元

全面掌握 Python 代码性能分析和优化方法，消除性能瓶颈，迅速改善程序性能

书号：978-7-115-42422-8
定价：45.00 元

用简单高效的 Python 语言，展示网络数据采集常用手段，剖析网络表单安全措施，完成大数据采集任务

书号：978-7-115-41629-2
定价：59.00 元

通过 Netflix、Amazon 等多个业界案例，从微服务架构演进到原理剖析，全面讲解建模、集成、部署等微服务所涉及的各种主题

书号：978-7-115-42026-8
定价：69.00 元